工程力学

主　编　刘英卫　何世松　张洪涛
副主编　李中平　刘玉华　郭芳芳
　　　　姜迪友　聂美英
主　审　张岐生

内容简介

根据高职、高专,特别是应用型本科方面的紧缺人才培养改革规划的要求,本书以培养学生的技术应用能力为主线设计培养方案,以应用为主旨构建课程体系和教材内容,旨在为国家培养更多的高等技术应用型人才。在编写过程中,力求以"应用"为导向,基础理论以"必需、够用"为度,以"讲清概念,强化应用"为重点,突出了教学内容的实用性。在介绍工程力学知识时,删除了烦琐的数学推导,文字与内容力求简练。本书参考学时数为 2×60 学时,对于选学内容,本书在标题前加以"*"号标明,供学有余力者选学。

本书可用做高等院校的机械、材料、土建类相关专业的教材,也可以作为高等专科学校以及职大、夜大、业大、电大、函大等成人教育的教学用书和广大工程技术人员的自学用书。

版权专有　侵权必究

图书在版编目(CIP)数据

工程力学/刘英卫,何世松,张洪涛主编. —北京:北京理工大学出版社,2021.9重印

ISBN 978-7-5640-3413-9

Ⅰ. ①工⋯　Ⅱ. ①刘⋯②何⋯③张⋯　Ⅲ. ①工程力学-高等学校-教材　Ⅳ. ①TB12

中国版本图书馆 CIP 数据核字(2010)第 138824 号

出版发行 / 北京理工大学出版社	
社　　址 / 北京市海淀区中关村南大街 5 号	
邮　　编 / 100081	
电　　话 / (010)68914775(办公室)　68944990(批销中心)　68911084(读者服务部)	
网　　址 / http:// www. bitpress. com. cn	
经　　销 / 全国各地新华书店	
印　　刷 / 三河市天利华印刷装订有限公司	
开　　本 / 787 毫米 × 1092 毫米　1/16	
印　　张 / 24.75	
字　　数 / 577 千字	责任编辑 / 王玲玲
版　　次 / 2021 年 9 月第 1 版第 11 次印刷	责任校对 / 陈玉梅
定　　价 / 49.00元	责任印制 / 边心超

图书出现印装质量问题,本社负责调换

前　言

本书以培养学生的技术应用能力为主线设计培养方案，以应用为主旨构建课程体系和教材内容，旨在为国家培养更多的高等技术应用型人才。因此，本书在编写过程中，力求以"应用"为导向，基础理论以"必需、够用"为度，以"讲清概念，强化应用"为重点，突出了教学内容的实用性。在介绍工程力学知识时，删除了烦琐的数学推导，文字与内容力求简练。另外，本书为使学生具备一定的进一步深化知识的能力，增加了一些选学内容。本书参考学时数为 2×60 学时，对于选学内容，本书在标题前加以"*"号标明，供学有余力者选学。

本教材在编写过程中努力做到语言精练、通俗易懂。为符合应用型本科、高职、高专教学的特点，在力求工程力学的完整性和严格性的前提下，注重语言规范，并且理论联系实际，增强教材的应用性。本教材在理论的讲解上以及例题和习题的选择上结合工程实例，突出实训环节，突出培养学生的实际动手能力和解决实际问题的能力。

本书每章后都附有小结、思考题及习题，旨在指导学生学习、启发学生思考、巩固和训练应用工程力学知识的能力。同时在书末还附有习题答案。

本书可用做高等院校的机械、材料、土建类相关专业的教材，也可以作为高等专科学校以及职大、夜大、业大、电大、函大等成人教育的教学用书和广大工程技术人员的自学用书。

本书由刘英卫、何世松、张洪涛等共同编写。分工如下：绪论，第 1～第 12 章由刘英卫（江西蓝天学院）编写，第 13～第 15 章由何世松（江西交通职业技术学院）编写，第 16、第 17 章由张洪涛（江西蓝天学院）编写，第 18 章由聂美英（萍乡高等专科学校）编写。李中平（江西蓝天学院）参与第 7、第 8、第 12 章部分内容修改，刘玉华（江西省交通设计院）参与第 13～第 17 章及附录部分修改，郭芳芳（江西蓝天学院）参与第 1～第 6 章内容的修改、校对，姜迪友（江西蓝天学院）参与第 7～12 章内容的修改、校对，胡伟（江西蓝天学院）、廖炜（江西环境工程职业学院）参与文字、图片编辑。本教材由刘英卫、何世松、张洪涛任主编，李忠平、刘玉华、郭芳芳、姜迪友、聂美英任副主编。

本书由江西蓝天学院张岐生教授主审。张岐生教授认真审阅了全部书稿，并提出了许多宝贵的修改意见。对此，我们表示衷心的感谢。

在本书的编写过程中，得到了江西蓝天学院于果董事长、王志峰院长、许祥云副院长及教务处等相关教辅部门的大力支持，在此致以诚挚的谢意。

限于作者水平，加之编写时间仓促，书中难免有不足和疏漏之处，恳请各位专家、同仁和广大读者批评指正。

编　者

目　　录

绪论 ··· 1

第 1 章　静力学基础 ·· 4
1.1　静力学的基本概念 ··· 4
1.2　静力学基本公理 ·· 6
1.3　约束与约束反力 ·· 8
1.4　物体的受力分析 ··· 11
小结 ··· 14
思考题与习题 ··· 14

第 2 章　平面基本力系 ·· 19
2.1　平面汇交力系合成与平衡的几何法 ··· 19
2.2　平面汇交力系合成与平衡的解析法 ··· 23
2.3　平面力对点的矩 ·· 30
2.4　平面力偶系合成与平衡 ··· 32
小结 ··· 35
思考题与习题 ··· 35

第 3 章　平面一般力系 ·· 42
3.1　力向一点平移 ··· 42
3.2　平面一般力系的简化 ·· 43
3.3　合力矩定理 ·· 46
3.4　平面一般力系的平衡方程及应用 ·· 47
3.5　物体系统的平衡 ·· 53
*3.6　考虑摩擦时的平衡问题 ··· 59
小结 ··· 62
思考题与习题 ··· 62

第 4 章　空间力系与重心 ··· 70
4.1　力在空间直角坐标系上的投影 ··· 70
4.2　空间汇交力系的合成与平衡 ·· 71
4.3　力对轴的矩 ·· 73
4.4　空间一般力系的平衡方程及应用 ·· 74
4.5　空间平行力系的中心和物体的重心 ··· 78
小结 ··· 83
思考题与习题 ··· 84

第5章 拉伸与压缩 ··· 88
    5.1 拉伸与压缩的概念 ··· 91
    5.2 轴力与轴力图 ··· 92
    5.3 横截面上的应力 ··· 94
    5.4 轴力杆的变形及拉伸与压缩时的虎克定律 ··· 96
    5.5 材料拉伸与压缩的力学性质 ··· 99
    5.6 轴力杆斜截面上的应力 ··· 102
    5.7 轴力杆的强度计算 ··· 104
    *5.8 杆系静不定问题 ··· 109
    *5.9 应力集中的概念 ··· 113
    小结 ··· 114
    思考题与习题 ··· 116

第6章 剪切和挤压 ··· 121
    6.1 剪切和挤压的概念 ··· 121
    6.2 剪切和挤压的实用计算 ··· 123
    6.3 剪应变及剪切虎克定律 ··· 129
    小结 ··· 130
    思考题与习题 ··· 130

第7章 扭转 ··· 134
    7.1 扭转的概念及外力偶矩的计算 ··· 134
    7.2 扭转时的内力 ··· 135
    7.3 圆轴扭转时的应力和强度计算 ··· 138
    7.4 圆轴扭转时的变形和刚度计算 ··· 147
    7.5 非圆截面等直杆的自由扭转简介 ··· 150
    小结 ··· 151
    思考题与习题 ··· 152

第8章 弯曲内力 ··· 156
    8.1 平面弯曲的概念 ··· 156
    8.2 梁的内力——剪力和弯矩 ··· 158
    8.3 剪力方程和弯矩方程、剪力图和弯矩图 ··· 161
    8.4 载荷集度、剪力和弯矩之间的微分关系及其应用 ··· 167
    8.5 用叠加法作剪力图和弯矩图 ··· 171
    小结 ··· 174
    思考题与习题 ··· 175

第9章 梁的弯曲强度 ··· 178
    9.1 平面弯曲时横截面上的正应力 ··· 178
    9.2 弯曲正应力的强度条件 ··· 183
    9.3 弯曲剪应力简介 ··· 188
    9.4 提高梁弯曲强度的措施 ··· 191

小结 194
思考题与习题 194

第 10 章　梁的弯曲刚度　198
10.1　梁变形的概念 198
10.2　用积分法求梁的变形 199
10.3　用叠加法求梁的变形 202
10.4　梁的刚度计算及提高梁弯曲刚度的措施 206
*10.5　梁的静不定问题 208
小结 211
思考题与习题 211

第 11 章　应力状态和强度理论　215
11.1　点的应力状态 215
11.2　平面应力状态分析的解析法 216
11.3　主应力与最大剪应力 220
11.4　平面应力状态分析的图解法 221
11.5　平面应力状态下的应力-应变关系 223
11.6　强度理论简介 226
小结 228
思考题与习题 230

第 12 章　组合变形的强度计算　233
12.1　拉伸(压缩)与弯曲的组合变形的强度计算 233
12.2　弯扭组合变形时的强度计算 236
12.3　截面核心的概念 240
小结 242
思考题与习题 242

第 13 章　压杆稳定　246
13.1　压杆稳定的概念 246
13.2　压杆的临界载荷和临界应力 247
13.3　压杆稳定性校核 251
13.4　提高压杆稳定的措施 253
小结 254
思考题与习题 255

第 14 章　运动学基础　257
14.1　点的运动 257
14.2　刚体的基本运动 265
14.3　点的合成运动 270
14.4　刚体的平面运动 274
*14.5　科里奥利加速度简介 280
小结 282

思考题与习题 ………………………………………………………………………… 283
第15章　动力学基础 ……………………………………………………………………… 287
　　15.1　质点动力学基本方程 …………………………………………………………… 287
　　15.2　刚体绕定轴转动动力学基本方程 ……………………………………………… 291
　　15.3　动量定理 ………………………………………………………………………… 295
　　15.4　动量矩定理 ……………………………………………………………………… 297
　　15.5　动能定理 ………………………………………………………………………… 300
　*15.6　达朗贝尔原理 …………………………………………………………………… 304
　　小结 ……………………………………………………………………………………… 312
　　思考题与习题 …………………………………………………………………………… 313
第16章　构件的动强度简介 ……………………………………………………………… 318
　　16.1　概述 ……………………………………………………………………………… 318
　　16.2　虚加惯性力时的构件动应力计算 ……………………………………………… 318
　　16.3　构件受冲击时的动应力计算 …………………………………………………… 321
　　16.4　提高构件抗冲击能力的措施 …………………………………………………… 324
　　小结 ……………………………………………………………………………………… 324
　　思考题与习题 …………………………………………………………………………… 325
第17章　疲劳强度简介 …………………………………………………………………… 328
　　17.1　交变应力与疲劳断裂的概念 …………………………………………………… 328
　　17.2　交变应力的变化规律和种类 …………………………………………………… 328
　　17.3　材料的疲劳极限 ………………………………………………………………… 329
　　17.4　构件的疲劳极限 ………………………………………………………………… 330
　　17.5　构件疲劳强度计算方法简介 …………………………………………………… 331
　　17.6　提高构件疲劳强度的措施 ……………………………………………………… 332
　　小结 ……………………………………………………………………………………… 333
　　思考题与习题 …………………………………………………………………………… 333
第18章　材料成型与模具技术中的力学问题 …………………………………………… 335
　　18.1　冲压加工中金属塑性变形的基本规律 ………………………………………… 335
　　18.2　金属板料的冲裁变形 …………………………………………………………… 341
　　18.3　坯料的弯曲变形 ………………………………………………………………… 346
　　18.4　圆筒形工件拉深变形 …………………………………………………………… 350
　　18.5　塑胶注射模具的强度、刚度 …………………………………………………… 354
附录 …………………………………………………………………………………………… 362
　　附录A　材料力学课程实验 …………………………………………………………… 362
　　附录B　型钢表(附表B-1～附表B-4) ……………………………………………… 367
　　附录C　几种常见简单形状均质物体的转动惯量(附表C-1) ……………………… 378
习题参考答案 ………………………………………………………………………………… 380
参考文献 ……………………………………………………………………………………… 387

绪　论

工程力学的内容极其广泛,本书所讲述的是工程力学的最基础的内容,包含静力分析、构件承载能力分析、运动学及动力学四部分。

1. 机械工程中的力学问题

在工农业生产、建筑、交通运输、宇航等工程中,广泛地运用各种机械设备和工程结构。而各种机械设备和工程结构都是由若干个基本的零部件按照一定的规律组成的,组成机械的基本零件、部件称为构件。当机械工作时,组成机械的各构件都要受到来自相邻构件和其他物体的外力的作用,这些力在工程上称为载荷。

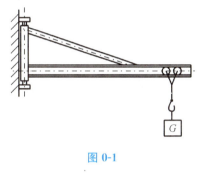

图 0-1

在载荷的作用下,构件可能平衡,也可能发生运动状态的改变,与此同时,构件也发生变形。每个构件都是由一定的材料制成的,若构件所承受的载荷超过材料的承载能力,就会使构件产生过大的变形或断裂而不能正常地工作,即失效。例如,起重机的横梁(图 0-1)若载荷过大而断裂,起重机就无法工作;机床的主轴(图 0-2),若变形过大,将造成齿轮间不能正常啮合,引起轴承间的不均匀磨损,从而影响加工精度和产生噪声;又比如千斤顶的螺杆,当承受的轴向压力超过一定的限度时就会突然变弯而不能正常工作。以上这些就是构件的强度、刚度和稳定性问题。因此为保证机械安全正常的工作,要求任何一个构件都要具有足够的承受载荷的能力,即承载能力。构件的承载能力是机械工程中经常遇到的力学问题。此外,在机械中也经常需要分析物体运动状态的改变与作用在物体上的力的关系。本书将为分析和解决这些问题提供必要的基础理论和方法。

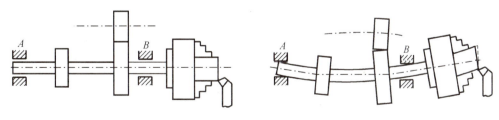

图 0-2

2. 工程力学的主要内容和任务

工程力学是研究构件在载荷的作用下的运动规律和平衡规律及构件承载能力的一门学科,本课程的主要内容包括以下四部分。

(1) 静力分析。平衡是指物体处于静止或匀速直线运动状态,是机械运动的特殊形式,所

— 1 —

以在工程力学中首先要研究物体受力后的平衡条件以及平衡条件在工程中的应用。

(2) 构件的承载能力分析。主要研究构件在外力作用下的变形、受力和破坏规律,为合理设计构件提供有关强度、刚度和稳定性分析的基本理论和方法。

(3) 运动学分析。主要研究质点的运动和刚体的基本运动。

(4) 动力学分析。动力学对物体的机械运动进行全面的分析,研究作用于物体的力与物体运动之间的关系,建立物体机械运动的普遍规律。

3. 工程力学的研究对象及其模型

实际构件的形状是多种多样的,工程力学主要研究的对象是杆类零件,即杆件。所谓杆件,就是其长度方向的尺寸远远大于横向尺寸,如连杆、梁、键、轴等机械零件。杆件轴线为曲线的杆称为曲杆,轴线为直线的杆件称为直杆。本课程主要研究等直杆的力学问题。

任何物体在外力的作用下都要发生变形,但工程问题中的变形通常是很小的,称为小变形。所谓小变形,是指变形量远远小于构件原始尺寸的变形。所以,在静力分析和研究物体的运动时,小变形可以忽略不计,这时可以将物体抽象为刚体。所谓刚体,是指在力的作用下,大小和形状不变的物体。

在研究构件的强度、刚度、稳定性等问题时,由于这些问题与构件的变形密切相关,因而即使变形很小也必须加以考虑,这时将物体抽象为在外力作用下会产生变形的固体,称为变形固体。并对变形固体作如下假设:

(1) 连续性假设:变形固体在其体积内连续不断地充满着物质,毫无空隙。

(2) 均匀性假设:物体内各处的力学性质相同。

(3) 各向同性假设:变形固体在各个方向上具有相同的力学性质。

变形固体在外力的作用下会产生两种变形:弹性变形和塑性变形。所谓弹性变形,是指当外力卸除时变形也随着消失的变形。塑性变形是指外力卸除后,变形不能全部消失,所残留的变形称为塑性变形。一般情况下,物体受力后既有弹性变形又有塑性变形。一般工程材料,当外力不超过一定范围时,仅仅产生弹性变形,称为理想弹性体。由于工程力学研究的物体的变形是小变形,所以在考虑构件的平衡和运动时,可以忽略其变形。而且在研究构件的承载能力时,计算构件的尺寸时可以忽略其变形,按照构件变形前的尺寸和形状来计算,其受力也按照静力分析的结果计算。

构件所受的外力不同,变形也不同,本课程研究的杆件变形的基本形式有以下四种:①轴向拉伸与压缩(图 0-3);②剪切(图 0-4);③扭转(图 0-5);④弯曲(图 0-6)。

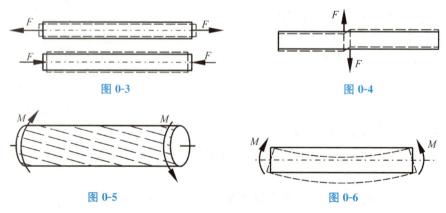

图 0-3　　　　　　　　　　　图 0-4

图 0-5　　　　　　　　　　　图 0-6

4. 工程力学的研究方法

现代工程力学方法有理论解析方法、实验力学方法及计算力学方法三大类。

（1）理论解析方法。

工程力学中的理论解析方法是本课程的主要内容。其研究方法是实验观察—假设建模—理论分析—实验（实践）验证。这也是自然科学研究问题的一般方法。

工程力学研究的物体，大多是工程结构物及其构件。这些结构物和构件的形状、大小、组成各异。在研究它们时，首先是根据问题的性质，借助于实验与观察，抓住主要矛盾，略去次要因素，合理简化，抽象为力学模型。

如在研究物体的平衡规律时，由于物体变形量很小或变形因素对所研究的问题影响很小，可忽略物体的变形而将其抽象为"刚体"。又如在研究运动学时，因物体的运动范围远远大于物体本身的大小，则可将物体抽象为一个"质点"，或由质点组成的"质点系"。但在研究物体的变形与受力之间的关系时，则不能再将物体视为刚体，而应看成可变形的固体。

建立力学模型之后，采用数学方法对其进行解析分析与计算。这种解决工程力学问题的方法称为理论解析方法。

这一方法是整个工程力学方法的基础，优点是可以得到某些简单工程问题的解析解，缺点是难以直接应用于大型、复杂的工程实际结构。

（2）实验力学方法。

这种方法是借助于加载设备及测量仪器，直接通过对构件或结构物加载、激振与测量，得到实际工程结构及构件中的力学量。目前用得较多的是电测法与光测法。

此方法的优点是可直接获得关于实际工程结构或试验模型的较真实的力学分析结果，缺点是费时、费力、不经济。

（3）计算力学方法。

随着电子计算机技术的迅速发展，计算机分析方法在工程力学领域中已得到日益广泛的应用，并促进着工程力学研究方法的更新，现已产生了以有限元技术为核心的计算力学方法，并发展了一批功能强大的 CAE 软件，如 MSC/NASTRAN，ANSYS 等，已能解决工程界所提出的各种极其复杂的工程力学问题。据统计，现在我国机械制造业中需采用计算力学方法开发和设计的新产品已达到 70% 以上，国际上 90% 的机械产品和装备都要采用有限元方法进行分析与优化。

可以毫不夸张地说，以有限元技术为核心的计算力学方法，实际上已成为现代机械产品及工程结构进行力学分析的主流方法。

但需指出的是，计算力学方法必须与理论解析方法及实验力学方法结合起来才能得到更好的应用与发展，因为它们是计算力学方法的理论基础与实验基础。

第1章 静力学基础

静力学是研究物体在力系作用下的平衡规律的科学,重点解决刚体在满足平衡条件的基础上如何求解未知力的问题。静力学理论是从生产实践中发展起来的,是机械零件或机构承载计算的基础,在工程技术中有着广泛的应用。

本章重点研究物体的受力分析,即分析某个物体共受几个力,以及每个力的大小、方向和作用线位置。为了正确分析物体的受力情况,本章先介绍静力学的一些基本概念和公理,然后介绍工程中常见的几种典型约束及其约束力,最后重点讲解物体受力分析和画受力图的方法。

1.1 静力学的基本概念

1.1.1 刚体的概念

所谓刚体,是指在力的作用下不发生变形的物体,即刚体受力作用时,其内部任意两点间的距离永远保持不变。这是一个理想化的力学模型。实际物体在力的作用下,都会产生不同程度的变形。但在一般情况下,工程上的结构构件和机械零件的变形都是很微小的,这种微小的变形对构件的受力平衡影响甚微,可以略去不计,所以可以将结构构件和机械零件抽象为刚体。这种抽象会使所研究的问题大大简化。但是不应该把刚体的概念绝对化。通常在静力学中研究的是平衡问题,将受力的物体假想为刚体,但在研究力所产生的变形效果时,不得将物体视为刚体。例如,在研究一根横梁的平衡问题时,可以把横梁看做刚体,可是在研究横梁的变形情况时,必须把它看做变形体。

在静力学中所研究的物体只限于刚体,故又称为刚体静力学。由若干个刚体组成的系统称为物体系统,简称物系。

1.1.2 力的概念

力是物体间相互的机械作用。它具有两种效应:一是使物体的运动状态发生改变,例如地球对月球的引力不断地改变月球的运动方向而使之绕地球运转;二是使物体产生变形,例如作用在弹簧上的拉力使弹簧伸长。前者称为力的外效应,后者称为力的内效应。一般来说,这两种效应是同时存在的。但是,为了使问题的研究简化,通常将外效应和内效应分开来研究。静力学部分主要研究物体的外效应。

力的作用效果取决于力的三要素:①力的大小;②力的方向;③力的作用点。

需要指出的是,力的作用点是力的作用位置的抽象,实际上力的作用位置一般来说并不是一个点,而是分布地作用于物体的一定面积上。当作用面积很小时,可将其抽象为一个点,将作用于物体上某个点上的力称为集中力,通过力的作用点代表力的方位的直线称为力的作用线。如果力的作用面积较大,不能抽象为点时,则将作用于这个面积上的力称为分布力。分布力的作用强度用单位面积上力的大小 $q(N/cm^2)$ 来度量,称为载荷集度。

在国际单位制(SI)中,力的单位是牛顿或千牛顿,其代号为 N 或 kN。

力是矢量。所以可以用一个定位的有向线段来表示力。如图 1-1 所示,线段的长度按一定的比例尺表示力的大小,线段的方位和箭头的指向表示力的方向,线段的起点(或终点)表示力的作用点。与线段重合的直线称为力的作用线。通常用黑体字母 F 来表示力的矢量。

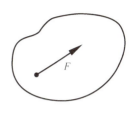

图 1-1

1.1.3 力系的概念

力系是指作用于物体上的一群力。力系中力的作用形式是千变万化的,可能是一个力,也可能是多个力,力的作用线可能在同一平面内,也可能作用在三维空间内。一个力是一种最简单的力系。但在解决复杂力系的问题时,应该在保持对刚体作用效果不变的前提下,用一个简单力系代替一个复杂力系,从而使问题简化,这个过程称为力系的简化。如果一个力与一个力系等效,则称此力为该力系的合力,该力系中各力称为其合力的分力或分量;求合力的过程称为力系的合成。

力系按照作用线分布情况可以分为下列几种。

1. 平面力系

所有力的作用线在同一平面内的力系为平面力系。平面力系又可分为:

平面汇交力系,即所有力的作用线汇交于一点的平面力系;

平面平行力系,即所有力的作用线都相互平行的平面力系;

平面任意力系,即所有力的作用线既不汇交于同一点,又不相互平行的平面力系。

2. 空间力系

所有力作用线不在同一平面内的力系为空间力系。空间力系又可分为:

空间汇交力系,即所有力的作用线汇交于一点的空间力系;

空间平行力系,即所有力的作用线都相互平行的空间力系;

空间任意力系,即所有力的作用线既不汇交于一点、又不相互平行的空间力系。

由于平面力系可视为空间力系的特殊情况,平面汇交力系和平行力系又可视为任意力系的特殊情况,所以,空间任意力系是力系的最复杂、最普遍、最一般的形式,其他各种力系都可看成是它的一种特殊情况。

1.1.4 平衡的概念

所谓平衡,是指物体相对于惯性参考系保持静止或做匀速直线运动。在工程问题中,平衡通常是指物体相对地球静止或做匀速直线运动,也就是将惯性参考系固连在地球上,这时作用于物体上的力系称为平衡力系。实际上,物体的平衡总是暂时的、相对的,绝对的平衡是不存在的。研究物体的平衡问题,就是研究物体在各种力系作用下的平衡条件,并应用这些平衡条件解决工程技术问题。为了便于寻求各种力系对于物体作用的总效应和力系的平衡条件,需要将力系进行简化,使其变换为另一个与其作用效应相同的简单力系。这种等效简化力系的方法称为力系的简化。所以,在静力学中主要研究以下三个问题:物体的受力分析;力系的简化;力系的平衡条件及其应用。

1.2 静力学基本公理

静力学公理是人们在生活和生产活动中长期积累起来的、经过实践反复检验的、证明是符合客观实际的普遍规律。静力学公理是对力的基本性质的概括和总结,是静力学全部理论的基础,是解决力系的简化、平衡条件以及物体的受力分析等问题的关键。

1.2.1 公理1 力的平行四边形法则

作用于物体上同一点的两个力,可以合成为一个合力。其合力仍作用于该点上,合力的大小和方向,由以这两个力为邻边所构成的平行四边形的对角线来确定。

如图1-2(a)所示,F_1,F_2为作用于O点的两个力,以这两个力为邻边作出平行四边形$OACB$,则对角线OC即为F_1与F_2的合力R,或者说,合力R等于原两个力F_1与F_2的矢量和,可用矢量式来表示

$$R = F_1 + F_2 \tag{1-1}$$

合力的大小,可由余弦定理求出,即

$$R = \sqrt{F_1^2 + F_2^2 + 2F_1 F_2 \cos \alpha} \tag{1-2}$$

其中,α为F_1与F_2的夹角。

这个公理总结了最简单的力系简化的规律,它是较复杂力系简化的基础。

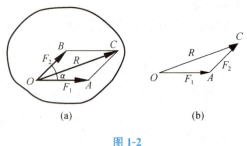

图 1-2

为了便于求两个汇交力的合力,也可不画整个平行四边形,而从O点作一个与F_1大小相等、方向相同的矢线OA,再过A点作一个与F_2大小相等方向相同的矢线AC,则矢线OC即表示合力R的大小和方向,如图1-2(b)所示。这种求合力的方法称为力的三角形法则。必须清楚,在力$\triangle OAC$中,各矢线只表示力的大小和方向,而不能表示力作用点或作用线。

利用力的平行四边形法则也可将一个力分解成作用于同一点的两个分力。显然,一个力可以沿任意两个方向分解。在工程问题中,常将力沿互相垂直的两个方向分解。这种分解称为正交分解。

1.2.2 公理2 二力平衡公理

作用在刚体上的两个力,使刚体处于平衡状态的充分必要条件是:这两个力的大小相等,方向相反,且作用在同一直线上,如图1-3所示,即

$$F_1 = -F_2 \tag{1-3}$$

需要强调的是,本公理只适用于刚体。对于刚体,等值、反向、共线作为二力平衡条件是必要的,也是充分的;但对于变形体,这个条件是不充分的。例如:软绳受两个等值、反向的拉力作用可以平衡,而受两个等值、反向的压力作用就不能平衡。工程上常遇到只受两个力作用而平衡的构件,称为二力构件或二力杆。二力构件平衡时,二力必沿作用点的连线,且两作用力的大小相等,方向相反。如图 1-4 中的杆 CD,若杆自重不计,即是一个二力杆;又如图 1-5 中的构件 BC,在不计自重时,也可以看做是二力构件。

图 1-3

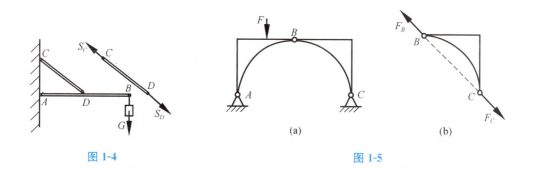

图 1-4　　　　　　　　　　　　图 1-5

1.2.3　公理 3　加减平衡力系公理

在已知力系上加上或减去任意的平衡力系,并不改变原力系对刚体的作用效应。这个公理是力系简化的重要理论依据。根据此公理可以导出下列推论:

推论 1　力的可传性原理

作用于刚体上的力,可以沿着它的作用线移到刚体内任意一点,而不改变该力对刚体的作用效果。

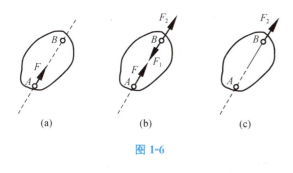

图 1-6

证明:设有力 F 作用于刚体上的 A 点,如图 1-6(a)所示。根据加减平衡力系公理,可在力的作用线上任取一点 B,并加上两个相互平衡的力 F_1 和 F_2,使 $F=F_2=-F_1$,如图 1-6(b)所示。由于力 F 和 F_1 也是一个平衡力系,故可除去;这样只剩下一个力 F_2,如图 1-6(c)所示。于是,原来的这个力 F 与力系(F,F_1,F_2)以及力 F_2 互等。而力 F_2 就是原来的力 F,只是作用点已移到了点 B。

由此可见,对于刚体来说,力的作用点已不是决定力的作用效果的要素,它为作用线所代替。因此,作用于刚体上的力的三要素是:力的大小、方向和作用线。

必须注意,力的可传性原理只适用于刚体;而且力只能在刚体自身上沿其作用线移动,而不能移到其他刚体上去。

推论 2　三力平衡汇交定理

刚体在三个力的作用下平衡,若其中两力作用线相交,则第三个力的作用线必过该交点,

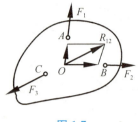

图 1-7

且三力共面。

证明：如图 1-7 所示，刚体上 A,B,C 三点分别作用力 F_1，F_2 和 F_3，其中 F_1 与 F_2 的作用线相交于 O 点，刚体在此三力作用下处于平衡状态。根据力的可传性原理，将力 F_1 和 F_2 合成得合力 R_{12}，则力 F_3 应与 R_{12} 平衡，因而 F_3 必与 R_{12} 共线，即是说 F_3 作用线也通过 O 点。

另外，因为 F_1，F_2 与 R_{12} 共面，所以 F_1，F_2 与 F_3 也共面。于是定理得证。

利用三力平衡汇交定理可以确定刚体在三力作用下平衡时未知力的方向。

1.2.4 公理 4 作用与反作用公理

两物体间的作用力与反作用力总是同时存在的，且两力的大小相等、方向相反、沿着同一直线，分别作用在相互作用的两个物体上。

如图 1-8 所示，起吊一重物。G 为重物所受的重力，T 为钢丝绳作用于重物上的拉力。因为 G 与 T 都作用在重物上而使重物保持静止，所以它们构成二力平衡，至于拉力 T 和重力 G 的反作用力在哪里，则首先要弄清哪个是受力物体，哪个是施力物体，也就是要分清是"谁对谁"的作用。由于拉力 T 是钢丝绳拉重物的力，所以 T 的反作用力一定是重物拉钢丝绳的力 T'，它与 T 大小相等、方向相反、作用在一条直线上。因为 G 是地球对重物的引力，所以它的反作用力必定是重物吸引地球的力 G'（图中未画出），G' 与 G 大小相等、方向相反、作用于一条直线上。

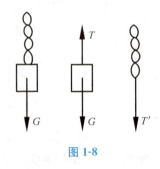

图 1-8

由此可见，力总是成对地以作用与反作用的形式存在于物体之间，有作用力必有反作用力，它们同时出现、同时消失，分别作用在两个相互作用的物体上。应用作用力与反作用力公理，可以把一个物体的受力分析与相邻物体的受力分析联系起来。

必须注意公理 2 与公理 4 的区别。后者是作用力与反作用力分别作用在两个物体上，前者则是作用在一个物体上。

1.3 约束与约束反力

如果物体在空间沿任何方向的运动都不受限制，这种物体称为自由体，例如：飞行的飞机、火箭等。在日常生活和工程中，物体通常总是以各种形式与周围的物体互相联系并受到周围物体的限制而不能做任意运动，我们称其为非自由体。如：转轴受到轴承的限制；卧式车床的刀架受床身导轨的限制；悬挂的重物受到吊绳的限制等。

凡是限制物体运动的其他物体称为约束。例如上面提到的轴承是转轴的约束；导轨是刀架的约束；吊绳是重物的约束。既然约束限制物体的运动，也就是能够起到改变物体运动状态的作用，所以实际上就是力的作用。这种作用在物体上的限制物体运动的力称为约束力。约束力来自于约束，它的作用取决主动力的作用情况和约束的形式；又因为它对物体的运动起限制作用，因而约束力的方向必定与该约束所能够阻碍的运动方向相反。应用这个准则，在受力分析中,可以确定约束力的方向或作用线的位置。约束力的大小总是未知的,在静力学中,如果约束力和物体受的其他已知力构成平衡力系,则可通过平衡条件来求解未知力的大小。

下面介绍工程上常见的几种约束类型及确定约束力的方法。

1.3.1 柔性约束

由柔软的绳索、链条、皮带等构成的约束统称为柔性约束。这类约束的特点是:柔软易变形,不能抵抗弯曲,只能受拉,不能受压,并且只能限制物体沿约束伸长方向的运动,而不能限制其他方向的运动。因此,柔性约束的约束力只能是拉力,作用在与物体的连接点上,作用线沿着绳索背离物体。通常用 T 或 S 表示这类约束力。如图1-9所示,T 即为绳索给球的约束力。

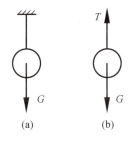

图1-9

1.3.2 光滑接触面约束

两个互相接触的物体,如果略去接触面间的摩擦就可以认为相互间隔约束是光滑接触面约束。这类约束不能限制物体沿接触面切线方向的运动,只能限制物体沿接触面公法线方向的运动,并且只能受压不能受拉。因此,光滑接触面约束对物体的约束力作用在接触点处,作用线沿公法线方向指向物体。通常用 N 表示。

如图1-10所示,N 即为曲面 A 对小球的约束力,又如图1-11所示,直杆 A,B,C 三处的约束力分别为 N_A,N_B,N_C。

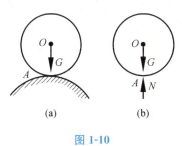

图1-10

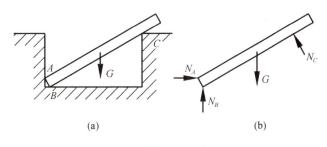

图1-11

1.3.3 圆柱铰链约束

这类约束包括中间铰链约束、固定铰链支座、活动铰链支座、链杆约束。

1. 中间铰链约束

在机器中,经常用圆柱形销钉将两个带孔零件连接在一起,如图1-12(a)、图1-12(b)所示。这种铰链只能限制物体间的相对径向移动,不能限制物体绕圆柱销轴线的转动和平行于圆柱销轴线的移动,图1-12(c)是中间铰链的简化示意图。由于圆柱销与圆柱孔是光滑曲面接触,则约束力应在沿接触线上的一点到圆柱销中心的连线上,垂直于轴线,如图1-12(d)所示。因为接触线的位置不能预先确定,因而约束力的方向也不能预先确定。通常把它分解为两个相互垂直的约束力,作用在圆心上,如图1-12(e)所示。

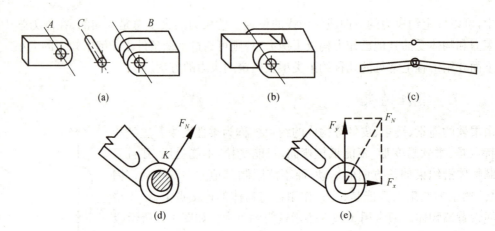

图 1-12

2. 固定铰链支座

图 1-13(a)所示是一种常用的圆柱铰链连接,它由一个固定底座和一个构件用销钉连接而成,简称铰支座。这种支座的简图如图 1-13(b)所示。铰支座约束的约束力作用在垂直于圆柱销轴线的平面内,通过圆柱销的中心,方向不能确定,通常用相互垂直的两个分力表示,如图 1-13(c)所示。

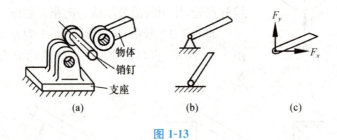

图 1-13

3. 活动铰链支座

如果在固定铰链支座的底部安装一排滚轮,如图 1-14(a)所示,就可使支座沿固定支承面移动。这是工程中常见的一种复合约束,称为活动铰链支座,这种支座常用于桥梁、屋架或天车等结构中,可以避免由温度变化而引起结构内部变形应力。这类约束的简化示意图如图 1-14(b)所示。在不计摩擦的情况下,活动铰链支座只能限制构件沿支承面垂直方向的移动。因此活动铰链支座的约束力方向必垂直于支承面,且通过铰链中心,常用字母 **N** 表示,如图 1-14(c)所示。

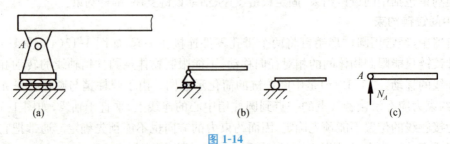

图 1-14

4. 链杆约束

两端用光滑铰链与其他构件连接且不考虑自重的刚体杆称为链杆,链杆是二力杆,如图 1-15(a)所示。常被用来作为拉杆或撑杆。简化示意图如图 1-15(b)所示。由于是二力杆,因此,约束力的作用线一定是沿着链杆两端铰链的连线,如图 1-15(c)所示。指向如果不能预先确定,通常可先假设,求解后通过力的正负再具体确定力的指向。

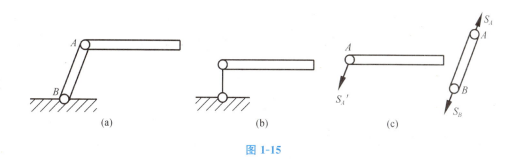

图 1-15

1.4 物体的受力分析

受力分析时所研究的物体称为研究对象。在解决工程实际问题时,首先要选定研究对象,然后分析它受哪些力的作用,即进行受力分析。为了把研究对象的受力情况清晰地表示出来,必须将所确定的研究对象从周围物体中分离出来,单独画出简图,然后将其他物体对它作用的所用主动力和约束反力全部表示出来,这样的图称为受力图或分离体图。具体步骤如下:

① 根据已知条件和题意要求,选择合适的研究对象,它可以是一个物体,也可以是几个物体的组合,或者是整个物体系统。所谓合适的研究对象,是指既具有主动力又有未知力作用的物体。

② 根据外载荷以及研究对象与周围物体的接触联系,在分离体图上画出主动力和约束反力。画约束反力时要根据约束类型和性质画出相应的约束反力的作用位置和作用方向。

③ 在物体受力分析时,还要根据静力学基本公理和力的性质如二力平衡公理、三力平衡汇交定理及作用力与反作用力公理等,来正确判定约束反力的作用位置和作用方向。

下面举例说明受力图的画法。

例 1-1 用力 F 拉动碾子以压平路面,碾子受到一石块的阻碍,如图 1-16(a)所示。试画出碾子的受力图。

解:取碾子为研究对象,取分离体并画简图。

画主动力。有重力 G 和杆对碾子中心的拉力 F。

画约束力。因碾子在 A 和 B 两处受到石块和地面的约束,如不计摩擦,则均为光滑表面接触,故在 A 处受石块的法向力 N_A 的作用,在 B 处受地面的法向力 N_B 的作用,它们都沿着碾子上接触点的公法线而指向圆心。

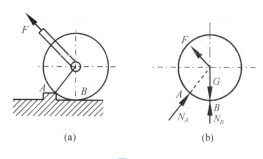

图 1-16

碾子的受力图如图 1-16(b)所示。

例 1-2 悬臂吊车如图 1-17(a)所示。简图中 A,B,C 三点为铰链，起吊重力为 P，横梁 AB 和斜杆 BC 的自重可略去不计。试画出横梁 AB 的受力图。

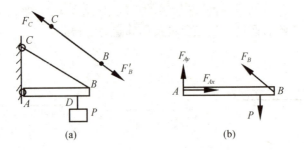

图 1-17

解：先以横梁为研究对象，取分离体。

画主动力。因起吊重物重力为 P，所以在 D 点的已知力 P 为主动力。

画约束力。因斜杆 BC 是二力杆，因此对横梁作用的约束力为拉力 F_B，沿着 BC 杆方向。A 处为铰链约束，其约束力通过铰链中心，但方向不能确定，故用两个互相垂直的分力 F_{Ax} 和 F_{Ay} 表示。

横梁受力图如图 1-17(b)所示。

例 1-3 如图 1-18(a)所示的三铰拱桥，由左、右两拱铰接而成。设各拱自重不计，在拱 AC 上作用有载荷 P。试分别画出拱 AC 和 CB 的受力图。

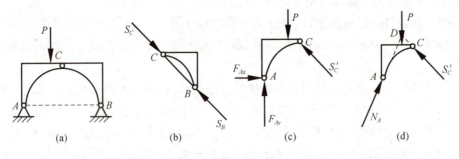

图 1-18

解：(1) 先分析拱 BC 的受力。由于拱 BC 自重不计，且只在 B,C 两处受到铰链的约束。因此拱 BC 为二力构件。在铰链中心 B,C 处分别受 S_B，S_C 两力的作用，且 $S_B=S_C$。这两个力的方向如图 1-18(b)所示。

(2) 取拱 AC 为研究对象。由于自重不计，因此主动力只有载荷 P。拱在铰链 C 处受拱 BC 给它的约束力 S'_C 的作用，根据作用力和反作用力公理，$S'_C=S_C$。拱在 A 处受固定铰支给它的约束力 N_A 的作用，由于方向未定，可用两个大小未知的正交分力 F_{Ax} 和 F_{Ay} 代替。拱 AC 的受力图如图 1-18(c)所示。再进一步分析可知，由于拱 AC 在 P、S'_C 和 N_A 三个力作用下平衡，故可根据三力平衡汇交定理，确定铰链 A 处约束力 N_A 的方向。点 D 为力 P 和 S'_C 作用线的交点，当拱 AC 平衡时，力 N_A 的作用线必通过点 D，如图 1-18(d)所示；至于 N_A 的指向，可由平衡条件确定。

例 1-4 水平梁 AB 两端用固定支座 A 和活动支座 B 支承,如图 1-19(a)所示,梁在中点 C 处承受一斜向集中力 $\boldsymbol{F}$,与梁成 α 角,若不考虑梁的自重,试画出梁 AB 的受力图。

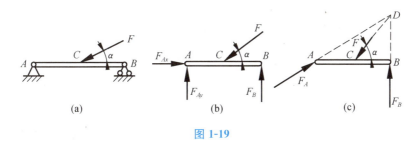

图 1-19

解:取梁 AB 为研究对象。作用于梁上的力 $\boldsymbol{F}$ 为集中力,B 端是活动支座,它的支座反力 $\boldsymbol{F}_B$ 垂直于支承面铅垂向上,A 端是固定支座,约束反力用通过 A 点的互相垂直的两个正交分力 $\boldsymbol{F}_{Ax}$ 和 $\boldsymbol{F}_{Ay}$ 表示。受力图如图 1-19(b)所示。

梁 AB 的受力图还可以画成图 1-19(c)所示。根据三力平衡汇交定理,已知力 $\boldsymbol{F}$ 和 $\boldsymbol{F}_B$ 相交于 D 点,则其余一力 $\boldsymbol{F}_A$ 也必交于 D 点,从而确定约束反力 $\boldsymbol{F}_A$ 沿 A,D 两点连线。

例 1-5 如图 1-20(a)所示的结构,由 AB 和 CD 两杆铰接而成,在 AB 杆上作用有载荷 $\boldsymbol{F}$。设各杆自重不计,α 角已知,试分别画出 AB 和 CD 杆的受力图。

解:首先分析 CD 杆的受力情况。由于 CD 杆自重不计,只有 C,D 两铰链处受力,因此,CD 杆为二力杆。在 C,D 处分别受 $\boldsymbol{F}'_C$ 和 $\boldsymbol{F}'_D$ 两力作用,根据二力平衡条件 $\boldsymbol{F}'_C=\boldsymbol{F}'_D$,如图 1-20(b)所示。

然后取 AB 杆为研究对象。AB 杆自重不计,AB 杆在主动力 $\boldsymbol{F}$ 作用下,有绕铰链 A 转动的趋势,但在 C 点处有 CD 杆支撑,给 CD 杆的作用力为 $\boldsymbol{F}'_C$。根据作用力与反作用力公理,给 AB 杆的反作用力 $\boldsymbol{F}_C,\boldsymbol{F}_C=\boldsymbol{F}'_C$。杆 AB 在 A 处为固定铰链支座,约束反力用两个正交分力 $\boldsymbol{F}_{Ax}$ 和 $\boldsymbol{F}_{Ay}$ 表示,如图 1-20(c)所示。

也可采用下述方法进行受力分析。由于 AB 杆在 $\boldsymbol{F},\boldsymbol{F}_C$ 和 $\boldsymbol{F}_A$ 三力作用下平衡,根据三力平衡汇交定理,$\boldsymbol{F}$ 和 $\boldsymbol{F}_C$ 二力作用线的交点为 E,$\boldsymbol{F}_A$ 的作用线也必通过 E 点,从而确定了铰链 A 处的约束反力,如图 1-20(d)所示。

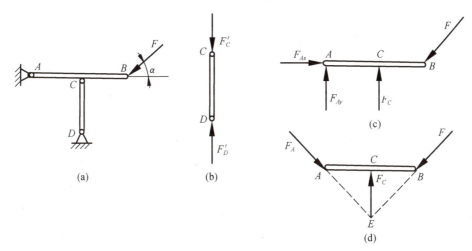

图 1-20

画受力图时须注意以下几点：

(1) 首先要明确是画哪个物体的受力图，确定受力物体及施力物体。要求一个研究对象画一个受力图。

(2) 在分离体的简图上要画出全部主动力和约束力，明确力的数量，不能多画，也不能少画。若选取的研究对象是物体系统，则系统内物体与物体间的作用力对物体系统而言是内力，受力图上不画内力。

(3) 画约束力时，一定要注意，一个物体往往同时受到几个约束的作用，这时应分别根据每个约束单独作用时，由该约束本身特性来确定约束力的方向，而不能凭主观臆测。

(4) 受力图上要标明各力的名称及其作用点的位置，不要任意改变力的作用位置。

(5) 一般情况下，不要将力分解或合成。如果需要分解或合成，分力与合力不要同时画在同一受力图上，以免重复。必要时，用虚线表示分力与合力中的一种。

(6) 画受力图时，要注意应用二力平衡公理、三力平衡汇交定理及作用力与反作用力公理。

小　结

1. 静力学是研究物体在力系作用下的平衡条件的科学。主要研究的三个问题是：(1) 物体的受力分析；(2) 力系的简化；(3) 力系的平衡条件。

2. 刚体、质点、力、力系、平衡是静力学的基本概念，要深入理解各个概念的含义。

3. 静力学公理是静力学理论的基础。公理 2、公理 3 和力的可传性原理只适用于刚体。

4. 静力学主要研究非自由刚体的平衡，因此研究约束并分析约束力的性质很重要。

5. 受力分析、画受力图，是解决力学问题的关键。具体步骤是：取分离体、画主动力、画约束力，检查。

思考题与习题

思　考　题

1-1　构件 AB 受力如图 1-21 所示，在 A 点作用了一个力 F，能否在 B 点处加一个力使之平衡？

1-2　二力平衡条件和作用与反作用公理都是说二力等值、反向、共线，问二者有什么区别？

1-3　为什么说二力平衡条件、加减平衡力系公理和力的可传性等都只适用于刚体？

1-4　如图 1-22 所示，在某物体 A 与 B 两点上分别作用两个力 F_1 与 F_2，若这两个力大小相等、方向相反且共线，试问该物体是否一定平衡？

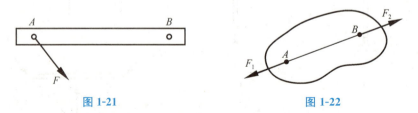

图 1-21　　　　　　　　　图 1-22

1-5　如图 1-23 所示，楔形块 A，B 自重不计，并在光滑 mm 和 nn 平面相接触。若在其上分别作用有两个大小相等、方向相反、作用线相同的力 $\bar{P}$ 与 $\bar{P}'$，试问：此两个刚体是否处于平衡？为什么？

1-6　什么叫二力构件？分析二力构件受力时与构件的形状有无关系？

1-7 已知作用于如图 1-24 所示的物体上二力 F_1 与 F_2,满足二力大小相等、方向相反、作用线相同的条件,物体是否平衡?

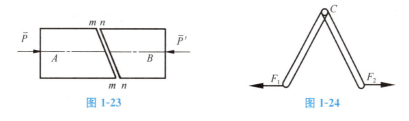

图 1-23　　　　　　　　　　　图 1-24

习　题

1-1　画出图 1-25 所示球及物块的受力图。

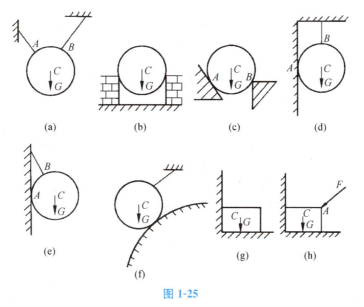

图 1-25

1-2　画出图 1-26 所示 AB 杆的受力图。

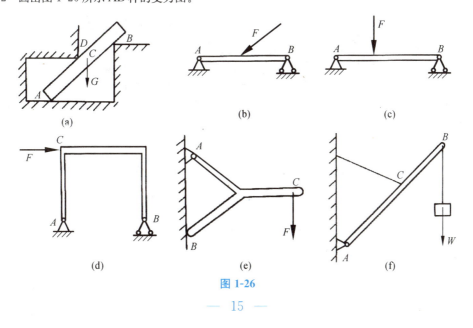

图 1-26

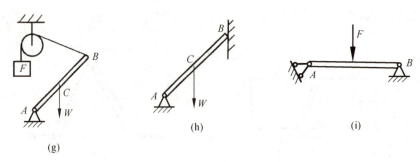

图 1-26(续)

1-3 画出图 1-27 所示各图的外力节点和各杆受力图。

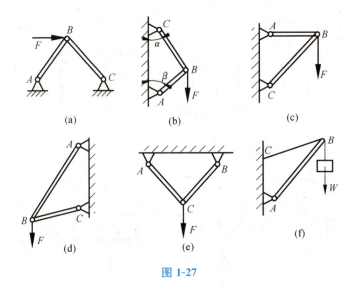

图 1-27

1-4 画出图 1-28 所示各组成构件的受力图。

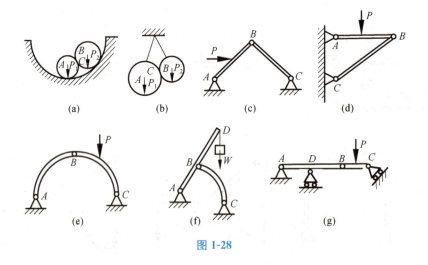

图 1-28

1-5 画出图 1-29 中物体的受力图。

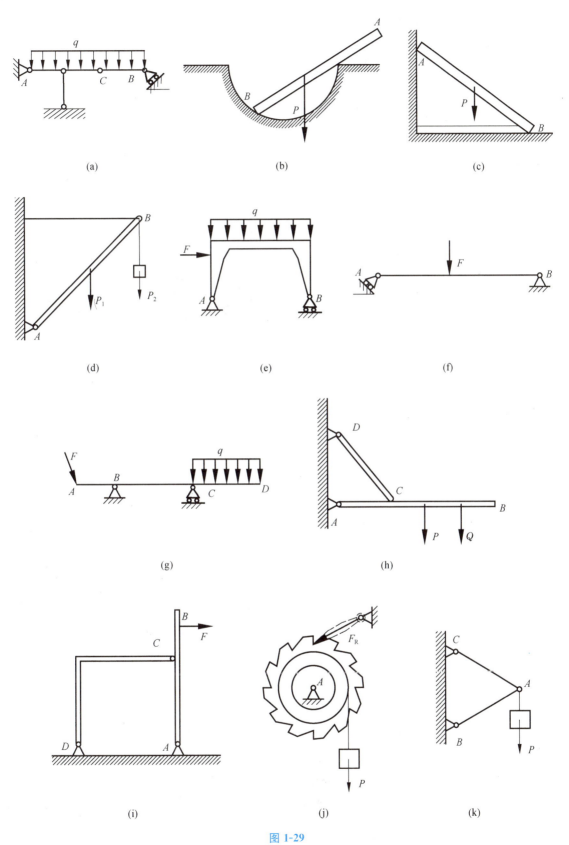

图 1-29

1-6　画出图 1-30 中球和杆的受力图。

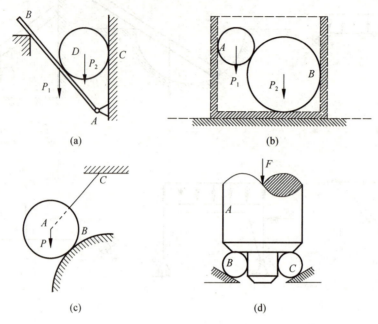

图 1-30

第 2 章 平面基本力系

在工程中常常碰到一些特殊力系,如图 2-1 和图 2-2 所示。这种作用于物体上的各力作用线位于同一平面内,且汇交于一点的力系,称为平面汇交力系。

另外还有一种和转动作用有关的平面力偶系,如图 2-3 所示。

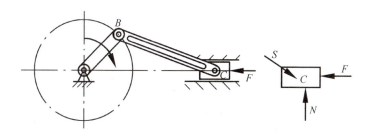

图 2-1

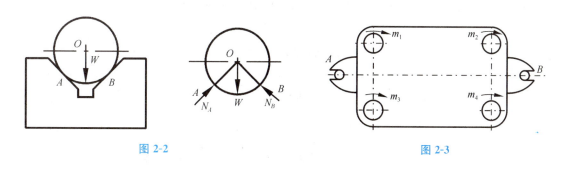

图 2-2   图 2-3

本章主要研究平面汇交力系和平面力偶系这两个基本力系的合成和平衡问题。

2.1 平面汇交力系合成与平衡的几何法

2.1.1 平面汇交力系合成的几何法

1. 两个汇交力的合成

可根据力的平行四边形法则或三角形法则求得合力的大小与方向。如图 2-4(a)所示,作用在物体上的任意两个不平行的力 F_1 和 F_2,根据力的可传性原理,可将这两个力分别沿其作用线移到汇交点,即成为作用在物体上同一点的两个汇交力。如图 2-4(b)所示,其合力可根据力的平行四边形法则来确定,合力的作用线通过汇交点,用矢量式表示为

$$R = F_1 + F_2 \tag{2-1}$$

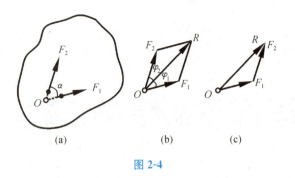

图 2-4

合力 R 的大小和方向,可通过三角形法则求得。以 α 表示两个分力 F_1 与 F_2 之间的夹角,应用余弦定理,得

$$R^2 = F_1^2 + F_2^2 - 2F_1F_2\cos(180°-\alpha) \tag{2-2}$$

或

$$R = \sqrt{F_1^2 + F_2^2 + 2F_1F_2\cos\alpha} \tag{2-3}$$

可确定合力 R 大小。

以 φ_1 和 φ_2 分别表示合力 R 与两边的夹角,应用正弦定理:

$$\frac{F_1}{\sin\varphi_2} = \frac{F_2}{\sin\varphi_1} = \frac{R}{\sin(180°-\alpha)}$$

得

$$\sin\varphi_1 = \frac{F_2}{R}\sin\alpha$$
$$\sin\varphi_2 = \frac{F_1}{R}\sin\alpha \tag{2-4}$$

式中,$\alpha = \varphi_1 + \varphi_2$。由上式可确定合力 R 的方向。

同理,利用力的三角形法则也可确定合力 R 的大小和方向,如图 2-4(c)所示。但必须注意力三角形的矢序规则,分力矢 F_1 和 F_2 沿环绕三角形边界的某一方向首尾相接,而合力 R 则沿相反方向从起点指向最后一个分力矢的末端。作图时若变换分力矢 F_1 和 F_2 的顺序,则得到不同的力三角形。但所得合力矢的大小和方向是一样的。

如果在刚体的点 A 处作用两个共线的力 F_1 和 F_2。如图 2-5(a)所示,那么,当两力同向时,合力的大小等于这两力大小的和,方向与两力相同;当两力反向时,合力的大小等于两力的差,方向与其中较大的力相同,如图 2-5(b)所示。

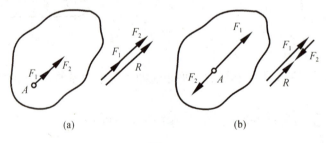

图 2-5

2. 任意个汇交力的合成

如图 2-6(a)所示,设物体受到平面汇交力系 F_1,F_2,F_3,F_4 的作用。求此力系的合力时,可连续使用力的三角形法则。如先求 F_1 和 F_2 的合力 R_1,再求 R_1 和 F_3 的合力 R_2,最后将 R_2 与 F_4 合成,即得力系的合力 R,如图 2-6(b)所示。

由作图的结果可以看出,在求合力 R 时,表示 R_1 和 R_2 的线段完全可以不画。可将各力 F_1,…,F_4 依次首尾相接,形成一条折线,连接其封闭边,从 F_1 的始端指向 F_4 的末端所形成的矢量即为合力,如图 2-6(c)所示,此法称为力的多边形法则。

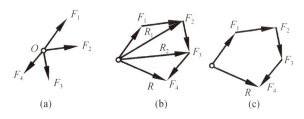

图 2-6

将上述矢量合成法推广到 n 个力的汇交力系求合力,可得出结论:平面汇交力系的合力等于力系各力的矢量和,合力的作用线通过汇交点。合力 R 可用矢量式表示为

$$R = F_1 + F_2 + \cdots + F_n = \sum_{i=1}^{n} F_i \qquad (2-5)$$

画力多边形时,若改变各分力相加的次序,将得到形状不同的力多边形,但最后求得的合力不变,如图 2-7 所示。

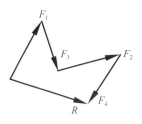

图 2-7

2.1.2 平面汇交力系平衡的几何条件

若刚体在一平面汇交力系作用下处于平衡,则该力系的合力为零;反之,当力系的合力为零时,则刚体处于平衡状态。由于平面汇交力系可用其合力来代替,显然,平面汇交力系平衡的充分和必要条件是:该力系的合力等于零。以矢量等式表示为

$$\sum_{i=1}^{n} F_i = 0 \qquad (2-6)$$

在平衡情况下,合力为零,因此力的多边形中最后一力的终点与第一力的起点重合,此时力的多边形成为封闭的力多边形。即在力多边形中,所有各力首尾相接,形成一闭合多边形(所有各力矢沿着环绕力的多边形边界的同一方向)。因此得出结论,平面汇交力系平衡的充分必要条件是:该力系的力多边形自行封闭,这就是平面汇交力系平衡的几何条件。

例 2-1 支架 ABC 由横杆 AB 与支撑杆 BC 组成,如图 2-8(a)所示。A,B,C 处均为铰链连接,B 端悬挂重物,其重力 $W=5$ kN,杆重不计,试求两杆所受的力。

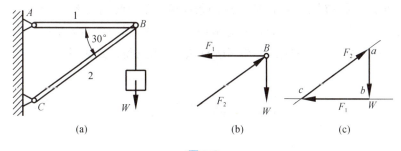

图 2-8

解:(1) 选择研究对象,以销子 B 为研究对象。

(2) 受力分析、画受力图。由于 AB,BC 杆自重不计,杆端为铰链,故均为二力杆,两端所受的力的作用线必过直杆的轴线。根据作用力与反作用力公理,它的约束反力 F_1,F_2 作用于 B 点,此外,绳子的拉力 W(大小等于物体的重力)也作用于 B 点,F_1,F_2,W 组成平面汇交力

系,其受力图如图 2-8(b)所示。

(3) 根据平衡几何条件求出未知力。当销子平衡时,三力组成一个封闭力三角形,先画 W,过 a,b 点分别作 F_2,F_1 的平行线,汇交于 c 点,于是得力三角形 abc,则线段 bc 的长度为 F_1 的大小,线段 ca 的长度为 F_2 的大小,力指向符合首尾相接的原则,如图 2-8(c)所示。

由平衡几何关系求得

$$F_1 = W\cot 30° = \sqrt{3}W \approx 8.66 \text{ kN}$$

$$F_2 = \frac{W}{\sin 30°} = 2W = 10 \text{ kN}$$

根据受力图可知 AB 杆为拉杆,BC 杆为压杆。

例 2-2 起重机吊起的减速箱盖重力 $W=900$ N,两根钢丝 AB 和 AC 与铅垂线的夹角分别为 $\alpha=45°,\beta=30°$,如图 2-9(a)所示,试求箱盖匀速吊起时,钢丝绳 AB 和 AC 的张力。

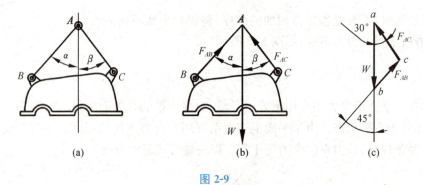

图 2-9

解:(1) 选择研究对象,以箱盖为研究对象。

(2) 受力分析,画受力图。可以证明:作用在刚体上三个相互平衡的力,其作用线必相交于一点。这样,已知力 W 和待求的钢丝绳张力 F_{AB} 和 F_{AC} 都作用在箱盖上,并必汇交于吊环中心 A 处,画出它的受力图,如图 2-9(b)所示。

(3) 应用平衡几何条件,求出未知力。W,F_{AB},F_{AC} 必构成一个自行封闭的力三角形。已知 W 的大小和方向以及 F_{AB},F_{AC} 的方向,只是 F_{AB} 和 F_{AC} 的大小未知。为此,先画 W,再过其两端 a 和 b 分别作直线平行于 F_{AB} 和 F_{AC},这两条线相交于 c 点,于是得力三角形 abc,如图 2-9(c)所示。F_{AB} 和 F_{AC} 的指向应符合首尾相接的原则。可见,画力三角形是以受力图为依据的。

若力三角形的几何关系不复杂,可选用解析法,运用三角公式来计算。例如在本题中,由正弦定理得

$$\frac{F_{AB}}{\sin 30°} = \frac{F_{AC}}{\sin 45°} = \frac{W}{\sin 105°}$$

于是得

$$F_{AB} = \frac{\sin 30°}{\sin 105°}W = \frac{0.5}{0.966} \times 900 = 466(\text{N})$$

$$F_{AC} = \frac{\sin 45°}{\sin 105°}W = \frac{0.707}{0.966} \times 900 = 659(\text{N})$$

若在画力三角形时,W 是按图 2-9(c)中选定的作图比例尺画出,则可在力三角形中直接量出结果。

$$F_{AB} \approx 460 \text{ N}, \quad F_{AC} \approx 660 \text{ N}$$

在工程中,当结构的几何尺寸关系复杂时,用作图法解题较为简便。

2.2 平面汇交力系合成与平衡的解析法

平面汇交力系合成的几何法,虽比较简单,但作图要十分准确,否则会引起较大的误差。工程中应用得较多的是解析法。这种方法主要是应用力在坐标轴上的投影作为基础来进行计算。

2.2.1 力的分解

由 2.1 节知道,两个共点力可以合成为一个合力,解答是唯一的;可是反过来,要把一个已知力分解为两个力,若无足够的条件限制,其解答将是不定的。因为在力的平行四边形法则 $\boldsymbol{R}=\boldsymbol{F}_1+\boldsymbol{F}_2$ 中,每一个矢量都包含有大小和方向两个要素,故上式共有六个要素,必须已知其中四个才能确定其余两个。在已知合力大小和方向的条件下,还必须规定另外两个条件,例如,规定两个分力的方向;或两个分力的大小;或一个分力的大小和方向;或一个分力的大小和另一个分力的方向等。所以要使问题有确定的解答,必须附加足够的条件。

在工程实际中经常会遇到要把一个力沿两个已知方向分解,求这两个分力大小的问题。

2.2.2 力在直角坐标系上的投影

如图 2-10(a)所示,设在平面直角坐标系 Oxy 内,有一已知力 $\boldsymbol{F}$,从力 $\boldsymbol{F}$ 的两端 A 和 B 分别向 x,y 轴作垂线,得到线段 $\overline{ab}$ 和 $\overline{a'b'}$,其中 $\overline{ab}$ 为 $\boldsymbol{F}$ 在 x 轴上的投影,以 X 表示;$\overline{a'b'}$ 为力 $\boldsymbol{F}$ 在 y 轴上的投影,以 Y 表示。并且规定:当力的始端到末端投影的方向与坐标轴的正向相同时,投影为正;反之为负。图 2-10(a)中的 X,Y 均为正值,图 2-10(b)中的 X,Y 均为负值。所以,力在坐标轴上的投影是代数量。

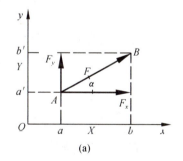
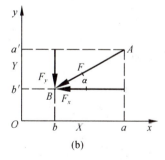

(a)　　　　　　　　　　(b)

图 2-10

力的投影的大小可用三角公式计算,设力 $\boldsymbol{F}$ 与 x 轴的正向夹角为 α,则对于图 2-10(a)的情况为

$$X = F\cos\alpha \\ Y = F\sin\alpha \tag{2-7}$$

对于图 2-10(b)的情况为

$$X = -F\cos\alpha$$
$$Y = -F\sin\alpha \tag{2-8}$$

如将力 F 沿 x，y 坐标轴分解，所得分力 F_x、F_y，其值与力 F 在同轴的投影 X、Y 值相等，但必须注意：力的投影与力的分量是两个不同的概念。力的投影是代数量，而分力是矢量。只有在直角坐标系中，两者大小相等，投影的正、负号表明分力的指向。

2.2.3 合力投影定理

合力投影定理建立了合力的投影与分力的投影之间的关系。图 2-11 表示平面汇交力系的各力矢 F_1，F_2，F_3，F_4 组成的力多边形，R 为合力。将力多边形中各力矢投影到 x 轴上，由图可见

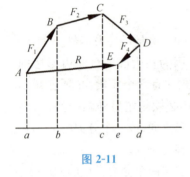

图 2-11

$$ae = ab + bc + cd - de$$

按投影定义，上式左端为合力 R 的投影，右端为四个分力的投影的代数和，即 $R_x = X_1 + X_2 + X_3 + X_4 = F_{1x} + F_{2x} + F_{3x} + F_{4x}$。显然，上式可推广到任意多个力的情况，即

$$R_x = X_1 + X_2 + \cdots + X_n = F_{1x} + F_{2x} + \cdots + F_{nx} = \sum_{i=1}^{n} F_{ix} \tag{2-9}$$

同理

$$R_y = Y_1 + Y_2 + \cdots + Y_n = F_{1y} + F_{2y} + \cdots + F_{ny} = \sum_{i=1}^{n} F_{iy} \tag{2-10}$$

于是可得结论：合力在任一轴上的投影等于各分力在同一轴上的投影的代数和。这就是合力投影定理。

2.2.4 平面汇交力系合成的解析法

求平面汇交力系合力的解析法，是用力在直角坐标轴上的投影，计算合力的大小，确定合力的方向。

设在刚体上的点 O 处，作用了由 n 个力 F_1，F_2，$\cdots$，F_n 组成的平面汇交力系，如图 2-12(a) 所示，求合力的大小和方向。

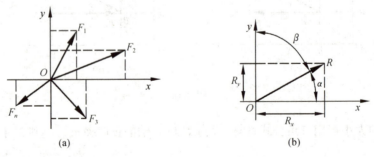

图 2-12

设 X_1 和 Y_1，X_2 和 Y_2，$\cdots$，X_n 和 Y_n 分别表示力 F_1，F_2，$\cdots$，F_n 在正交轴 Ox 和 Oy 上的投影。根据合力投影定理，可求得合力 R 在这两轴上的投影，如图 2-12(b) 所示。

$$R_x = X_1 + X_2 + \cdots + X_n = F_{1x} + F_{2x} + \cdots + F_{nx} = \sum_{i=1}^{n} F_{ix}$$

$$R_y = Y_1 + Y_2 + \cdots + Y_n = F_{1y} + F_{2y} + \cdots + F_{ny} = \sum_{i=1}^{n} F_{iy}$$

根据式(2-3)可求得合力的大小和方向为

$$R = \sqrt{R_x^2 + R_y^2} = \sqrt{\left(\sum_{i=1}^{n} X_i\right)^2 + \left(\sum_{i=1}^{n} Y_i\right)^2} \tag{2-11}$$

$$\tan \alpha = \left| \frac{R_y}{R_x} \right| \tag{2-12}$$

式中的 α 表示合力与 x 轴所夹的锐角;$\boldsymbol{R}$ 的实际指向由 R_x,R_y 的正负号决定。

例 2-3 如图 2-13(a)所示,在物体的 O 点作用有四个平面汇交力。已知 $F_1 = 100$ N,$F_2 = 100$ N,$F_3 = 150$ N,$F_4 = 200$ N,$\boldsymbol{F}_1$ 水平向右,试用解析法求其合力。

解:取直角坐标系 Oxy,如图 2-13 所示。根据图 2-13 所给的角度在图上标出各力与坐标轴的夹角,于是有

$$F_{Rx} = \sum F_x = F_1 + F_2 \cos 50° - F_3 \cos 60° - F_4 \cos 20°$$
$$= 100 + 100 \times 0.642\,8 - 150 \times 0.5 - 200 \times 0.939\,7 = -98.66(\text{N})$$

$$F_{Ry} = \sum F_y = 0 + F_2 \sin 50° + F_3 \sin 60° - F_4 \sin 20°$$
$$= 100 \times 0.766 + 150 \times 0.866 - 200 \times 0.342 = 138.1(\text{N})$$

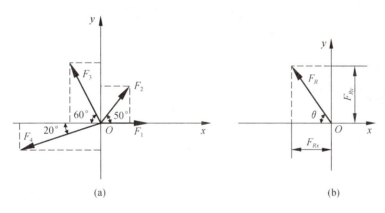

图 2-13

从 F_{Rx},F_{Ry} 的代数值可见,F_{Rx} 沿 x 轴的负向,F_{Ry} 沿 y 轴的正向,见图 2-13(b)。由式(2-11)得合力的大小

$$F_R = \sqrt{F_{Rx}^2 + F_{Ry}^2} = \sqrt{(-98.66)^2 + 138.1^2} = 169.7(\text{N})$$

可以用式(2-12)来确定 F_R 的方向

$$\tan \theta = \left| \frac{F_{Ry}}{F_{Rx}} \right| = \frac{138.1}{98.66} = 1.4$$

所以

$$\theta = 54°28'$$

2.2.5 平面汇交力系平衡的解析条件

平面汇交力系的平衡条件是力系的合力等于零。合力的大小为

$$R = \sqrt{\left(\sum F_x\right)^2 + \left(\sum F_y\right)^2}$$

当合力为零时

$$\sqrt{\left(\sum F_x\right)^2 + \left(\sum F_y\right)^2} = 0 \tag{2-13}$$

即

$$\begin{cases} \sum F_x = 0 \\ \sum F_y = 0 \end{cases} \tag{2-14}$$

由此可知,平面汇交力系平衡的充分必要条件是力系中所有力在任意两个坐标轴上投影的代数和为零。

式(2-14)是平面汇交力系的解析条件,亦称平面汇交力系的平衡方程。由于平面汇交力系有两个独立的平衡方程,因此只能求解两个未知量,可以是力的大小,也可以是力的方向。

应用平衡方程来解决工程上的平衡问题是静力学的主要任务之一。下面举例说明平面汇交力系平衡方程的应用。

例 2-4 简易起重装置如图 2-14(a)所示,重物吊在钢丝绳的一端,钢丝绳的另一端跨过定滑轮 A,绕在绞车 D 的鼓轮上,定滑轮用直杆 AB 和 AC 支承,定滑轮半径较小,其大小可略去不计,设重物重力 $W = 2 \text{ kN}$,定滑轮、各直杆以及钢丝绳的重力不计,各处接触均为光滑。试求匀速提升重物时,杆 AB 和 AC 所受的力。

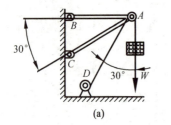
(a)
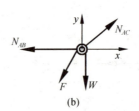
(b)
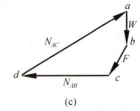
(c)

图 2-14

解:杆 AB 和 AC 的受力可以通过它们对滑轮的反力求出。因此,可以选取滑轮为研究对象,其上受有 AB 和 AC 杆的反力,因 AB 和 AC 杆为二力杆,所以反力的方向沿杆的轴线。此外滑轮上还受有绳索的拉力,与 W 大小相等。滑轮的受力图如图 2-14(b)所示。应用多边形法则画出图 2-14(c),其中只有 N_{AB} 和 N_{AC} 的大小未知,两个未知数可由汇交力系平衡方程解出。

由

$$\sum F_y = 0, \quad N_{AC}\sin 30° - F\cos 30° - W = 0$$

得

$$N_{AC} = \frac{W + F\cos 30°}{\sin 30°} = \frac{2 + 2 \times 0.866}{0.5} = 7.46 \text{(kN)}$$

再由

$$\sum F_x = 0, \quad -N_{AB} + N_{AC}\cos 30° - F\sin 30° = 0$$

可得
$$N_{AB} = N_{AC}\cos 30° - F\sin 30° = [(7.46) \times 0.866 - 2 \times 0.5] = 5.46 \text{ (kN)}$$

N_{AC} 为负值,表明 N_{AC} 的实际指向与假设方向相反,因此,AC 杆为受压杆。

例 2-5 压榨机简图如图 2-15(a)所示,在 A 铰链处作用一水平力 F 使 C 块压紧物体 D。若杆 AB 和 AC 的重力忽略不计,各处接触均为光滑,求物体 D 所受的压力。

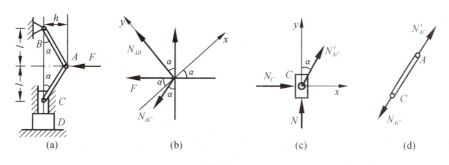

图 2-15

解:根据作用力与反作用力的关系,求压块 C 对物体的压力,可通过物体对压块的约束力 N 而得到,而欲求压块 C 所受的力 N,则需先确定 AC 杆所受的力。为此,应先考虑铰链 A 的平衡,找到 AC 内力与主动力 F 的关系。

根据上述分析,可先取铰链 A 为研究对象,设二力杆 AB 和 AC 均受拉力,因此铰链 A 的受力图如图 2-15(b)所示。为了使某个未知力只在一个轴上有投影,在另一轴上的投影为零,坐标轴应尽量取在与未知力作用线相垂直的方向。这样在一个平衡方程式中,可减少一个未知数,按图 2-15(b)所示坐标系,列出平衡方程,即

$$\sum F_x = 0, \quad -F\cos\alpha - N_{AC}\cos(90° - 2\alpha) = 0$$

得
$$N_{AC} = -F\frac{\cos\alpha}{\sin 2\alpha} = -\frac{F}{2\sin\alpha}$$

再选取压块 C 为研究对象,其所取坐标系及受力图如图 2-15(c)所示,列平衡方程,即
$$\sum F_y = 0, \quad N'_{AC}\cos\alpha + N = 0$$

选取杆 AC 为研究对象,其受力如图 2-15(d)所示,列平衡方程,即
$$N'_{AC} = N_{AC}$$

得
$$N = -N_{AC}\cos\alpha = -\left(\frac{-F}{2\sin\alpha}\right)\cos\alpha = \frac{F\cot\alpha}{2} = \frac{Fl}{2h}$$

例 2-6 如图 2-16 所示的压榨机中,杆 AB 和 BC 的长度相等,自重忽略不计。A,B,C 处为铰链连接。已知活塞 D 上受到油缸内的总压力为 $P = 3\,000$ N,$h = 200$ mm,$l = 1\,500$ mm。试求压块 C 作用于工件的压力。

解:根据作用力和反作用力的关系,求压块对工件的压力,可通过求工件对压块的约束反力 Q 而得到。而已知油缸的总压力作用在活塞上,因此要分别研究活塞杆 DB 和压块 C 的平

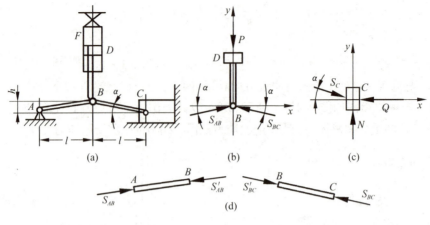

图 2-16

衡才能解决问题。

先选活塞杆 DB 为研究对象。设而二力杆 AB，BC 均受压力。因此活塞杆的受力如图 2-16(b)所示。按图示坐标轴列出平衡方程，即

$$\sum F_x = 0, \quad S_{AB}\cos\alpha - S_{BC}\cos\alpha = 0$$

解得

$$S_{AB} = S_{BC}$$

$$\sum F_y = 0, \quad S_{AB}\sin\alpha + S_{BC}\sin\alpha - P = 0$$

解得

$$S_{AB} = S_{BC} = \frac{P}{2\sin\alpha}$$

再选压块 C 为研究对象，其受力图如图 2-16(c)所示。通过二力杆 BC 的平衡，可知 $S_C = S_{BC}$。按图示坐标轴列出平衡方程，即

$$\sum F_x = 0, \quad -Q + S_C\cos\alpha = 0$$

代入得

$$Q = \frac{P\cos\alpha}{2\sin\alpha} = \frac{P}{2}\cot\alpha = \frac{Pl}{2h} = 11.25(\text{kN})$$

压块对工件的压力就是力 Q 的反作用力，也等于 11.25 kN。

例 2-7 铰接四杆机构 $ABCD$，由三根不计重力的直杆组成，如图 2-17(a)所示。在销钉

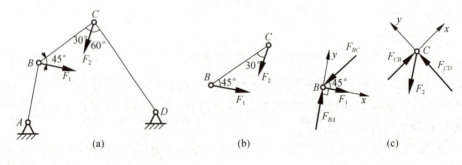

图 2-17

B 上作用一力 F_1，销钉 C 上作用一力 F_2，方位如图所示。若 $F_1=100$ N，求平衡力 F_2 的大小。

解法一：

该机构在 F_1，F_2 二力作用下平衡，那么机构中各个杆件都处于静止平衡状态。取出 BC 杆，只有当作用在该杆上的力 F_1，F_2 在 BC 杆上的投影相等，BC 杆才不运动，处于静止平衡。所以，可以列出 BC 杆方向的投影方程，即

$$\sum F_{BC} = 0, \quad F_1\cos 45° - F_2\cos 30° = 0$$

所以

$$F_2 = \frac{\cos 45°}{\cos 30°}F_1 = \frac{0.707}{0.866}\times 100 \text{ N} \approx 81.64 \text{ kN}$$

求得平衡力 $F_2=81.64$ N。

解法二：

由题意可知，由于外力作用在销钉轴上，各杆重力不计，故各杆均为二力杆件。取销钉轴 B 和 C 为研究对象。分析受力图如图 2-17(c) 所示。

先取销钉轴 B 为研究对象，在 B 点受力图上取直角坐标轴 xBy，对 x 轴列投影平衡方程式，有

$$\sum F_x = 0, \quad F_1 - F_{BC}\cos 45° = 0$$

解得

$$F_{BC} = \frac{F_1}{\cos 45°} = \frac{100}{0.707} \approx 141.4(\text{N})$$

再取销钉轴 C 为研究对象，在 C 点受力图上取直角坐标轴 $x'Cy'$，对 x' 轴列投影平衡方程式，有

$$\sum F_x = 0, \quad F_{CB} - F_2\cos 30° = 0$$

解得

$$F_{CB} = F_2\cos 30°$$

由于

$$F_{CB} = F_{BC}$$

所以

$$F_2 = \frac{F_{BC}}{\cos 30°} = \frac{141.4}{0.866} \approx 163.3(\text{N})$$

求得销钉轴 C 处的平衡力 $F_2=163.3$ N。

分析讨论：解法二在取研究对象、分析受力建立解题思路上是正确的，符合题意要求。而解法一在取研究对称、分析受力和解题思路上是不正确的，只凭想象、感觉而以 BC 杆为研究对象，在分析 BC 杆受力时，又把 AB 杆和 DC 杆对 BC 杆的作用力丢掉了。在向 BC 杆投影时，F_{CD} 垂直于 BC 杆，丢掉了没有影响；而 F_{BA} 力在 BC 杆上有投影，丢掉了就会直接影响计算结果。所以解法一计算结果是错误的，解法二计算结果是正确的。

通过以上的例题，可以看出静力分析的方法在求解静力学平衡问题中的重要性。归纳出平面汇交力系平衡方程的应用主要步骤和注意事项如下：

(1) 选择研究对象时应注意：①所选择的研究对象应作用有已知力（或已经求出的力）和未知力，这样才能应用平衡条件由已知力求得未知力；②先以受力简单并能由已知力求得未知力的物体作为研究对象，然后再以受力较为复杂的物体作为研究对象。

(2) 取隔离体，画受力图。研究对象确定之后，进而需要分析受力情况，为此，需将研究对象从其周围物体中隔离出来。根据所受的外载荷画出隔离体所受的主动力；根据约束性质、画

出隔离体上所受的约束力,最后得到研究对象的受力图。

(3) 选取坐标系,计算力系中所有的力在坐标轴上的投影。坐标轴可以任意选择,但应尽量使坐标轴与未知力平行或垂直,可以使力的投影简便,同时使平衡方程中包括最少的数目的未知量,避免解联立方程。

(4) 列平衡方程,求解未知量。若求出的力为正值,则表示受力图上所设的力的指向与实际指向相同;若求出的力为负值,则表示受力图上力的实际指向与所假设指向相反,在受力图上不必改正。在答案中要说明力的方向。

2.3 平面力对点的矩

力对物体的作用效应有两种情况:①如果力的作用线通过物体的质心,将使物体在力的方向上平动,例如放在光滑桌面上的矩形玻璃板,如图 2-18(a)所示,在力 F 作用下平动;②如果力 F 的作用线不通过物体的质心,物体将在力 F 作用下,边平动边转动,如图 2-18(b)所示。

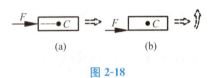

图 2-18

本节将研究力对刚体的转动作用,由此引入力对点的矩的概念。

2.3.1 力对点的矩的概念

实践表明,作用在物体上的力除有平动效应外,有时还同时有转动效应。必须指出,一个力不可能只使物体产生绕质心的转动效应。如单桨划船,船不可能在原处旋转。但是,作用在有固定支点的物体上的力将对物体只产生绕支点的转动效应。如用扳手拧螺母,作用于板手上的力 F 使扳手绕固定点 O 转动,如图 2-19 所示。

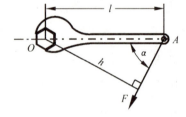

图 2-19

由经验可知,使螺母绕 O 点转动的效果,不仅与力 F 的大小成正比,而且与 O 点至该力作用线的垂直距离 h 也成正比。同时,如果力 F 使扳手绕 O 点转动的方向不同,则其效果也不同。由此可见,力 F 使扳手绕 O 点转动的效果,取决于两个因素:力的大小与 O 点到该力作用线垂直距离的乘积($F \cdot h$)和力使扳手绕 O 点转动的方向。可用一个代数量 $\pm Fh$ 来表示,称为力对点 O 的矩,简称力矩。用公式记为

$$M_O(\boldsymbol{F}) = \pm Fh \tag{2-15}$$

O 点称为力矩中心,简称矩心,距离 h 称为力臂。

在平面问题中,力对点的矩是一个代数量,力矩的大小等于力的大小与力臂的乘积。其正负号表示力使物体绕矩心转动的方向。通常规定:力使物体做逆时针方向转动时力矩为正,如图 2-20(a)所示;反之为负,如图 2-20(b)所示。

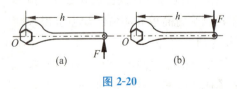

图 2-20

力矩的单位在国际单位制中为牛顿米,符号为牛·米(N·m),或千牛顿米,符号为千牛·米(kN·m)。

力矩在下列两种情况下等于零:

(1) 力的大小为零。

(2) 力的作用线通过矩心,即力臂等于零。

2.3.2 合力矩定理

在计算力矩时,有时直接按力乘以力臂计算比较困难。这时,如果将力作适当分解,计算各力的分力的力矩则很方便。利用合力矩定理,可以建立合力对某点的矩与其分力对同一点的矩之间的关系。

平面汇交力系的合力对平面内任一点的矩,等于力系中各分力对于该点力矩的代数和。即

$$M_O(\boldsymbol{R}) = M_O(\boldsymbol{F}_1) + M_O(\boldsymbol{F}_2) + \cdots + M_O(\boldsymbol{F}_n)$$

或

$$M_O(\boldsymbol{R}) = \sum M_O(\boldsymbol{F}_i) \tag{2-16}$$

例 2-8 图 2-21 中带轮直径 $D=400\ \text{mm}$,平带拉力 $F_1=1\ 500\ \text{N}$, $F_2=750\ \text{N}$,与水平线夹角 $\theta=15°$。求平带拉力 $\boldsymbol{F}_1$,$\boldsymbol{F}_2$ 对轮心 O 的矩。

解:皮带拉力沿带轮的切线方向,则力臂 $d=D/2$,而与角 θ 无关。根据 $M_O(\boldsymbol{F})=\pm Fd$

得 $M_O(\boldsymbol{F}_1)=-F_1 d=-F_1\dfrac{D}{2}=-1\ 500\times\dfrac{0.4}{2}=-300(\text{N}\cdot\text{m})$

$M_O(\boldsymbol{F}_2)=F_2 d=F_2\dfrac{D}{2}=750\times\dfrac{0.4}{2}=150(\text{N}\cdot\text{m})$

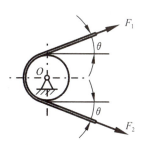

图 2-21

例 2-9 如图 2-22(a)所示,作用于齿轮的啮合力 $P_n=1\ 000\ \text{N}$,节圆直径 $D=160\ \text{mm}$,压力角 $\alpha=20°$,求啮合力 $\boldsymbol{P}_n$ 对于轮心 O 的矩。

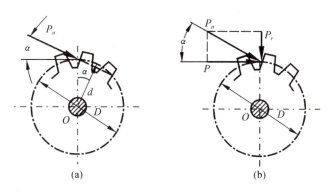

图 2-22

解:(1) 应用力矩公式计算。

由图 2-22(a)中几何关系可知力臂 $d=\dfrac{D}{2}\cos\alpha$,则

$$M_O(\boldsymbol{P}_n)=-P_n\times d=-1\ 000\times\dfrac{0.16}{2}\cos 20°\approx-75.2(\text{N}\cdot\text{m})$$

(2) 应用合力矩定理计算。

将啮合力 $\boldsymbol{P}_n$ 正交分解为圆周力 $\boldsymbol{P}$ 和径向力 $\boldsymbol{P}_r$,如图 2-22(b)所示,可知节圆半径是圆周

力的力臂,根据合力矩定理,则

$$M_O(\boldsymbol{P}_n) = M_O(\boldsymbol{P}) + M_O(\boldsymbol{P}_r) = -P_n\cos\alpha\frac{D}{2} + 0 = -1\,000\cos 20°\times\frac{0.16}{2} \approx -75.2(\text{N}\cdot\text{m})$$

工程中齿轮的圆周力和径向力是分别给出的,因此第二种方法用得较为普遍。

2.4 平面力偶系合成与平衡

2.4.1 力偶与力偶矩

在工程问题中,常常遇到承受力偶作用的物体。所谓力偶,是由大小相等、方向相反、不共线的两个平行力 $\boldsymbol{F}$ 与 $\boldsymbol{F}'$ 所组成,通常用符号 $(\boldsymbol{F},\boldsymbol{F}')$ 表示。两力作用线所决定的平面称为力偶的作用面,而力作用线间的垂直距离称为力偶臂。如图 2-23 所示,用丝锥攻丝和汽车司机转动方向盘等,都是受到大小相等、方向相反但作用线不在同一直线上的两个平行力的作用。

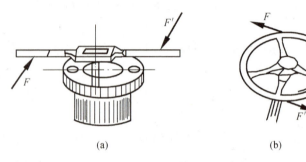

图 2-23

在力偶中,等值、反向平行力的合力显然等于零,但由于它们不共线而不能相互平衡,它们能使物体改变转动状态。既然力偶不能合成为一个力或用一个力来等效替换,那么力偶也不能用一个力来平衡。因此,力和力偶是静力学的两个基本要素。

力偶由两个力组成,它的作用是改变物体的转动状态。因此,力偶对物体的转动效果,可用力偶的两个力对其作用面内某点的矩的代数和来度量。

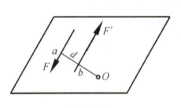

图 2-24

设有力偶 $(\boldsymbol{F},\boldsymbol{F}')$,其力偶臂为 d,如图 2-24 所示。力偶对点 O 的矩为 $m_O(\boldsymbol{F},\boldsymbol{F}')$,则

$$m_O(\boldsymbol{F},\boldsymbol{F}') = m_O(\boldsymbol{F}) + m_O(\boldsymbol{F}') = F\cdot aO - F'\cdot bO$$
$$= F(aO - bO) = Fd \tag{2-17}$$

因为矩心 O 是任意选取的,由此可知,力偶的作用效果决定于力的大小和力偶臂的长短,与矩心的位置无关。

力与力偶臂的乘积称为力偶矩,记作 $m(\boldsymbol{F},\boldsymbol{F}')$,简记为 m。

由于力偶在平面内的转向不同,作用效果也不相同。因此,力偶对物体的作用效果,由以下两个因素决定:

(1) 力偶矩的大小。

(2) 力偶在作用平面内的转向。

若把力偶矩视为代数量,就可以包括这两个因素,即

$$m = \pm Fd \tag{2-18}$$

于是可得结论:力偶矩是一个代数量,其绝对值等于力的大小与力偶臂的乘积,正负号表示力偶的转向:逆时针转向为正,反之则为负。力偶矩的单位与力矩相同,也是牛顿·米(N·m)。

2.4.2 力偶的等效条件

定理:在同平面内的两个力偶,如果力偶矩相等,则两力偶等效。

如图 2-25 所示,汽车司机用双手转动方向盘,作用于汽车方向盘上的力偶(F_1, F_1')与具有相同力偶矩的另外一个力偶(F_2, F_2')使方向盘产生完全相同的运动效应。

由此可知,同平面内力偶等效的条件是:力偶矩的大小相等,力偶的转向相同。并可得出两个重要推论:

(1) 只要不改变力偶矩的大小和力偶的转向,力偶的位置可以在它的作用平面内任意移动或转动,而不改变它对物体的作用效果。

(2) 只要保持力偶矩不变,可以同时改变力偶的力的大小和力偶臂的长短,而不改变力偶对物体的作用效果。

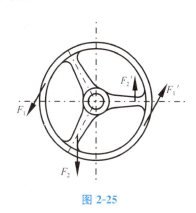

图 2-25

2.4.3 力偶的性质

力偶是两个具有特殊关系的力的组合,具有与单个力不同的性质,现说明如下:

(1) 力偶的两个力在任何坐标轴上的投影代数和为零。力偶没有合力。因此力偶不能与一个力平衡,它必须用力偶来平衡。

(2) 力偶对物体的作用效应取决于力偶的两要素,而与力偶的作用位置无关。

(3) 力偶对于作用面内任一点的矩为一常量并等于其力偶矩。

2.4.4 平面力偶系的合成与平衡

1. 平面力偶系的合成

作用在一个物体上同一平面或平行平面内的多个力偶,称为平面力偶系。由于平面内的力偶对物体的作用效果只决定于力偶的大小和力偶的转向,所以平面力偶系合成的结果必然是一个合力偶,并且其合力偶矩应等于各分力偶矩的代数和。设 $m_1, m_2, \cdots, m_n$ 为平面力偶系中各力偶矩,M 为合力偶矩,则

$$M = \sum_{i=1}^{n} m_i \tag{2-19}$$

2. 平面力偶系的平衡

由于平面力偶系合成的结果只能是一个合力偶,当其合力偶矩等于零时,表明使物体顺时针方向转动的力偶矩与使物体逆时针方向转动的力偶矩相等,作用效果相互抵消,物体处于平衡状态。因此,平面力偶系平衡的必要和充分条件是:所有各力偶矩的代数和等于零。即

$$\sum_{i=1}^{n} m_i = 0 \tag{2-20}$$

式(2-20)称为平面力偶系的平衡方程。应用平面力偶系的平衡方程可以求解一个未知量。

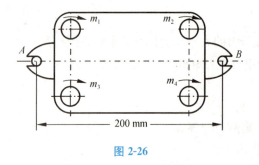

图 2-26

例 2-10 如图 2-26 所示,用多轴钻床在水平放置的工件上同时钻四个直径相同的孔,每个钻头的主切削力在水平面内组成一力偶,各力偶矩的大小为 $m_1=m_2=m_3=m_4=15\ \text{N}\cdot\text{m}$,转向如图。求工件受到的总切削力偶矩是多大?

解:作用于工件的力偶有四个,各力偶矩的大小相等,转向相同,且在同一平面内。可求出其合力偶矩为

$$M = m_1 + m_2 + m_3 + m_4 = 4\times(-15) = -60(\text{N}\cdot\text{m})$$

负号表示合力偶为顺时针转向。

例 2-11 一平行轴减速箱如图 2-27(a)所示,所受的力可视为都在图示平面内。减速箱输入轴 I 上作用一反力偶,其矩为 $m_1=50\ \text{N}\cdot\text{m}$;输出轴 II 上作用一正力偶,其矩为 $m_2=60\ \text{N}\cdot\text{m}$。设 AB 间距 $l=20\ \text{cm}$,不计减速箱重力。试求螺栓 A,B 以及支承面所受的力。

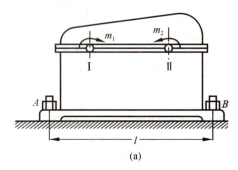

(a)

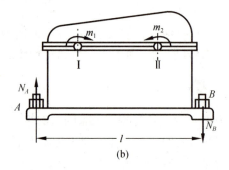

(b)

图 2-27

解:取减速箱为研究对象。减速箱除受两个力偶矩作用外,还受到螺栓与支承面的约束力的作用。因为力偶必须用力偶来平衡,故这些约束力也必定组成一力偶,A,B 处的约束反力方向如图 2-27(b)所示,且 $N_A=N_B$。

根据平面力偶系的平衡条件,列平衡方程

$$\sum_{i=1}^{n} m_i = 0, \quad m_2 - m_1 - N_A l = 0$$

$$N_A = \frac{m_2 - m_1}{l} = \frac{60-50}{0.2} = 50(\text{N})$$

$$N_A = N_B = 50\ \text{N}$$

约束力 N_A 及 N_B 分别由 A 处支承面和 B 处支承面产生的反作用力。因而,A 处支承面受压力,B 处支承面受拉力,大小都是 50 N。

例 2-12 在梁 AB 上作用一力偶,其力偶矩大小为 $m=200\ \text{kN}\cdot\text{m}$,转向如图 2-28(a)所示。梁长 $l=2\ \text{m}$,不计自重,求支座 A,B 的约束力。

解:取梁 AB 为研究对象。梁 AB 上作用一力偶矩 m 及支座 A,B 的约束力 N_A,N_B。N_B 的作用线沿铅垂方向,根据力偶只能

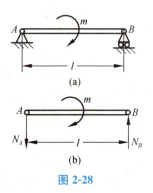

图 2-28

与力偶相平衡的性质,可知 N_A 及 N_B 必组成一个力偶,因此 N_A 的作用线也沿铅垂方向。梁 AB 在两个力偶的作用下处于平衡状态,如图 2-28(b)所示,可列平面力偶系的平衡方程为

$$\sum_{i=1}^{n} m_i = 0, \quad N_A l - m = 0$$

$$N_A = \frac{m}{l} = \frac{200}{2} = 100 (\text{kN})$$

$$N_A = N_B = 100 \text{ kN}$$

此题说明力偶在梁上的位置对支座 A,B 的约束力无影响。

小　结

本章研究了两种基本力系的合成和平衡问题。

1. 平面汇交力系的合成和平衡问题应用两种方法：

(1) 几何法,平面汇交力系平衡的几何条件是该力系的力多边形自行封闭。

(2) 解析法,应用解析法解决平面汇交力系的合成和平衡问题是本章的重点。合成时分别求解 $R_x = X_1 + X_2 + \cdots + X_n = \sum_{i=1}^{n} F_{xi}, R_y = Y_1 + Y_2 + \cdots + Y_n = \sum_{i=1}^{n} F_{yi}$。然后利用 $R = \sqrt{R_x^2 + R_y^2} = \sqrt{\left(\sum_{i=1}^{n} F_{xi}\right)^2 + \left(\sum_{i=1}^{n} F_{yi}\right)^2}$ 进行合成。其平衡方程是

$$\begin{cases} \sum F_x = 0 \\ \sum F_y = 0 \end{cases}$$

2. 应用平面汇交力系平衡方程时要注意：

(1) 所选择的研究对象应作用有已知力(或已经求出的力)和未知力；

(2) 先以受力简单并能由已知力求得未知力的物体作为研究对象,然后再以受力较为复杂的物体作为研究对象。

(3) 进行受力分析时需将研究对象从其周围物体中隔离出来,画出受力图。

(4) 选取坐标系应尽量使坐标轴与未知力平行或垂直,使力的投影简便且平衡方程中未知量的数目最少,避免解联立方程。

3. 力偶系的合成和平衡应用下面公式进行求解

$$M = \sum_{i=1}^{n} m_i$$

$$\sum_{i=1}^{n} m_i = 0$$

思考题与习题

思　考　题

2-1　合力是否一定比分力大？

2-2　如图 2-29 所示两个力三角形中三个力的关系是否一样？

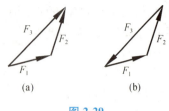

图 2-29

2-3 力 F 沿轴 Ox,Oy 的分力和力在两轴上的投影有何区别?

2-4 用解析法求平面汇交力系的合力时,若取不同的直角坐标轴,所求得的合力是否相同? 为什么?

2-5 试比较力矩与力偶矩两者的异同。

2-6 力偶是否可以用一个力来平衡? 为什么?

2-7 从平面力偶理论知道,一力不能与力偶平衡。但是为什么图 2-30 所示的轮子上的力偶矩 m 似乎与重物的力 P 相平衡呢?原因在哪里?

2-8 二力汇交,其大小相等且与其合力大小一样,则此二力夹角为( )。

A. 0° B. 90° C. 120° D. 180°

2-9 一物体受到两个共点力作用,无论在什么情况下,其合力( )。

A. 一定大于任意一个分力

B. 至少比一个分力大

C. 不大于两个分力大小的和,也不小于两个分力大小的差

D. 随两个分力夹角的增大而增大

2-10 图 2-31 所示杆 AC,BC 用铰链连接,能否据力的可传性原理将作用于杆 AC 上的力 F 沿其作用线移至 BC 杆上而成 F'。

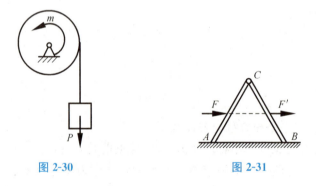

图 2-30　　　　　　图 2-31

2-11 如图 2-32 所示的三种结构,构件自重不计,忽略摩擦,$\alpha=60°$,B 处都作用有相同水平力 F,问铰链 A 处约束反力是否相同。

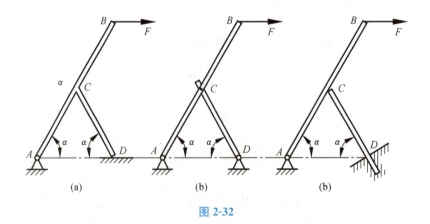

图 2-32

2-12 一力偶矩为 M 的力偶作用在曲杆 AB 上,试求图 2-33 中不同支承方式下的支承反力。

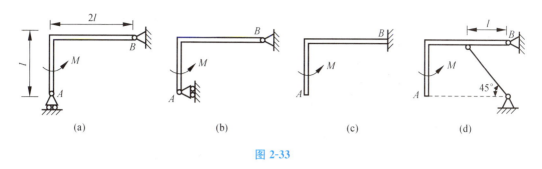

图 2-33

习　题

2-1　铆接钢板在孔 A,B 和 C 处受三个力作用,如图 2-34 所示。已知 $P_1=100$ N,沿铅垂方向;$P_2=50$ N,沿 AB 方向;$P_3=50$ N,沿水平方向。求此力系的合力。

2-2　设 $P_1=10$ N,$P_2=30$ N,$P_3=50$ N,$P_4=70$ N,$P_5=50$ N,$P_6=110$ N,如图 2-35 所示,各相邻二力的作用线之间的夹角均为 $60°$。试用解析法求诸力的合力。

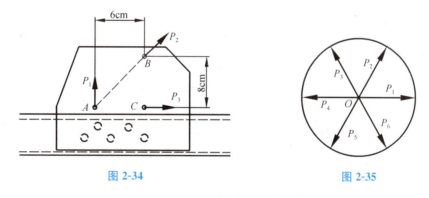

图 2-34　　　　　　　　　　图 2-35

2-3　支架由 AB 与 AC 杆组成(杆的自重不计),A,B,C 三处均为铰链。A 点悬挂重物受重力 W 作用。试求图 2-36 中 AB 及 AC 杆所受的力。

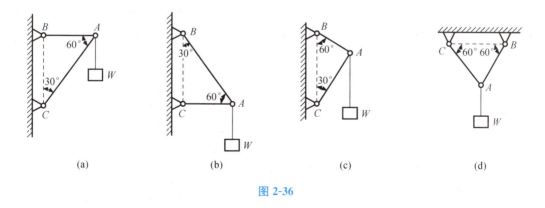

图 2-36

2-4　如图 2-37 所示,电动机重 $W=5$ kN,放置在支架 ABC 上,支架由 AB 和 BC 杆组成,A,B,C 处均为铰链。不计各杆自重,求 BC 杆的受力。

2-5　如图 2-38 所示正平行六面体 $ABCD$,重为 $P=100$ N,边长 $AB=60$ cm,$AD=80$ cm。今将其斜放使它的 AB 面与水平面呈 $\varphi=30°$ 角,试求其重力对棱 A 的力矩。又问当 φ 等于多大时,该力矩等于零?

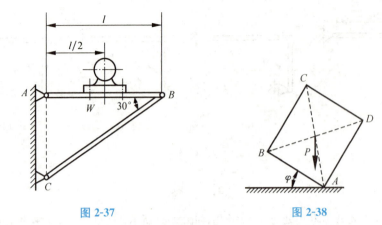

图 2-37　　　　　　　　　图 2-38

2-6　80 N 的力作用于扳手柄端,如图 2-39 所示。(1) 当 $\alpha=75°$ 时,求此力对螺钉中心的矩;(2) 当 α 角为何值时,该力矩为最小值?(3) 当 α 角为何值时,该力矩为最大值?

2-7　作用在悬臂梁上的载荷如图 2-40 所示,试求该载荷对点 A 的力矩。

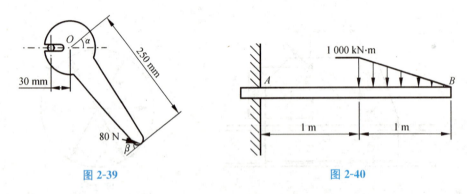

图 2-39　　　　　　　　　图 2-40

2-8　电缆盘受重力 $W=20$ kN,外径 $D=1.2$ m,要越过 $h=0.2$ m 的台阶,如图 2-41 所示。试求作用的水平力 F 应多大?若作用力 F 方向可变,则求使电缆盘能越过台阶的最小力 F 的大小和方向。

2-9　起重机构架中 AB,AC 杆用铰链支承在可旋转的立柱上,如图 2-42 所示,并在 A 点用铰链互相连接。在 A 点装有滑轮,由绞车 D 引出钢索,经滑轮 A 吊起重物。如重物重力 $W=2$ kN,滑轮的尺寸和各构件间的摩擦及重力均忽略不计。试求杆 AB,AC 所受的力。

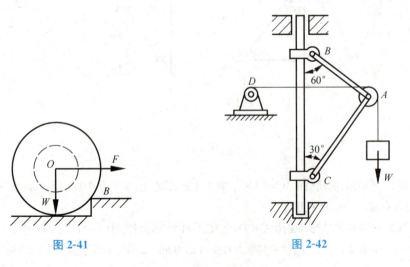

图 2-41　　　　　　　　　图 2-42

2-10 如图 2-43 所示,简支梁 AB 受集中载荷 F。若已知 F=20 kN,求支座 A,B 二处的约束反力。

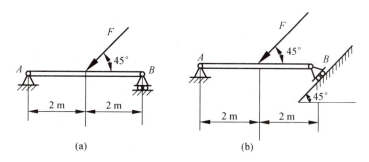

图 2-43

2-11 门式钢架 ACB 受集中载荷 F 作用,如图 2-44 所示,其中 A,B 二处均为固定支座,C 处为中间铰链。若不计各杆自重,且 F 及 l 均为已知,求 A,B 二处的约束反力。

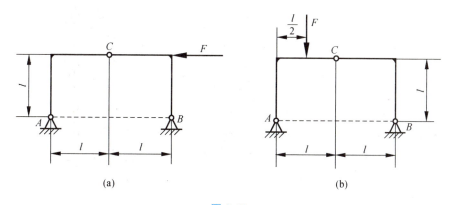

图 2-44

2-12 试计算图 2-45 中力 F 对点 O 的矩。

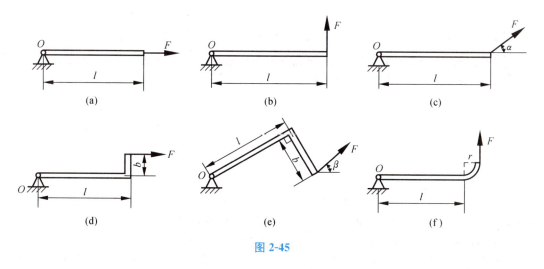

图 2-45

2-13 一绞盘有三个等长的柄,如图 2-46 所示,长度为 l,其间夹角均为 120°,每个柄端各作用一垂直于柄的力 P。试求该力系:

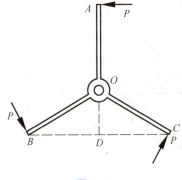

图 2-46

(1) 向中心点 O 简化的结果。
(2) 向 BC 连线的交点 D 简化的结果。
(3) 这两个结果说明什么问题？

2-14 如图 2-47 所示等边三角板 ABC，边长为 a，沿其边缘作用大小均为 P 的力，方向如图 2-47(a)所示。求三力的合成结果。若三力的方向改变成如图 2-47(b)所示，其合成结果如何？

2-15 小型卷扬机结构如图 2-48 所示，重物放在小台车上，小台车侧面安有 A，B 轮，可使小台车沿垂直轨道运动。若已知重物重 $G=2$ kN。求轨道对 A，B 轮的约束反力。

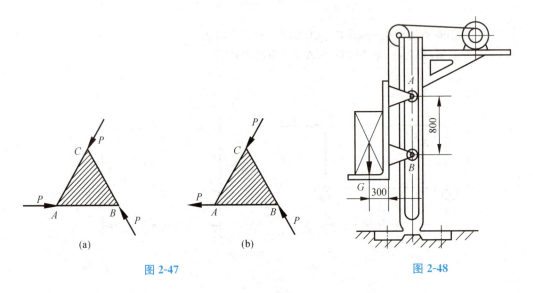

图 2-47

图 2-48

2-16 已知梁 AB 上作用一力偶，力偶矩为 M，梁长为 l。求出图 2-49(a)～图 2-49(c)三种情况下，支座 A 和 B 的约束反力。

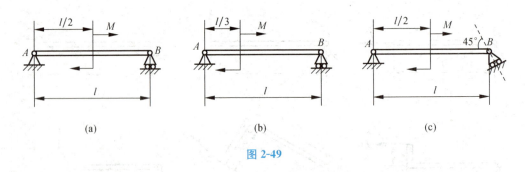

图 2-49

2-17 如图 2-50 所示用多轴钻床在一工件上同时钻出 4 个直径相同的孔，每一钻头作用于工件的钻削力偶，其矩的估计值 $M=15$ N·m。求作用于工件的总的钻削力偶矩。如工件用两个圆柱销钉 A，B 来固定，$b=0.2$ m。设钻削力偶矩由销钉的反力来平衡，求销钉 A，B 反力的大小。

2-18 杆 AB 以铰链 B 和折杆 BC 支持，如图 2-51 所示。AB 杆上作用力偶 M，$AB=AC=a$，杆的自重不计。求铰链 A，C 的约束反力。

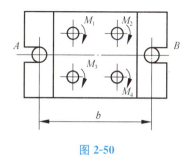
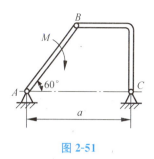

图 2-50　　　　　　　　　　　　图 2-51

2-19　曲柄连杆活塞机构的活塞上受作用力 $F=400$ N。如不计所有构件的重力,问在曲柄上应加多大的力偶 M,方能使机构在图 2-52 所示位置平衡?

2-20　四连杆机构 $OABD$ 在图 2-53 所示位置平衡。已知:$OA=0.4$ m,$BD=0.6$ m,作用在 OA 上的力偶的力偶矩 $M_1=1$ N·m。各杆的重力不计,试求力偶矩 M_2 的大小和杆 AB 所受的力 $\boldsymbol{F}_{AB}$。

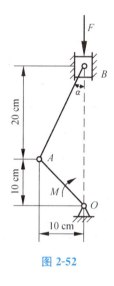
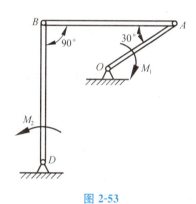

图 2-52　　　　　　　　　　　　图 2-53

第 3 章 平面一般力系

在工程实际中经常遇到平面一般力系的问题,即作用在物体上的力的作用线都分布在同一平面内,或可以简化到同一平面内,但它们的作用线任意分布,称为平面一般力系。例如图 3-1 所示的曲柄连杆机构,受力 P、力偶 m 以及支座反力 F_{Ax},F_{Ay} 和 N 的作用。又例如,图 3-2 所示的梁,受载荷 P、重力 Q 以及支座反力 F_{Ax},F_{Ay} 和 F_{By} 的作用。这两个力系都是平面一般力系。

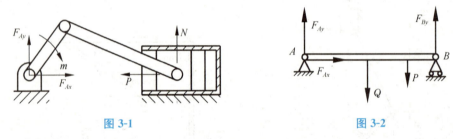

图 3-1　　　　　　　　　　　　图 3-2

当物体所受的力对称于某一平面时,也可以简化为平面力系的问题来研究。例如,飞机在一般的飞行情况下,受到分布于机翼和尾舵上的升力、发动机的牵引力、空气阻力和重力等的作用,这些力都对称于通过重心的纵向铅直平面,因此可以将原来力系简化到该平面内,作为平面一般力系来处理。

本章主要研究平面一般力系的简化和平衡问题。

3.1　力向一点平移

所谓"力向一点平移"就是把作用在刚体上的一力矢,从其原位置平行移到该刚体上另一位置。由力的可传性得知,力沿其作用线移动时,对刚体的作用效果是不改变的。但是,能不能在不改变力对刚体作用效果的前提下将力平行移动到作用线以外的任意一点呢?下面我们来研究这个问题。

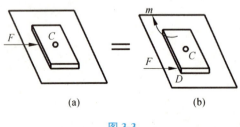

图 3-3

如图 3-3(a) 所示,设在刚体上作用一力 F,由经验可知,当力 F 通过刚体重心 C 时,刚体只发生移动。如果将力 F 平行移到刚体上任意点 D,则刚体既发生移动,又发生转动。怎样才能使力平移后的作用效果不变呢?应加一力偶即可,如图 3-3(b) 所示。下面将研究力线平移后的结果。

如图 3-4(a) 所示,设有一力 F 作用于刚体的

A 点,为将该力平移到任一点 B,在 B 点加一对平衡力 F_1 和 F_1',作用线与 F 平行,且使 $F_1'=F_1=F$,在 F,F_1,F_1' 三力中 F 和 F_1' 两力组成一个力偶,其力偶臂为 d,其力偶矩恰好等于原力对点 B 的矩,如图 3-4(b)所示,即

$$m(F,F_1')=M_B(F)=F \cdot d$$

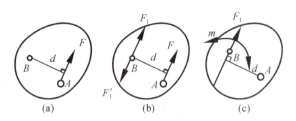

图 3-4

显然,三个力组成的新力系与原来的一个力 F 等效。但是这三个力可看做是一个作用在 B 点的力 F_1 和一个力偶 (F,F_1')。这样,原来作用在 A 点的力 F,便被力 F_1 和力偶 (F,F_1') 等效代换,力偶 (F,F_1') 称为附加力偶,如图 3-4(c)所示,其矩 m 为

$$m=M_B(F)=F \cdot d \tag{3-1}$$

由此可得力线平移定理:作用在刚体上的力,可以平行移至刚体内任一指定点,若不改变该力对于刚体的作用则必须附加一力偶,其力偶矩等于原力对新作用点的矩。

力线平移定理是力系向一点简化的理论依据,也是分析和解决工程实际中力学问题的重要方法。例如图 3-5(a)所示,钳工攻丝时,要求在丝锥手柄的两端均匀用力,即形成一力偶使手柄产生转动进行攻丝,如图 3-5(b)所示,若在手柄的单边加力,那丝锥极度易折断,这是什么原因呢? 可由力的平移定理分析,如图 3-5(c)所示,根据力的平移定理,作用在 A 点的力 F 可用作用于 O 点的力 F' 和一附加力偶 m 来代替。F' 的大小和方向与作用于 A 点的力 F 相同,而力偶矩 m 等于力 F 对 O 点的矩。力偶 m 使手柄产生顺时针转动进行攻丝,而丝锥上受到一个横向力 F',易造成丝锥折断。

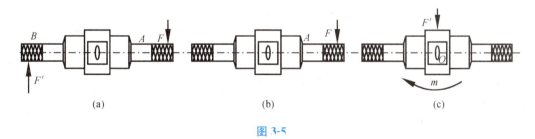

图 3-5

3.2 平面一般力系的简化

设刚体受一个平面一般力系作用,利用力线平移定理,可将平面一般力系向一点简化为一个平面汇交力系和一个平面力偶系。然后通过汇交力系和力偶系的合成和平衡方法来解决平面一般力系的问题。

为了具体说明力系向一点简化的方法,设想有三个力 F_1,F_2,F_3 作用在刚体上,如图 3-6

(a)所示。在平面内任取一点 O,称为简化中心;应用力线平移定理,把各力都平移到这一点。这样,得到作用于点 O 的力 F_1',F_2',F_3',以及相应的附加力偶,其矩分别为 m_1,m_2 和 m_3,如图 3-6(b)所示。这些力偶作用在同一平面内,它们的矩分别等于力 F_1、F_2、F_3 对点 O 的矩,即

$$m_1 = m_O(F_1)$$
$$m_2 = m_O(F_2)$$
$$m_3 = m_O(F_3)$$

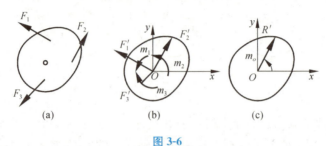

图 3-6

这样,平面一般力系分解成了两个力系:平面汇交力系和平面力偶系。然后,再分别合成这两个力系。

平面汇交力系 F_1',F_2',F_3' 可按力多边形法则合成一个力 R',也作用于点 O,并等于 F_1',F_2',F_3' 的矢量和,如图 3-6(c)所示。因为,F_1',F_2',F_3' 各力分别与 F_1,F_2,F_3 各力大小相等、方向相同,所以

$$R' = F_1 + F_2 + F_3$$

根据 3.1 节所述,力偶矩为 m_1,m_2 和 m_3 的平面力偶系合成后,仍为一力偶,这力偶的矩 M_O 等于各力偶矩的代数和。注意,附加力偶矩等于力对简化中心的矩,故

$$M_O = m_1 + m_2 + m_3 = m_O(F_1) + m_O(F_2) + m_O(F_3)$$

即这力偶的矩等于原来各力对点 O 的矩的代数和。

对于力的数目为 n 的平面一般力系,不难推广为

$$R' = \sum_{i=1}^{n} F_i$$

$$M_O = \sum_{i=1}^{n} m_O(F_i)$$

平面一般力系中所有各力的矢量和 R',称为该力系的主矢;而这些力对于任选简化中心的矩的代数和 M_O,称为该力系对于简化中心的主矩。

因此,上面所得结果可陈述如下:

在一般情形下,平面一般力系向作用面内任选一点 O 简化,可得一个力和一个力偶,这个力等于该力系的主矢

$$R' = \sum_{i=1}^{n} F_i \tag{3-2}$$

若作用在简化中心 O,则这个力偶的矩等于该力系对于简化中心的主矩

$$M_O = \sum_{i=1}^{n} m_O(F_i) \tag{3-3}$$

由于主矢等于各力的矢量和,所以它与简化中心的选择无关,而主矩等于各力对简化中心

的矩的代数和,取不同的点为简化中心,各力的力臂将有改变,则各力对简化中心的矩也有改变,所以在一般情况下主矩与简化中心的选择有关。以后说到主矩时,必须指出是力系对于哪一点的主矩。

为了求出力系的主矢 R' 的大小和方向,可应用解析法。通过点 O 取坐标系 Oxy,如图 3-6(b)所示,则有

$$R'_x = F_{1x} + F_{2x} + \cdots + F_{nx} = \sum_{i=1}^{n} F_{ix}$$

$$R'_y = F_{1y} + F_{2y} + \cdots + F_{ny} = \sum_{i=1}^{n} F_{iy}$$

上式中 R'_x 和 R'_y 以及 $F_{1x}, F_{2x}, \cdots, F_{nx}$ 和 $F_{1y}, F_{2y}, \cdots, F_{ny}$ 分别为主矢 R' 以及原力系中各力 $F_1, F_2, \cdots, F_n$ 在 x 轴和 y 轴上的投影。

于是主矢 R' 的大小和方向分别由下列两式确定

$$R' = \sqrt{R'^2_x + R'^2_y} = \sqrt{(\sum F_x)^2 + (\sum F_y)^2} \tag{3-4}$$

$$\left. \begin{array}{l} \cos \alpha = \dfrac{R'_x}{R'} \\ \cos \beta = \dfrac{R'_y}{R'} \end{array} \right\} \tag{3-5}$$

式中,α 和 β 分别为主矢与 x 轴和 y 轴间的夹角。

现利用力系向一点简化的方法,分析固定端支座,如图 3-7(a)和图 3-7(b)所示,车刀和工件分别夹持在刀架和卡盘上,是固定不动的,这种约束称为固定端约束,其简图如图 3-7(c)所示。固定端约束对物体的作用,是在接触面上作用了一群约束力。在平面问题中,这些力为平面一般力系,如图 3-8(a)所示。将这群力向作用平面内点 A 简化得到一个力和一个力偶,如图 3-8(b)所示。一般情况下这个力的大小和方向均为未知量。可用两个未知分力来代替。

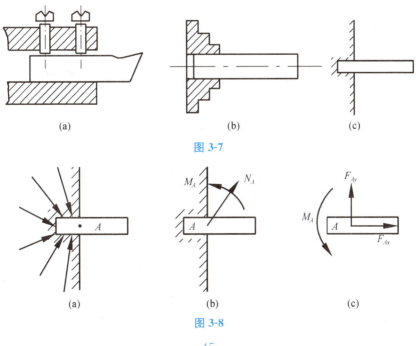

图 3-7

图 3-8

因此，在平面力系情况下，固定端 A 处的约束力可简化为两个约束力 F_{Ax}，F_{Ay} 和一个约束力偶 M_A，如图 3-8(c) 所示。

比较固定端约束和固定铰链约束的性质，可以看出固定端约束除了限制物体移动外，还能限制物体在平面内转动。因此，除了约束反力外，还有约束力偶。而固定铰链约束没有约束力偶，它不能限制物体在平面内转动。在工程实际中，固定端约束是经常见到的，除前面讲到的刀架、卡盘外，还有插入地基中的电线杆以及悬臂梁等。

3.3 合力矩定理

平面一般力系向作用面内一点简化的结果，通常为一个力和一个力偶，但可能有四种情况。

(1) 若 $R'=0$，$M_O \neq 0$，则原力系简化为一个力偶，其矩等于原力系对简化中心的主矩。在这种情况下，简化结果与简化中心的选择无关。

(2) 若 $R' \neq 0$，$M_O=0$，则原力系简化为一个力。在这种情况下，附加力偶系平衡，主矢 R' 即为原力系的合力 R，作用于简化中心。

(3) 若 $R' \neq 0$，$M_O \neq 0$，则原力系简化为一个力和一个力偶。在这种情况下，根据力线平移定理，这个力和力偶还可以继续合成为一个合力 R。

如图 3-9(a) 所示，力系向点 O 简化的结果是主矢和主矩都不等于零，现将主矩 M_O 用两个力 R 和 R'' 表示，并令 $R'=R=-R''$，如图 3-9(b) 所示。由于 R' 与 R'' 是一对平衡力，于是可将作用于点 O 的力 R' 和力偶 (R, R'') 合成为一个作用在点 O' 的力 R，如图 3-9(c) 所示。

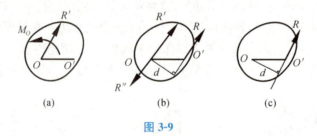

图 3-9

这个力 R 就是原力系的合力。合力的大小等于主矢；合力的作用线在点 O 的哪一侧，需根据主矢和主矩的方向确定；合力作用线离点 O 的距离为 d，可按下式算得

$$d = \frac{M_O}{R'}$$

因为

$$M_O = m(R, R'') = Rd = R'd$$

下面证明平面一般力系的合力矩定理。

由图 3-9(b) 可见，合力 R 对点 O 的矩为

$$m_O(R) = R \cdot d = M_O$$

由力系向一点简化的理论可知，分力（即原力系的各力）对点 O 的矩的代数和等于主矩，即

$$\sum_{i=1}^{n} m_O(F_i) = M_O$$

所以
$$m_O(\boldsymbol{R}) = \sum_{i=1}^{n} m_O(\boldsymbol{F}_i)$$

由于简化中心 O 是任意选取的,故上式有普遍意义,可叙述为:平面一般力系的合力对作用面内任一点的矩等于力系中各力对同一点的矩的代数和。这就是合力矩定理。

(4) 若 $\boldsymbol{R}' = 0$, $M_O = 0$,则原力系是平衡力系。这种情况将在 3.4 节详细讨论。

应用合力矩定理,有时可以使力对点的矩的计算更为简便。

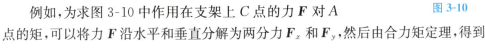

图 3-10

例如,为求图 3-10 中作用在支架上 C 点的力 $\boldsymbol{F}$ 对 A 点的矩,可以将力 $\boldsymbol{F}$ 沿水平和垂直分解为两分力 $\boldsymbol{F}_x$ 和 $\boldsymbol{F}_y$,然后由合力矩定理,得到
$$M_A(\boldsymbol{F}) = M_A(\boldsymbol{F}_x) + M_A(\boldsymbol{F}_y) = -(F\cos\alpha)b + (F\sin\alpha)a$$

此外,应用合力矩定理,还可以确定合力作用线的位置。

3.4 平面一般力系的平衡方程及应用

由平面一般力系的简化可知,主矢 $\boldsymbol{R}'$ 和主矩 M_O 都不等于零,或其中任何一个不等于零时,力系是不平衡的。因此,要使力系平衡,必须 $\boldsymbol{R}' = 0$,$M_O = 0$。所以,平面一般力系平衡的充分和必要条件是:力系的主矢与主矩同时等于零。即

$$R' = \sqrt{\left(\sum F_x\right)^2 + \left(\sum F_y\right)^2} = 0 \tag{3-6}$$
$$M_O = \sum M_O(\boldsymbol{F}) = 0$$

故
$$\begin{cases} \sum F_x = 0 \\ \sum F_y = 0 \\ \sum M_O(\boldsymbol{F}) = 0 \end{cases} \tag{3-7}$$

式(3-7)称为平面一般力系的平衡方程。它是平衡方程的基本形式。力系中各力在任何方向的坐标轴上投影的代数和等于零,说明力系对物体无任何方向的平动,称为投影方程;各力对平面内任意点的矩的代数和等于零,说明力系对物体无转动作用,称为力矩方程。

应该指出,在应用平衡方程解题时,为使计算简化,通常将矩心选在众多未知力的交点上;坐标轴应尽可能选取与该力系中多数未知力的作用线平行或垂直,尽可能避免解联立方程。

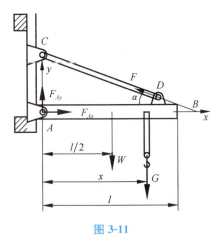

图 3-11

例 3-1 悬臂吊车如图 3-11 所示。横梁 AB 长 $l = 2.5$ m,重力 $W = 1.2$ kN。拉杆 CD 延长线与 AB 梁相交于 B 点,其倾角 $\alpha = 30°$,重力不计。电葫芦连同重物重

力 $G=7.5$ kN。试求当电葫芦在 $x=2$ m 的位置时,拉杆的拉力 F 和铰链 A 的约束力。

解:(1) 选横梁 AB 为研究对象。

(2) 画受力图。作用于横梁上的力有重力 W,电葫芦及重物的重力 G,拉杆的拉力 F 和铰链 A 处的约束力 F_{Ax},F_{Ay}。因拉杆 CD 是二力杆,故拉力 F 沿 CD 连线。显然各力作用线在同一平面内且任意分布,属平面一般力系。

(3) 选图示坐标,列平衡方程求解。

$$\sum F_x = 0, \quad F_{Ax} - F\cos\alpha = 0$$

$$\sum F_y = 0, \quad F_{Ay} + F\sin\alpha - W - G = 0$$

$$\sum M_A(F) = 0, \quad Fl\sin\alpha - W\frac{l}{2} - Gx = 0$$

解得

$$F = \frac{1}{l\sin\alpha}\left(W\frac{l}{2} + Gx\right) = \frac{1}{2.5\sin\alpha}(1.2 \times 1.25 + 7.5 \times 2) = 13.2 \text{ kN}$$

$$F_{Ax} = F\cos\alpha = 13.2\cos 30° = 11.4(\text{kN})$$

$$F_{Ay} = W + G - F\sin\alpha = 1.2 + 7.5 - 13.2\sin 30° = 2.1(\text{kN})$$

(4) 讨论。考虑到悬臂梁吊在工作时电葫芦是可移动的。如要校核拉杆的强度,应考虑 x 为何值时,拉力 F 值最大。现从力矩方程可以看出,当 $x=l$ 时,拉力 F 值最大。

$$F_{max} = \frac{1}{\sin\alpha}\left(\frac{W}{2} + G\right) = \frac{1}{\sin 30°} \times \left(\frac{1.2}{2} + 7.5\right) \approx 16.2(\text{kN})$$

(5) 校核计算结果。另取一个非独立的投影方程或力矩方程,对某一个未知量进行运算,所得结果与前面计算结果相同时,表明原计算正确。

例如,再取 C 点为简化中心,列力矩方程

$$\sum M_O(F) = 0, \quad F_{Ax}l\tan\alpha - W\frac{l}{2} - Gx = 0$$

$$F_{Ax} = \left(\frac{W}{2} + \frac{Gx}{l}\right)\cot\alpha = \left(\frac{1.2}{2} + \frac{7.5 \times 2}{2.5}\right) \times \cot 30° = 11.4(\text{kN})$$

计算结果与前面计算结果相同,原计算正确。

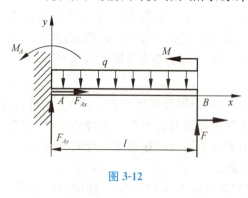

图 3-12

例 3-2 悬臂梁 AB 长为 l,在均布载荷 q,集中力偶 M 和集中力 F 作用下平衡,如图 3-12 所示。设 $M=ql^2$,$F=ql$。试求固定端 A 处的约束力。

在解题时应注意以下几点:

(1) 固定端 A 处的约束力,除了 F_{Ax},F_{Ay} 之外,还有约束力偶 M_A。初学者极易遗漏。

(2) 力偶对任意一轴的投影代数和均为零;力偶对作用面内任一点的矩恒等于力偶矩。

(3) 均布载荷 q 是单位长度上受的力,其单位为(N/m)或(kN/m),均布载荷的简化结果为一合力,通常用 Q 表示。合力 Q 的大小等于均布载荷 q 与其作用线长度 l 的乘积,即 $Q=$

ql;合力 Q 的方向与均布载荷 q 的方向相同;由于是均布载荷,显然,合力 Q 的作用线通过均布载荷作用段的中点,即 $l/2$ 处。如果是非均布载荷,其合力大小一般要经过积分计算,而合力作用线位置用合力矩定理求出。

解:取悬臂梁 AB 为研究对象。受力图及所取坐标见图 3-12。列平衡方程求解

$$\sum F_x = 0, \quad F_{Ax} = 0$$

$$\sum F_y = 0, \quad F_{Ay} + F - ql = 0$$

$$\sum M_A(\boldsymbol{F}) = 0, \quad M_A + Fl + M - \frac{1}{2}ql^2 = 0$$

解得

$$M_A = \frac{1}{2}ql^2 - Fl - M = \frac{1}{2}ql^2 - ql^2 - ql^2$$

$$= -\frac{3}{2}ql^2$$

$$F_{Ay} = ql - F = ql - ql = 0$$

M_A 为负值,表明约束反力偶与假设方向相反,即顺时针转向。

从以上例题可见,选取适当的坐标轴和矩心,可以减少平衡方程中所含未知量的数目。

采用力矩方程比投影方程计算要简便一些。而实际上,平面一般力系的平衡方程,除了它的基本形式外,还有其他两种形式。

二力矩式平衡方程

$$\sum F_x = 0 \left(\text{或} \sum F_y = 0\right)$$

$$\sum M_A(\boldsymbol{F}) = 0 \tag{3-8}$$

$$\sum M_B(\boldsymbol{F}) = 0$$

使用条件:A,B 两点的连线不能与 x 轴(或 y 轴)垂直。

三力矩式平衡方程

$$\sum M_A(\boldsymbol{F}) = 0$$

$$\sum M_B(\boldsymbol{F}) = 0 \tag{3-9}$$

$$\sum M_C(\boldsymbol{F}) = 0$$

使用条件:A,B,C 三点不能选在同一直线上。

应该注意,不论选用哪种形式的平衡方程,对于同一平面力系来说,最多只能列出三个独立的平衡方程,因而只能求出三个未知量。选用力矩式方程,必须满足使用条件,否则所列平衡方程将不是独立的。

例 3-3 如图 3-13(a)所示,车削工件时车刀的一端为固定端约束,车刀伸出长度 $l = 50$ mm,已知车刀所受的切削阻力 $P_n = 6\ 000$ N,$\boldsymbol{P}_n$ 与铅垂线的夹角 $\alpha = 20°$。试求固定端的约束反力。

解:取车刀为研究对象,其受力图及所选坐标系如图 3-13(b)所示。

车刀的约束为固定端约束,因为车刀杆受到的主动力 $\boldsymbol{P}_n$ 可分解为水平和垂直方向的分力 $\boldsymbol{P}_x$ 和 $\boldsymbol{P}_y$,故固定端的约束反力以水平和垂直方向的分力 $\boldsymbol{F}_{Ax}$ 和 $\boldsymbol{F}_{Ay}$ 表示,设其方向与坐标轴的方向一致,并假设反力偶 M_A 为顺时针方向。

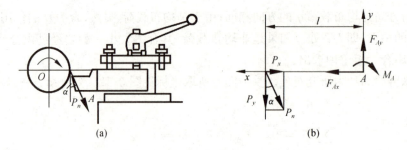

图 3-13

列平面一般力系的平衡方程

$$\sum F_x = 0 \quad -P_n \sin \alpha + F_{Ax} = 0 \tag{1}$$

$$\sum F_y = 0 \quad -P_n \cos \alpha + F_{Ay} = 0 \tag{2}$$

$$\sum M_A(\boldsymbol{P}) = 0 \quad -M_A + P_n \cos \alpha \cdot l = 0 \tag{3}$$

由式(1)得　　　　$F_{Ax} = P_n \sin \alpha = 6\,000 \times \sin 20° \approx 2\,052 \text{(N)}$

由式(2)得　　　　$F_{Ay} = P_n \cos \alpha = 6\,000 \times \cos 20° \approx 5\,638 \text{(N)}$

由式(3)得　　　　$M_A = P_n \cos \alpha \cdot l = 6\,000 \times \cos 20° \times 5 \approx 28\,190 \text{(N·cm)}$

所求得的固定端 A 的约束反力 $\boldsymbol{F}_{Ax}$，$\boldsymbol{F}_{Ay}$，$\boldsymbol{M}_A$ 的数值均为正值，说明所假设的各力的方向与实际方向相同。

平面汇交力系和平面力偶系是平面一般力系的特殊情况。在工程上还经常遇到平行力系问题，它也是平面一般力系的特殊情况。所谓平面平行力系，就是各力作用线在同一平面内且相互平行的力系。

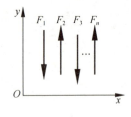

设刚体上作用一平面平行力系 $F_1, F_2, \cdots, F_n$，如图 3-14 所示。若取坐标系中 y 轴与各力平行，则不论该力系是否平衡，各力在 x 轴上的投影恒等于零，即 $\sum F_x = 0$。因此，平面平行力系的平衡方程为

$$\begin{matrix} \sum F_y = 0 \\ \sum M_O(\boldsymbol{F}) = 0 \end{matrix} \tag{3-10}$$

图 3-14　　即平面平行力系平衡的充分必要条件是：力系中各力在与其平行的坐标轴上投影的代数和等于零，及各力对任意点的矩的代数和等于零。

二力矩式平衡方程为

$$\begin{matrix} \sum M_A(\boldsymbol{F}) = 0 \\ \sum M_B(\boldsymbol{F}) = 0 \end{matrix} \tag{3-11}$$

使用条件：A,B 两点连线不能与各力的作用线平行。

由此可见，平面平行力系只有两个独立的平衡方程，因此只能求出两个未知量。

例 3-4　塔式起重机的结构简图如图 3-15 所示。设机架重力 $W=500$ kN，重心在 C 点，与右轨 B 相距 $a=1.5$ m。最大起重量 $P=250$ kN，与右轨 B 最远距离 $l=10$ m。两轨

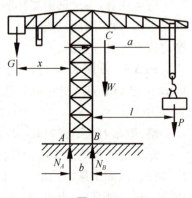

图 3-15

A 与 B 的间距为 $b=3$ m,$x=6$ m,试求起重机在满载与空载时都不致翻倒的平衡物重 G 的取值范围。

解:取起重机整机为研究对象。

起重机在起吊重物时,作用其上的力有机架重力 W,平衡物重力 G,最大起重量 P 以及轨道对轮 A,B 的约束反力 N_A,N_B,这些力组成平面平行力系,受力图如图 3-15 所示。

起重机在平衡时,力系具有 N_A,N_B 和 G 三个未知量,而力系只有两个独立的平衡方程,问题不可解。

但是,本题是求使起重机满载与空载都不致翻倒的平衡物重 G 的取值范围。因而可分为满载右翻与空载左翻的两个临界情况来讨论 G 的最小值与最大值,从而确定 G 值的范围。

满载($P=250$ kN)时,起重机可能绕 B 轨右翻,在平衡的临界情况(即将翻而未翻时),左轮 A 将悬空,$N_A=0$,这时由平衡方程求出的是平衡物重力 G 的最小值 G_{min}。列平衡方程

$$\sum M_B(\boldsymbol{F}) = 0, \quad G_{min}(x+b) - Wa - Pl = 0$$

$$G_{min} = \frac{Wa+Pl}{x+b} = \frac{500 \times 1.5 + 250 \times 10}{6+3} = 361.1 \text{(kN)}$$

空载($P=0$)时,起重机可能绕 A 轨左翻,在平衡的临界情况,右轮 B 将悬空,$N_B=0$,这时由平衡方程求出的是平衡物重力的最大值 G_{max}。列平衡方程

$$\sum M_A(\boldsymbol{F}) = 0, \quad G_{max}x - W(a+b) = 0$$

解得

$$G_{max} = \frac{W(a+b)}{x} = \frac{500 \times (1.5+3)}{6} = 375 \text{(kN)}$$

在取定 $x=6$ m 的条件下,平衡物重力 G 的范围为 $361.1 \text{ kN} \leqslant G \leqslant 375 \text{ kN}$

例 3-5 图 3-16(a)所示为一桥梁桁架简图。已知 $Q=400$ N,$P=1\,200$ N,$a=4$ m,$b=3$ m。求 1,2,3,4 杆所受的力。

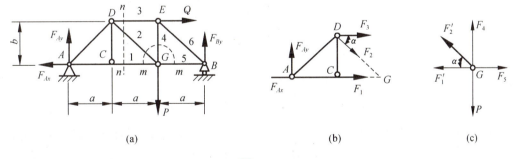

图 3-16

解:桁架中各杆的两端均为铰链约束,而且载荷均作用在铰接处(称为节点),故所有杆均为二力杆。

计算桁架内力的方法有两种。一种是取节点为对象,称为"节点法"。另一种是截取桁架的一部分为对象,称为"截面法"。由于节点受力为平面汇交力系,有两个独立的平衡方程,因此,每次所选择的节点上所受的未知力不能超过两个。而用截面法截出桁架的一部分所受力系为平面一般力系,只能提供三个独立的平衡方程,因此,用截面将桁架截开时,所出现的未知

量不应大于三个。截面法用于只需要求桁架中某几根杆的受力的情况。

本例的解题过程如下：

(1) 考虑整体平衡求约束反力

根据图 3-16(a)所示的受力图，列平衡方程

$$\sum F_x = 0, \quad -F_{Ax} + Q = 0$$

$$\sum F_y = 0, \quad F_{Ay} + F_{By} - P = 0$$

$$\sum M_A(\boldsymbol{F}) = 0, \quad -P(2a) - Q(b) + F_{By}(3a) = 0$$

由此解得

$$F_{Ax} = Q = 400 \text{ N}$$

$$F_{By} = \frac{2Pa + Qb}{3a} = 900 \text{ N}$$

$$F_{Ay} = P - F_{By} = 300 \text{ N}$$

(2) 应用截面法求指定杆的受力

对于本例中的问题，因为要求部分杆的受力，所以采用截面法更好些。先用 n—n 截面从 1,2,3 杆处将桁架截开，假设各杆均受拉力。于是，以左部分桁架为研究对象的分离体受力图如图 3-16(b)所示。

取未知力交点为矩心，列二力矩式平衡方程

$$\sum F_y = 0, \quad F_{Ay} - F_2 \sin \alpha = 0$$

$$\sum M_D(\boldsymbol{F}) = 0, \quad F_1 b - F_{Ax} b - F_{Ay} a = 0$$

$$\sum M_G(\boldsymbol{F}) = 0, \quad -F_3 b - F_{Ay}(2a) = 0$$

其中 $\sin \alpha = \dfrac{3}{5}$。将 a, b 及 F_{Ax}, F_{Ay} 代入后，解得

$$F_1 = \frac{F_{Ax} b + F_{Ay} a}{b} = 800 \text{ N}(拉)$$

$$F_2 = \frac{F_{Ay}}{\sin \alpha} = 500 \text{ N}(拉)$$

$$F_3 = -\frac{2a F_{Ay}}{b} = -800 \text{ N}(压)$$

其中负号表示 F_3 的实际方向与假设方向相反，而所设各杆均受拉力，故负号表示受压力。

为求 4 杆的受力，可用 m—m 截面将 1,2,4,5 杆截开，考虑节点 G 处的受力，亦假设各杆均受拉力。于是，节点 G 的受力图如图 3-16(c)所示。由 y 方向力的平衡方程有

$$\sum F_y = 0, \quad F_4 - P + F_2' \sin \alpha = 0$$

其中 $F_2' = F_2$。由此解得

$$F_4 = P - F_2 \sin \alpha = 900 \text{ N}(拉)$$

最后，需要指出的是，求桁架杆受力的节点法和截面法是互相补充的。在桁架的受力计算中，一般采用节点法求得每根杆的受力，而截面法则可用以对某些杆受力进行校核。

3.5 物体系统的平衡

工程中的机械或结构一般总是由若干部件以一定形式的约束联系在一起而组成的,这个组合体称为物体系统,简称物系。

在研究物系的平衡时,不仅要研究外界物体对这个系统的作用,同时还要分析系统内部各物体之间相互的作用。外界物体作用于系统的力,称为外力;系统内部各物体之间相互作用的力,称为内力。内力与外力的概念是相对的。在研究整个系统平衡时,由于内力总是成对出现,这些内力是不必考虑的;当研究系统中某一物体或部分物体的平衡时,系统中其他物体对它们的作用力就成为外力,必须予以考虑。所谓外力与内力,应视物体系统所取的边界而定。例如图 3-17(a)所示,一辆货车拖一个拖车,若将货车与拖车视为一整体的,则二物体连接处的作用力为内力(即货车拉拖车的力与拖车拉货车的力),可不考虑。若如图 3-17(b)所示,将货车视为一单独物体时,拖车对货车的拉力 S' 则为外力;同样,单独以拖车为对象,则货车对拖车的拉力 S 成为外力。

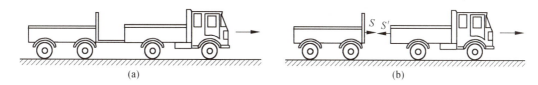

图 3-17

当整个系统平衡时,组成该系统的每个物体也平衡。因此在求解物体系统的平衡问题时,既可选整个系统为研究对象,也可选单个物体或部分物体为研究对象。对每一个研究对象,在一般情况下(平面一般力系),可列出三个独立的平衡方程,对于由 n 个物体组成的物体系统,就可以列出 $3n$ 个独立平衡方程,因而可以求解 $3n$ 个未知量。如果系统中的物体受平面汇交力系或平面力偶系的作用时,整个系统的平衡方程数目相应地减少。下面举例说明物体系统平衡问题的求解方法。

例 3-6 图 3-18(a)为一个三铰拱的示意图。所谓三铰拱,就是由 AC,BC 两部分用铰链 C 连接,并用铰链 A 与 B 固定于支座上。今设拱本身的重力不计,拱上作用有力 P 及 Q。求 A,B 支座处的约束反力以及 C 处两部分相互作用的力。

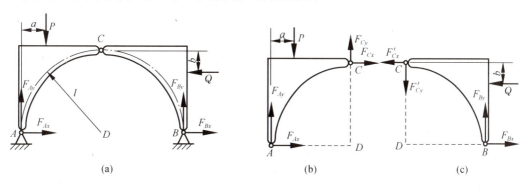

图 3-18

解：如果拱的两部分不用铰链连接，而为一整体，那么，仅根据拱的平衡方程，不能决定 A，B 两点约束反力的大小及方向，也就是说这是静不定问题。现在，在加上一个铰链 C 之后，可以分别考虑两部分而列出六个平衡方程，正好可以决定 A,B,C 三点作用力的大小和方向，但需要解联立方程。怎样才能简捷地得出结果呢？我们试用整个系统以及左半拱的六个方程求解。

先取整个系统为研究对象

$$\sum M_A(\boldsymbol{F}) = 0, \quad Q(l-b) - Pa + 2F_{By}l = 0 \tag{1}$$

从而解得

$$F_{By} = \frac{Pa - Q(l-b)}{2l}$$

$$\sum F_y = 0, \quad F_{Ay} + F_{By} - P = 0 \tag{2}$$

得到

$$F_{Ay} = P - F_{By} = P - \frac{Pa - Q(l-b)}{2l} = \frac{P(2l-a) + Q(l-b)}{2l}$$

$$\sum F_x = 0, \quad F_{Ax} + F_{Bx} - Q = 0 \tag{3}$$

再取左半拱 AC 为研究对象

$$\sum M_C(\boldsymbol{F}) = 0, \quad P(l-a) + F_{Ax}l - F_{Ay}l = 0 \tag{4}$$

得到

$$F_{Ax} = F_{Ay} - \frac{P-(l-a)}{l} = \frac{P(2l-a)+Q(l-b)}{2l} - \frac{P(l-a)}{l} = \frac{Pa + Q(l-b)}{2l}$$

将 F_{Ax} 的表达式代入式(3)，就得到

$$F_{Bx} = Q - F_{Ax} = Q - \frac{Pa + Q(l-b)}{2l} = \frac{Q(l+b) - Pa}{2l}$$

这样，就很顺利地解出了 A,B 两支座处的约束反力。左半拱的其余两个方程可以用来决定 F_{Cx} 与 F_{Cy}。

$$\sum F_x = 0, \quad F_{Ax} + F_{Cx} = 0 \tag{5}$$

$$F_{Cx} = -F_{Ax} = -\frac{Pa + Q(l-b)}{2l}$$

$$\sum F_y = 0, \quad F_{Ay} + F_{Cy} - P = 0 \tag{6}$$

$$F_{Cy} = P - F_{Ay} = \frac{Pa - Q(l-b)}{2l}$$

上述结果也可以用整个系统以及右半拱的六个方程来求解。

例 3-7 人字梯由 AB,AC 两杆在 A 点铰接，在 D,E 两点用水平绳连接。如图 3-19(a) 所示，梯子放在光滑的水平面上，其一边有人攀梯而上，梯子处于平衡状态。已知人重力 $W = 600\text{ N}$，$AB = AC = l = 3\text{ m}$，$\alpha = 45°$，梯子重力不计，其他尺寸见图 3-19(a)。求绳子的张力和铰链 A 的约束反力。

解：(1) 先取人字梯 BAC 为研究对象。

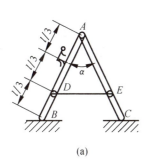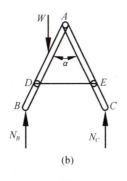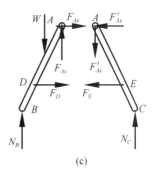

图 3-19

人字梯受力如图 3-19(b)所示。显然梯子在 W, N_B, N_C 组成的平面平行力系作用下平衡。列平衡方程求解

$$\sum M_C(\boldsymbol{F}) = 0, \quad -N_B\left(2l\sin\frac{\alpha}{2}\right) + W\left(l\sin\frac{\alpha}{2} + \frac{l}{3}\sin\frac{\alpha}{2}\right) = 0$$

解得

$$N_B = \frac{2}{3}W = \frac{2}{3} \times 600 = 400(\text{N})$$

$$\sum M_B(\boldsymbol{F}) = 0, \quad N_C\left(2l\sin\frac{\alpha}{2}\right) - W\left(\frac{2}{3}l\sin\frac{\alpha}{2}\right) = 0$$

解得

$$N_C = \frac{1}{3}W = \frac{1}{3} \times 600 = 200(\text{N})$$

(2) 再选 AC 杆为研究对象。

AC 杆受力如图 3-19(c)所示,显然 AC 杆在平面一般力系作用下处于平衡。列平衡方程求解

$$\sum F_y = 0, \quad N_C - F'_{Ay} = 0$$

将 $N_C = 200$ N 代入,解得

$$F'_{Ay} = N_C = 200 \text{ N}$$

$$\sum M_E(\boldsymbol{F}) = 0, \quad F'_{Ax}\left(\frac{2}{3}l\cos\frac{\alpha}{2}\right) + F'_{Ay}\left(\frac{2}{3}l\sin\frac{\alpha}{2}\right) + N_C\left(\frac{l}{3}\sin\frac{\alpha}{2}\right) = 0$$

将 $F'_{Ay} = N_C = 200$ N 代入,解得

$$F'_{Ax} = -\left(F'_{Ay} + \frac{N_C}{2}\right)\tan\frac{\alpha}{2} = -\left(200 + \frac{200}{2}\right) \times \tan\frac{45°}{2}$$
$$= -124.3(\text{N})$$

$$\sum F_x = 0, \quad F_E + F'_{Ax} = 0$$

将 $F'_{Ax} = -124.3$ N 代入,解得

$$F_y = -F'_{Ax} = 124.3 \text{ N}$$

计算结果为负值,表示假设的指向与实际指向相反。代入其他方程时应连同负号一并代入,解题时应特别注意。

通过此例讨论如下两个问题:

(1) 选择"最佳解题方案"问题。求解物体系的平衡问题,往往要选择两个以上的研究对象,分别画出其受力图,列出必要的平衡方程,然后求解。因此在解题前必须考虑解题方案

问题。例如,本例根据题意要求绳子的张力和铰 A 的反力,必然要将系统拆开来分析,即分别选取 AB,AC 为研究对象,分别画出它们的受力图,列相应的平衡方程求解,这是第一种解题方案;选取梯子整体和 AC 杆为研究对象(正如本例解法),这是第二种解题方案;选取梯子整体和 AB 杆为研究对象,这是第三种解题方案。比较这三种方案,选择其中较简捷的一种会使解题过程变得简单。第一种方案会遇到解联立方程问题;第三种方案中 AB 的受力图上多作用一个力 **W**,见图 3-19(c);第二种方案较简捷,为最佳解题方案。

(2) 选择平衡方程形式。为了减少平衡方程中包含的未知量数目,在力臂易求时,尽量采用力矩方程,以避免解联立方程;求力臂较繁时,采用投影方程。如本例中选 AC 为研究对象,采用平衡方程的基本形式求解较为方便,若用二力矩式反而麻烦。

例 3-8 图 3-20(a)所示为多跨梁,由 AB 梁和 BC 梁用中间铰 B 连接而成。C 端为固定端,A 端由活动铰支座支承。已知 $M = 20$ kN·m,$q = 15$ kN/m。试求 A,B,C 三点的约束反力。

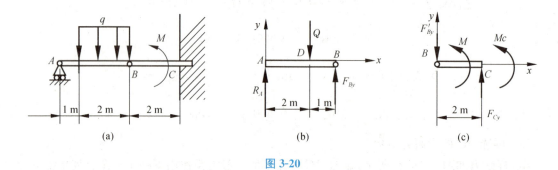

图 3-20

解:若取 ABC 梁为研究对象,由于作用力较多,计算较繁。从多跨梁结构来看,梁 AB 上未知力较少,故将多跨梁拆开来分析为最佳解题方案。

(1) 先取 AB 梁为研究对象,受力如图 3-20(b)所示,均布载荷 q 可以化为作用于 D 点的集中力 **Q** 表示,在受力图上不再画 q,以免重复。因梁 AB 上只作用主动力 **Q** 且铅直向下,故判断 B 铰链的约束反力只有铅直分量 F_{By},AB 梁在平面平行力系作用下平行,列平衡方程

$$\sum M_B(F) = 0, \quad -3R_A + Q = 0$$

解得

$$R_A = \frac{Q}{3} = \frac{30}{3} = 10 (\text{kN})$$

$$\sum M_A(F) = 0, \quad 3F_{By} - 2Q = 0$$

解得

$$F_{By} = \frac{2}{3}Q = \frac{2}{3} \times 30 = 20 (\text{kN})$$

(2) 再取 BC 梁为研究对象,受力如图 3-20(c)所示,F'_{By} 和 F_{By} 是作用力与反作用力,同样可以判断固定端 C 处受反力偶 M_C 和 F_{Cy}。BC 梁在一般力系作用下平衡,列平衡方程

$$\sum F_y = 0, \quad F_{Cy} - F'_{By} = 0$$

解得

$$F_{Cy} = F'_{By} = 20 \text{ kN}$$

$$\sum M_B(F) = 0, \quad M_C + M + 2F_{Cy} = 0$$

解得

$$M_C = -M - 2F_{Cy} = -20 - 2 \times 20 = -60 (\text{kN·m})$$

负值表示 C 端约束反力偶的实际转向是顺时针。

例 3-9 图 3-21(a)所示为曲轴冲床简图,由轮 I、连杆 AB 和冲头 B 组成。A,B 两处为铰链连接。$OA=R, AB=l$。如忽略摩擦和物体的自重,当 OA 在水平位置、冲压力为 P 时,求:(1) 作用在轮 I 上的力偶矩 M 的大小;(2) 轴承 O 处的约束反力;(3) 连杆 AB 受的力;(4) 冲头给导轨的侧压力。

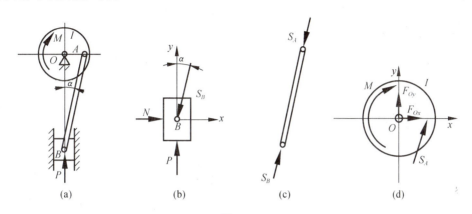

图 3-21

解:(1) 首先以冲头为研究对象。冲头受冲压阻力 **P**、导轨反力 **N** 以及连杆(二力杆)的作用力 S_B 作用,方向如图 3-21(b)所示,为一平面汇交力系。

设连杆与铅垂线间的夹角为 α,按图示坐标轴列平衡方程,得

$$\sum F_x = 0, \quad N - S_B \sin\alpha = 0 \tag{1}$$

$$\sum F_y = 0, \quad P - S_B \cos\alpha = 0 \tag{2}$$

由式(2)得

$$S_B = \frac{P}{\cos\alpha} = \frac{Pl}{\sqrt{l^2 - R^2}}$$

S_B 为正值,说明假设的 S_B 的方向与实际方向相同,即连杆受压力,如图 3-21(c)所示。代入式(1)得

$$N = P\tan\alpha = \frac{PR}{\sqrt{l^2 - R_2}}$$

冲头对导轨的侧压力的大小等于 N,方向与导轨反力方向相反。

(2) 再以轮 I 为研究对象。轮 I 受平面一般力系作用,包括矩为 M 的力偶,连杆作用力 S_A 以及轴承的反力 F_{Ox}, F_{Oy},如图 3-21(d)所示。按图示坐标轴列平衡方程,得

$$\sum m_O(\boldsymbol{F}) = 0, \quad S_A \cos\alpha \cdot R - M = 0 \tag{3}$$

$$\sum F_x = 0, \quad F_{xO} + S_A \sin\alpha = 0 \tag{4}$$

$$\sum F_y = 0, \quad F_{yO} + S_A \cos\alpha = 0 \tag{5}$$

由式(3)得

$$M = PR$$

由式(4)得

$$F_{Ox} = -S_A \sin\alpha = -P\tan\alpha = -\frac{PR}{\sqrt{l^2-R^2}}$$

由式(5)得

$$F_{Oy} = -S_A\cos\alpha = -P$$

负号说明力 $\boldsymbol{F}_{Ox}$,$\boldsymbol{F}_{Oy}$ 的方向与图示假设的方向相反。

例 3-10 曲柄连杆式压榨机中的曲柄 OA 上作用一力偶,其力偶矩 $M=500$ N·m,如图 3-22(a)所示。已知 $OA=r=0.1$ m,$BD=DC=ED=a=0.3$ m,机构在水平面内并在图示位置平衡,此时 $\theta=30°$,求水平压榨力 P。

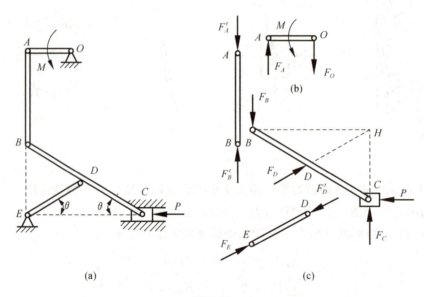

图 3-22

解:本题属于求机构平衡时主动力之间的关系问题,不必求出许多约束反力。通常按传动顺序依次选取研究对象,逐步求得主动力之间应满足的关系式。

先选 OA 杆为研究对象,它受有力偶作用,杆 AB 为二力杆,受力如图 3-22(b)所示。

$$\sum M_O(\boldsymbol{F}) = 0, \quad M - rF_A = 0$$

$$F_A = \frac{M}{r}$$

再取 BC 为研究对象,受力如图 3-22(c)所示。为使方程中只出现一个未知力,选择两未知力的交点 H 为矩心,列平衡方程

$$\sum M_H(\boldsymbol{F}) = 0, \quad 2a\cos\theta F_B - 2a\sin\theta P = 0$$

$$P = F_B \cot\theta$$

而

$$F_B = F_A$$

故

$$P = F_A \cot\theta = \frac{M}{r}\cot\theta$$

这就说明,适当地选用力矩方程和恰当选择矩心,可以使计算简便。

现将解平面力系平衡问题的方法和步骤归纳如下。

(1) 首先弄清题意,明确要求,正确选择研究对象。对于单个物体,只要指明某物体为研

究对象即可。对于物体系统,往往要选两个以上研究对象。如果选择了合适的研究对象,再选择适当形式的平衡方程,则可使解题过程大为简化。显然,选择研究对象存在多种可能性。例如,可选物体系统和系统内某个构件为研究对象;也可选物体系统和系统内由若干物体组成的局部为研究对象;还可考虑把物体系统全部拆开来逐个分析的方法,其平衡问题总是可以解决的。因此。在分析时,应排好研究对象的先后次序,整理出解题思路,确定最佳的解题方案。

(2) 分析研究对象的受力情况,并画出受力图。在受力图上要画出作用在研究对象上所受的全部主动力和约束反力。特别是约束反力,必须根据约束特点去分析,不能主观地随意设想。对于工程上常见的几种约束类型要正确理解,熟练掌握。对于物体系统,每一确定一个研究对象,必须单独画出它的受力图,不能把几个研究对象的受力图都画在一起,以免混淆。还应特别注意各受力图之间的统一和协调,比如,受力图之间各作用力的名称和方向要一致;注意作用力和反作用力所用名称要有区别,方向应该相反;注意区分外力和内力,在受力图上不画内力。

(3) 选取坐标轴,列平衡方程。列平衡方程要根据物体所受的力系类型列出。比如,平面一般力系只能列出三个独立的平衡方程、平面汇交力系或平面平行力系只能列两个、平面力偶系只能列一个;对于物体系统,可列出 $3n$ 个。列平衡方程时,应选取适当的坐标轴和矩心。坐标轴应尽可能选与力系中较多未知力的作用线平行或垂直,以利于列投影方程,矩心则尽可能选在力系中较多未知力的交点上,以减少力矩的计算。总之,选择的原则是应使每个平衡方程中未知量越少越好,最好每个方程中只含有一个未知量,以避免解联立方程。

(4) 解方程,求未知量。解题时最好用文字符号进行运算,得到结果时再代入已知数据。这样可以避免由于数据运算引起的运算错误,对简化计算、减少误差都有好处。还要注意计算结果的正负号,正号表示预先假设的指向与实际的指向相同,负号表示预先假设的指向与实际的指向相反。在运算过程中,应连同正负号代入其他方程继续求解。

(5) 讨论和校核计算结果。在求出未知量后,对解的力学含义进行讨论,对解的正确性进行校核也是必要的。

*3.6 考虑摩擦时的平衡问题

以上在研究物体的平衡问题时,均视为物体间光滑接触。若考虑摩擦时,物体的平衡问题,也是用平衡条件来求解,解题方法及步骤与前面相同。只是在画受力图时必须加上摩擦力 F。当物体处于平衡状态时,静摩擦力 F 为 $0 \sim F_{max}$ 的任何值,其大小由平衡方程来确定,其方向与物体相对滑动趋势方向相反。由于 F 是一个范围值,主动力也在一定范围内变化,因此问题的解答也是一个范围值,称为平衡范围。要确定这个范围可采取两种方式:一种是分析平衡的临界情况,假定摩擦力取最大值,以 $F = F_{max} = fN$ 作为平衡的补充方程,求解平衡范围的极值;另一种是直接采用 $F \leqslant fN$,以不等式进行运算。现举例说明其解法。

例 3-11 物块重力 $W = 1\,000$ N,置于倾角 $\alpha = 30°$ 的斜面上,如图 3-23(a)所示,受沿斜面的一推力 $F' = 488$ N 的作用。已知物块与斜面间的摩擦系数 $f = 0.1$。试问物块是否处于静止状态?

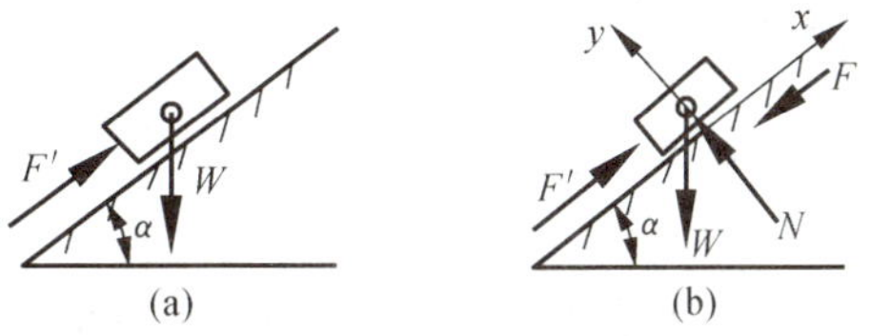

图 3-23

解:取物块为研究对象。

(1) 假设物块处于静止状态,并有向上滑动的趋势。受力如图 3-23(b)所示。注意摩擦力 F 的指向是由假设有向上滑动趋势而设定的。取图示坐标,列平衡方程:

$$\sum F_x = 0, \quad F' - F - W\sin\alpha = 0$$

$$\sum F_y = 0, \quad N - W\cos\alpha = 0$$

解得

$$N = W\cos\alpha = 1\,000 \times \cos 30° = 866(\text{N})$$

$$F = F' - W\sin\alpha = 488 - 1\,000 \times \sin 30° = -12(\text{N})$$

负号表示 F 的实际指向与假设相反。由此断定物体实际上有下滑趋势。

(2) 求最大静摩擦力

$$F_{\max} = fN = 0.1 \times 866 = 86.6(\text{N})$$

(3) 比较 F 与 $F_{\max}$ 的大小

$$F = 12\,\text{N} < F_{\max} = 86.6\,\text{N}$$

由此断定,物体处于静止状态。

结论:物块在斜面上处于静止状态,但有向下滑动的趋势。

例 3-12 电工攀登电杆用的套钩如图 3-24(a)所示。若套钩与电杆间的摩擦系数 $f_s = 0.5$,套钩尺寸 $b = 100\,\text{mm}$,套钩重力不计。试求电工安全操作时脚蹬处到电杆中心的最小距离 $l_{\min}$。

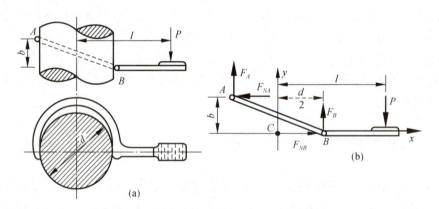

图 3-24

解:取套钩为研究对象。由于套钩与电杆之间只在 A,B 两点接触,又因套钩有下滑趋势,故 A,B 二处的摩擦力均向上。于是,套钩的隔离体受力图如图 3-24(b)所示。

设 l 已达最小值 $l_{\min}$,套钩处于将动未动的临界状态,所以 A,B 二处摩擦力均达到了最大值,即

$$\left. \begin{array}{l} F_A = f_s F_{NA} \\ F_B = f_s F_{NB} \end{array} \right\} \tag{1}$$

套钩承受平面一般力系,其平衡方程可写为

$$\left.\begin{array}{l}\sum F_x = 0, \quad F_{NB} - F_{NA} = 0 \\ \sum F_y = 0, \quad F_A + F_B - P = 0 \\ \sum M_C(\boldsymbol{F}) = 0, \quad F_{NA}b + F_B\dfrac{d}{2} - F_A\dfrac{d}{2} - Pl_{\min} = 0\end{array}\right\} \quad (2)$$

将式(1)代入式(2)后,解得

$$l_{\min} = \frac{b}{2f_s} = \frac{100}{2\times 0.5} = 100 (\text{mm})$$

由式(2)可以看出,维持套钩平衡所需的摩擦力是一定值,脚蹬处离电杆中心越远,法向反力 F_{NA},F_{NB} 越大,越安全,所以上面求出的距离 l 是最小值。当 $l \geqslant 100$ mm 时,套钩在摩擦力作用下保持平衡;当 $l < 100$ mm 时,套钩下滑。而且这一距离与人体重力无关。

例 3-13 制动器的构造简图如图 3-25(a)所示。已知制动轮与制动块之间的静摩擦系数为 f_s,鼓轮上挂一重物,重力为 W,几何尺寸如图所示。求制动所需最小的力 $F_{\min}$。

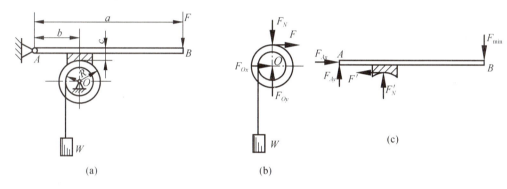

图 3-25

解: 制动块与制动轮之间的摩擦力与正压力大小有关,即与制动力 F 的大小有关。如果制动力太小,则二者之间的摩擦力不能形成足够大的力偶矩以平衡重物产生的力偶矩,因而达不到制动的目的。

先取制动轮和鼓动轮为研究对象。受力如图 3-25(b)所示,列平衡方程

$$\sum M_O(\boldsymbol{F}) = 0, \quad Wr - FR = 0$$

解得

$$F = \frac{r}{R}W$$

再取制动杆(含制动块)为研究对象。设制动力的最小值为 $F_{\min}$,如图 3-25(c)所示,临界状态的力矩平衡方程为

$$\sum M_A(\boldsymbol{F}) = 0, \quad F'_N b - F'c - F_{\min}a = 0$$

这时摩擦力达到最大值,即

$$F' = F = \frac{r}{R}W = F'_N f_s$$

解得

$$F_{\min} = \frac{Wr}{aR}\left(\frac{b}{f_s} - c\right)$$

小　　结

1. 平面一般力系的简化方法：利用力线平移定理将力向平面内一点平移，形成一平面汇交力系和平面力偶系，得一个合力和一个合力偶。其合力 $\boldsymbol{R}' = \sum \boldsymbol{F}_i$，作用在简化中心，但与简化中心位置无关；其力偶 $M_O = \sum m_O(\boldsymbol{F}_i)$，与简化中心位置有关。

2. 平面一般力系平衡的充分和必要条件是
$$R' = 0 \quad M_O = 0$$

3. 平面一般力系有三个独立方程，可解三个未知量，其基本形式为
$$\sum F_x = 0$$
$$\sum F_y = 0$$
$$\sum M_O(\boldsymbol{F}) = 0$$

也可将方程列为二力矩形式或三力矩形式

$$\sum F_x = 0 \qquad \sum M_A(\boldsymbol{F}) = 0$$
$$\sum M_A(\boldsymbol{F}) = 0 \quad \text{或} \quad \sum M_B(\boldsymbol{F}) = 0$$
$$\sum M_B(\boldsymbol{F}) = 0 \qquad \sum M_C(\boldsymbol{F}) = 0$$

4. 平行力系只有两个平衡方程，可解两个未知量，其基本形式为
$$\sum F_y = 0$$
$$\sum M_O(\boldsymbol{F}) = 0$$

也可列二力矩形式方程
$$\sum M_A(\boldsymbol{F}) = 0$$
$$\sum M_B(\boldsymbol{F}) = 0$$

5. 物体系统的平衡方程，通过选取整体或部分或某单个物体作为研究对象，进行受力分析，列平衡方程，求解未知力。注意在划分区域时，内力和外力的区分以边界线而定。

6. 考虑摩擦力时物体的平衡问题，也是用平衡条件来求解，解题方法与步骤与前面相同，只是在画受力图时必须加上摩擦力 F。

思考题与习题

思　考　题

3-1　如图 3-26 所示的力 $\boldsymbol{F}$ 和力偶 $(\boldsymbol{F}', \boldsymbol{F}'')$ 对的轮的作用有何不同？设轮的半径均为 r，且 $F' = \dfrac{F}{2}$。

3-2　设一平面一般力系向某一点简化得到一合力。如另选适当的点为简化中心，问力系能否简化为一力偶？为什么？

3-3　在刚体上 A,B,C 三点分别作用三个力，各力的方向如图 3-27 所示，大小恰好与 $\triangle ABC$ 的边长成比例。问该力系是否平衡？为什么？

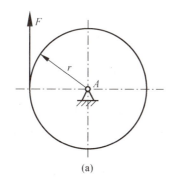
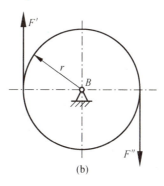

图 3-26

3-4 力系如图 3-28 所示,且 $F_1=F_2=F_3=F_4$。问力系向点 A 和点 B 简化的结果是什么?二者是否等效?

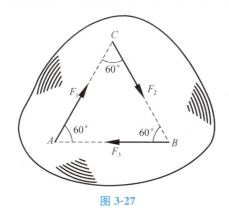

图 3-27

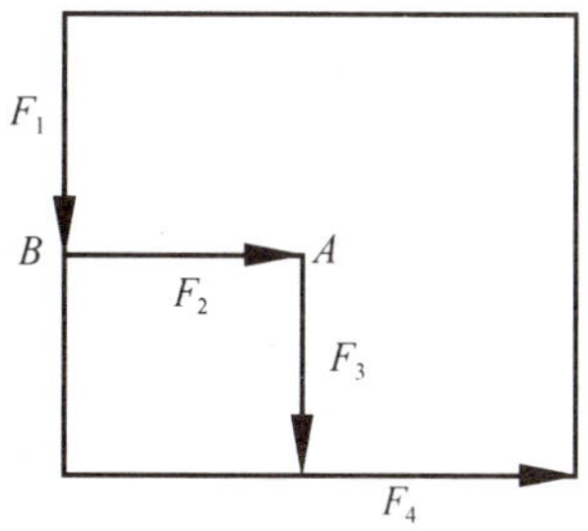

图 3-28

3-5 平面汇交力系的平衡方程中,可否取两个力矩方程,或一个力矩方程和一个投影方程?这时,其矩心和投影轴的选择有什么限制?

3-6 前面在推导平面平行力系平衡方程时,设轴垂直于各平行力。现若取轴与各力都不平行或垂直,如图 3-29 所示,则其独立平衡方程有几个?其平衡方程的形式是否改变?

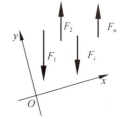

图 3-29

3-7 你从哪些方面去理解平面一般力系只有三个独立的平衡方程?为什么说任何第四个方程只是前三个方程的线性组合?

3-8 如图 3-30 所示三铰拱,在构件 CB 上分别作用一力偶 M(图 3-30(a))或力 F(图 3-30(b))。当求铰链 A,B,C 的约束反力时,能否将力偶 M 或力 F 分别移到构件 AC 上?为什么?

3-9 如图 3-31 所示,力和力偶可以用一等效力代替,若 $F_1=F_1'=100$ N,$F_2=400$ N,$R=100$ mm,为使等效力的作用线过 B 点,求角度 α 值。

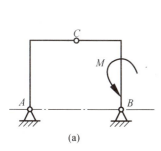

图 3-30

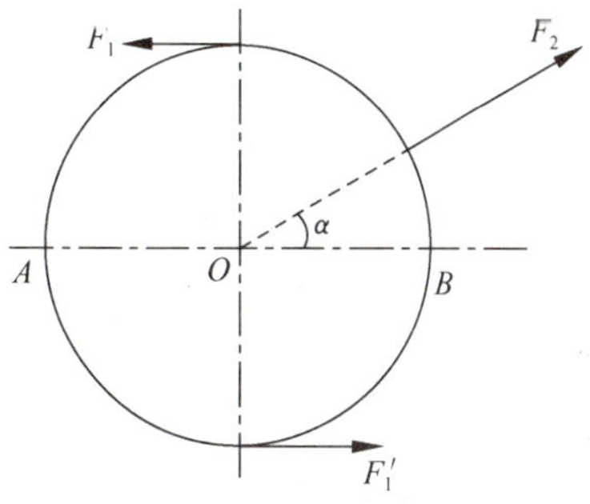

图 3-31

习 题

3-1 如图 3-32 所示简支梁受集中力 $P=20\ \text{kN}$,求图示两种情况下支座 A,B 的约束力。

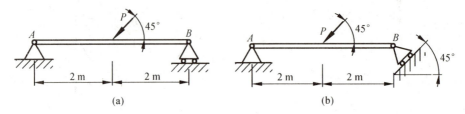

图 3-32

3-2 如图 3-33 所示,电机重 $P=5\ \text{kN}$,放在水平梁 AB 的中央,梁的 A 端以铰链固定,B 端以撑杆 BC 支持,求撑杆 BC 所受的力。

3-3 如图 3-34 所示,压路机的碾子重 $G=20\ \text{kN}$,半径 $r=40\ \text{cm}$,若用一通过其中心的水平力 P 拉碾子越过高 $h=8\ \text{cm}$ 的石槛,问 P 应多大?若要使 P 值为最小,力 P 与水平线的夹角 α 应为多大,此时 P 值为多少?

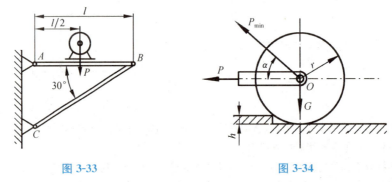

图 3-33 图 3-34

3-4 如图 3-35 所示起重机支架的 AB、AC 杆用铰链连接在可旋转的立柱上,并在 A 点用铰链互相连接。由绞车 D 水平引出钢索绕过滑轮 A 起吊重物。如重物重 $P=20\ \text{kN}$,滑轮的尺寸和各杆的自重忽略不计。试求杆 AB 和 AC 所受的力。

3-5 如图 3-36 三铰门式刚架受集中力 P 作用,不计架重。求图示两种情况下支座 A,B 的约束力。

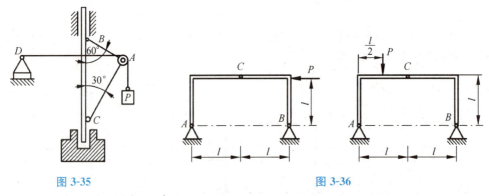

图 3-35 图 3-36

3-6 如图 3-37 所示丁字杆 AB 与直杆 CD 在 D 点用铰链连接,各杆的端点 A 和 C 也分别用铰链固定在墙上。如丁字杆的 B 端受一力偶(F,F')的作用,其力偶矩 $m=1\ \text{kN}\cdot\text{m}$,求 A,C 铰链的约束力。

3-7 如图 3-38 所示为自动焊机起落架,工人在起落架上操作。设作用在起落架上的总重量 $P=8\ \text{kN}$,

— 64 —

重心在 O 点。起落架上 A,B,C 和 D 四个导轮可沿固定立柱滚动。EH 为提升钢索。如不计摩擦,求平衡时钢索的拉力及导轮的约束力。

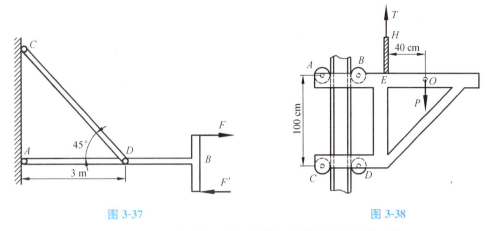

图 3-37 图 3-38

3-8 求如图 3-39 所示梁 A,B 处的约束力。梁上的分布力沿梁的长度是均布的。

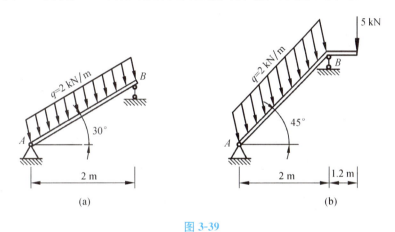

图 3-39

3-9 如图 3-40 所示的钢盘混凝土配水槽,底宽 1 m,高 0.8 m,壁及底厚 0.1 m,水深 0.5 m。求 1 m 长度上支座的约束力。槽的单位体积重力 $\gamma=24.5$ kN/m³。

3-10 如图 3-41 所示结构在 D 点作用一水平力 $P=2$ kN。求 A,B,C 处的约束力。

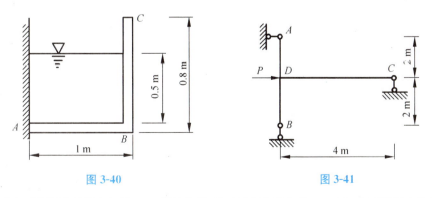

图 3-40 图 3-41

3-11 曲柄连杆活塞机构在如图 3-42 所示位置,此时活塞上受力 $F=400$ N。如不计所有构件的重力和摩擦,问在曲柄上应加多大的力矩才能使机构平衡?

3-12 如图示 3-43 液压式夹紧机构，D 为固定铰，B,C,E 为中间铰，且 $CD=CE$。已知力 P 及角度 α，试求工件 H 所受的压紧力。

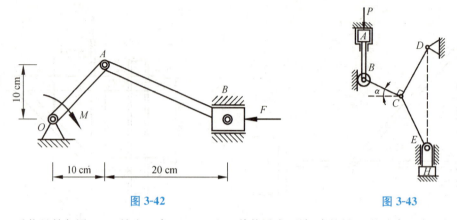

图 3-42　　　　　　　　　　　图 3-43

3-13 重物悬挂如图 3-44 所示，已知 $G=1.8$ kN，其他重力不计，求铰链 A 的约束反力和杆 BC 所受的力。

3-14 如图 3-45 所示小型回转式起重机，已知 $P=10$ kN，自重 $G=3.5$ kN，求轴承 A,B 处的约束力。

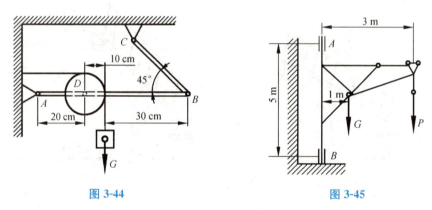

图 3-44　　　　　　　　　　　图 3-45

3-15 如图 3-46 所示蒸汽锅炉的安全阀 A 与均质杠杆重 $G=9.8$ N，长 $OD=40$ cm，而 $OB=5$ cm，在 C 处悬挂平衡锤 $W=320$ N，阀面积 $A=25$ cm²。如欲使安全阀在气压大于 1.013 MPa 时自动开启，求 OC 的距离 X。(标准大气压为 $P=101.3$ kPa)

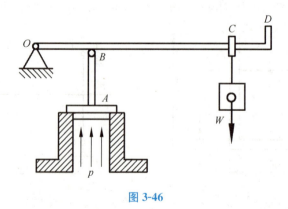

图 3-46

3-16 如图 3-47 所示挡水侧墙修建在基石上，高 $h=2$ m，水深也为 2 m，侧墙为片石混凝土，单位体积重 $\gamma=22.5$ kN/m³；试求：(1) 若取倾覆安全系数 $K=1.4$，侧墙不绕 A 点倾倒时所需要的墙宽 b 为多大？(2) 若使墙身的底面在 B 处不受张力作用,即沿基底 AB 的分布力为一个三角形,则这时墙宽的最小值为多少?

3-17 如图 3-48 所示为单向动作齿条式送料机构简图。手柄全长 $DE=5$ cm,可绕固定铰 C 转动。$CD=0.5$ cm,棘爪 DK 以销钉 D 连于手柄上。已知在图示位置 $\angle CDK=\alpha$,DE 杆与水平成 β 角,若不计各构件自重和摩擦,试求力 P 与 Q 之间的关系。

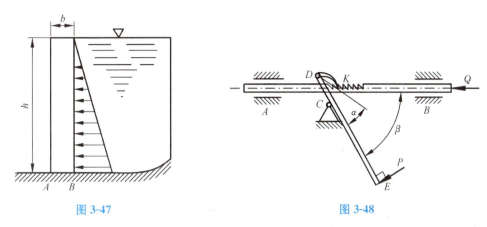

图 3-47　　　　　　　　　　　图 3-48

3-18 如图 3-49 所示在多跨梁上,载有重物 $P=10$ kN,起重机重 $Q=50$ kN,其重心位于铅垂线 EC 上,梁自重不计。求支座 A,B 和 D 三处的约束力。

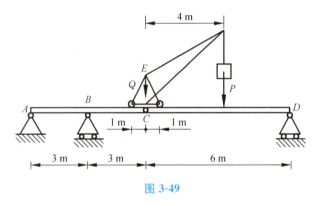

图 3-49

3-19 如图 3-50 所示多跨梁,梁 AC 和 CD 用铰 C 连接,梁上受均布力 $q=5$ kN/m。求 A,B,D 支座的约束反力。

3-20 如图 3-51 所示梯子的两部分 AB 和 AC 在 A 点铰接,又在 D,E 两点用水平绳子连接。梯子放在光滑的水平面上,其一边作用有铅垂力 P,尺寸如图示,不计梯重。求梯子平衡时绳 DE 中的拉力。设 a,l,h 和 α 均为已知。

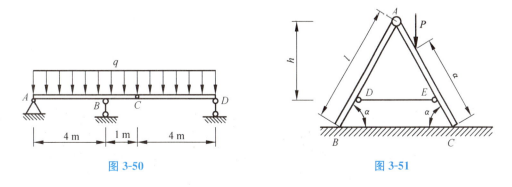

图 3-50　　　　　　　　　　　图 3-51

3-21 静定刚架载荷及尺寸如图 3-52 所示,长度单位为 m。求支座反力和中间铰处压力。

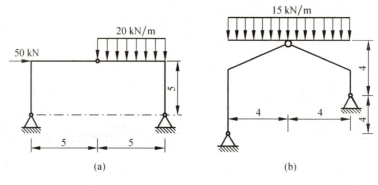

图 3-52

3-22 组合结构的载荷及尺寸如图 3-53 所示,长度单位为 m。求支座反力和各链杆的内力。

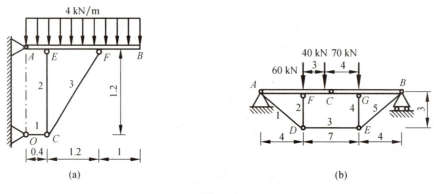

图 3-53

3-23 一梁由支座 A 以及 BE,CE,DE 三杆支承,如图 3-54 示。已知 $q=0.5$ kN/m,$a=2$ m,求各杆内力。

3-24 构架的载荷和尺寸如图 3-55 所示。已知 $P=12$ kN,求支座处的约束反力以及 BE 杆所受的力。

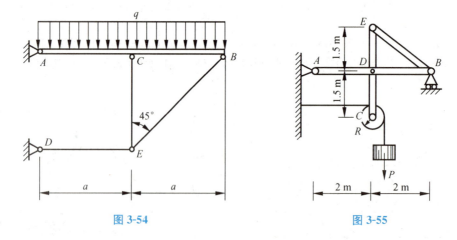

图 3-54   图 3-55

3-25 图 3-56(a)、图 3-56(b)、图 3-56(c)所示的同一结构连续梁,承受载荷的位置不同,但载荷集度均为 q。若已知 q,a,求 A,B,C 三处的约束力。

3-26 桥梁桁架受力如图 3-57 所示。若已知 $P=40$ kN,$a=2$ m,$h=3$ m,求 1,2,3 杆的受力。

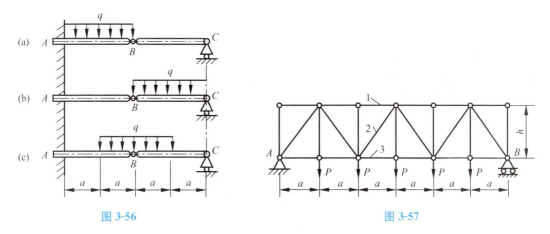

图 3-56   图 3-57

3-27 塔式桁架受力如图 3-58 所示。若 P,a,h 等均为已知,求 1,2,3 杆的受力。

3-28 重为 W 的工件被夹钳依靠 D,E 处的摩擦力夹紧而提起,有关尺寸如图 3-59 所示,单位为 cm,夹钳自重不计。试求提升工件时夹钳在 D 和 E 处对工件的压力为多大?摩擦系数的最小值应为多少?

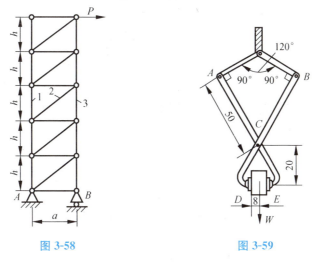

图 3-58   图 3-59

3-29 如图 3-60 所示,已知鼓轮半径 $r=15$ cm,制动轮半径 $R=25$ cm,重物 $G=1\,000$ N,$a=100$ cm,$b=40$ cm,$c=50$ cm,制动轮与制动块间的摩擦系数为 0.6。当重物不致落下时,求力 F 的最小值。

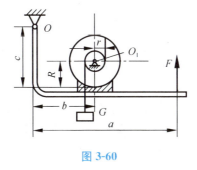

图 3-60

第4章 空间力系与重心

在工程中,经常遇到物体所受各力作用线不在同一平面内,而是空间分布的,即空间力系。按各力作用线的相对位置,空间力系也可分为空间汇交力系、空间力偶系、空间平行力系和空间任意力系。显然,空间任意力系是力系的最一般形式,如图4-1所示。

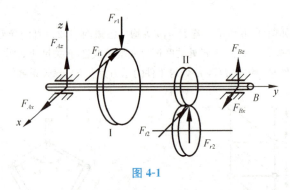

图 4-1

本章重点研究空间力系的平衡方程及应用。

4.1 力在空间直角坐标系上的投影

根据力在坐标轴上的投影的概念,可以求得一个任意力在空间直角坐标轴上的三个投影。如图4-2所示,若已知力 F 与三个坐标轴 x,y,z 的夹角分别为 α,β,γ 时,则 F 在三个坐标轴上的投影分别为

$$F_x = F\cos\alpha$$
$$F_y = F\cos\beta \quad (4\text{-}1)$$
$$F_z = F\cos\gamma$$

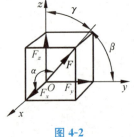

图 4-2

以上投影方法称为直接投影法,或一次投影法。

由图4-2可见,若以 F 为对角线,以三坐标轴为棱边作正六面体,则此正六面体的三条棱边之长正好等于力 F 在三个轴上投影 F_x,F_y,F_z 的绝对值。

也可采用二次投影法,如图4-3所示,当空间的力 F 与其一坐标轴(如 z 轴)的夹角 γ 及力在垂直此轴的坐标面(Oxy 面)上的投影与另一坐标轴(如 x 轴)的夹角 φ 已知时,可先将力 F 投影到该坐标面内,然后再将力向其他坐标轴上投影,这种投影方法称作二次投影法。图4-3所示的力 F 在三个坐标轴上的投影为

$$F_x = F\sin\gamma\cos\varphi$$
$$F_y = F\sin\gamma\sin\varphi$$
$$F_z = F\cos\gamma$$

反之,当已知力 **F** 在三个坐标轴上投影时,也可求出力 **F** 的大小和方向:

$$F = \sqrt{F_x^2 + F_y^2 + F_z^2} \tag{4-2}$$

$$\left.\begin{array}{l}\cos\alpha = \dfrac{F_x}{F}\\[2mm]\cos\beta = \dfrac{F_y}{F}\\[2mm]\cos\gamma = \dfrac{F_z}{F}\end{array}\right\} \tag{4-3}$$

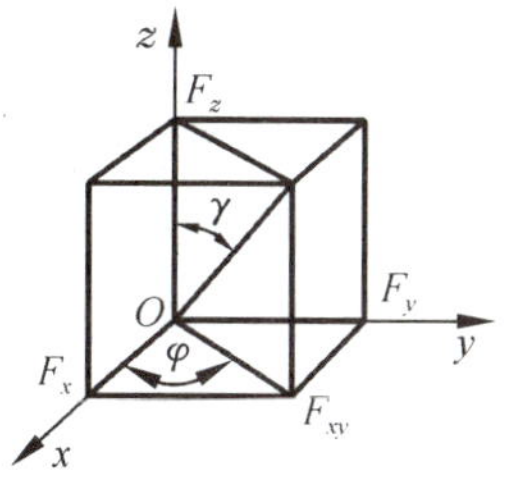

图 4-3

例 4-1 长方体上作用有三个力,$F_1 = 50\,\text{N}, F_2 = 100\,\text{N}, F_3 = 150\,\text{N}$,方向与尺寸如图 4-4 所示,求各力在三坐标轴上的投影。

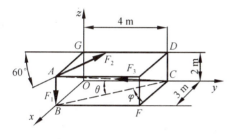

图 4-4

解:由于力 F_1 及 F_2 与坐标轴间的夹角都已知,可应用直接投影法,力 F_3 与坐标轴的方位角 φ 及仰角 θ 已知,可用二次投影法,由几何关系知

$$\sin\theta = \frac{AB}{AC} \approx \frac{2}{5.39} \quad \cos\theta = \frac{BC}{AC} \approx \frac{5}{5.39}$$

$$\sin\varphi = \frac{BF}{BC} = \frac{4}{5} \quad \cos\varphi = \frac{CF}{BC} = \frac{3}{5}$$

各力在坐标轴上的投影分别为

$$F_{1x} = F_1 \cos 90° = 0$$
$$F_{1y} = F_1 \cos 90° = 0$$
$$F_{1z} = F_1 \cos 180° = -50\,\text{N}$$
$$F_{2x} = -F_2 \sin 60° \approx -100 \times 0.866 = -86.6(\text{N})$$
$$F_{2y} = F_2 \cos 60° = 100 \times 0.5 = 50(\text{N})$$
$$F_{2z} = F_2 \cos 90° = 0$$
$$F_{3x} = F_3 \cos\theta\cos\varphi = 150 \times \frac{5}{5.39} \times \frac{3}{5} \approx 83.5(\text{N})$$
$$F_{3y} = -F_3 \cos\theta\sin\varphi = 150 \times \frac{5}{5.39} \times \frac{4}{5} \approx -111.3(\text{N})$$
$$F_{3z} = F_3 \sin\theta = 150 \times \frac{2}{5.39} \approx 55.7(\text{N})$$

4.2 空间汇交力系的合成与平衡

4.2.1 空间汇交力系的合成

设在某物体上 A 点作用一空间汇交力系 $F_1, F_2, \cdots, F_n$,其中任意二力总是共面,故可连续应用平行四边形法则,最后合成一个作用于汇交点的合力 F_R,故

$$\boldsymbol{F}_R = \boldsymbol{F}_1 + \boldsymbol{F}_2 + \cdots + \boldsymbol{F}_n = \sum \boldsymbol{F} \tag{4-4}$$

将式(4-4)向 x,y,z 三坐标轴投影

$$F_{Rx} = F_{1x} + F_{2x} + \cdots + F_{nx} = \sum F_x$$

同理

$$F_{Ry} = \sum F_y \tag{4-5}$$

$$F_{Rz} = \sum F_z$$

式(4-5)称为合力投影定理，它表明合力在某轴上的投影等于各分力在同一轴上投影的代数和。

求出 F_{Rx}, F_{Ry}, F_{Rz} 后，即可按式(4-2)和式(4-3)求得

$$F_R = \sqrt{\left(\sum F_x\right)^2 + \left(\sum F_y\right)^2 + \left(\sum F_z\right)^2} \tag{4-6}$$

$$\cos \alpha = \frac{\sum F_x}{F_R}, \quad \cos \beta = \frac{\sum F_y}{F_R}, \quad \cos \gamma = \frac{\sum F_z}{F_R} \tag{4-7}$$

空间汇交力系合成的结果为一合力，合力的作用线通过各力的汇交点，合力矢量为各分力矢量的矢量和。

4.2.2 空间汇交力系的平衡条件及平衡方程式

因为空间汇交力系可以合成为一合力，所以，空间汇交力系平衡的充分必要条件为：力系的合力等于零。即

$$\boldsymbol{F}_R = \sum \boldsymbol{F} = \boldsymbol{0} \tag{4-8}$$

式(4-8)向 x,y,z 轴投影可得

$$\sum F_x = 0, \quad \sum F_y = 0, \quad \sum F_z = 0 \tag{4-9}$$

式(4-9)为空间汇交力系的平衡方程式。

例 4-2 有一空间支架固定在相互垂直的墙上。支架由垂直于两墙的铰接二力杆 OA、OB 和钢绳 OC 组成。已知 $\theta=30°$，$\varphi=60°$，O 点吊一重力为 $G=1.2\,\text{kN}$ 的重物（图4-5(a)）。试求两杆和钢绳所受的力。图中 O,A,B,D 四点都在同一水平面上，杆和绳的重力均略去不计。

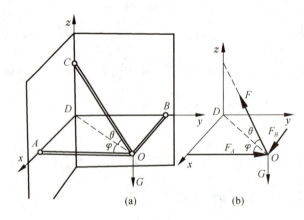

图 4-5

解：(1) 选研究对象，画受力图。取铰链 O 为研究对象，设坐标系为 $Oxyz$，受力图如图 4-5(b)所示。

(2) 列空间汇交力系平衡方程式,求未知量。即

$$\sum F_x = 0 \quad F_B - F\cos\theta\sin\varphi = 0$$

$$\sum F_y = 0 \quad F_A - F\cos\theta\cos\varphi = 0$$

$$\sum F_z = 0 \quad F\sin\theta - G = 0$$

解上述方程

$$F = \frac{G}{\sin\theta} = \frac{1.2}{\sin 30°} = 2.4 \text{(kN)}$$

$$F_A = F\cos\theta\cos\varphi = 2.4\cos 30°\cos 60° \approx 1.04 \text{(kN)}$$

$$F_B = F\cos\theta\sin\varphi = 2.4\cos 30°\sin 60° = 1.8 \text{(kN)}$$

4.3 力对轴的矩

4.3.1 力对轴的矩

在实际工程中,经常遇到绕固定轴转动的情况。如图 4-6 所示,以推门为例,讨论力对轴的矩。实践证明,力使门转动的效应,不仅取决于力的大小和方向,而且与力作用的位置有关。如图 4-6(a)和(b)推门时,沿 $\boldsymbol{F}_1$,$\boldsymbol{F}_2$ 方向施加外力,力的作用线与门的转轴平行或相交,则力无论多大,都不能推开门。如图 4-6(c)所示,力 $\boldsymbol{F}$ 垂直于门的方向,且不通过门轴时,门就能推开,并且力越大或其作用线与门轴间的垂直距离越大,则转动效果越显著。

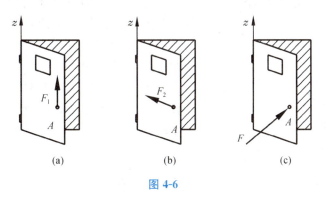

图 4-6

在一般情况下,如图 4-7 所示,设有一力 $\boldsymbol{F}$,作用于 A 点,其作用线与 z 轴既不平行也不相交。如计算该力对 z 轴的矩,可将 $\boldsymbol{F}$ 分解为两个分力 $\boldsymbol{F}_{xy}$ 与 $\boldsymbol{F}_z$。因 $\boldsymbol{F}_z$ 平行于 z 轴,对 z 轴无转动效应。显然,只有力 $\boldsymbol{F}_{xy}$ 才能使刚体产生绕 z 轴转动的效应。而 $\boldsymbol{F}_{xy}$ 对 z 轴的力矩就是力 $\boldsymbol{F}_{xy}$ 对 O 点的矩,即

$$M_z(\boldsymbol{F}) = M_z(\boldsymbol{F}_{xy}) = M_O(\boldsymbol{F}_{xy}) = \pm F_{xy} \cdot d \quad (4-10)$$

或

$$M_z(\boldsymbol{F}) = \pm F \cdot \cos\alpha \cdot d \quad (4-11)$$

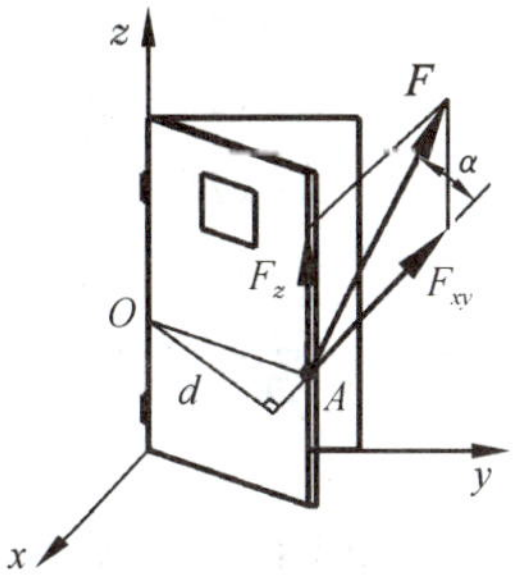

图 4-7

式(4-11)表明,力对轴的矩等于力在与轴垂直的平面上的投影对轴与该平面的交点的矩。力对轴的矩的正负号规定如下:按右手螺旋法则,即用右手的四指来表示力绕轴的转向,

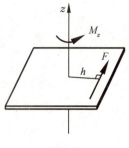

图 4-8

如果拇指的指向与 z 轴正向相同,力矩为正,反之为负,如图 4-8 所示。

力对轴的矩的单位,与力对点的矩的单位相同,为 N·m,kN·m 或 N·cm,kN·cm 等。

4.3.2 合力矩定理

平面力系中的合力矩定理在空间力系中仍然适用。如图 4-9 所示,力 F 对某轴(如 z 轴)的力矩,为力 F 在 x,y,z 三个坐标方向的分力 F_x,F_y,F_z 对同轴(z 轴)力矩的代数和,称为合力矩定理。

$$M_z(F) = M_z(F_x) + M_z(F_y) + M_z(F_z) \tag{4-12}$$

因分力 F_z 平行于 z 轴,故 $M_z(F_z)=0$,于是

$$M_z(F) = M_z(F_x) + M_z(F_y)$$

同理可得

$$M_x(F) = M_x(F_z) + M_x(F_y)$$
$$M_y(F) = M_y(F_x) + M_y(F_z)$$

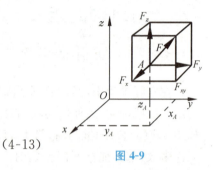

图 4-9

力对轴的矩的解析表示式为

$$\left. \begin{array}{l} M_x(F) = F_z \cdot y_A - F_y \cdot z_A \\ M_y(F) = F_x \cdot z_A - F_z \cdot x_A \\ M_z(F) = F_y \cdot x_A - F_x \cdot y_A \end{array} \right\} \tag{4-13}$$

应用式(4-13)时,分力 F_x,F_y,F_z 及坐标 x_A,y_A,z_A 均应考虑本身的正负号,所得力矩的正负号也将表明力矩绕轴的转向。

例 4-3 计算图 4-10 所示手摇曲柄上的力 F 对 x,y,z 轴的矩。已知 $F=100$ N,$\alpha=60°$,$AB=20$ cm,$BC=40$ cm,$CD=15$ cm,A,B,C,D 处于同一水平面上。

解:力 F 为平行于 xAz 平面的平面力,在 x 和 z 轴上有投影

$$F_x = F\cos\alpha, \quad F_z = -F\sin\alpha$$

计算力 F 对 x、y、z 各轴的力矩

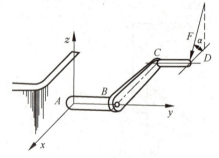

图 4-10

$$M_x(F) = -F_z(AB+CD) = -100 \times \sin 60° \times (20+15) \approx -3\,031(\text{N·cm})$$
$$M_y(F) = -F_z BC = -100 \times \sin 60° \times 40 \approx -3\,464(\text{N·cm})$$
$$M_z(F) = -F_x(AB+CD) = -50 \times (20+15) = -1\,750(\text{N·cm})$$

4.4 空间一般力系的平衡方程及应用

和平面一般力系一样,空间一般力系也可应用力的平移定理,向任一点简化,而得到一个空间汇交力系和一个空间力偶系,从而合成为一个力和一个力偶。此合力和附加力偶与原力系等效。

其合力为

$$R' = \sqrt{\left(\sum F_x\right)^2 + \left(\sum F_y\right)^2 + \left(\sum F_z\right)^2} \tag{4-14}$$

其附加合力矩为

$$m_O = \sum M_O(\boldsymbol{F}) = \sqrt{\left[\sum M_x(\boldsymbol{F})\right]^2 + \left[\sum M_y(\boldsymbol{F})\right]^2 + \left[\sum M_z(\boldsymbol{F})\right]^2} \tag{4-15}$$

即原力系中各力对于简化中心的矩的代数和。

若空间一般力系平衡,则力系中各力的矢量和与各力对于简化中心的矩的代数和均为零。因此得到

$$\sum F_x = 0, \quad \sum F_y = 0, \quad \sum F_z = 0 \tag{4-16}$$
$$\sum M_x(\boldsymbol{F}) = 0, \quad \sum M_y(\boldsymbol{F}) = 0, \quad \sum M_z(\boldsymbol{F}) = 0$$

由此可知,空间一般力系平衡的充分和必要条件是:力系中所有各力在任意相互垂直的三个坐标轴的每一个轴上的投影的代数和等于零,力系对于这三个坐标轴的矩的代数和分别等于零。

空间任意力系有六个独立的平衡方程,所以空间任意力系问题至多可解六个未知量。

例 4-4 在车床上用三爪卡盘夹固工件。设车刀对工件的切削力 $F=1\,000$ N,方向如图 4-11 所示,$\alpha=10°$,$\beta=70°$(α 为力 F 与铅直面间的夹角,β 为力 F 在铅直面上的投影与水平线间的夹角)。工件的半径 $R=5$ cm,求当工件做匀速转动时,卡盘对工件的约束力。

解:以工件为研究对象。工件除受切削力 F 作用以外,还受卡盘的约束力作用。卡盘限制工件相对它实现任意方向的位移和绕任何轴的转动,因此它的约束性质与空间固定端一样,其约束反力可用三个相互垂直的分力 F_{Ax},F_{Ay} 和 F_{Az} 表示,其反力偶可用在三个坐标平面内的分力偶表示,它们的矩分别为 m_x,m_y 和 m_z。这些约束反力和约束反力偶和切削力 F 组成空间的平衡力系。

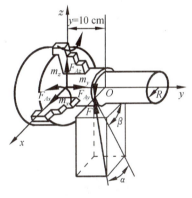

图 4-11

以 F_x,F_y,F_z 表示力 F 在三个坐标轴上的分力的大小,则

$$F_x = F\sin\alpha$$
$$F_y = F\cos\alpha\cos\beta$$
$$F_z = F\cos\alpha\sin\beta$$

列平衡方程,得

$$\sum F_x = 0, \quad F_{Ax} - F_x = 0$$
$$\sum F_y = 0, \quad F_{Ay} - F_y = 0$$
$$\sum F_z = 0, \quad F_{Az} + F_z = 0$$
$$\sum M_x(\boldsymbol{F}) = 0, \quad m_x + F_z y = 0$$
$$\sum M_y(\boldsymbol{F}) = 0, \quad m_y - F_z R = 0$$
$$\sum M_z(\boldsymbol{F}) = 0, \quad m_z + F_x y - F_y R = 0$$

解以上方程,得

$$F_{Ax} = 174\text{ N}, \quad F_{Ay} = 337\text{ N}, \quad F_{Az} = -925\text{ N}$$

$$m_x = -92.5\text{ N}\cdot\text{m}, \quad m_y = 46.3\text{ N}\cdot\text{m}, \quad m_z = -0.55\text{ N}\cdot\text{m}$$

可见,当车刀沿轴线 y 移动时,力偶矩 m_x, m_z 的大小将会改变,这将使轴的弯曲程度改变而影响切削精度。

在工程中计算轴类零件的受力时,常将轴上受到的各力分别投影到三个坐标平面上,得到三个平衡力系。这样,可把空间一般力系的平衡问题,简化为三个坐标平面内的平面力系的平衡问题。例如将例 4-4 中工件的受力图向三个坐标平面上投影,得到如图 4-12 所示的三个平面一般力系。

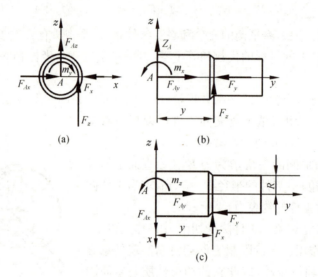

图 4-12

(1) 由侧视图(图 4-12(a))可见,各力在 Axz 坐标平面上的投影有:主动力 F_x 和 F_z,约束力 F_{Ax}, F_{Az} 和 m_y。其中 $F_x = F\sin\alpha$, $F_z = F\cos\alpha\sin\beta$。列平衡方程,得

$$\sum F_x = 0, \quad F_{Ax} - F_x = 0 \tag{1}$$

$$\sum F_z = 0, \quad F_{Az} + F_z = 0 \tag{2}$$

$$\sum M_A(\boldsymbol{F}) = 0, \quad -F_z R + m_y = 0 \tag{3}$$

式(3)相当于 F 对 y 轴的矩,即 $\sum M_y(\boldsymbol{F}) = 0$。

(2) 由正视图(图 4-12(b))可见,各力在 Ayz 坐标平面上的投影有:主动力 F_y, F_z,约束力 F_{Az}, F_{Ay} 和 m_x。其中 $F_y = F\cos\alpha\cos\beta$。列平衡方程,得

$$\sum F_y = 0, \quad F_{Ay} - F_y = 0 \tag{4}$$

$$\sum M_A(\boldsymbol{F}) = 0, \quad m_x + F_z y = 0 \tag{5}$$

式(5)相当于 F 对通过 A 点的 x 轴的矩,即 $\sum m_x(\boldsymbol{F}) = 0$。

(3) 由俯视图(图 4-12(c))可见,各力在 Axy 平面上的投影有:主动力 F_x, F_y,约束力 F_{Ax}, F_{Ay} 和 m_z。列平衡方程,得

$$\sum M_A(\boldsymbol{F}) = 0, \quad m_z + F_x y - F_y R = 0 \tag{6}$$

式(6)相当于 $\boldsymbol{F}$ 对通过 A 点的 z 轴的矩，即 $\sum M_z(\boldsymbol{F}) = 0$。

解以上方程可求得约束力 F_{Ax}, F_{Ay} 和 F_{Az} 和约束反力偶 m_x, m_y, m_z。其值与前相同。

例 4-5 图 4-13 示意一起重铰车的鼓轮轴。已知：$G = 10$ kN, $AC = 20$ cm, $CD = DB = 30$ cm，齿轮半径 $R = 20$ cm，在最高处 E 点受 $\boldsymbol{P}_n$ 力作用，$\boldsymbol{P}_n$ 与齿轮分度圆切线之夹角为 $\alpha = 20°$，鼓轮半径 $r = 10$ cm，A, B 两端为向心轴系。试求 $\boldsymbol{P}_n$ 及 A, B 两轴承的径向压力。

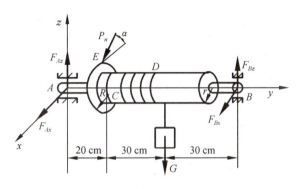

图 4-13

解：取轮轴为研究对象，选直角坐标系 $Axyz$。F_{Ax}, F_{Az} 及 F_{Bx}, F_{Bz} 为 A, B 两处轴承的约束力，因轴沿 y 轴方向不受力，故只需要列 5 个平衡方程求解。

列空间一般力系的平衡方程

$$\sum F_x = 0, \quad F_{Ax} + F_{Bx} + P_n \cdot \cos\alpha = 0 \tag{1}$$

$$\sum F_z = 0, \quad F_{Az} + F_{Bz} - P_n \cdot \sin\alpha - G = 0 \tag{2}$$

$$\sum M_x = 0, \quad F_{Bz} \cdot AB - G \cdot AD - P_n \cdot \sin\alpha \cdot AC = 0 \tag{3}$$

$$\sum M_y = 0, \quad P_n \cdot \cos\alpha \cdot R - G \cdot r = 0 \tag{4}$$

$$\sum M_z = 0, \quad -F_{Bx} \cdot AB - P_n \cdot \cos\alpha \cdot AC = 0 \tag{5}$$

先计算式(4)可得

$$P_n = \frac{G \cdot r}{R \cos\alpha} \approx \frac{10 \times 10}{20 \times 0.94} \approx 5.32 \text{(kN)}$$

将 P_n 代入式(3)、式(5)得

$$F_{Bz} = \frac{G \cdot AD + P_n \sin\alpha \cdot AC}{AB} \approx \frac{10 \times 50 + 5.32 \times 0.34 \times 20}{80} = 67 \text{(kN)}$$

$$F_{Bx} = -\frac{P_n \cos\alpha \cdot AC}{AB} \approx -\frac{5.32 \times 0.94 \times 20}{80} = -1.25 \text{(kN)}$$

然后再由式(1)、式(2)得

$$F_{Ax} = -F_{Bx} - P_n \cos\alpha \approx -(-1.25) - 5.32 \times 0.94 = 1.25 - 5 = -3.75 \text{(kN)}$$

$$F_{Az} = -F_{Bz} + P_n \sin\alpha + G \approx -6.7 + 5.32 \times 0.34 + 10 = 5.11 \text{(kN)}$$

F_{Ax}, F_{Bx} 的 "—" 号表示实际指向与所设指向相反。

空间力系的平衡问题，也可以转化为三个平面力系的平衡问题来求解。在工程中，常把空

间的受力图投影到三个坐标平面,画出三个视图(主视、俯视、侧视),这样就得到三个平面力系,分别列出它们的平衡方程,同样可以解出所求的未知量,这种求解方法称为空间问题的平面解法。此法在进行轴和轴承受力分析时经常应用。下面举例说明。

例 4-6 试用空间一般力系的平面解法解例 4-5 题。

解:如图 4-14 所示,作出图 4-13 轮轴在两个坐标平面上的投影受力图。本题 xz 平面为平面一般力系,yz 和 xy 面则为平行力系问题。

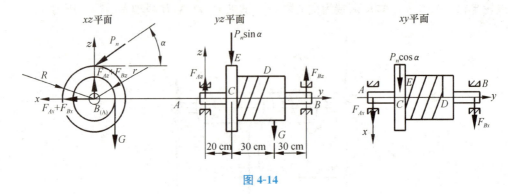

图 4-14

根据三个投影受力图,分别列出平面力系平衡方程并求解。

xz 平面: $\sum M_B(F) = 0$, $P_n \cos\alpha \cdot R - G \cdot r = 0$

所以 $P_n = G \dfrac{r}{R \cdot \cos\alpha} = 10 \times \dfrac{10}{20 \times \cos 20°} \approx 5.32 \text{(kN)}$

yz 平面: $\sum M_A(F) = 0$, $F_{Bz} \cdot AB - P_n \sin\alpha AC - G \cdot AD = 0$

$F_{Bz} = \dfrac{P_n \sin\alpha \cdot AC + G \cdot AD}{AB} = \dfrac{5.32 \times \sin 20° \times 20 + 10 \times 50}{80} \approx 6.7 \text{(kN)}$

所以 $\sum F_z = 0$, $F_{Az} + F_{Bz} - P_n \sin\alpha - G = 0$

$F_{Az} = -6.7 + 5.32 \times \sin 20° + 10 \approx 5.11 \text{(kN)}$

xy 平面: $\sum M_A(F) = 0$, $-F_{Bx} \cdot AB - P_n \cos\alpha \cdot AC = 0$

$F_{Bx} = \dfrac{-P_n \cos\alpha \cdot AC}{AB} = -\dfrac{5.32 \times \cos 20° \times 20}{80} \approx -1.25 \text{(kN)}$

$\sum F_x = 0$, $F_{Ax} + F_{Bx} + P_n \cos\alpha = 0$

所以 $F_{Ax} = -F_{Bx} - P_n \cos\alpha = -(-1.25) - 5.32 \times \cos 20°$
$\approx 1.25 - 5.22 \times 0.94 = -3.75 \text{(kN)}$

所得结果与例 4-5 所求结果相同。

4.5 空间平行力系的中心和物体的重心

4.5.1 空间平行力系的中心

若空间力系各合力的作用线相互平行,则该空间力系称为空间平行力系。空间平行力系的合成,可依次取二力合力,重复进行下去,最后可得合成结果。其结果有三种情况:为一合力;为一力偶;力系平衡。若力系为一合力时,合力的作用点,即是平行力系的中心,并可证明,平行力系的中心只与平行力系中各力的大小和作用点的位置有关,而与各平行力的方向无关。

4.5.2 重心的概念

重心是平行力系中的一个特例,在地面上的一切物体都受到地球的重力作用,物体是由许多微小部分组成的,可以把物体各部分的重力看成是铅直向下相互平行的空间平行力系,这个空间平行力系的合力为物体的重力,重力的大小等于物体所有各部分重力大小的总和,重力的作用点即是空间平行力系的中心,称为物体的重心。

若将物体看成刚体,则不论物体在空间处于什么位置,也不论怎样放置,它的重心在物体中的相对位置是确定不变的。因为重心是物体的重力作用点,若在重心位置加上一个与重力大小相等、方向相反的力,即可以使物体平衡。因此悬挂或支持在重心位置的物体在任何位置都能保持平衡。

在工程中,确定物体重心的位置十分重要,例如起吊重物时,吊钩必须位于被吊物体的重心正上方,以保证起吊后保持物体的平衡;高速转动的零件,都要求在设计、制造、安装时使其重心位于转轴轴线上,以免引起强烈振动等。

4.5.3 重心和形心的坐标公式

我们可应用合力矩定理确定重心位置。

设物体重心坐标为(x_C, y_C, z_C),如图 4-15 所示。将物体分成若干微小部分,其重力分别为$\Delta W_1, \Delta W_2, \cdots, \Delta W_n$,各力作用点的坐标分别为$(x_1, y_1, z_1), (x_2, y_2, z_2), \cdots, (x_n, y_n, z_n)$。物体重力$W$的值为$\boldsymbol{W} = \sum \Delta \boldsymbol{W}_i$。

根据合力矩定理,有

$$M_x(\boldsymbol{W}) = \sum M_x(\Delta \boldsymbol{W}_i)$$
$$M_y(\boldsymbol{W}) = \sum M_y(\Delta \boldsymbol{W}_i)$$
$$-y_C \cdot W = -\sum y_i \cdot \Delta W_i$$
$$x_C \cdot W = \sum x_i \cdot \Delta W_i$$

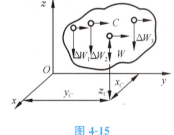

图 4-15

根据力系中心的位置与各平行力的方向无关的性质,可将物体连同坐标系一起绕x轴顺时针转过 90°。使y轴朝下,这时重力W和各力ΔW_i都与y轴同向且平行,再对x轴应用合力矩定理,得

$$-z_C \cdot W = -\sum z_i \cdot \Delta W_i$$

因此得物体重心C的坐标公式为

$$\left.\begin{aligned} x_C &= \frac{\sum x_i \Delta W_i}{W} \\ y_C &= \frac{\sum y_i \Delta W_i}{W} \\ z_C &= \frac{\sum z_i \Delta W_i}{W} \end{aligned}\right\} \quad (4\text{-}17)$$

若物体为均质,其密度为 ρ,以 $W=\rho g V$,$\Delta W_i=\rho g \Delta V_i$ 代入上式,令 $\Delta V_i \to 0$ 取极限,即可得

$$\left. \begin{array}{l} X_C = \dfrac{\sum x_i \Delta V_i}{V} = \dfrac{\int_V x \, \mathrm{d}V}{V} \\[2mm] Y_C = \dfrac{\sum y_i \Delta V_i}{V} = \dfrac{\int_V y \, \mathrm{d}V}{V} \\[2mm] Z_C = \dfrac{\sum z_i \Delta V_i}{V} = \dfrac{\int_V z \, \mathrm{d}V}{V} \end{array} \right\} \tag{4-18}$$

可见均质物体的重心完全取决于物体的几何形状,而与物体的重力无关。因此均质物体的重心也称为形心,但应注意:重心和物体的几何形状的形心是两个不同的概念。只有均质物体的重心和形心才重合于一点。式(4-18)称为体积形心坐标公式。

若物体是均质薄壳(或薄板)。以 A 表示壳或板的表面面积,ΔA_i 表示微小部分的面积,同理可求得均质薄壳的重心或形心 C 的位置坐标公式为

$$\left. \begin{array}{l} x_C = \dfrac{\sum x_i \Delta A_i}{A} = \dfrac{\int_A x \, \mathrm{d}A}{A} \\[2mm] y_C = \dfrac{\sum y_i \Delta A_i}{A} = \dfrac{\int_A y \, \mathrm{d}A}{A} \\[2mm] z_C = \dfrac{\sum z_i \Delta A_i}{A} = \dfrac{\int_A z \, \mathrm{d}A}{A} \end{array} \right\} \tag{4-19}$$

若物体是等截面均质细杆(或细线),以 L 表示细杆的长度,ΔL_i 表示微小部分的长度,同样可求得细杆的重心或形心 C 的位置坐标公式为

$$\left. \begin{array}{l} x_C = \dfrac{\sum x_i \Delta L_i}{L} = \dfrac{\int_L x \, \mathrm{d}L}{L} \\[2mm] y_C = \dfrac{\sum y_i \Delta L_i}{L} = \dfrac{\int_L y \, \mathrm{d}L}{L} \\[2mm] z_C = \dfrac{\sum z_i \Delta L_i}{L} = \dfrac{\int_L z \, \mathrm{d}L}{L} \end{array} \right\} \tag{4-20}$$

4.5.4 求重心的方法

确定重心位置的方法很多,下面只介绍几种常用的方法。

1. 对称法

对于均质物体,若在几何形体上具有对称面、对称轴或对称点,则物体的重心或形心亦必在此对称面、对称轴或对称点上。

若物体具有两个对称面,则重心在两个对称面的交线上;若物体有两根对称轴,则重心在两根对称轴的交点上。如球心是圆球的对称点,也就是它的重心或形心。矩形的形心就在两个对称轴的交点上。

运用此法可以在不对称的图形上找到对称的因素。例如,对任意三角形△ABD,可将图形分割成无数平行于底边 AB 的直线,每一条直线的形心在其对称点——中点上,这些中点连起来形成一条形心迹线 DE。若以 BD 为底边,则又可找到另一条形心迹线 AH,依对称律,△ABD 的形心必在 DE 与 AH 之交点 C 上,如图 4-16(a)所示。

又如,对任意四边形 ABDE,第一次将其分成△ABD 和△ADE,分别找出形心 C_1 和 C_2,连接 C_1C_2,得到一条迹线。第二次将其分成△ABE 和△DBE,分别找出形心 C_3 和 C_4,连接 C_3C_4,又得到一条迹线。两条迹线的交点 C,即为四边形 ABDE 的形心。

对有些图形进行划分时,还可采取负面积法。如对图 4-16(c)所示角钢的横截面,第一次将它划成以 C_3 和 C_4 两个形心为代表的矩形面积之和,第二次则将它划成整个矩形 C_1 和虚线矩形 C_2 之差,连接 C_1C_2 迹线和 C_3C_4 迹线相交于 C 点,即为角钢截面形心。

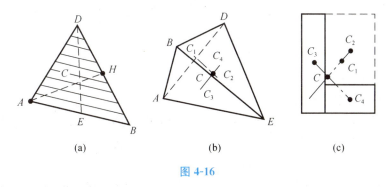

图 4-16

此法可推广到求解任意组合图形的形心。因此法仅靠作图求解,故名图解法。

2. 积分法

求基本规则形式的形心,可将形体分割成无限多个微小形体,在此极限情况下,可利用形心的积分公式(4-18)~式(4-20)求解。

对于常用的一些简单的图形和物体的重心位置可从工程手册中查得。现将几种常用的简单形体的重心列于表 4-1,供参阅。

表 4-1 常用简单形状均质物体的重心位置

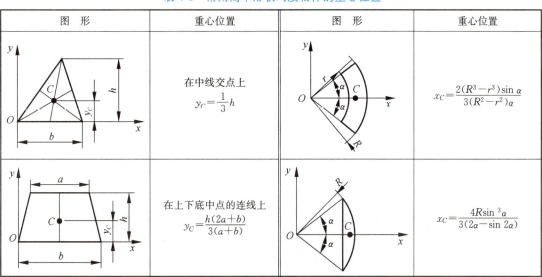

图 形	重心位置	图 形	重心位置
	在中线交点上 $y_C=\frac{1}{3}h$		$x_C=\frac{2(R^3-r^3)\sin\alpha}{3(R^2-r^2)\alpha}$
	在上下底中点的连线上 $y_C=\frac{h(2a+b)}{3(a+b)}$		$x_C=\frac{4R\sin^3\alpha}{3(2\alpha-\sin 2\alpha)}$

续表

图　形	重心位置	图　形	重心位置
	$x_C = \dfrac{r\sin\alpha}{\alpha}$ 半圆弧 $\alpha = \pi/2$ $x_C = \dfrac{2r}{\pi}$		$y_C = \dfrac{3}{8}r$
	$x_C = \dfrac{2r\sin\alpha}{3\alpha}$ 半圆 $\alpha = \pi/2$ $x_C = \dfrac{4r}{3\pi}$		$z_C = \dfrac{1}{4}h$

3. 组合法——有限分割法

机械和结构的零件往往是由几个简单的基本形体组合而成的，每个基本形体的形心位置可以根据对称判断或查表获得。那么，整个形体的形心可用式(4-18)、式(4-19)通过有限项的合成而求得。具体求法由下面例题说明。

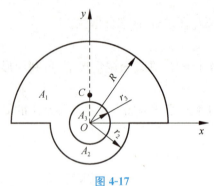

图 4-17

如有一形体为一基本形体中挖去另一基本形体的残留形状，则只需将被挖去的体积或面积看成负值，仍然可应用相同的方法来求出其形心。

例 4-7　试求打桩机中偏心块(图 4-17)的形心。已知 $R = 10$ cm, $r_2 = 3$ cm, $r_3 = 1.7$ cm。

解：将偏心块看成三部分组成。

(1) 半圆面 A_1 半径为 R，$A_1 = \dfrac{\pi R^2}{2} = 157$ cm^2，$x_1 = 0$，

$$y_1 = \frac{4R}{3\pi} = \frac{40}{3\pi} \approx 4.24 \text{(cm)}$$

(2) 半圆面 A_2 半径为 r_2，$A_2 = \dfrac{\pi r_2^2}{2} \approx 14$ cm^2，$x_2 = 0$，

$$y_2 = \frac{-4r_2}{3\pi} = \frac{-4 \times 3}{3\pi} \approx -1.27 \text{(cm)}$$

(3) 挖去圆面积 A_3 半径为 r_3，$A_3 = \pi r_3^2 \approx -9.1$ cm^2，$x_3 = 0$，$y_3 = 0$。

因为 y 轴为对称轴，重心 C 必在 y 轴上，所以，$x_C = 0$。应用式(4-19)，则

$$y_C = \frac{\sum A_k y_k}{A} = \frac{A_1 y_1 + A_2 y_2 + A_3 y_3}{A_1 + A_2 + A_3} = \frac{157 \times 4.24 - 14 \times 1.27}{157 + 14 - 9.1}$$

$$= \frac{665.68 - 17.78}{161.9} = 4 \text{(cm)}$$

4. 实验法

如果物体的形状复杂或质量分布不均匀,其重心常用实验来确定。

(1) 悬挂法。对于形状复杂的薄平板,求形心位置时,可将板悬挂于任一点 A(如图 4-18),根据二力平衡原理,板的重力与绳的张力必在同一条直线上,故形心一定在铅垂的挂绳延长线 AB 上。重复施用上述方法,将板挂于 D 点,可得 DE 线。显然可见,平板的重心即为 AB 和 DE 的交点 C。

(2) 称量法。对于形状复杂的零件、体积庞大的物体以及由许多零件组成的机械,可用此法确定其重心的位置。例如,连杆本身具有两个相互垂直的纵向对称面,其重心必在这两个对称平面的交线上,即连杆的中心线 AB 上(图 4-19)。其重心在 x 轴上的位置可用下述方法确定:先称出连杆重力 W,然后将其一端支于固定点 A,另一端支承于磅秤上,使中心线 AB 处于水平位置,读出磅秤上读数 F_B,并量出两支点间的水平距离 l,则由

$$\sum M_A(\boldsymbol{F}) = 0, \quad F_B l - W \cdot x_C = 0$$

可得

$$x_C = F_B l / W$$

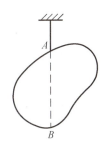
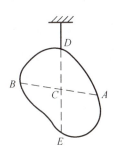
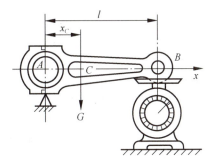

图 4-18　　　　　　　　　　　图 4-19

小　结

1. 力在空间直角坐标轴上的投影方法有直接投影法和二次投影法。

直接投影法:

$$F_x = F\cos\alpha$$
$$F_y = F\cos\beta$$
$$F_z = F\cos\gamma$$

二次投影法:

$$F_x = F\sin\gamma\cos\varphi$$
$$F_y = F\sin\gamma\sin\varphi$$
$$F_z = F\cos\gamma$$

2. 对轴的矩在力与轴平行和力与轴相交两种情况下为零。力与轴空间交错时(不平行也不相交)

$$M_x(\boldsymbol{F}) = F_z \cdot y_A - F_y \cdot z_A$$
$$M_y(\boldsymbol{F}) = F_x \cdot z_A - F_z \cdot x_A$$

$$M_z(\boldsymbol{F}) = F_y \cdot x_A - F_x \cdot y_A$$

3. 空间一般力系合成和平衡求解有以下两种方法。

(1) 直接利用空间力系在坐标轴上的投影得到

$$R' = \sqrt{\left(\sum F_x\right)^2 + \left(\sum F_y\right)^2 + \left(\sum F_z\right)^2}$$

$$M_O = \sum M_O(F) = \sqrt{\left[\sum M_x(F)\right]^2 + \left[\sum M_y(F)\right]^2 + \left[\sum M_z(F)\right]^2}$$

从而得到平衡方程：

$$\sum F_x = 0, \quad \sum F_y = 0, \quad \sum F_z = 0 \tag{4-21}$$
$$\sum M_x(\boldsymbol{F}) = 0, \quad \sum M_y(\boldsymbol{F}) = 0, \quad \sum M_z(\boldsymbol{F}) = 0$$

(2) 将空间力系转化为三个平面力系求解问题。

4. 物体的重心位置可根据应用合力矩定理得到的确定重心的坐标公式得出。

思考题与习题

思 考 题

4-1 轴 AB 上作用一主动力偶，矩为 m_1，齿轮的啮合半径 $R_2 = 2R_1$，如图 4-20 所示。问当研究轴 AB 和 CD 的平衡问题时，(1) 能否以力偶矩矢是自由矢量为理由，将作用在轴 AB 上的矩为 m_1 的力偶搬移到轴 CD 上？(2) 若在轴 CD 上作用矩为 m_2 的力偶，使两轴平衡，问两力偶的矩的大小是否相等？为什么？

4-2 空间力系的简化的结果是什么？

4-3 若：(1) 空间力系中各力的作用线平行于某一固定平面；(2) 空间力系中各力的作用线分别汇交于两个固定点，试分析这两种力系各有几个独立平衡方程。

4-4 传动轴用两个止推轴承支承，每个轴承有三个未知力，共六个未知量，而空间一般力系的平衡方程恰好有六个，问是否可解？

4-5 空间一般力系向三个相互垂直的坐标平面投影，得到三个平面一般力系。为什么其独立的平衡方程数只有六个？

4-6 空间一般力系的平衡方程能否为六个力矩方程？若可以，如何选取这六个力矩轴？

4-7 一受空间一般力系作用的方形平板，可用十二根二力杆支承，如图 4-21 所示，但方形平板只能用六根杆支承才是静定结构。问：(1) 这六根杆应如何布置才可保证此方形平板受力后不会运动？(2) 可否只用五根杆就使方形平板保持平衡？

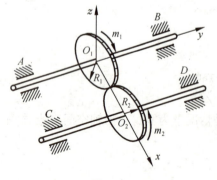

图 4-20

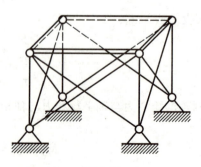

图 4-21

4-8 判断下述命题真伪。

(a) 任一平衡的空间汇交力系,只要 A,B,C 三点不共线,则 $\sum M_A(F)=0$, $\sum M_B(F)=0$ 和 $\sum M_C(F)=0$ 是一组独立的平衡方程。

(b) 任何物体系统平衡的充要条件是:作用于该物体系统上所有外力的主矢量 $F_R=0$ 和主矩 $M=0$。

(c) 作用于刚体上的任何三个相互平衡的力,必定在同一平面内。

(d) 在一般力系中,若其力多边形自行封闭,则该一般力系的主矢为零。

(e) 空间平行力系简化的最终结果一定不可能为力螺旋。

(f) 一空间力系,若各力作用线与某一固定直线相交,则其独立的平衡方程最多有 5 个。

(g) 空间一般力系向某点 O 简化,主矢 $F_R \neq 0$,主矩 $M_O \neq 0$,则该力系最终可简化为一合力。

(h) 一空间力系,若各力作用线与某一定直线相平行,则其独立的平衡方程只有 5 个。

4-9 一刚体只有两力 F_A, F_B 作用,且 $F_A+F_B=0$,则此刚体( );一刚体上只有两力偶 M_A, M_B 作用,且 $M_A+M_B=0$,则此刚体( )。

A. 一定平衡　　　　B. 一定不平衡　　　　C. 平衡与否不能判定

习　题

4-1 平行力系由五个力组成,各方向如图 4-22 所示。已知 $P_1=150$ N, $P_2=100$ N, $P_3=200$ N, $P_4=150$ N, $P_5=100$ N。图中坐标的单位是 1 cm/格。求平行力系的合力。

4-2 如图 4-23 所示,架空电缆的角柱 AB 由两根绳索 AC 和 AD 拉紧,两电缆水平且互成直角,其拉力大小都等于 T;设一根电缆与 CBA 平面所成角为 φ,求角柱和绳索 AC 与 AD 所受力,并讨论角 φ 的适用范围。

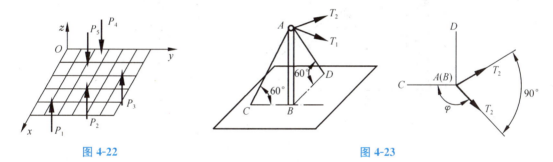

图 4-22　　　　　　　　　　　　　　　图 4-23

4-3 如图 4-24 所示三脚圆桌的半径 $r=50$ cm,重力 $G=600$ N,圆桌的三脚 A, B 和 C 形成一等边三角形。如在中线 CO 上距圆心为 a 的点 M 处作用一铅垂力 $P=1\,500$ N,求使圆桌不致翻倒的最大距离 a。

4-4 半径各为 $r_1=30$ cm, $r_2=32$ cm, $r_3=10$ cm 的三圆盘 A, B, C 分别固结在刚连的三臂 OA, OB 及 OC 的一端,三臂同在一平面内,盘与臂相垂直。盘 A 及 B 上各受一力偶作用如图 4-25 所示。求必须施于盘 C 上的力偶的力 P,以及臂 OC 与 OB 所成的角 α 为多大,才能使系统维持平衡。

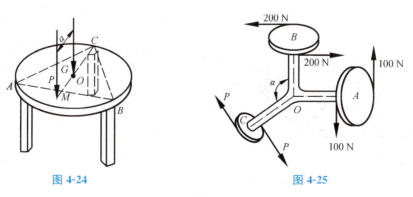

图 4-24　　　　　　　　　　　　　　　图 4-25

4-5 如图 4-26 所示水平面上装有两个凸轮,凸轮上分别作用已知力 $P=8\,000$ N 和未知力 F。如轴平衡,求力 F 和轴承反力。

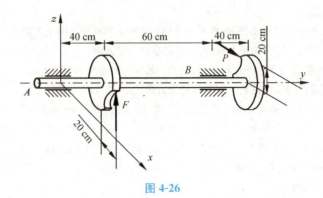

图 4-26

4-6 小车 C 借助如图 4-27 示装置沿斜面匀速上升,已知重 $G=10$ kN,鼓轮重 $W=1$ kN,四根杠杆的臂长相同且均垂直于鼓轮轴,其端点作用有大小相同的力 P_1,P_2,P_3 及 P_4;求加在每根杠杆上的力的大小及轴承 A、B 的反力。

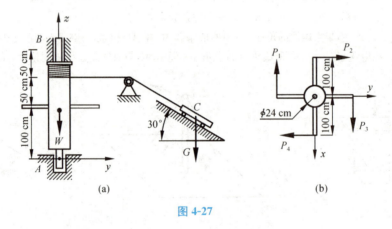

图 4-27

4-7 如图 4-28 所示均质长方形板 $ABCD$ 重 $G=200$ N,被球铰 A 和蝶铰链 B 固定在墙上,并用绳 EC 维持在水平位置;求绳的拉力和支座的约束力。

4-8 一等边三角形板,边长为 a,用六根杆支撑成水平位置,如图 4-29 所示。若在板面内作用一力偶,其矩为 M。试求各杆的约束力。

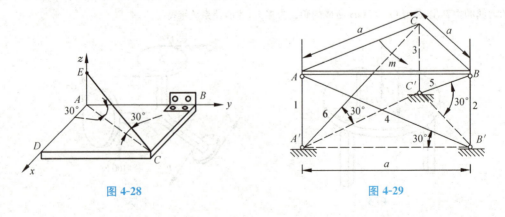

图 4-28

图 4-29

4-9 如图4-30所示,重物的重力$W=1$ kN,由杆AO,BO和CO所支承,杆重不计,两端铰接,$\alpha=30°$,$\beta=45°$,试求三支承杆之内力。

4-10 立柱OA在O点处铰接,A处用AB,AC二绳拉住,$BO \perp CO$。在A点处有一水平力$F=10$ kN,与BO的平行线成$30°$角,如图4-31所示。试求绳AB,AC的拉力及立柱OA的内力。

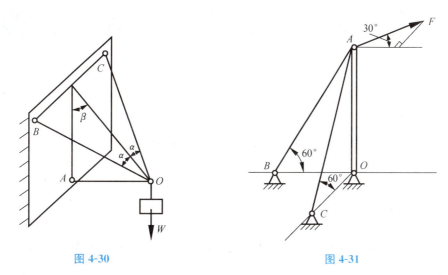

图 4-30   图 4-31

4-11 如图4-32所示,矩形板$ABCD$可绕轴线AB转动,用DE杆支承成水平位置。撑杆DE两端均为铰接,矩形板连同其上重力$W=800$ N,重力通过矩形板几何中心。已知$AB=1.5$ m,$AD=0.6$ m,$AK=BH=0.25$ m,$ED=0.75$ m。不计杆重,求撑杆DE的内力及H,K处的反力。

4-12 如图4-33所示,一机床的床身总重为25 kN,用称量法测重心位置。机床的床身水平放置时$\theta=0°$,拉力计上的读数为17.5 kN;使床身倾斜$\theta=20°$时,拉力计上的读数为15 kN。床身长为2.4 m。试确定床身重心的位置。

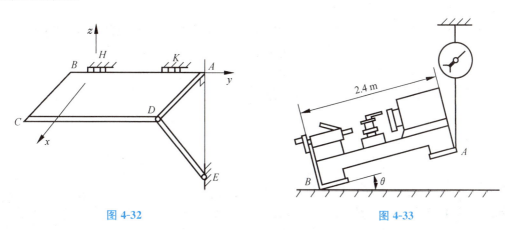

图 4-32   图 4-33

第5章 拉伸与压缩

在静力学中,为了研究构件的平衡问题,我们曾把构件简化成刚体,忽略了构件的变形。但在实际中,构件在外力作用下是要产生变形的,产生变形的构件能否正常工作,以及如何保证其正常工作,这都需要我们在材料力学中进一步研究解决。

一、材料力学的任务

材料力学是研究构件承载能力的一门学科。由于机构是由构件组合而成,如果一个机构能够正常工作而完成它的使命,那么它的每一个构件都应该安全而精确,也就是说具有足够的承载能力。材料力学的任务就是解决构件承载能力的问题。具体来讲,构件的承载能力包括以下三方面问题。

1. 强度问题

构件抵抗破坏的能力,称为强度。构件被破坏的情况在工程设计中是不允许出现的,如果构件的尺寸、所用材料的性能及载荷不相匹配,例如起吊货物的索链太细、货物太重或是所选用的材料太差,都可能使索链强度不够而发生断裂,使机器无法正常工作,甚至造成灾难性的事故。因而工程设计中首先要解决的问题就是设计构件的强度问题。

2. 刚度问题

构件抵抗变形的能力,称为刚度。工程中的构件除了要求具有足够的强度保证安全以外,还不能有过大变形,如车床主轴在长期使用中易产生弯曲变形,若变形过大,如图5-1(b)所示,则影响加工精度,破坏齿轮的正常啮合,引起轴承的不均匀磨损,从而造成机器不能正常工作。因此,对这类构件,还需要解决刚度问题,保证在载荷作用下,其变形量不超过正常工作所允许的限度。

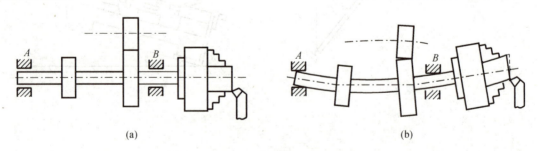

图 5-1

3. 稳定性问题

对于细长的压杆,当压力达到一定数值时,可能出现突然失去稳定的平衡状态的现象,称为失稳。如千斤顶,当载荷达到临界值时会突然变弯折断,造成事故。由于发生失稳的临界载荷值很低,因此,对于这一类构件必须首先解决稳定性问题。

二、材料力学的研究对象及基本假设

静力学中,为使平衡问题的研究得到简化,将物体视为刚体。但在材料力学中,变形作为力对物体的内效应,是研究的主要问题。因此,在材料力学中,刚体这一模型不再适用,因此考虑将变形的物体简化为变形固体。为使问题简化,变形固体的基本假设如下。

1. 连续均匀性假设

假设变形固体内毫无间隙地充满了物质,而且各处分布均匀且力学性能都相同。

2. 各向同性假设

假设变形固体在各个方向上具有相同的力学性能。

3. 变形微小假设

假设变形固体所产生的变形与固体尺寸相比十分微小。

对于上述三条假设,工程中绝大多数材料如钢、铜、铸铁、玻璃等变形问题都是符合的;而对于各向异性的材料及变形较大问题,结论会有一定误差,如何修正不在本课程研究范围之内。

三、构件的分类、杆件变形的基本形式

构件的几何形状是多种多样的,大致可归纳为四类,即杆、板、壳和块体,如图 5-2 所示。

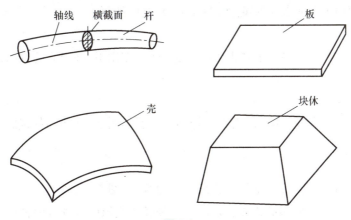

图 5-2

凡是一个方向的尺寸(长度)远大于其他两个方向尺寸(宽度和高度)的构件称为杆。垂直于杆件长度方向的截面,称为横截面。横截面中心线的连线,叫做杆的轴线。如杆的轴线是直线,此杆叫直杆;轴线为曲线时,则叫曲杆。各横截面尺寸不变的杆,叫等截面杆;否则是变截面杆。工程中比较常见的是等截面直杆,简称等直杆,它是材料力学的主要研究对象。

如果构件一个方向的尺寸(厚度)远小于其他两个方向尺寸,就把平分这种构件厚度的面称为中面。中面为平面的这种构件称为板,中面为曲面的则称为壳。板和壳在石油、化工容器、船舶、飞机和现代建筑中用得很多。

三个方向尺寸差不多(属同量级)的构件,称为块。一些机械上的铸件就是块体。

四、杆件的基本变形形式

如前所述,实际构件的形状是多种多样的,可大致分为杆、板、壳、块,但其中杆的变形问题在工程中是主要的,而板、壳、块的很多问题可以简化成杆的变形问题,本课程将主要研究杆,尤其是直杆的变形问题。直杆的基本变形形式可分为以下四种,如图 5-3 所示。

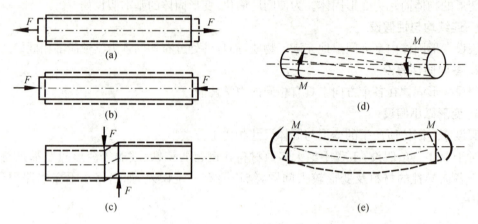

图 5-3

1. 拉伸与压缩

外力沿轴线作用,杆伸长或缩短,如图 5-3(a)和(b)所示。

2. 剪切

在大小相等、方向相反、作用线相距很近的横向力作用下,外力间的截面发生相对错动,如图 5-3(c)所示。

3. 扭转

在大小相等、方向相反、作用面垂直于杆轴的力偶作用下,力偶间各截面发生相对转动,如图 5-3(d)所示。

4. 弯曲

外力垂直于杆件轴线,杆件轴线由直线变为曲线,如图 5-3(e)所示。

工程实际中,杆件的变形形式往往是以上四种基本变形中两种或两种以上同时发生,称为组合变形。

四种基本变形形式是材料力学中的最基本概念,我们将每种基本变形作为一章,作为材料力学的横向线,再加上组合变形问题从而涵盖材料力学的绝大多数问题。

五、杆件力学的研究方法

材料力学也是从受力入手进行研究的。由于要研究力对物体的内效应,所以,受力的研究遵循由外向内、由表及里的顺序,即:先分析和计算外力,然后深入构件内部,研究内部截面的受力——内力,从而最终研究到构件内部一点的受力——应力,从内力、应力及变形的角度去分析构件的强度、刚度问题。每一种变形的外力—内力—应力的受力研究,构成了材料力学的纵向线,提供了材料力学的基本研究方法。

本章将针对工程中最为常见也最为典型的变形——拉伸与压缩变形,介绍材料力学的知识体系以及对于受力及变形的基本研究方法,从而为更深入地研究其他变形打好牢固的基础。

5.1 拉伸与压缩的概念

5.1.1 拉伸与压缩的概念

工程实际中,发生拉伸与压缩变形的构件很多。如内燃机的连杆、简易吊车中的拉杆、建筑物中的支柱等,都是拉伸或压缩的实例。如图 5-4～图 5-6 所示。

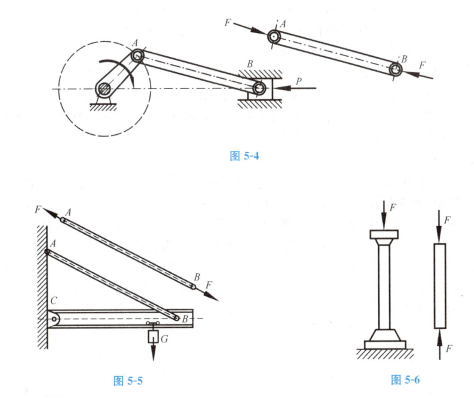

图 5-4

图 5-5　　　　　　　　　　图 5-6

通过以上实例可以看出,拉伸与压缩杆件的受力特点是:所有外力(或外力的合力)沿杆轴线作用。变形特点是:杆沿轴线伸长或缩短。上述变形形式称为拉伸与压缩变形。由于是沿杆件轴线伸长或缩短,所以也叫轴向拉伸与压缩。

5.1.2 外力分析与计算

作用于构件上的外力材料力学又称为载荷。按照作用面积及作用方式可分为:
(1) 集中力。作用于一点附近、面积很小的载荷。
(2) 分布力。作用于一定面积或一定长度上的载荷。
(3) 力偶。一对等值、反向平行力。可广义地看做是外力的一种。
由于材料力学主要研究构件处于静平衡时的受力和变形问题,所以,构件所受的外力,可以通过结构的受力分析,列出平衡方程进行求解,这正是前面静力学所要解决的问题。

5.2 轴力与轴力图

5.2.1 内力分析与计算

1. 内力的概念

物体内部某一部分与另一部分间之间相互作用的力称为内力。

这里所说的内力不是指物体颗粒间在未受外力之前已经存在的相对作用力,而是指由于外力作用而引起的内力改变量,也称为附加内力。

内力的大小及其在杆件内部截面上的分布方式与构件的强度、刚度和稳定性有着密切的联系,所以内力的研究是解决杆件强度、刚度、稳定性问题的基础。

2. 内力分析与计算方法——截面法

截面法是求内力的最根本的方法。截面法的基本步骤可用以下几个字来概括:

（1）一截为二:在需要求内力的截面处,用假想截面将杆件截成两部分。

（2）弃一留一:取其中任一部分为研究对象,将弃去部分对研究对象的作用用内力来替代。

（3）平衡求力:将保留部分列平衡方程,由已知外力求出内力。

现以下例进行说明:

要想将杆件内部的内力显示并计算出来,必须使用截面法,截面法首先要用假想截面将杆件截开,实际中通常选取垂直于轴线的截面,称为横截面。

设拉杆在外力 F 的作用下处于平衡状态,如图 5-7 所示,运用截面法,将杆件沿任一截面 $m—m$ 假想分为两段。拿掉部分的作用,用内力来替代,实际内力是个分布力系,我们用合力来表示。因拉压杆件的所有外力都沿杆轴线方向,由平衡条件可知,其任一截面内力的作用线也必沿杆的轴线作用,正是因为这一特点,拉伸与压缩杆件横截面的内力也习惯简称为轴力,用大写符号 N 来表示。

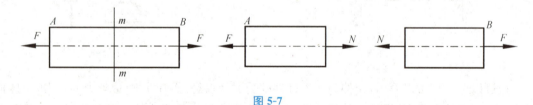

图 5-7

轴力 N 的大小,由左段(或右段)的平衡方程

$$\sum F_x = 0, \quad N - F = 0$$

得

$$N = F$$

必须说明一点,静力学中,外力的正负是由方向来确定的;而在材料力学中,内力的正负是按变形的特点来确定的。轴力的正负与外力的规定不同,不是代表方向,而是表示受拉和受压。一般规定:正的轴力表示受拉;负的轴力表示受压。

5.2.2 轴力计算法则

截面法在使用时,要求首先进行受力分析,然后取任一侧列方程求解。在以后的强度问题中,往往要求知道所有截面的内力,这使得计算过程烦琐,工作效率很低。为提高计算效率,在截面法基础之上,我们总结出用轴力计算法则计算的简便算法。这一方法不需要画受力图,直接计算求解。

轴力计算法则:
(1) 轴力等于截面一侧所有外力的代数和。
(2) 外力与截面外法线反向为正;同向为负。

轴力计算法则其实是简化的截面法。取截面的左侧或右侧都是适用的,只不过取不同侧时,截面的外法线方向相反,这一点请读者注意。

5.2.3 轴力图

轴力图是在以杆件轴线为横轴、以截面对应轴力 N 为纵轴的坐标系上作出的关于轴力的图像。轴力图可以反映出轴力沿杆件轴线的变化规律,是强度校核与设计的重要依据。在以后的拉压问题中,只要沿轴线轴力值不完全相同,就必须画出轴力图,轴力图是内力图的一种,以后介绍基本变形时,还要介绍其他变形的内力图。

轴力图可以将坐标轴隐去,隐去坐标轴的轴力图两侧封闭区域要标明正负号,以垂直轴线的竖线填充,每段标明轴力值及单位。轴力图必须与其结构简图一一对应,以表示各截面处对应的轴力。下面举例说明轴力计算及轴力图的画法。

例 5-1 试求图 5-8(a)中所示直杆指定截面的轴力值并画出整个杆的轴力图。已知: $F_1 = 20$ kN, $F_2 = 50$ kN。

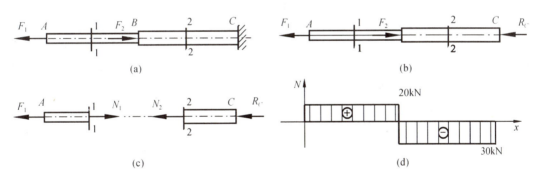

图 5-8

解:(1) 求 C 端约束反力。

画出整个杆的受力图,如图 5-8(b)所示,由整个杆的平衡条件

$$\sum F_x = 0, \quad F_1 - F_2 + R_C = 0$$

得
$$R_C = 30 \text{ kN}$$

(2) 计算图 5-8(b)中指定截面 1—1,2—2 上的截面轴力。

1—1 截面 $N_1 = F_1 = 20$ kN(取左侧,1—1 截面外法线向右,如图 5-8(c)所示)

2—2 截面 $N_2 = -R_C = -30$ kN(取右侧,2—2 截面外法线向左,如图 5-8(c)所示)

(3) 画轴力图。

由截面法分析可知,AB 段所有截面轴力与 1—1 截面相同,BC 段所有截面轴力与 2—2 截面相同,故轴力图如图 5-8(d)所示。

5.3 横截面上的应力

5.3.1 应力的概念

从力学意义上讲,应力是构件内部截面上一点的受力大小。在假想截面截开之前,构件内部每相邻两点之间都是存在相互作用的,内力只能说是截面上所有点受力的合力,仍然是不够详细的,不能详细代表构件的承力大小。而应力是最为详细的,可最为准确地表示构件的承力情况。

为了确定截面上任意点 C 点的应力的大小,可绕 C 点取一微小截面积 ΔA,设 ΔA 上作用的微内力为 ΔF,如图 5-9 所示,则该点的应力为

$$p = \lim_{\Delta A \to 0} \frac{\Delta F}{\Delta A} = \frac{\mathrm{d}F}{\mathrm{d}A} \tag{5-1}$$

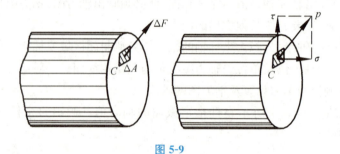

图 5-9

应力是矢量,它的方向与 ΔF 方向相同。材料力学中,通常把 p 分解为垂直于截面的分量 σ 和沿截面的分量 τ,σ 称为正应力,τ 称为剪应力。正应力和剪应力所产生的变形及对构件的破坏方式是不同的,所以在强度问题中通常分开处理。

在国际单位制中,应力的单位是帕斯卡,用符号 Pa 来表示,$1\,\mathrm{Pa}=1\,\mathrm{N/m^2}$,比较大的应力用 $\mathrm{MPa}(10^6\,\mathrm{Pa})$ 和 $\mathrm{GPa}(10^9\,\mathrm{Pa})$ 来表示。

5.3.2 拉压杆横截面上的正应力

前面介绍过应力通常分解成垂直于截面的正应力和沿截面的剪应力。那么在拉压杆的横截面上究竟是什么样的应力,又如何去计算呢?为了解决这一问题必须确定内力在横截面上的分布情况。下面举一个基于实际的讲解试验来说明问题。

取一个橡胶或海绵等易于变形的材料制成等截面矩形截面杆,如图 5-10 所示,承力前在侧面画两条垂直于轴线的横向线,横向线之间上下各画一条平行于轴线的纵向线。横向线代表两个横截面,纵向线用来观察伸长情况,推知应力分布情况。

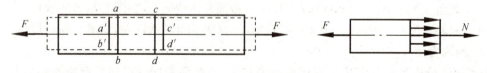

图 5-10

试验时,在杆两端加拉力。可以观察到两条横向线远离,但仍保持垂直于轴线的直线,说明横截面属性未变;纵向线伸长说明两端受沿轴线拉力;纵向线伸长长度相同说明所受拉力相等。由于截面间未有错动,说明截面上每点只受正应力,未受剪应力,且截面上每点所受正应力相同,沿截面均匀分布。因此,拉压构件横截面上的应力可用平均应力计算

$$\sigma = \frac{N}{A} \tag{5-2}$$

式中,σ为横截面上的正应力;N为横截面上的内力(轴力);A为横截面的面积。

例 5-2 圆截面阶梯杆不计自重如图 5-11(a)所示。设载荷 $F=3.14$ kN,粗段直径 $d_1=20$ mm,细段直径 $d_2=10$ mm。试求:

(1) 各段内力,并画轴力图。

(2) 各段应力。

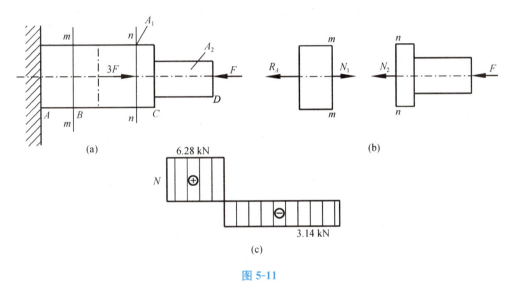

图 5-11

解:(1) 外力分析。

画出杆的受力图,由杆的平衡平衡方程求出 A 端未知约束反力。

$$\sum F_x = 0, \quad -R_A + 3F - F = 0$$

解得
$$R_A = 6.28 \text{ kN}$$

(2) 内力分析。

首先进行分段,由于内力计算只与外力有关,与截面形状和尺寸无关,相邻外力之间的所有截面的内力相等,所以可将阶梯杆分为两段:AB 段和 BD 段。然后用轴力计算法则在每一段任取截面,用轴力计算法则计算出各段轴力

$$N_1 = 2F = 6.28 \text{ kN}$$
$$N_2 = -F = -3.14 \text{ kN} \quad (\text{负号表示受压})$$

作出整个杆的轴力图,如图 5-11 所示。

(3) 应力分析。

应力也要分段计算,由计算公式可知,应力与 N 和 A 有关,根据轴力将杆分为两段,而 BD 段粗细不同,可再分两段,故一共分为三段:AB,BC,CD。

AB 段：$\sigma_{AB} = \dfrac{N_1}{A_1} = \dfrac{6.28 \times 10^3}{\dfrac{\pi \times 20^2}{4}} = 20(\mathrm{MPa})$　（拉应力）

BC 段：$\sigma_{BC} = \dfrac{N_2}{A_1} = \dfrac{-3.14 \times 10^3}{\dfrac{\pi \times 20^2}{4}} = -10(\mathrm{MPa})$　（压应力）

CD 段：$\sigma_{CD} = \dfrac{N_2}{A_2} = \dfrac{-3.14 \times 10^3}{\dfrac{\pi \times 10^2}{4}} = -40(\mathrm{MPa})$　（压应力）

从以上计算结果可以看出，对于受拉受压承受能力相同的材料，CD 段是最危险的，因为 CD 段的应力绝对值最大。

5.4　轴力杆的变形及拉伸与压缩时的虎克定律

上节进行了拉压杆的受力研究，下面来分析一下材料力学关心的另一个问题——变形问题。拉压杆的变形可通过变形和线应变两种形式来表示。

5.4.1　变形

实践表明，当拉杆沿其轴向伸长时，其横向将变细；压杆则相反，轴向缩短时，横向变粗，如图 5-12 所示。

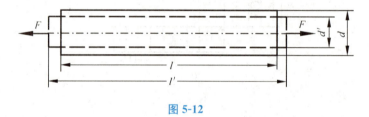

图 5-12

设直杆变形前原长为 l，横向尺寸为 d；变形后的纵向尺寸为 l'，横向尺寸为 d'，则纵向变形和横向变形分别为

$$\Delta l = l' - l$$
$$\Delta d = d' - d$$

Δl 和 Δd 是杆纵向和横向的伸长量或缩短量，叫做纵向和横向变形，也叫**绝对变形**。

拉伸时 Δl 为正，Δd 为负；压缩时 Δl 为负，Δd 为正。无论拉伸或压缩，二者始终为异号。

绝对变形的优点是直观，可直接测量；缺点是无法表示变形的程度，如把 1 cm 长和 10 cm 长的两根橡皮棒均拉长 1 mm，绝对变形相同，但变形程度不同，绝对变形是无法表示变形程度的。工程中变形程度通常用线应变来表示。

5.4.2　线应变

上例中，绝对变形相同，但原长不同，使变形程度不同，如果消除原长的影响就可表示变形程度，于是定义**单位长度上的绝对变形**为**线应变**，用符号 ε 表示，则纵向线应变和横向线应变分别为

$$\varepsilon = \frac{\Delta l}{l}$$

$$\varepsilon_1 = \frac{\Delta d}{d}$$

线应变也叫相对变形。上例中,1 cm 杆的线应变为 10%,10 cm 杆和线应变为 1%,前者是后者的 10 倍。

5.4.3 泊松比

实验表明:对于同种材料,在弹性限度内,横向线应变和纵向线应变成正比。即

$$\varepsilon_1 = -\mu\varepsilon \tag{5-3}$$

其中系数 μ 称为泊松比,其量纲为 1,随材料不同而不同。工程常见材料的泊松比可见表 5-1。

表 5-1 几种常见材料的 E, μ 值

材料名称	E/GPa	μ
低碳钢	196~216	0.25~0.33
合金钢	186~216	0.24~0.33
灰铸铁	115~157	0.23~0.27
铜及其合金	74~128	0.31~0.42
橡胶	0.007 85	0.47

泊松比指出了横向变形和纵向变形的定量联系,今后在对拉伸与压缩的变形研究时,我们不用分两个方位同时研究,而只需研究纵向变形,横向变形可以由纵向变形和泊松比推出,以后再提到变形时,若不外加说明均指纵向变形。

5.4.4 虎克定律

实践表明:对于拉伸与压缩杆件,当应力不超过比例极限时,杆的变形量 Δl 与轴力 N、杆长 l 成正比,与杆的横截面积 A 成反比。即

$$\Delta l = \frac{Nl}{EA} \tag{5-4}$$

这一结论于 1678 年由英国科学家虎克提出,故称为虎克定律。虎克定律是力学中最为重要的定律之一,它最先揭示了材料力学的两大研究方向之一的力与变形的定量联系。式中系数 E 称为弹性模量,其值大小代表材料抵抗拉伸与压缩弹性变形的能力大小,是材料重要的刚度指标。单位是 MPa 或 GPa。各种材料的弹性模量 E 可通过实验测得,几种常见材料的 E 值见表 5-1。

将应力 $\sigma = \frac{N}{A}$ 及线应变 $\varepsilon = \frac{\Delta l}{l}$,代入式(5-4),虎克定律可化为另一种形式

$$\varepsilon = \frac{\sigma}{E} \quad \text{或} \quad \sigma = E\varepsilon \tag{5-5}$$

它表示:**当应力不超过比例极限时,应力与应变成正比**。揭示了应力与应变的定量关系。

虎克定律在使用时需要注意以下几点:

(1) 应力不超过比例极限是虎克定律的适用范围。比例极限是材料的一个特性指标,通过实验测得,我们将在材料的力学特性当中介绍。应力超过比例极限后,虎克定律误差较大,

不再适用。

(2) 应力与应变、轴力与变形必须在同一方向上。

(3) 在长度 l 内，须保证 N,E,A 均为常量，所用经常用分段计算的方法以保证上述各量为常量。

例 5-3 例 5-2 中若已知材料的弹性模量 $E=200\text{ GPa}$，$AB=BC=CD=l=100\text{ mm}$，试计算整个杆的变形。

解：杆的总变形为

$$\Delta l = \Delta l_{AB} + \Delta l_{BC} + \Delta l_{CD} = \frac{N_1 l}{EA_1} + \frac{N_2 l}{EA_1} + \frac{N_2 l}{EA_2} = \frac{6.28 \times 10^3 \times 100}{200 \times 10^3 \times (\pi \times 20^2)/4} +$$

$$\frac{-3.14 \times 10^3 \times 100}{200 \times 10^3 \times (\pi \times 20^2)/4} + \frac{-3.14 \times 10^3 \times 100}{200 \times 10^3 \times (\pi \times 10^2)/4}$$

$$= 0.01 - 0.005 - 0.02 = -0.015 \text{(mm)}$$

例 5-4 图 5-13 所示桁架，AB 和 AC 杆均为钢杆，弹性模量 $E=200\text{ GPa}$，$A_1=200\text{ mm}^2$，$A_2=250\text{ mm}^2$，$F=10\text{ kN}$。试求节点 A 的位移（杆 AB 长度 $l_1=2\text{ m}$）。

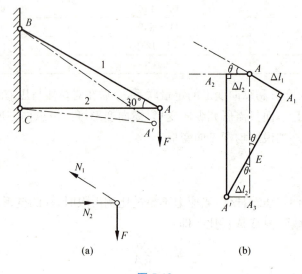

图 5-13

解：(1) 受力分析。

取节点 A 作为研究对象。设杆 1,2 的轴力分别为 N_1 和 N_2，其方向如图 5-13(a)所示。由平衡条件 $\sum F_y = 0$ 和 $\sum F_x = 0$ 得两杆的轴力分别为

$$N_1 = \frac{F}{\sin 30°} = 2F = 20 \text{ kN（拉）}$$

$$N_2 = N_1 \cos 30° = 1.73F = 17.3 \text{ kN（压）}$$

(2) 杆件变形计算。

杆 1 沿轴线方向的伸长量为

$$\Delta l_1 = AA_1 = \frac{N_1 l_1}{E_1 A_1} = \frac{20 \times 10^3 \times 2}{200 \times 10^9 \times 200 \times 10^{-6}} = 1 \times 10^{-3} \text{(m)} = 1 \text{ mm}$$

杆 2 沿轴线方向的缩短为

$$\Delta l_2 = AA_2 = \frac{N_2 l_2}{E_2 A_2} = \frac{17.3 \times 10^3 \times 1.73}{200 \times 10^9 \times 250 \times 10^{-6}} = 0.6 \times 10^{-3} (\text{m}) = 0.6 \text{ mm}$$

(3) 节点 A 的位移。

由于 AB 杆的伸长和 AC 杆的缩短,使节点 A 位移至 A' 点。变形后的 A' 点,是以 B 点为圆心,$(l_1 + \Delta l_1)$ 为半径所作圆弧,与以 C 点为圆心,$(l_2 - \Delta l_2)$ 为半径所作圆弧的交点。但是,在小变形条件下,Δl_1 和 Δl_2 与杆的原长度相比很小,上述圆弧可近似用其切线代替,如图 5-13(c)所示。因此,节点 A 的水平位移 δ_H 垂直位移 δ_V 分别为

$$\delta_H = AA_2 = \Delta l_2 = 0.6 \times 10^{-3} \text{ m} = 0.6 \text{ mm}$$

$$\delta_V = AA_3 = AE + EA_3 = \frac{\Delta l_1}{\sin\theta} + \frac{\Delta l_2}{\tan\theta} = \frac{1 \times 10^{-3}}{0.5} + \frac{0.6 \times 10^{-3}}{0.577} = 3 \times 10^{-3} (\text{m}) = 3 \text{ mm}$$

节点 A 的总位移 δ_A 为

$$\delta_A = \sqrt{\delta_H^2 + \delta_V^2} = \sqrt{(0.6 \times 10^{-3})^2 + (3 \times 10^{-3})^2} = 3.06 \times 10^{-3} (\text{m}) = 3.06 \text{ mm}$$

5.5 材料拉伸与压缩的力学性质

材料的力学性能是指材料承载时,在强度和变形等方面所表现出来的特性。

不同材料在受力时所表现的特性是不同的,材料的性能是影响构件强度、刚度、稳定性的重要因素。材料的力学性能只能由试验测得,通过试验建立理论,再通过试验来验证理论是科学研究的基本方法。

温度和加载方式对材料和力学性能有着很大的影响,这里所讨论的力学性能是指常温、静载下的性能。

工程中常根据材料的塑性大小将材料分为**塑性材料**和**脆性材料**。塑性材料包括钢、铜、铝等可产生较大变形的材料,以低碳钢最具代表性;脆性材料包括铸铁、玻璃等变形较小的材料。本节中将以低碳钢和铸铁为代表,分别介绍这两种材料的力学性能。

载荷随时间的变化可分为:

(1) 静载荷。由零缓慢增加到某一定值以后即保持不变的载荷。

(2) 动载荷。随时间不断变化的载荷。动载荷又分为交变载荷和冲击载荷。

静载拉伸试验是材料力学的最基本的试验之一。其基本过程如下:首先把所要试验的材料做成一定形状和尺寸的标准试件,如图 5-14 所示,通常采用圆截面的标准长试件($l = 10d$)或短试件($l = 5d$)。

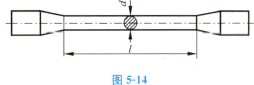

图 5-14

由于加工中存在误差,所以试验前要进行相关尺寸的测量。然后将试件装在试验机的上下夹头之间,缓慢增加载荷,一直到把试件拉断。这一过程中,试验机的测力示值系统会显示出每一时刻的拉力 F,试验机的位移-载荷记录系统会将每一时刻的拉力 F 和对应的变形 Δl 自动绘制成**拉伸图**。拉伸图反映出试件的力学性能与试件的尺寸是相关的。为了消除试件的几何尺寸的影响,利用 $\sigma = \dfrac{N}{A}$,$\varepsilon = \dfrac{\Delta l}{l}$,将拉伸图转化为应力-应变曲线。应力-应变曲线反映的

是试件的材料的力学性能。下面就结合应力-应变曲线来说明以低碳钢为代表的塑性材料拉伸时的力学性能。

5.5.1 低碳钢拉伸时的力学性能

结合应力-应变曲线及试验的现象,可将试件的拉伸过程分为四个阶段。

1. 弹性阶段

所谓弹性阶段是以弹性变形命名的。弹性变形是指将外力撤去后,随之消失的那部分变形。如图 5-15 所示,弹性阶段内 a 点以下的变形都是弹性变形。a 点对应的应力 σ_e 叫做弹性极限,是只产生弹性变形的最大应力值。其中 oa' 段是直线,表明应力与应变成正比,直线的斜率为材料的弹性模量,即

$$\sigma = E\varepsilon$$

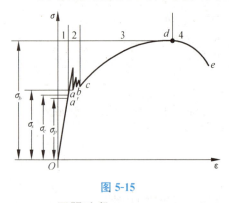

图 5-15

直线段最高点 a' 对应的应力 σ_p 叫做**比例极限**,是虎克定律适用的最大应力值。σ_e 略大于 σ_p,工程中常将二者视为相等。A3 钢的比例极限通常为 200 MPa 左右。

2. 屈服阶段

屈服阶段是以屈服现象命名的。试件进入这一阶段,曲线会剧烈波动,应力虽不再增加,但变形却继续加大,材料暂时失去抵抗变形的能力,这一现象称为**屈服现象**。屈服现象发生时,试件表面会出现与轴线呈 45°的条纹,称为滑移线。对于抛光较好的试件,滑移线是可以看到的。屈服现象及滑移线的出现,表明材料的内部结构已经发生改变,从这一阶段开始将产生**塑性变形**,即外力撤去后会有残余的变形。屈服阶段最低点对应的应力值 σ_s 称为**屈服极限**,是屈服现象发生的临界应力值。工程中的机械零件通常不允许产生较大的塑性变形,当应力达到屈服极限时,便认为已经丧失正常的工作能力,所以屈服极限是衡量材料强度的重要指标之一。A3 钢的屈服极限一般为 240 MPa 左右。

3. 强化阶段

经过屈服之后,材料不是彻底失去而是又恢复了抵抗变形的能力,要使它继续产生变形,就必须增加应力。这种现象称为材料的强化。d 点是强化阶段也是整个拉伸过程的最大应力值,称为**强度极限**,以 σ_b 来表示。强度极限是材料不被破坏所允许的最大应力值,是衡量材料强度的又一重要指标。A3 钢的强度极限约为 400 MPa。

冷作硬化是工程中一种常用的提高材料承载能力的方法。如果将试件拉伸到强化阶段某点停止加载,并逐渐卸载至零。此时,应力和应变将沿着与 oa 平行的直线卸载到 g 点,如图 5-16(a)所示。这说明卸载过程中弹性应变与应力的关系仍保持直线关系,且弹性模量近似与加载时相同。

如果卸载后,短期内再加载,如图 5-16(b)所示,则应力和应变将沿着卸载时的直线上升至 f 点,以后又沿原来的曲线 fde 变化,直至被拉断。比较两次加载时的应力-应变曲线可知,强化阶段卸载后再加载,材料的比例极限 σ_p 和屈服极限 σ_s 都有所提高,而塑性有所下降,弹性阶段性能有较大改善。这一现象称为材料的冷作硬化。工程中常用这一方法来提高材料的承载能力,如冷拉钢筋、冷拔钢丝等。

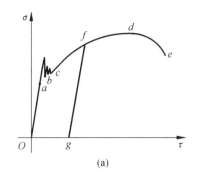
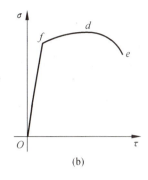

图 5-16

4. 颈缩阶段

材料的前三阶段所产生的变形,无论是弹性变形还是塑性变形,都是沿整个试件均匀产生的。进入第四阶段以后,变形主要集中在试件的某一局部,变形显著增加,截面积显著减小,出现瓶颈,称为**颈缩现象**。试件沿颈部迅速被拉断。

试件被拉断后,弹性变形消失了,塑性变形残余下来。塑性变形的大小标志着材料塑性的大小。

工程中常用**延伸率**δ和**断面收缩率**ψ来表示材料的塑性。

设拉伸前,试件的标距为l,截面积为A;拉断后,标距为l_1,断口截面积为A_1,则

$$\delta = \frac{l_1 - l}{l} \times 100\%$$

$$\psi = \frac{A - A_1}{A} \times 100\%$$

$\delta \geqslant 5\%$的材料定义为塑性材料;$\delta < 5\%$的材料定义为脆性材料。

延伸率δ和断面收缩率ψ是衡量材料塑性大小的两个重要指标。A3钢的塑性指标一般为:$\delta = 25\% \sim 27\%$,$\psi = 60\%$左右。

5.5.2 低碳钢压缩时力学性能

用低碳钢做成短圆柱形压缩试件,一般做成高是直径的 1.5～3 倍,过长的试件会被压弯而失稳,以后会介绍。压缩试验同样可以在万能材料试验机上进行。为了便于比较材料在拉伸和压缩时的力学性能,在图 5-17 中同时以虚、实线画出应力-应变曲线,不难看出,拉伸和压缩的前两个阶段是一样的,包括相同的比例极限、屈服极限和弹性模量,没有颈缩现象。压缩时,试件变扁成片,始终不会被破坏,因而不存在强度极限。

由于工程中多数构件设计时要求在弹性阶段内,所以,可以认为以低碳钢为代表的塑性材料,其抗拉与抗压性能基本相同,且抗拉抗压能力较强,因此工程中的受拉构件,尤其是受拉和受压交替变化的构件,多采用塑性材料,如内燃机中的连杆。

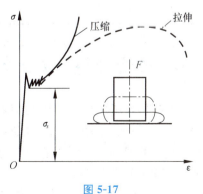

图 5-17

5.5.3 铸铁拉伸压缩时的力学性能

铸铁材料拉伸时应力-应变图是一条曲线,如图 5-18 虚线所示。

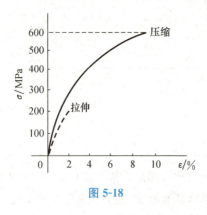

图 5-18

没有屈服阶段,没有颈缩阶段,塑性变形极小,延伸率 δ 通常只有 0.5%~0.6%,强度指标只有强度极限 σ_b。

严格意义上讲,应力与应变的关系不符合虎克定律,但由于铸铁总是在较小的应力范围内工作,在应力较小时,应力-应变曲线与直线相近似,可以近似使用虎克定律,误差较小,弹性模量 E 近似等于常量。

铸铁压缩时的应力-应变曲线与其拉伸时相比形状极为相似。压缩时同样无明显的直线部分与屈服阶段,表明压缩时也是近似地符合虎克定律。且不存在屈服极限,其强度极限 σ_b 与延伸率 δ 都远比拉伸时高,强度极限是拉伸时的 3 倍,也比低碳钢高 1.5 倍以上。

此外,铸铁拉伸时断面与轴线垂直,而压缩时断面与轴线呈 45°角。这表明拉伸是在最大拉应力下造成的破坏,而压缩是在最大剪应力下造成的破坏。这要用应力状态的理论进行解释,后面还要讲到。

由以上可以看出,以铸铁为代表的脆性材料,其抗拉抗压性能不同。抗压性能远高于抗拉性能,甚至高于塑性材料的抗拉性能。而抗拉性能则很差,与塑性材料相比,铸铁脆性材料造价十分低廉。因此,工程中的受压构件多采用脆性材料制成,如重力较大的机器底座常由铸铁制成。

工程中常见的几种材料的力学性能指标见表 5-2。

表 5-2 几种常见材料的力学性能指标

材料名称或牌号	屈服极限 σ_s/MPa	强度极限 σ_b/MPa	延伸率 δ/%
A3 钢	216~235	373~461	25~27
45 号钢	265~353	530~588	13~16
16Mn	275~345	471~510	19~21
40Cr	343~785	588~981	8~15
QT60-2 球墨铸铁	412	588	2
HT15~33 灰铸铁		(拉)98~275 (压)637	

5.6 轴力杆斜截面上的应力

在拉伸和压缩的试验中,可以看到许多现象:铸铁拉断时,其断面与轴线垂直,而压缩破坏时,其断面与轴线约呈 45°;低碳钢拉伸到屈服阶段时,出现与轴线呈 45°方向的滑移线。要全面分析这些现象,说明发生破坏的原因,除了知道横截面上的正应力外,还需要进一步研究其他斜截面上的应力情况。

取一受轴向拉伸的等直杆,研究与横截面呈 α 角的斜截面 n—n 上的应力情况(图 5-19(a))。

运用截面法，假想地将杆在 n—n 截面切开，并研究左段的平衡（图 5-19(b)），则得到此斜截面 n—n 上的内力 N_α 为

$$N_\alpha = F \tag{1}$$

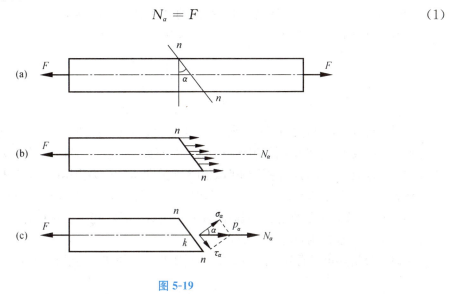

图 5-19

仿照求解横截面上正应力变化规律的过程，同样可以得到斜截面上各点处的总应力 p_α 相等的结论。于是有

$$p_\alpha = \frac{N_\alpha}{A_\alpha} \tag{2}$$

设横截面面积为 A，则斜截面面积为 $A_\alpha = \dfrac{A}{\cos \alpha}$，将此关系代入式(2)，并利用式(1)，可得

$$p_\alpha = \frac{N_\alpha}{A_\alpha} = \frac{F}{A/\cos \alpha} = \frac{F}{A}\cos \alpha = \sigma \cos \alpha \tag{3}$$

式中，$\sigma = \dfrac{F}{A}$，即横截面上的正应力。

将斜截面上任一点 k 处的总应力 p_α 分解为垂直于斜截面的正应力 σ_α 和沿斜截面的切应力 τ_α，这样，就可以用 σ_α 及 τ_α 两个分量来表示 n—n 斜截面上任一点 k 的应力情况，如图 5-19(c)所示。将 p_α 分解后，并利用式(3)，得到

$$\sigma_\alpha = p_\alpha \cos \alpha = \sigma \cos^2 \alpha$$
$$= \frac{\sigma}{2}(1 + \cos 2\alpha) \tag{5-6}$$

$$\tau_\alpha = p_\alpha \sin \alpha = \sigma \sin \alpha \cos \alpha$$
$$= \frac{\sigma}{2}\sin 2\alpha \tag{5-7}$$

从上面公式可看出，σ_α 与 τ_α 都是 α 角的函数，所以截面的方位不同，截面上的应力也就不同。当 $\alpha = 0$ 时，斜截面 n—n 成为垂直于

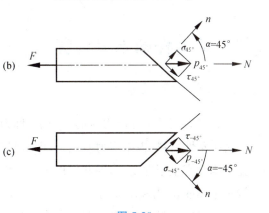

图 5-20

轴线的横截面(图 5-20(a)),σ_α 达最大值,且

$$\sigma_{0°} = \sigma_{max} = \sigma$$

现若规定从 x 轴沿逆时针转到 α 截面的外法线 n 时,α 为正值,反之为负,则当 $\alpha=45°$(图 5-20(b))和 $\alpha=-45°$(图 5-20(c))时 τ_α 到达极值,分别为

$$\tau_{45°} = \tau_{max} = \frac{\sigma}{2}$$

$$\tau_{-45°} = \tau_{min} = -\frac{\sigma}{2}$$

通过上述分析,便可说明实验中所出现的各种破坏现象:铸铁受拉时,由于横截面上的正应力达到强度极限而被拉断;受拉的低碳钢出现的滑移线和受压铸铁破坏时所发生的现象,都是由于该截面上有最大切应力,当它达到极限值时,便在最大切应力作用面上发生相互错动或剪断。

随着 α 的改变,τ 值有正、负变化,即切应力的指向随所在截面的位置而异。为了说明切应力的指向,将作如下的规定:将截面的外向法线沿顺时针转 90°,和它的方向相同的切应力为正(图 5-21(a)),反之为负(图 5-21(b))。

由以上分析还可以看到,在 $+45°$ 和 $-45°$ 斜截面上的切应力满足如图 5-21(c)所示关系。

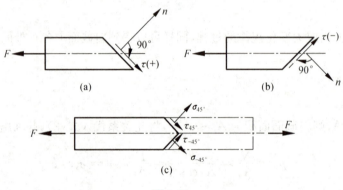

图 5-21

$+45°$,$-45°$ 两个截面是相互垂直的。因此,在任意两个相互垂直的截面上的切应力,总是数值相等而符号相反。这个定理称为切应力互等定理。要证明很容易:由式(5-7)得

$$\tau_\alpha = \frac{\sigma}{2}\sin 2\alpha = -\frac{\sigma}{2}\sin 2(\alpha+90°) = -\tau_{\alpha+90°}$$

5.7 轴力杆的强度计算

5.7.1 极限应力

材料丧失正常工作能力时的应力值,称为材料的极限应力。用 σ_0 表示。

对于塑性材料,极限应力有两个,即材料的屈服极限 σ_s 和强度极限 σ_b,工程中多数情况下不允许构件产生塑性变形,因此常以 σ_s 作为塑性材料的极限应力;但航空航天飞行器为减轻结构重量亦取 σ_b 为极限应力。

对于脆性材料,因其没有明显的屈服阶段,故只以强度极限 σ_b 作为极限应力。

极限应力是理论上的应力设计极限值,因为在设计时,很多情况难以精确计算,所以实际中是不能按照极限应力值进行设计的,要考虑给构件必要的安全储备。工程设计往往采用许用应力。

5.7.2 许用应力

许用应力是构件正常工作,材料允许达到的最大应力值。用$[\sigma]$表示。

显然,许用应力是低于极限应力的。而许用应力也是通过极限应力并考虑安全储备而得来的。即

$$许用应力[\sigma] = \frac{极限应力\ \sigma_0}{安全系数\ n}$$

对于塑性材料,通常取$\sigma_0 = \sigma_s$(对飞行器结构件,$\sigma_0 = \sigma_b$),

$$[\sigma] = \frac{\sigma_s}{n_s}$$

对于脆性材料,$\sigma_0 = \sigma_b$,于是

$$[\sigma] = \frac{\sigma_b}{n_b}$$

式中,n_s和n_b分别是对应于塑性材料与脆性材料的安全系数。

5.7.3 安全系数的确定

安全系数的确定是一个十分复杂的问题。其关键是要解决安全可靠与经济节省之间的矛盾,同时还要考虑以下几方面因素:

(1) 载荷的分析计算是否准确。
(2) 材料是否真的均匀。
(3) 模型简化是否准确。
(4) 构件的工作条件是否考虑周全。

设计规范中对各种结/机构的安全系数的范围作了规定,设计者可以进行查阅。精确确定安全系数已不是材料力学一门学科所能解决的,这里不再过多介绍。

5.7.4 强度条件

为了保证构件能够正常工作,具有足够的强度,就必须要求构件的实际工作应力的最大值不能超过材料的许用应力,即

$$\sigma_{\max} = \frac{N}{A} \leqslant [\sigma]$$

上式称为拉压杆的强度条件。如果最大工作应力不超过许用应力,那么整个构件所有点的工作应力都不超过$[\sigma]$,可以认为整个构件的强度是满足的。我们把产生最大工作应力$\sigma_{\max}$的截面称作危险截面。强度条件中的N,A指的是危险截面的值。反之,只要构件中存在一个点的工作应力超过了$[\sigma]$,通常一点强度不足会波及其他点,就认为整个构件强度不足。

5.7.5 强度问题

根据强度条件,按照求解方向的不同,实际强度问题可分为以下三方面的问题。

1. 强度校核

工程实际中,当需要检验某已知构件在已知载荷下能否正常工作时,构件的材料、截面积及所受载荷都是已知或可以计算出来的,要预先知道构件能否强度条件,即要判断强度条件不等式

$$\sigma_{\max} = \frac{N}{A} \leqslant [\sigma] \tag{5-8}$$

是否成立。如果强度条件不等式成立,则强度满足;反之,强度不足。事实上,任何设计出来的构件在投入使用之前都必须经过严格的校核。

2. 设计截面尺寸

如果构件的受力情况是知道的,材料也已选定,那么可以在满足强度条件的前提下,将强度条件变化为

$$A \geqslant \frac{N}{[\sigma]}$$

先算出截面面积,再根据截面形状,设计出具体的截面尺寸。

3. 确定许可载荷

通常对于已经加工出来的构件,其材料及尺寸都是已经确定的,为最大限度地应用这一构件,往往需要确定该构件所能承受的最大载荷,可将强度条件变化为

$$N \leqslant A \cdot [\sigma]$$

根据上式确定出构件的最大许可载荷,知道了结构中每个构件的许可载荷,再根据结构的受力关系,即可确定出整个结构的许可载荷。

在工程实际强度问题中,由于许用应力中包含了一定的安全储备,所以最大工作应力稍稍大于许用应力,只要不超过5%,设计规范是允许的。

例 5-5 用于拉紧钢丝绳的张紧器如图 5-22(a)所示。已知所受拉力 $F=35$ kN,套筒和拉杆均为 A3 钢,$[\sigma]=160$ MPa,拉杆 M20 螺纹内径 $d_1=17.29$ mm,其他尺寸如图所示,试校核拉杆与套筒的强度。

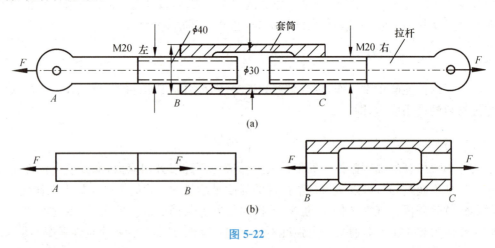

图 5-22

解:(1) 外力分析。

将张紧器拆分成拉杆和套筒,并分别画出它们的受力图,如图 5-22(b)所示。螺纹部分的

受力用合力替代,沿轴线作用。

(2) 内力分析。

拉杆与套筒都是二力构件,轴力都等于外力 F,二力构件不需要画轴力图。

(3) 应力分析。

拉杆与套筒的轴力完全相同,应力的大小就取决于截面积的大小。拉杆有螺纹部分截面积最小,因而应力最大;套筒中空部分截面积最小,因而应力也最大,那么,是拉杆的应力大,还是套筒的应力大呢? 要比较一下二者的截面积。

拉杆: $A_1 = \dfrac{\pi d_1^2}{4} = \dfrac{\pi}{4} \times 17.29^2 = 235 (\text{mm}^2)$

套筒: $A_2 = \dfrac{\pi}{4} \times (40^2 - 30^2) = 550 (\text{mm}^2)$

通过上述分析,真正的危险截面在拉杆的有螺纹部分。强度问题只需校核这里就可以了。

(4) 校核拉杆强度。

$$\sigma_{\max} = \frac{N}{A} = \frac{35 \times 10^3}{235} = 149 (\text{MPa}) \leqslant 160 \text{ MPa}$$

所以,该张紧器强度足够。

例 5-6 三绞架结构如图 5-23 所示。A,B,C 三点都是铰链连接的,两杆截面均为圆形,材料为钢,许用应力 $[\sigma] = 58$ MPa,设 B 点挂货物重 $F = 20$ kN。按要求解决如下三种强度问题。

1) 如果 AB,BC 杆直径均为 $d = 20$ mm,试校核此三绞架的强度。

解:(1) 外力分析。

三绞架中 AB,BC 均为二力杆,为计算两杆的外力,取 B 点为研究对象,画出受力图。建立如图坐标系,由平衡方程

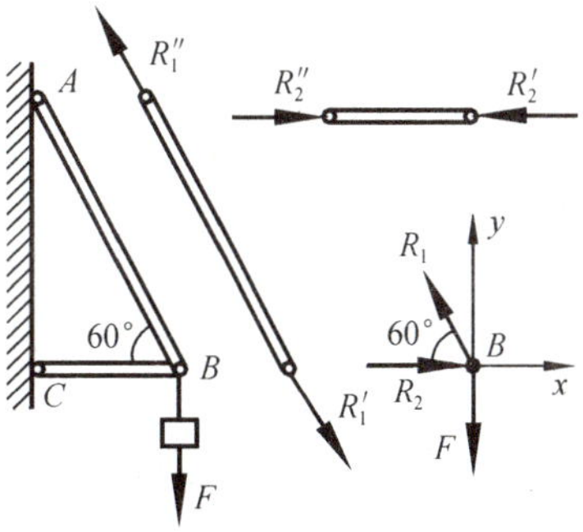

$$\sum F_y = 0, \quad R_1 \sin 60° - F = 0$$

求得 AB 杆外力 $\qquad R_1 = \dfrac{F}{\sin 60°} = 23.10$ kN

$$\sum F_x = 0, \quad R_2 - R_1 \cos 60° = 0$$

求得 BC 杆外力 $\qquad R_2 = R_1 \cos 60° = \dfrac{P}{2\sin 60°} = 11.55$ kN

图 5-23

(2) 内力分析。

由于 AB,BC 杆都是二力杆,所以

$$N_1 = R_1 = 23.10 \text{ kN}, \quad N_2 = R_2 = 11.55 \text{ kN}$$

(3) 强度校核。

AB 杆 $\quad \sigma_1 = \dfrac{N_1}{A} = \dfrac{23.09 \times 10^3}{\pi \times 20^2 / 4} = 73.5 (\text{MPa}) > [\sigma] = 58$ MPa

BC 杆 $\quad \sigma_2 = \dfrac{N_2}{A} = \dfrac{11.55 \times 10^3}{\pi \times 20^2 / 4} = 36.75 (\text{MPa}) < [\sigma] = 58$ MPa

从以上结果可以看出,AB 杆工作应力超出许用应力,而使三绞架强度不足。为了能够安全使用,方法之一是增大 AB 杆直径,从而降低杆的工作应力;而 BC 杆工作应力远没有达到许用应力,说明 BC 杆直径太大了,浪费材料,不够经济。

2) 为了安全和经济,请重新设计两杆的直径。

解:由强度条件

$$\sigma_{\max} = \frac{N}{A} = \frac{N}{\pi d^2/4} \leqslant [\sigma]$$

得直径

$$d \geqslant \sqrt{\frac{4N}{\pi[\sigma]}}$$

AB 杆直径　　$d_1 \geqslant \sqrt{\dfrac{4N_1}{\pi[\sigma]}} = \sqrt{\dfrac{4 \times 23.09 \times 10^3}{3.14 \times 58}} = 22.5 (\mathrm{mm})$,取 $d_1 = 23$ mm

BC 杆直径　　$d_2 \geqslant \sqrt{\dfrac{4N_2}{\pi[\sigma]}} = \sqrt{\dfrac{4 \times 11.55 \times 10^3}{3.14 \times 58}} = 15.9 (\mathrm{mm})$,取 $d_1 = 16$ mm

3) 如果两杆只能采用 20 mm 直径,那么此三绞架最多能挂起多重的货物?

解:根据强度条件

$$N \leqslant A[\sigma] = \frac{\pi}{4} \times 20^2 \times 58 = 18\ 200 (\mathrm{N}) = 18.2\ \mathrm{kN}$$

由于受力形式没有变,由第 1 题的静力学关系

$$N_1 = \frac{F}{\sin 60°} \leqslant 18.2\ \mathrm{kN}$$

得　　　　　　　　　　　　$F_1 \leqslant 18.2 \sin 60° = 15.76\ \mathrm{kN}$

$$N_2 = \frac{F}{2\sin 60°} \leqslant 18.2\ \mathrm{kN}$$

得　　　　　　　　　　　　$F_2 \leqslant 2 \times 18.2 \sin 60° = 31.5\ \mathrm{kN}$

若使两杆都满足强度,取 $F = F_{\min} = 15.76$ kN。

例 5-7　某 A3 钢板的厚度 $t = 12$ mm,宽 $b = 100$ mm,钢板上开四个铆钉孔用以固定钢板,每个铆钉孔孔径 $d = 17$ mm,钢板所受载荷 $F = 100$ kN,设每个铆钉孔承力 $F/4$,设 A3 钢屈服极限 $\sigma_s = 200$ MPa,安全系数 $n_s = 2$,试校核钢板强度。

解:(1) 外力分析。

将钢板沿纵向看做杆,中间两孔受力,取合力作用在轴线上,画受力简图如图 5-24(a)所示。

(2) 内力分析。

四个外力将轴力分成 AB,BC,CD 三段。轴力分别为

$$N_1 = \frac{P}{4} = 25\ \mathrm{kN}$$

$$N_2 = \frac{3P}{4} = 75\ \mathrm{kN}$$

$$N_3 = P = 100\ \mathrm{kN}$$

由于钢板的轴力分为三段,根据要求,两段以上必须画轴力图,如图 5-24(b)所示。

(3) 应力分析。

钢板开孔处,由于截面积减少,会使应力增大,成为危险截面。1—1 与 3—3 截面相比,截

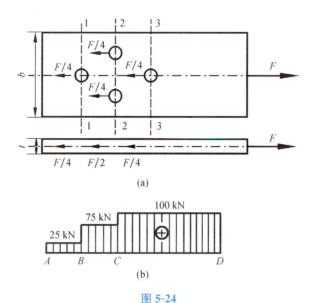

图 5-24

面积相同,轴力不同,1—1 截面不是危险截面。而 2—2 与 3—3 截面相比,轴力大,截面积也大;轴力小,截面积也小。看不出哪个更危险,可以将两者同时列为可能的危险截面进行校核。

(4) 强度校核。

2—2 截面
$$\sigma_2 = \frac{N}{A} = \frac{\frac{3}{4}P}{(b-2d)t} = \frac{3 \times 100 \times 10^3}{4 \times (100-2 \times 17) \times 12} = 94.7 (\text{MPa}) \leqslant [\sigma] = \frac{\sigma_s}{n_s} = 100 \text{ MPa}$$

3—3 截面
$$\sigma_2 = \frac{N}{A} = \frac{P}{(b-d)t} = \frac{100 \times 10^3}{(100-17) \times 12} = 100 (\text{MPa}) = [\sigma] = 100 \text{ MPa}$$

所以,钢板的强度满足条件。

*5.8 杆系静不定问题

5.8.1 静不定问题的一般解法

在前面讨论的问题中,结构的约束反力和杆件的内力都能用静力学平衡方程求出,这类问题称为静定问题。工程中常常通过增加约束来提高结构的强度和刚度,这样就会使未知力个数超出可列出的独立平衡方程数,仅用平衡方程无法达到求解。这类问题称作静不定问题或超静定问题。

超静定问题不是不能求解,要解超静定问题,除列出全部独立平衡方程以外,还需要列出含有未知力的补充方程,以增加方程个数,达到求解的目的。根据构件间变形协调关系列出的补充方程称作变形协调方程。增加变形协调方程,是解决超静定问题的关键。

下面举例加以说明。

例 5-8 两端完全固定的阶梯杆如图 5-25(a)所示。已知材料的弹性模量为 E,AB 和 BC 段的截面积和长度分别为 A_1,a,A_2,b,载荷为 F。试求 AB 和 BC 段的应力。

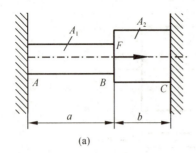 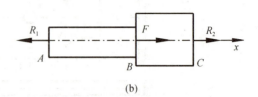

图 5-25

解:(1) 以 AC 为研究对象,受力如图 5-25(b)所示。列平衡方程

$$\sum F_x = 0, \quad -R_1 + F + R_2 = 0 \tag{1}$$

未知力两个,平衡方程一个,故为超静定问题。
(2) 变形协调方程。
AC 两端完全固定,故 AC 杆的总变形

$$\Delta l = 0$$

由虎克定律可知

$$\Delta l = \Delta l_{AB} + \Delta l_{BC} = \frac{R_1 a}{EA_1} + \frac{R_2 b}{EA_2} = 0 \tag{2}$$

将方程(1)和(2)联立,解得

$$R_1 = \frac{FbA_1}{bA_1 + aA_2}$$

$$R_2 = -\frac{FaA_2}{bA_1 + aA_2}$$

R_2 为负值,说明它的方向与假设方向相反,即 BC 段受压。

例 5-9 刚性直杆 AB 通过三根材料、长度、截面积完全相等的竖直二力杆铰接,且处于水平位置,如图 5-26(a)所示。设载荷 $F = 30$ kN,杆截面为圆形,直径 $d = 16$ mm,材料许用应力 $[\sigma] = 60$ MPa,试校核三根杆的强度。

解:(1) 以 AB 杆为研究对象,受力如图 5-26(b)所示。列平衡方程

$$\sum F_y = 0, \quad R_1 + R_2 + R_3 - F = 0 \tag{1}$$

$$\sum M_C(F) = 0, \quad R_3 \times 3a - R_1 \times 3a - F \times a = 0$$

化简得

$$3R_3 - 3R_1 - F = 0 \tag{2}$$

(2) 变形协调方程。
根据刚性杆的变形协调关系,有

$$\Delta l_1 + \Delta l_3 = 2\Delta l_2$$

代入虎克定律有

$$\frac{R_1 l}{EA} + \frac{R_3 l}{EA} = \frac{2R_2 l}{EA}$$

化简得

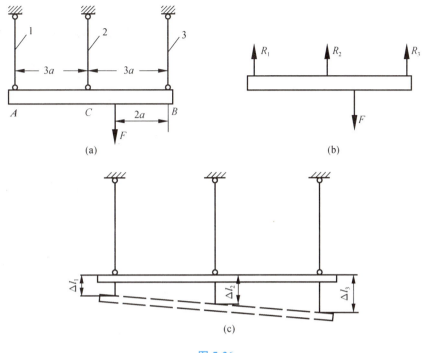

图 5-26

$$R_1 + R_3 = 2R_2 \tag{3}$$

将方程(1)~方程(3)联立,求得

$$R_1 = 5 \text{ kN}$$
$$R_2 = 10 \text{ kN}$$
$$R_3 = 15 \text{ kN}$$

(3) 校核三杆的强度。

因为三根杆的材料、截面积完全相同,而 3 杆的受力最大,故 3 杆最危险

$$\sigma_3 = \frac{N_3}{A} = \frac{15 \times 10^3}{3.14 \times 16^2/4} = 74.6 (\text{MPa}) \geqslant 60 \text{ MPa}$$

故此超静定结构强度不足。

5.8.2 温度应力

热胀冷缩是金属材料的通性。在静定结构中,温度变化所产生的伸缩,不会引发杆的应力;但在超静定结构中,杆件的伸缩会受到限制,温度变化会在杆件内产生多余的应力,这种应力称为温度应力。温度应力工程中是很常见的,结构安装和使用时温差都会产生温度应力。涉及温度应力的超静定问题,除需增加热膨胀方程以外,其他与前所述解法基本相同。

例 5-10 阶梯形钢杆在温度 $t=15\ ℃$ 时装配固定在刚性墙壁之间。如图 5-27(a)所示。当工作温度升高至 55 ℃ 时,已知杆材料的弹性模量 $E=200$ GPa,线膨胀系数 $\alpha=125 \times 10^{-7}\ ℃^{-1}$,两段的截面积分别为 $A_1=2\ \text{cm}^2, A_2=1\ \text{cm}^2$。求杆内的最大应力。

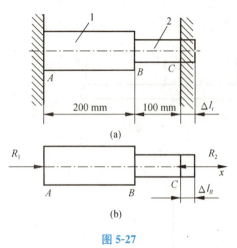

图 5-27

解：(1) 静力学平衡方程。

温度升高过程中，杆会膨胀，但由于两端墙壁刚性固定，墙壁会作用给杆压力 R_1 和 R_2。

$$\sum F_x = 0, \quad R_1 - R_2 = 0 \quad (1)$$

得
$$R_1 = R_2$$

(2) 变形协调方程。

可以将整个过程假想分解成两步，先是杆在升温中伸长 Δl_t，然后杆在墙壁压力作用下缩短 Δl_R。实际情况是两端刚性固定，杆既未伸长也未缩短，即

$$\Delta l = \Delta l_t - \Delta l_R = 0 \quad (2)$$

其中

$$\Delta l_t = \alpha l \Delta t = 125 \times 10^{-7} \times (200 + 100) \times (55 - 15) = 0.15 (\text{mm})$$

$$\Delta l_R = \frac{R_1 l_1}{EA_1} + \frac{R_2 l_2}{EA_2} = R_1 \left(\frac{200}{200 \times 10^3 \times 2 \times 10^2} + \frac{100}{200 \times 10^3 \times 10^2} \right) = R_1 \times 10^{-5} (\text{mm})$$

代入(2)后，与(1)联立，得

$$R_1 = R_2 = 15 \text{ kN}$$

(3) 计算最大应力。

由于杆只受二力作用，杆内力处处相同，细段截面积小，所以应力最大，最大应力为

$$\sigma_{\max} = \frac{N_2}{A_2} = \frac{15 \times 10^3}{1 \times 10^2} = 150 (\text{MPa})$$

由计算结果可以看出，当安装与使用温差较大时，可以产生很大的温度应力。对于工程中超静定结构，通常以弯杆(管)代替直杆(管)，可以较大程度地减小温度应力。

5.8.3 装配应力

工程中，构件在加工时，尺寸出现微小误差是难免的，装配时就要按原尺寸强行安装。对于静定结构，尺寸的偏差是不会引起内力和应力的；但对于超静定结构，这种误差使杆件在真正承载之前就在杆件内部产生了应力，这种应力称作装配应力。

例 5-11 三根材料相同、截面积相等的杆设计时要求铰接在 A 点，如图 5-28(a)所示，但 2 杆加工时比设计尺寸 l 短了 δ。设弹性模量为 E，截面面积为 A。试求强行装配在一起时三杆的装配应力。

解：(1) 静力学平衡方程。

由于变形与杆长相比十分微小，故仍取 A 点为研究对象，如图 5-28(b)所示。

由 $\sum F_x = 0, \quad R_1 \sin\alpha - R_3 \sin\alpha = 0$

得 $R_1 = R_3$

由 $\sum F_y = 0, \quad R_2 - R_1 \cos\alpha - R_3 \cos\alpha = 0$

得 $R_2 = 2R_1 \cos\alpha \quad (1)$

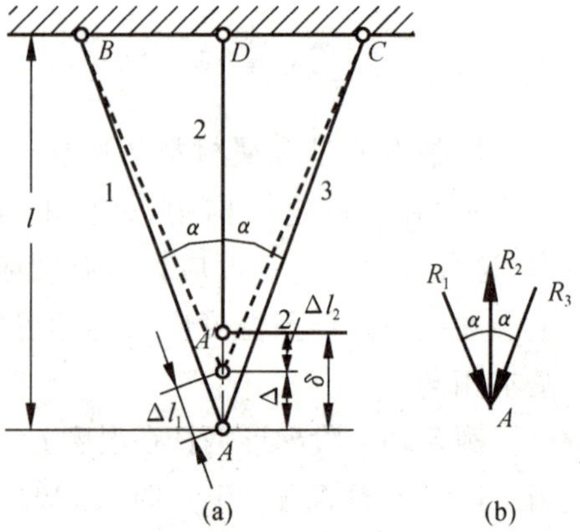

(2) 变形协调方程。

图 5-28

设真正铰接点是 A'，$\Delta = AA'$

$$\Delta l_2 + \Delta = \Delta l_2 + \frac{\Delta l_1}{\cos\alpha} = \frac{R_2 l}{EA} + \frac{R_1 l/\cos\alpha}{EA\cos\alpha} = \frac{l}{EA}\left(R_2 + \frac{R_1}{\cos^2\alpha}\right) = \delta \qquad (2)$$

(1)和(2)联立

$$R_1 = R_3 = \frac{EA\delta\cos^2\alpha}{(1+2\cos^3\alpha)l}$$

$$R_2 = \frac{2EA\delta\cos^3\alpha}{(1+2\cos^3\alpha)l}$$

(3) 计算装配应力。

$$\sigma_1 = \sigma_3 = \frac{\cos^2\alpha}{1+2\cos^3\alpha} \cdot \frac{E\delta}{l}$$

$$\sigma_2 = \frac{2\cos^3\alpha}{1+2\cos^3\alpha} \cdot \frac{E\delta}{l}$$

如果材料是钢，$E=200\text{ GPa}$，$\alpha=30°$，$\dfrac{\delta}{l}=0.001$，则三杆装配应力

$$\sigma_1 = \sigma_3 = 65.2\text{ MPa}, \quad \sigma_2 = 113\text{ MPa}$$

由此可见，即使是很小的加工误差 δ/l，也会产生很大的装配应力。对于超静定结构，其构件的加工精度要求一定要很高。

*5.9 应力集中的概念

前面所应用的应力计算公式，对于受轴向拉伸（压缩）的等截面杆或截面逐渐缓和改变的杆件，在离开外力作用点一定距离的截面上是适用的。但是，工程上有一些构件，由于结构和工艺等方面的需要，往往制成阶梯形杆，或在杆上具有沟槽、开孔、台肩或螺纹等。因此构件在这些部分的截面尺寸往往发生急剧的改变，而构件也往往在这些地方开始发生破坏。大量的研究表明，在构件截面突变处的局部区域内，应力急剧增加；而离开这个区域稍远处，应力又逐渐趋于缓和，如图 5-29 所示。这种现象称为应力集中。

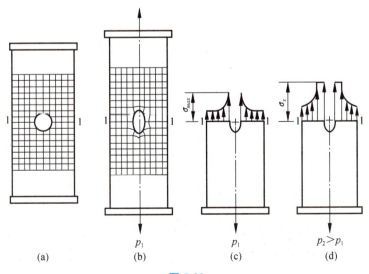

图 5-29

应力集中处的 σ_{max} 与该截面上的平均应力 σ 之比，称为理论应力集中系数，以 α 表示。即

$$\alpha = \frac{\sigma_{max}}{\sigma}$$

α 是一个应力比值，与材料无关。它反映了杆在静载荷下应力集中的程度，是一个大于1的系数。大量分析表明，构件的截面尺寸改变得越急剧，切口尖角越小，应力集中的程度就越严重。

各种材料对应力集中的敏感程度并不相同。低碳钢等塑性材料因有屈服阶段存在，当局部的最大应力 σ_{max} 到达屈服极限时，将发生塑性变形，应力基本不再增加。当外力继续增加时，处在弹性变形的其他部分的应力继续增长，直至整个截面上的应力都达到屈服极限时，才是杆的极限状态。所以，材料的塑性具有缓和应力集中的作用。由于脆性材料没有屈服阶段，当应力集中处的最大应力 σ_{max} 达到 σ_b 时，杆件就会在该处首先开裂，所以应考虑应力集中的影响。但铸铁等组织不均匀的脆性材料，由于截面尺寸急剧改变而引起的应力集中对强度的影响并不敏感。

对于在冲击载荷或在周期性变化的交变应力作用下的构件，应力集中对各种材料的强度都有较大的影响。这一问题将在以后章节中讨论。

小 结

材料力学在内容体系形式上是按四种基本变形来划分的，四种基本变形构成了材料力学的横向线。而对每一种基本变形，受力研究采用的是由表及里、由外向内的方法，这种外力—内力—应力的研究方法构成了材料力学的纵向线。两条线纵横交错，把材料力学的内容科学地、有机地联系在一起。

1. 研究总纲

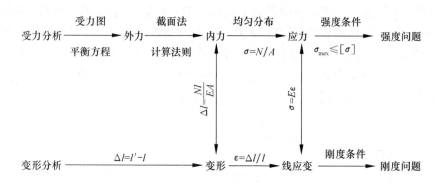

2. 基本概念

(1) 拉伸与压缩。

受力特点：所有外力或外力的合力沿杆轴线作用。

变形特点：杆沿轴线伸长或缩短。

(2) 轴力：轴向拉伸与压缩任意截面的内力都沿轴线作用，称为轴力。

(3) 应力：应力是截面上一点的受力，是单位面积上的内力。应力通常分解为垂直截面的正应力和沿截面的剪应力。拉伸与压缩杆件横截面上只有正应力，且正应力沿横截面均匀分布，截面上任意点的应力为

$$\sigma = \frac{N}{A}$$

(4) 危险截面:构件内部最大正应力所在截面。

(5) 变形:有绝对变形和线应变两种。

绝对变形:杆件的伸长量或缩短量。

$$\Delta l = l' - l$$

线应变:单位长度上的伸长量或缩短量。

$$\varepsilon = \frac{\Delta l}{l}$$

(6) 虎克定律:建立了受力与变形,应力与应变之间的定量联系。材料力学中变形的研究主要不是通过测量得到,而是由虎克定律通过受力计算而来。

绝对变形 $$\Delta l = \frac{Nl}{EA}$$

线应变 $$\varepsilon = \frac{\sigma}{E}$$

(7) 材料的力学性能:材料通常分为塑性材料($\delta \geqslant 5\%$)和脆性材料($\delta < 5\%$)。塑性材料抗拉压性能基本相同;而脆性材料抗压不抗拉。

强度指标——屈服极限 σ_s

强度极限 σ_b

刚度指标——弹性模量 E

泊松比 μ

塑性指标——延伸率 δ

断面收缩率 ψ

3. 解决拉伸与压缩强度问题需要注意的问题

原则上解决强度问题应分以下四个步骤进行。

(1) 外力分析。

分析结构受力,取要解决强度问题的构件或与其受力相关的构件为研究对象,画出受力图,通过静力学平衡方程求出要解决强度问题的构件所受外力。

(2) 内力分析。

轴力要进行分段研究,分段只与外力有关,与截面形状、尺寸无关,相邻外力之间为一段。用截面法或轴力计算法则计算出每一段上的轴力,分段为两段以上的,要与结构简图一一对应作出轴力图。

(3) 应力分析。

应力也要分段研究,分段除了与外力有关,也与截面面积有关,可在轴力图基础上,再参考截面面积继续分段。在计算之前,要学会分析危险截面,将不可能成为危险截面的排除掉,排除不掉的列为可能的危险截面进行强度计算。分析一定要准确而全面。

(4) 强度计算。

根据强度条件和前面的受力分析进行强度校核和强度设计。

4. 超静定问题的一般解法

求解超静定问题。其一般步骤可归纳为:

(1) 根据静力学平衡条件列出应有的平衡方程;

(2) 根据变形几何条件列出变形几何方程；
(3) 根据力与变形间的物理关系建立补充方程；
(4) 联立求解。

思考题与习题

思 考 题

5-1 请分析如图 5-30 所示阶梯杆各段是否仅发生拉伸或压缩变形，如不是，请描述其变形特点。

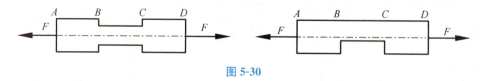

图 5-30

5-2 指出下列概念的区别和联系：
(1) 变形和应变
(2) 内力和应力
(3) 材料强度、刚度；构件强度、刚度
(4) 弹性变形和塑性变形
(5) 屈服极限和强度极限
(6) 极限应力和许用应力

5-3 简要说明许用应力是如何确定的。

5-4 两根几何参数完全相同而材料不同的直杆受力相同时，二者的最大应力、许用应力、变形是否相同？

5-5 请说明如何根据应力-应变曲线比较材料的强度、刚度和塑性大小。

5-6 三根试件的尺寸相同，但材料不同，其 $\sigma\text{-}\varepsilon$ 曲线如图 5-31 所示。试说明哪一种材料强度高，哪一种材料的弹性模量大，哪一种材料的塑性好。

5-7 两块钢板对焊成一体，如图 5-32 所示。钢板强度高于焊缝强度，如只从正应力强度考虑，试说明表示焊缝方位的角应等于 90°还是小于 90°才合理。

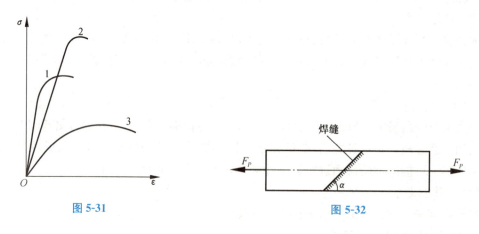

图 5-31   图 5-32

习 题

5-1 直杆受力如图 5-33 所示，试分别求出标定截面 1—1, 2—2, 3—3 上的轴力，并画轴力图。

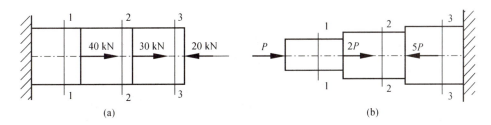

图 5-33

5-2 试画出图 5-34 所示杆件的轴力图,并计算各标定截面 1—1,2—2,3—3 上的正应力。

5-3 钢制阶梯杆受力如图 5-35 所示。弹性模量 $E=200\text{ GPa}$,AB 段横截面积 $A_1=200\text{ mm}^2$,BD 段 $A_2=150\text{ mm}^2$,载荷 $F_1=20\text{ kN}$,$F_2=35\text{ kN}$。试求:

(1) 分段计算轴力。
(2) 计算阶梯杆的总变形。

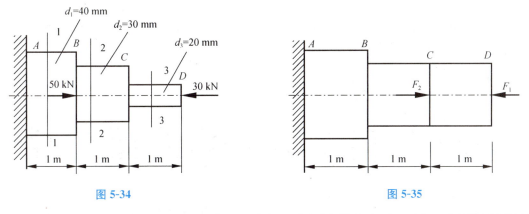

图 5-34   图 5-35

5-4 如图 5-36 所示结构中,AB 杆为刚性且不计自重,受力前保持水平。杆 1 和杆 2 为材料相同的圆截面杆,弹性模量 $E=200\text{ GPa}$。杆 1 尺寸 $l_1=1.5\text{ m}$,$d_1=25\text{ mm}$;杆 2 尺寸:$l_2=1\text{ m}$,$d_2=20\text{ mm}$。试问:

(1) 载荷 F 加在 AB 杆何处,才能使 AB 仍保持为水平。
(2) 保持上一问的加载位置,若 $F=30\text{ kN}$,计算两杆横截面上的应力。

5-5 如图 5-37 所示,长 1.5 m 的直角三角形钢板(厚度均匀)用等长的钢丝 AB 和 CD 悬挂,欲使钢丝伸长后钢板只有移动而无转动,问钢丝 AB 的直径应为钢丝 CD 的直径几倍?(图中尺寸单位为 mm)

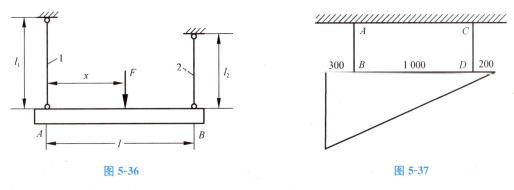

图 5-36   图 5-37

5-6 一圆截面阶梯杆受力如图 5-38 所示,已知材料的弹性模量 $E=200\text{ GPa}$,试求各段的应力和应变。

5-7 某悬臂吊车结构如图 5-39 所示,最大起重量 $G=20\text{ kN}$,AB 杆为 Q233 圆钢,$[\sigma]=120\text{ MPa}$,试求 AB 杆直径 d。

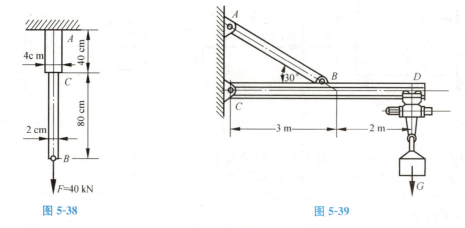

图 5-38   图 5-39

5-8 如图 5-40 所示,零件受力 $F = 25$ kN,试分析最大应力可能发生在哪个截面,最大应力值为多少? 尺寸单位为 mm。

5-9 钢板通过铆钉连接,如图 5-41 所示。已知:$F = 6$ kN,钢板尺寸 $t = 1.5$ mm,$b_1 = 4$ mm,$b_2 = 5$ mm,$b_3 = 6$ mm。试画出钢板的轴力图,并计算板内最大拉应力。

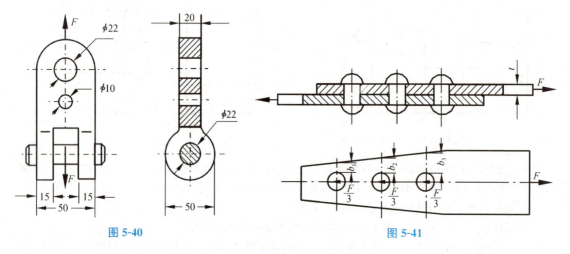

图 5-40   图 5-41

5-10 三铰架结构如图 5-42 所示。AB 为圆截面钢杆,AC 为正方形截面木杆。A 点载荷 $F = 50$ kN。已知:钢的许用应力 $[\sigma]_1 = 160$ MPa,木材的许用应力 $[\sigma]_2 = 10$ MPa。试设计钢杆直径 d 和木杆宽 a。

5-11 起重链环受力如图 5-43 所示。已知链环材料的许用应力 $[\sigma] = 60$ MPa,链环直径 $d = 18$ mm,最大

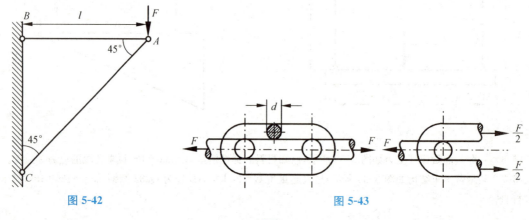

图 5-42   图 5-43

起重量为 $F=35$ kN。试：

(1) 校核整个链条强度。

(2) 如强度不足，重新计算链条所能起吊最大载荷。

5-12 吊环起重机架如图 5-44 所示。已知：$F=1\,000$ kN，$\alpha=30°$，$[\sigma]=140$ MPa，两臂 OA 和 OB 横截面为矩形，并且 $h/b=3$，试确定两臂的尺寸 h 和 b。

5-13 链片的受力如图 5-45 所示。链片尺寸为：$h=2.5$ cm，$d=1.1$ cm，$R=1.8$ cm，$t=0.5$ cm，许用应力 $[\sigma]=80$ MPa，试确定其能承受的最大载荷 F。

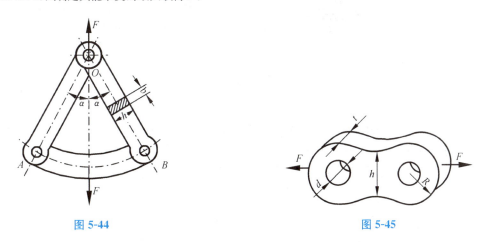

图 5-44　　　　　　　　　　图 5-45

5-14 如图 5-46 所示等截面钢杆 AB。横截面面积 $A=2\,000$ mm²，在截面 C 处加载荷 $F=100$ kN。试求 A，B 两端的约束反力及杆内截面 1—1，2—2 上的应力。

5-15 水平钢性杆由杆 AD 和 BC 约束，如图 5-47 所示。杆 AD 和杆 BC 材料、截面积、长度均相同，截面积 $A=1\,800$ mm²。当载荷 $F=200$ kN 时，试求杆 AD 和杆 BC 的正应力。

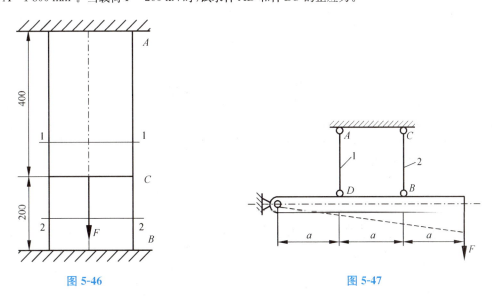

图 5-46　　　　　　　　　　图 5-47

5-16 如图 5-48 所示，旋臂吊车的拉杆 BC 由两根等边角钢组成，其 $[\sigma]=100$ MPa，电葫芦与载荷共重 $F=20$ kN。试确定等边角钢的型号。

5-17 用三根完全相同的钢杆支承一重为 W 的构件 AB，其受力如图 5-49 所示。构件 AB 可视为刚杆。若已知外力 $F=2W$，距杆 AB 重心距离为 $\dfrac{a}{2}$，试求三根杆的内力。

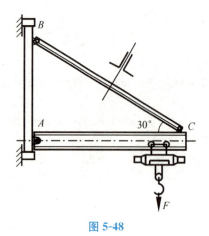
图 5-48

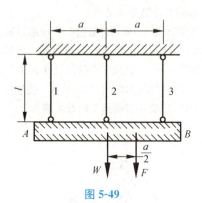
图 5-49

5-18　图 5-50 所示同心装置的长度相等的圆柱和圆筒,上下盖板可视为刚性板。设圆柱的弹性模量和横截面面积分别为 E_1 和 A_1,圆筒的为 E_2 和 A_2。当受到轴向压力 F 作用时,试求圆柱和圆筒各受多大的力。

5-19　一根两端固定的杆件 AB 在 C,D 处受轴向外力 F 和 F_1 的作用如图 5-51 所示。已知 $F_1=2F$,杆的横截面面积为 A,材料弹性模量为 E。试求 AB 两端支座的约束反力。

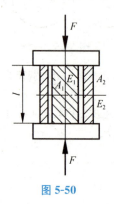
图 5-50

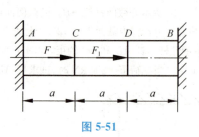
图 5-51

5-20　两根钢杆如图 5-52 所示,已知阶梯杆(图 5-52(a))横截面面积 $A_1=400\ mm^2$,$A_2=800\ mm^2$,等直杆(图 5-52(b))横截面面积 $A=A_1$。材料的弹性模量 $E=200\ GPa$,线膨胀系数 $\alpha=12.5\times10^{-6}/℃$。当温度都升高 40℃时,试求两杆内的最大正应力。

5-21　如图 5-53 所示结构,设中间杆的应有长度为 l,由于制造误差,使其短了 δ,设三根杆的抗拉刚度均为 EA。试求安装后各杆的轴力。

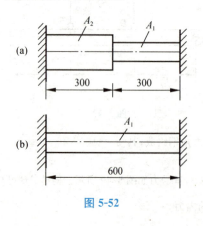
图 5-52

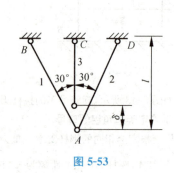
图 5-53

第6章 剪切和挤压

剪切是材料力学中第二种基本变形形式,挤压常伴随剪切而发生。本章将继续使用第5章关于强度和变形的基本研究方法,对发生剪切和挤压的常见构件的强度问题作一个比较系统的介绍。在这一章的学习中,应注意正应力与剪应力在强度和变形方面的区别,从而对材料力学有一个较为全面的认识。

6.1 剪切和挤压的概念

6.1.1 剪切

剪切是工程实际中一种常见的变形形式,其大多发生在工程中的连接构件上,如螺栓、销钉、铆钉、键等,都是剪切变形的工程实例。

下面以铆钉连接为例,来说明剪切变形的概念。

铆钉连接的简图如图6-1所示,当被连接的钢板沿水平方向承受外力时,外力通过钢板传递到铆钉上,使铆钉的左上侧面和右下侧面受力,这时,铆钉的上半部分和下半部分在外力的作用下分别向左和向右的移动,上下之间的截面要产生错动,这就是剪切变形,当外力足够大时,会使铆钉沿中间截面被剪断。从铆钉受剪的实例分析可以看出,剪切变形的受力特点:**作用在构件上的外力垂直于轴线,两侧外力的合力大小相等、方向相反、作用线错开但相距很近**。这样的受力所产生的剪切变形的变形特点是:**反向外力之间的截面有发生相对错动的趋势**。工程中,把上述形式的外力作用下所发生的变形称为剪切变形。

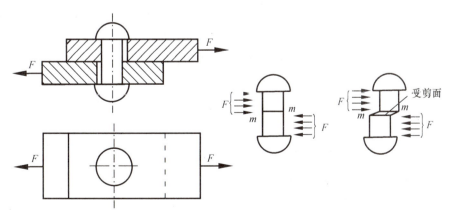

图 6-1

螺栓、轴销等和铆钉的特点极其相似。此外,键也是工程中常见的发生剪切变形的连接构件,如图 6-2 所示,在匀速转动条件下,平键所受的由轴传递的主动力与由轮产生的约束反力形成等值、反向、错开的平行力,中间连接面也同样发生剪切变形。

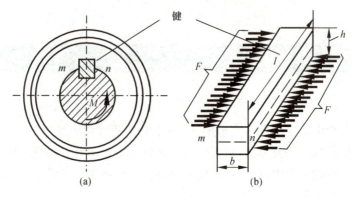

图 6-2

值得说明的是,剪切变形是很容易使连接件发生剪切破坏的。工程中也常常利用这一点,剪床正是利用剪切的破坏原理进行工作的,工程中常见的金属材料,其抗剪性能与抗拉压性相比通常较差。因此,了解连接件的剪切变形十分重要。

在发生剪切变形的连接构件中,发生相对错动的截面称作剪切面。剪切与轴向拉伸和压缩变形不同,轴向拉压是发生在整个构件或一段构件的内部,而剪切变形只发生在剪切面上,因此,要分析连接件的剪切变形,就必须弄清剪切面的位置。按照受力与变形的机理,剪切面通常平行于产生剪切的外力方向,介于反向外力之间。因此,要正确分析剪切面的位置,首先必须正确分析连接件的受力,找出产生剪切变形的反向外力,据此分析剪切面的位置。

6.1.2 挤压

通过对工程中的连接构件的分析发现,构件在发生剪切变形时,常常伴随产生挤压变形。**当被连接的两物体通过接触面传递压力时,由于压力过大,或是接触面积过小,会使接触表面产生压陷,产生明显的塑性变形**,这就是**挤压变形**。

值得说明的是,挤压只发生在接触面的表层,不像拉压与剪切那样发生在构件的内部,从严格意义上讲,挤压不属于杆件的基本变形形式,只因与剪切同时发生,而与之齐名,而挤压过大,同样会使构件发生破坏。我们同样仿照基本变形的研究方法研究挤压变形。

发生挤压的构件的接触面,称作挤压面。挤压只发生在挤压面上,挤压面通常垂直于外力方向。对于前面所举的平键,其挤压面是平面;而对于铆钉,挤压面是曲面,是圆柱侧面,如图 6-3 所示。

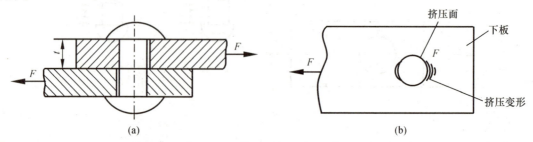

图 6-3

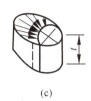
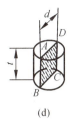

(c)   (d)

图 6-3(续)

6.2 剪切和挤压的实用计算

6.2.1 剪切实用强度计算

连接件的受力通常不复杂,正确分析其受力后,根据条件,利用平衡方程,可以很快计算出外力。对于剪切的强度问题,我们仍采用第 5 章总结的基本变形的研究方法,即由外力—内力—应力—强度的方法进行研究。

下面仍以铆钉为例,如图 6-4 所示,说明剪切强度的计算方法。

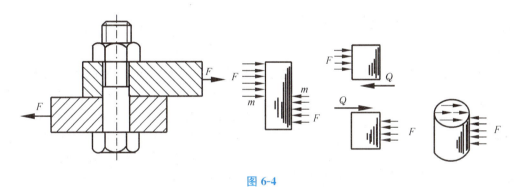

图 6-4

1. 剪切面上内力——剪力 Q

首先,用截面法分析和计算剪切面上的内力。

用平面将铆钉从 m—m 截面处假想截开,分为上下两部分;任取上部分或下部分为研究对象;为了与整体一致保持平衡,剪切面上 m—m 上必有与外力 F 大小相等、方向相反的内力存在,这个内力沿截面作用,叫做剪力。为了与拉压时垂直于截面的轴力 N 相对应,剪力用符号 Q 表示。由截面法,根据截取部分的平衡方程,可以求出剪力 Q 的大小。

$$\sum F_x = 0, \quad F - Q = 0$$

得 $Q = F$

2. 剪切面上的应力——剪应力 τ

剪力 Q 是剪切面内各点应力构成的分布力系的合力。实践证明,剪切面上各点的应力也是沿截面作用的,称为剪应力,用符号 τ 表示。由剪力计算剪应力,需要分析剪切面上剪应力的分布规律,实际上,剪切面上的剪应力分布规律是相当复杂的,但总体来讲,各点应力值差异不大。工程上,为了简化计算,假设剪应力在剪切面上均匀分布,这样计算出的平均应力与实

际值相差不大,这种经过试验验证的近似计算方法,叫做实用计算法。所以,剪应力可用下式计算

$$\tau = \frac{Q}{A}$$

其中:Q 为剪切面上的剪力;A 为剪切面的面积。

3. 剪切实用强度计算

为了保证连接件在工作时不发生剪切破坏,剪切面上的最大剪应力不得超过连接件材料的许用剪应力$[\tau]$,即满足如下剪切强度条件:

$$\tau_{\max} = \frac{Q}{A} \leqslant [\tau]$$

许用剪应力$[\tau]$与许用正应力$[\sigma]$相似,由通过试验得出的剪切强度极限 τ_b 除以安全系数得来。常见材料的许用剪应力$[\tau]$可以从有关设计规范中查到,一般地

塑性材料: $[\tau] = (0.6 \sim 0.8)[\sigma]$
脆性材料: $[\tau] = (0.8 \sim 1.0)[\sigma]$

相比于拉压实用强度条件,剪切实用强度条件同样可以解决三类强度问题:强度校核问题、设计截面尺寸问题和确定许可载荷问题。

6.2.2 挤压实用强度计算

1. 挤压应力 σ_{jy}

挤压面上各点的受力称作挤压应力,由于挤压力 F 垂直于挤压面,所以挤压应力用符号 σ_{jy} 表示。挤压应力在挤压面的分布也比较复杂,对于平键一类连接件,挤压面为平面,挤压应力在挤压面上的分布是均匀的;而对于铆钉、销钉、螺栓一类的连接件,挤压面为曲面,挤压应力在挤压面上的分布是不均匀的,如图 6-5 所示,很明显,最大应力在中部,平均应力小于最大应力,但如果我们把为曲面的挤压面垂直于外力方向正投影为直径面,将挤压力 F 平均在直径面上,所得应力非常接近实际最大应力,我们把挤压面的正投影面称作实用挤压面,其面积用符号 A_{jy}

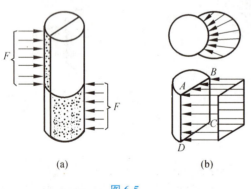

图 6-5

来表示。为简化计算,可以假定挤压力 F 在实用挤压面上的是均匀分布的,于是挤压面上的最大应力可用下式计算

$$\sigma_{jy} = \frac{F}{A_{jy}}$$

其中,F 为挤压面上的挤压力;A_{jy} 为实用挤压面面积。

2. 挤压实用强度计算

为了防止挤压破坏,挤压面上挤压应力不得超过连接件材料的许用挤压应力$[\sigma_{jy}]$,即满足挤压强度条件

$$\sigma_{jy} = \frac{F}{A_{jy}} \leqslant [\sigma_{jy}]$$

许用挤压应力等于由试验测定挤压极限应力除以安全系数,也可以从有关规范中查取,一般情况下,$[\sigma_{jy}]$与$[\sigma]$有如下近似关系。

塑性材料： $[\sigma_{jy}]=(1.5\sim2.5)[\sigma]$

脆性材料： $[\sigma_{jy}]=(0.9\sim1.5)[\sigma]$

6.2.3 剪切和挤压应用实例

需要说明的是,工程中的连接构件和构件的接头部分,往往同时发生剪切和挤压变形,为保证其不被破坏,多数情况下需要同时考虑剪切强度和挤压强度,有时还应考虑接头处的拉压强度,下面就工程中的常见的基本问题举例说明。

首先举一个单剪的螺栓连接问题,铆钉及销钉的单剪问题与其处理基本相同。

例 6-1 两块钢板用螺栓连接,如图 6-6(a)所示。每块钢板厚度 $t=10$ mm,螺栓直径 $d=16$ mm,螺栓材料的许用剪切应力$[\tau]=60$ MPa,钢板与螺栓的许用挤压应力$[\sigma_{jy}]=180$ MPa,已知连接过程中,每块钢板作用 $F=10$ kN 的拉力。试校核螺栓的强度。

解:(1) 取螺栓为研究对象,受力分析如图 6-6(b)所示。

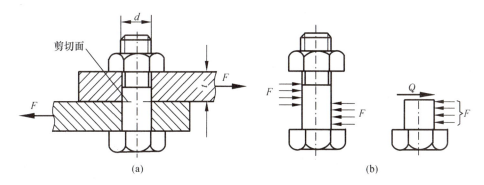

图 6-6

(2) 确定螺栓的剪切面为中间水平圆截面,挤压面为左上和右下部分半圆柱面。实用挤压面为直径面。

剪切面积 A

$$A=\frac{1}{4}\pi d^2=\frac{3.14\times16^2}{4}\approx201(\text{mm}^2)$$

挤压面积 A_{jy}

$$A_{jy}=dt=16\times10=160(\text{mm}^2)$$

(3) 校核剪切和挤压强度

剪切强度校核

$$\tau_{\max}=\frac{Q}{A}=\frac{10\times10^3}{201}\approx49.8(\text{MPa})\leqslant60\text{ MPa}$$

挤压强度校核

$$\sigma_{jy}=\frac{F}{A_{jy}}=\frac{10\times10^3}{160}=62.5(\text{MPa})\leqslant180\text{ MPa}$$

故螺栓的强度满足要求。

例 6-2 电动机机轴与皮带轮用平键连接,如图 6-7(a)所示。已知轴的直径 $d=70$ mm,键的尺寸 $b\times h\times l=20$ mm$\times 12$ mm$\times 100$ mm,轴传递的最大力矩 $M=1.5$ kN·m。平键的材料为 45 号钢,$[\tau]=60$ MPa,$[\sigma_{jy}]=100$ MPa。试校核键的强度。

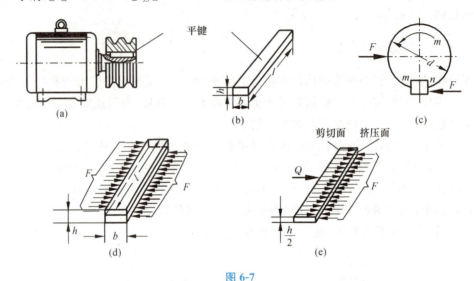

图 6-7

解:(1) 为计算键的受力 F,取键与轴为研究对象,受力分析如图 6-7(c)所示。

$$\sum m=0, \quad M-F\cdot\frac{d}{2}=0$$

$$F=\frac{2M}{d}=\frac{2\times 1.5\times 10^3}{70}\approx 42.9(\text{kN})$$

(2) 取键为研究对象,受力如图 6-7(d)、图 6-7(e)所示。确定剪切面为中间水平截面,$A=bl$;挤压面为左上和右下半侧面,$A_{jy}=\frac{1}{2}hl$。

(3) 校核键的剪切强度

$$Q=F=42.9\text{ kN}$$

$$\tau_{\max}=\frac{Q}{A}=\frac{42.9\times 10^3}{20\times 100}=21.45(\text{MPa})\leqslant[\tau]=60\text{ MPa}$$

(4) 校核键的挤压强度

$$\sigma_{jy}=\frac{F}{A_{jy}}=\frac{42.9\times 10^3}{\dfrac{12\times 100}{2}}=71.5(\text{MPa})\leqslant[\sigma_{jy}]=100\text{ MPa}$$

故平键的剪切和挤压强度都满足要求。

工程问题中,连接部分包括连接件和被连接件的接头部分,在进行强度分析时,应全面考虑各个部分的各种强度,以保证其绝对安全,除了要考虑剪切和挤压强度以外,被连接部分由于接头截面积被削减,往往拉伸强度不能忽略,需要综合考虑,下面举一个双剪的实例。

例 6-3 拖车的挂钩靠插销连接,如图 6-8(a)所示,挂钩厚度 $t=8$ mm,宽度 $b=30$ mm,直板销孔中心至边的距离 $a=10$ mm,两部分挂钩材料与销相同,为 20 号钢,$[\sigma]=100$ MPa,$[\tau]=60$ MPa,$[\sigma_{jy}]=100$ MPa。拖车的拉力 $F=15$ kN。试确定插销的直径并校核整个挂钩连接部分的强度。

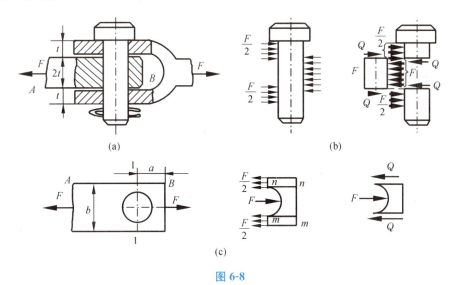

图 6-8

解：(1) 分析插销变形，取插销为研究对象，画受力图，如图 6-8(b)所示。插销是连接件，要考虑剪切和挤压变形。

(2) 有两处剪切面，为双剪问题，两处剪切面的情况相同；三处挤压面，受力与面积成倍数关系，情况也基本相同。考虑强度时，可分别取一处进行分析。

(3) 根据剪切强度条件设计插销直径，运用截画法求剪力

$$Q = \frac{F}{2}$$

由剪切强度条件

$$\tau_{max} = \frac{Q}{A} = \frac{\frac{F}{2}}{\frac{\pi d^2}{4}} \leqslant [\tau]$$

$$d_1 \geqslant \sqrt{\frac{2F}{\pi[\tau]}} = \sqrt{\frac{2 \times 15 \times 10^3}{3.14 \times 60}} \approx 12.6 \text{(mm)}$$

(4) 再根据挤压强度条件设计插销直径

$$\sigma_{jy} = \frac{F}{A_{jy}} = \frac{\frac{F}{2}}{dt} \leqslant [\sigma_{jy}]$$

$$d_2 \geqslant \frac{F}{2t[\sigma_{jy}]} = \frac{15 \times 10^3}{2 \times 8 \times 100} \approx 9.4 \text{(mm)}$$

综合(3)和(4)可知，同时满足剪切和挤压强度要求，因此选取大的直径，取整后 $d = 13$ mm。

(5) 要使整个连接部分满足强度，还需要挂钩 AB 部分的剪切和拉伸强度，受力分析如图 6-8(c)所示，孔心截面是拉伸最危险截面。

剪切强度

$$\tau_{max} = \frac{Q}{A} = \frac{\frac{F}{2}}{a \times 2t} = \frac{15 \times 10^3}{4 \times 10 \times 8} \approx 46.9 \text{(MPa)} \leqslant [\tau] = 60 \text{ MPa}$$

拉伸强度

$$\sigma_{max} = \frac{N}{A} = \frac{F}{(b-d) \times 2t} = \frac{15 \times 10^3}{(30-14) \times 2 \times 8} \approx 55.1(\text{MPa}) < [\sigma] = 100 \text{ MPa}$$

所以,整个挂钩连接部分的强度满足要求。

请读者自行思考:AB 部分的挤压强度是否需要考虑? 整个连接部分是否还存在隐患?

例 6-4 两块钢板焊接在一起,如图 6-9 所示。已知:拉力 $F=145$ kN,钢板厚度 $t=12$ mm,焊料许用剪应力 $[\tau]=100$ MPa。试求焊缝多长才能保证焊接部分的强度。

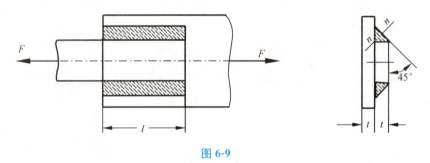

图 6-9

解: 实践证明,搭接焊缝往往沿焊缝最窄处的截面 n—n 剪断,故 n—n 截面为剪切面。当焊缝表面与钢板平面的夹角为 45°时,n—n 截面面积为

$$A = lt\cos 45°$$

$$\tau = \frac{Q}{A} = \frac{F/2}{lt\cos 45°} \leq [\tau]$$

$$l \geq \frac{F}{\sqrt{2}\,t[\tau]} = \frac{145 \times 10^3}{1.414 \times 12 \times 100} \approx 85.5(\text{mm})$$

考虑焊缝端部质量较差,在确定它的实际长度时,通常将计算结果再加上安全余量,一般为 10 mm 左右,故取 l 为 95 mm。以上计算方法,仅适用于一般结构焊缝的粗略计算。

例 6-5 如图 6-10 所示,冲床的最大冲力 $F=400$ kN,冲头材料的许用压应力 $[\sigma]=440$ MPa,钢板的剪切强度极限 $\tau_b=360$ MPa。试确定:(1)该冲床所能冲剪的最小孔径;(2)该冲床能冲剪的钢板最大厚度。

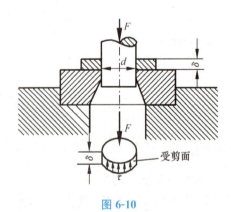

图 6-10

解:(1) 确定最小孔径。冲床能冲剪的最小孔径也就是冲头的最小直径。为了保证冲头正常工作,必须满足冲头的压缩强度条件,即

$$\sigma = \frac{F}{\frac{\pi d^2}{4}} \leq [\sigma]$$

$$d \geq \sqrt{\frac{4F}{\pi[\sigma]}} = \sqrt{\frac{4 \times 400 \times 10^3}{\pi \times 440}} \approx 34(\text{mm})$$

故该冲头能冲剪的最小孔径为 34 mm。

(2) 确定冲头能冲剪的钢板最大厚度 δ。冲头冲剪钢板时,剪切面为圆柱面,如图 6-10 所示。剪切面面积 $A=\pi d\delta$,剪切面上剪力为 $Q=F$,当剪应力 $\tau \geq \tau_b$ 时,方可冲出圆孔。冲穿钢板的条件为

$$\tau = \frac{Q}{A} \geqslant \tau_b$$

冲穿钢板的冲力

$$F = Q \geqslant A\tau_b = \pi d \delta \tau_b$$

能冲剪钢板的最大厚度为

$$\delta = \frac{F}{\pi d \tau_b} = \frac{400 \times 10^3}{3.14 \times 34 \times 360} \approx 10.4 \text{(mm)}$$

故该冲头能冲剪的钢板最大厚度为 10.4 mm。

6.3 剪应变及剪切虎克定律

6.3.1 剪应变

剪切变形时,截面沿外力的方向产生相对错动,在剪切部分 A 点处取一边长为 dx 的微立方体 $abcd$,在剪力作用下将变成平行六面体 $ab'cd'$,如图 6-11(b)所示。其中线段 bb'(或 dd')为面 bd 相对于 ac 面的滑移量,称为绝对剪切变形(与拉、压变形时的绝对变形 Δl 相当)。小变形时有 $\tan \gamma \approx \gamma$,故

$$\frac{bb'}{dx} \approx \gamma$$

式中,γ 称为相对剪切变形或剪应变。如图 6-11(c)所示,剪应变 γ 可看做是直角的改变量,故又称为角应变,用弧度(rad)来度量。角应变 γ 与线应变 ε 是度量变形程度的两个基本量。

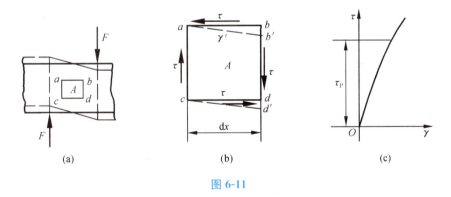

图 6-11

6.3.2 剪切虎克定律

实验证明:当剪应力不超过材料的剪切比例极限 τ_b 时,剪应力 τ 与剪应变 γ 成正比。即

$$\tau = G\gamma$$

上式称为剪切虎克定律,反映剪切变形时受力与变形之间的定量联系。式中常数 G 称为剪切弹性模量,是表示材料抵抗剪切变形能力的量。它的量纲与应力相同。各种材料的 G 值可由试验测定,也可从有关手册中查得。

可以证明,对于各向同性的材料,剪切弹性模量 G、弹性模量 E、泊松比 μ 之间存在以下关系

$$G = \frac{E}{2(1+\mu)}$$

可见，G, E, μ 是与材料本身紧密相关的 3 个弹性常量，当已知其中任意两个，可由上式求出第三个。

小　　结

剪切变形是杆件基本变形形式之一，剪切虎克定律是本学科的基本理论，应清楚理解。连接件及接头的强度计算具有很强的应用性，必须很好掌握。

1. 剪切变形的受力特点

外力作用线平行、反向、相隔距离很小。这样的外力将在剪切面上产生沿截面的剪力 Q，从而使剪切面上的点受剪应力的作用。

2. 剪切变形的变形特点

截面沿外力方向产生相对错动，使微立方体变成了平行六面体。其变形程度多用剪应变 γ，即直角的改变量来表示。

3. 实用计算

机构中的连接件主要发生剪切和挤压变形，应同时考虑剪切强度和挤压强度。实用计算假设应力均匀分布，其强度条件为

$$\tau_{\max} = \frac{Q}{A} \leqslant [\tau]$$

$$\sigma_{jy} = \frac{F}{A_{jy}} \leqslant [\sigma_{jy}]$$

4. 剪切和挤压计算中应注意的问题

对构件进行剪切、挤压强度计算时，关键在于正确地判断剪切面和挤压面的位置并能够计算出它们的实用面积。

剪切面：平行于外力，介于反向外力之间；面积为实际面积。

挤压面：构件传力接触面；当接触面为平面时，挤压面积就是接触面面积；当接触面为半圆柱面时，挤压面积为半圆柱面的正投影面积。

思考题与习题

思 考 题

6-1　挤压与压缩是否相同？请分析并指出图 6-12 中哪个物体应考虑压缩强度，哪个物体应考虑挤压强度？

6-2　螺栓在使用时，两侧常加有垫圈，请说明垫圈的作用。

6-3　如果将剪切中两个横向力的距离加大，变形会有什么变化？

6-4　以螺栓为例说明，如果剪切强度和挤压强度不足，应分别采取哪些措施？

6-5　在一般情况下，请比较材料的抗拉压能力、抗剪能力及抗挤压能力的大小。

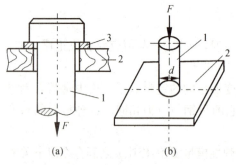

图 6-12

习 题

6-1 在图 6-13 中标出剪切面和挤压面,并计算剪切面面积、实际挤压面面积和实用挤压面面积。

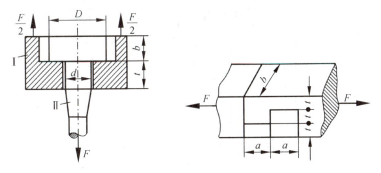

图 6-13

6-2 木工中常用到的楔连接如图 6-14 所示。如果楔子和拉杆为同种木材,试计算拉杆和楔子各部分可能的危险面的面积。图中长度单位为 mm。

6-3 起重机吊钩用销钉连接如图 6-15 所示。已知:最大起重力 $F=120\ \text{kN}$,连接处钢板厚度 $t=20\ \text{mm}$,销钉的许用应力 $[\tau]=60\ \text{MPa}$,许用挤压应力 $[\sigma_{jy}]=180\ \text{MPa}$。试设计销钉直径 d。

6-4 榫连接是木工中常见的连接方式,如图 6-16 所示。已知载荷 $F=20\ \text{kN}$,$b=12\ \text{cm}$。木材的许用剪应力 $[\tau]=1.5\ \text{MPa}$,许用挤压应力 $[\sigma_{jy}]=12\ \text{MPa}$,试求尺寸 l 和 t。

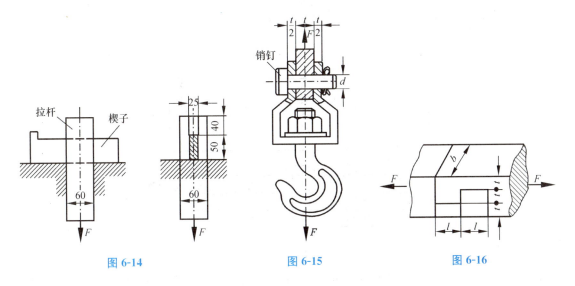

图 6-14　　　　　图 6-15　　　　　图 6-16

6-5 如图 6-17 所示皮带轮和轴用平键连接,已知该结构传递力矩 $m=3\ \text{kN·m}$,键的尺寸 $b=24\ \text{mm}$,$h=14\ \text{mm}$,轴的直径 $d=85\ \text{mm}$,键和带轮材料的许用应力 $[\tau]=40\ \text{MPa}$,$[\sigma_{jy}]=90\ \text{MPa}$。试计算键的长度。

6-6 如图 6-18 所示联轴器用四个螺栓相连。螺栓分布在直径 $D=200\ \text{mm}$ 的圆周上,螺栓直径 $d=12\ \text{mm}$,传递的最大力偶矩 $m=2.5\ \text{kN·m}$,螺栓材料的许用剪应力 $[\tau]=80\ \text{MPa}$,试校核螺栓强度。

6-7 某拉杆受力如图 6-19 所示。已知:载荷 $F=40\ \text{kN}$,拉杆材料的 $[\tau]=60\ \text{MPa}$,$[\sigma_{jy}]=160\ \text{MPa}$,$[\sigma]=100\ \text{MPa}$。试校核此拉杆的强度。图中尺寸单位为 mm。

6-8 如图 6-20 所示,接头受轴向载荷 F 作用。已知:$F=80\ \text{kN}$,$b=80\ \text{mm}$,$t=10\ \text{mm}$,$d=16\ \text{mm}$,$[\sigma]=160\ \text{MPa}$,$[\tau]=120\ \text{MPa}$,$[\sigma_{jy}]=340\ \text{MPa}$。设四个铆钉受力相同,试校核接头的强度。

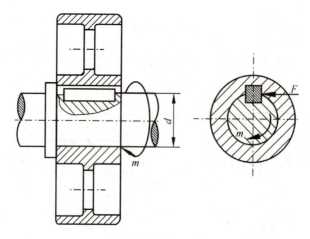

图 6-17

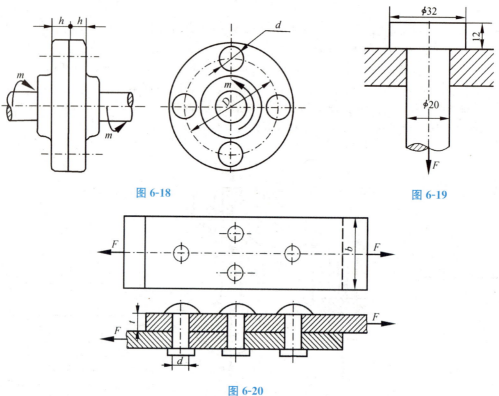

图 6-18

图 6-19

图 6-20

6-9　用两块钢板将两根矩形木杆连接如图 6-21 所示，若载荷 $F=60$ kN，杆宽 $b=150$ mm，木杆许用切应力 $[\tau]=1$ MPa，许用挤压应力 $[\sigma_{jy}]=10$ MPa，试确定尺寸 a 和 t。

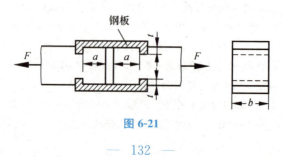

图 6-21

6-10 图 6-22 所示安全联轴器用销钉连接,允许传递的外力偶矩 $M=300$ N·m。销钉材料的抗剪强度极限 $\tau_b=320$ MPa,轴的直径 $D=30$ mm。为保证 $M>300$ N·m 时安全销被剪断,问安全销钉的平均直径 d 应为多少?

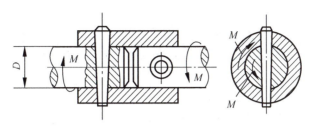

图 6-22

第7章 扭转

工程中对于较为精密的构件,如机器中的轴,除了需要保证其具有足够的强度,通常对刚度也有很高的要求。本章将着重介绍圆轴的强度以及刚度问题,从而使读者能够更加全面地分析工程中构件的承载能力。

7.1 扭转的概念及外力偶矩的计算

7.1.1 扭转的概念

轴是工程机械中主要构件之一。轴作为传动构件,在传递动力时往往受到力偶矩的作用。如起重机的传动轴如图 7-1 所示,来自电动机的主动力偶矩与来自转轮的工作力偶矩形成一对反向力偶,传动轴匀速工作时,两反向力偶相等。由于力偶对物体具有转动效应,会使轴上力偶之间的截面发生相对转动,使轴内部产生变形。搅拌机的机轴工作时同样受到来自电动机和叶片的反向力偶作用,如图 7-2 所示,机轴截面产生相对转动;攻丝的丝锥(图 7-3)、汽车的方向盘(图 7-4)等都受到反向力偶作用,力偶间截面发生一定的相对转动。这些都是扭转的实例。

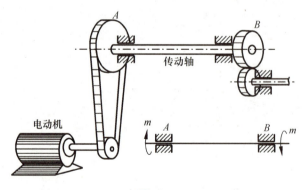

图 7-1

从以上实例不难看出,扭转变形的受力特点是:**受到一对大小相等、方向相反、作用面垂直于轴线的力偶作用**。变形特点是:**反向力偶间各横截面绕轴线发生相对转动**。

轴任意两横截面间相对转过的角度,叫做**扭转角**,用符号 φ 来表示。由于力偶产生转动效应,所以用角度来表示扭转的变形,这点会在以后详细说明。

工程中大多数的轴在传动中除有扭转变形以外,还常常伴有其他形式的变形。以齿轮和带轮传动为例,轮上的圆周力对轴心的转矩使轴发生扭转变形,而径向力会使轴发生弯曲变形。

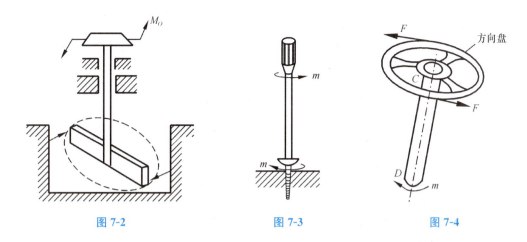

图 7-2　　　　　　　图 7-3　　　　　　　图 7-4

本章将主要研究轴的扭转变形,而且主要以工程中最为常见的圆形截面轴为例,轴上的弯曲变形将在弯曲和组合变形中继续介绍。

7.1.2　外力偶矩的计算

作用在轴上的外力偶矩,一般可通过力的平移,并利用平衡条件来确定。但是,对于传动轴等传动构件,通常只知道它们的转速和所传递的功率,这样,在分析内力之前,首先需要根据转速和功率计算出外力偶矩。

由物理学可知,力偶在单位时间内所做的功,即功率 P,等于力偶矩 M 与角速度 ω 之积。

$$P = M\omega$$

在工程中,功率常用千瓦(kW),转速常用转/分钟(rpm 或 r/min),所以,上式可化为

$$P \times 10^3 = M \cdot \frac{2\pi n}{60}$$

得

$$M(\text{N} \cdot \text{m}) = 9\,549 \frac{P(\text{kW})}{n(\text{r/min})} \tag{7-1}$$

在工程中,还有用马力作功率单位的,1 马力=735.3 瓦特,于是

$$M(\text{N} \cdot \text{m}) = 7\,024 \frac{P(\text{马力})}{n(\text{r/min})} \tag{7-2}$$

外力偶矩的方向常由力向轴线的简化结果确定,对于传动轴,可根据下列原则确定:主动轮上的功率为输入功率,主动力偶矩与轴转向相同;从动轮上的功率为输出功率,从动力偶矩与轴转向相反。如无特殊说明,可理想化地认为机械效率等于 100%,即输入功率等于输出功率。

7.2　扭转时的内力

7.2.1　扭矩

确定了作用在轴上的外力偶矩之后,据此可分析和计算轴的内力。内力的计算仍采用截面法。取一段简化的传动轴模型,如图 7-5 所示。

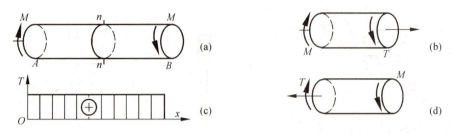

图 7-5

设两端作用的反向外力偶矩 M 为已知,要分析任意截面 $n—n$ 内力,首先用假想截面沿 $n—n$ 处截开,取其任一段(如左段)为研究对象,由力偶的平衡条件可知,外力是力偶,故在横截面 $n—n$ 的分布内力必然构成一内力偶矩与之平衡。该内力偶矩作用于 $n—n$ 截面内。此内力偶矩习惯上称为扭矩,为了与外力偶矩区别,用符号 T 表示。其大小可由力偶平衡方程求得

$$\sum m = 0, \quad T - M = 0$$
$$T = M$$

如取右段研究,会得出与上面同样大小的扭矩,但两者转向相反。为使扭矩转向能有统一的规定,并使截面法的计算过程得到简化,今后可用建立在截面法基础上的扭矩计算法则来计算扭矩。

7.2.2 扭矩计算法则

(1) 扭矩 = 截面一侧所有外力偶矩的代数和。
(2) 外力偶矩正负可用右手定则来判定:

使右手四指沿外力偶矩方向,则拇指指向与截面外法线反向者为正,同向者为负。

扭矩计算法则中,右手定则用来判定外力偶矩的正负,扭矩的正负可由扭矩计算法则计算得出。使用扭矩计算法则时,确定外法线方向是关键,当取左右不同侧时,外法线方向是不同的,这样才可保证左右两侧的计算结果及符号完全相同。

上例中 $n—n$ 截面的扭矩可用扭矩计算法则直接算出

$$T = M$$

无论用左侧计算,还是用右侧计算都得正值。扭矩的正负也用右手定则来判定,但与外力偶矩的方向相反,拇指与外法线同向为正,反向为负。为了防止混淆,只需记住外力偶矩的正负规定,扭矩正负规定与之相反。

7.2.3 扭矩图

当轴受多个外力偶矩作用时,各段上的扭矩是各不相同的。为了表示各横截面上的扭矩沿轴线的变化情况,可用作图的办法,用横坐标代表横截面的位置,纵坐标代表各横截面上的扭矩大小,这样作出的图线称作扭矩图。扭矩图形象而直观地显现了扭矩沿轴线的变化情况,可帮助我们确定最大扭矩大小和位置,从而在今后的强度问题中确定出真正的危险截面。扭矩图的作图方法与轴力图基本相同。

例 7-1 传动轴受力如图 7-6(a)所示。转速 $n=300$ r/min,主动轮 A 输入功率 $P_A=50$ kW,

从动轮 B,C,D 的输出功率分别为 $P_B=P_C=15$ kW, $P_D=20$ kW。试作出轴的扭矩图,并确定轴的最大扭矩值。

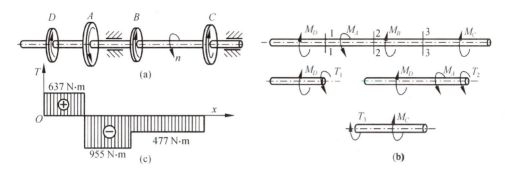

图 7-6

解:(1) 外力偶矩计算。

根据转速和功率计算出各轮上的外力偶矩,并作出轴的受力简图。

$$M_A = 9\,549\,\frac{P_A}{n} = 9\,549 \times \frac{50}{300}$$
$$= 1\,591.5(\text{N} \cdot \text{m})$$

$$M_B = M_C = 9\,549\,\frac{P_B}{n}$$
$$= 9\,549 \times \frac{15}{300} = 477.45(\text{N} \cdot \text{m})$$

$$M_D = 9\,549\,\frac{P_D}{n} = 9\,549 \times \frac{20}{300}$$
$$= 636.6(\text{N} \cdot \text{m})$$

(2) 扭矩计算。

首先分段,四个外力偶矩将轴分为 DA, AB, BC 三段。用扭矩计算法则分别计算出各段扭矩值。

DA 段:取左侧,截面的外法线向右
$$T_1 = M_D = 637\,\text{N} \cdot \text{m}$$

AB 段:仍取左侧,截面的外法线向右
$$T_2 = M_D - M_A = 637 - 1\,592 = -955(\text{N} \cdot \text{m})$$

BC 段:为计算方便可取右侧,截面的外法线向左
$$T_3 = -M_C = -477\,\text{N} \cdot \text{m}$$

扭矩负值表示方向,不表示大小。

(3) 作出扭矩图。

扭矩图要求在受力简图的下方作出,截面位置与受力简图一一对应。由于相邻外力偶矩之间所有截面扭矩值相同,故整个轴的扭矩图为三段平直线。将三段平直线用竖线连成封闭区域,区域内标明正负,用等距竖线填充,然后在平直线上方(下方)标明扭矩值。这样就作出了完整的扭矩图。图中允许隐去横轴和纵轴,但必须形成封闭区域与受力简图一一对应。

扭矩图中每相邻两段间扭矩的差值正好等于两段相邻处外力偶矩的值,可利用这一点快

137

速检验扭矩图是否正确。

画出的扭矩图直观地显示出扭矩沿轴线变化情况,如图 7-6(c)所示。可以看出,最大扭矩(绝对值)存在于 AB 段,以后可以证明,如果此轴为相同材料的等截面轴,那么危险截面就在 AB 段,最大扭矩为 $T_{max}=955\ \text{N}\cdot\text{m}$。

(4) 讨论。

如果设计中重新排定各轮的顺序,会使最大扭矩值发生变化。如单纯为了排列方便而将主动轮排在一侧,则最大扭矩$|T|_{max}=1\ 592\ \text{N}\cdot\text{m}$,扭矩图请读者自己尝试来画。从提高强度的观点来看,这样排列显然没有题中的合理。在设计条件允许的情况下,将主动轮放在从动轮之间的合适位置上,是提高扭转强度的简单而有效的办法。

7.3 圆轴扭转时的应力和强度计算

7.3.1 横截面上的剪应力计算公式

7.2 节研究了扭转时轴横截面上的扭矩,通过对拉压及剪切两种基本变形的研究,我们知道,内力是截面上所有点应力的合力。在已知合力的前提下去研究每一个点的应力,必须首先了解内力在横截面上的分布情况。为此,按照材料力学建立应力公式的基本方法,首先通过对圆轴扭转试验现象的观察与分析,从几何关系、物理关系和静力学关系等三方面建立应力与扭矩的定量关系。

1. 平面假设

取一易变形的等截面橡皮棒,在其表面画一组平行于轴线的纵向线和代表横截面的横向圆周线,使表面形成一系列网格,如图 7-7(a)所示。

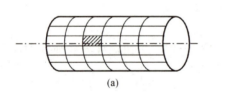
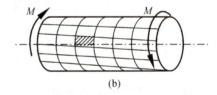

图 7-7

然后,两端施加反向力偶矩,使其发生扭转变形,如图 7-7(b)所示,可以观察到:

(1) 各圆周线绕轴线发生了相对转动,但形状、大小及相互距离均未发生变化。

(2) 所有纵向线均倾斜同一角度,原来的矩形格均变成平行四边形,但纵向线仍可近似看做直线。

上述现象表明:圆轴横截面变形后仍保持为平面,其形状、大小和相互距离不变,只是绕轴线相对转过一个角度。以上称为圆轴扭转的平面假设。

根据平面假设,圆轴扭转的变形为各横截面刚性地相对转过一个角度,截面间距离始终保持不变。这一假设与实际情况是极其接近的,同时又忽略一些次要因素,使研究更加方便。

任意两截面之间相对转过的角度,称为扭转角 φ。两指定截面 A,B 之间的扭转角,用 φ_{AB} 表示。

由平面假设,可推出如下推论:

(1) 横截面上无正应力。

因为扭转变形时,横截面大小、形状、纵向间距均未发生变化,说明没有发生线应变。由虎克定律 $\sigma = E\varepsilon$ 可知,没有线应变,也就没有正应力。

(2) 横截面上有剪应力。

因为扭转变形时,相邻横截面间发生相对转动。但对截面上的点而言,只要不是轴心点,那么两截面上的相邻两点实际发生的是相对错动。相对错动必会产生剪应变。由剪切虎克定律 $\tau = G\gamma$ 可知,有剪应变 γ,必有剪应力 τ。因错动沿周向,因此,剪应力 τ 也沿周向,与半径垂直。

2. 变形几何关系

取变形后相距 dx 两截面,如图 7-8 所示,将其放大后如图 7-9 所示。设 1—1 截面相对 2—2 截面转过角度 $d\varphi$,1—1 截面上任意点 b 点的扭转半径为 ρ。则 a 点、b 点的剪切绝对变形为

$$\widehat{aa_1} = Rd\varphi$$
$$\widehat{bb_1} = \rho d\varphi$$

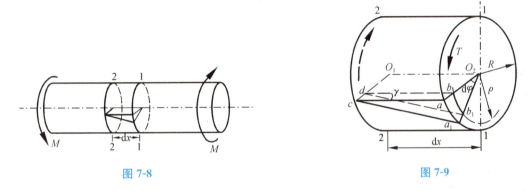

图 7-8

图 7-9

上式表明,横截面各点的绝对剪切变形与点的扭转半径成正比,圆心处变形为零,外圆上各点变形最大,同一圆上的各点变形相等。

b 点的剪应变为

$$\gamma = \frac{\widehat{bb_1}}{dx} = \rho \frac{d\varphi}{dx}$$

式中,$d\varphi/dx$ 为扭转角沿轴线 x 的变化率。对于同一横截面来说,$d\varphi/dx$ 为一常数。因此,上式横截面上任一点的剪应变 γ 也与扭转半径 ρ 成正比。

3. 物理关系

再由剪切虎克定律

$$\tau = G\gamma$$

可得
$$\tau = G\rho \frac{d\varphi}{dx} \tag{7-3}$$

上式表明,同一横截面内部,剪应力 τ 也与扭转半径 ρ 成正比。实心圆轴与空心圆轴的剪应力分布规律如图 7-10 所示。

4. 静力学关系

设作用在微面积 dA 上的剪力为 $\tau \cdot dA$,其对轴心的力矩为 $\rho\tau \cdot dA$,由于扭矩是横截面上

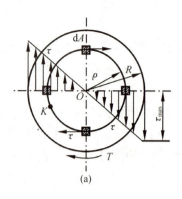 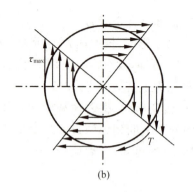

图 7-10

内力系的合力偶矩,所以,截面上所有上述微力矩的总和就等于同一截面上的扭矩,即

$$T = \int_A \rho\tau \cdot dA = \int_A \rho \cdot G\rho \frac{d\varphi}{dx} dA = G\frac{d\varphi}{dx}\int_A \rho^2 dA$$

式中,积分 $\int_A \rho^2 dA$ 仅与截面形状和尺寸有关,称为截面对圆心的极惯性矩,用符号 I_P 表示。即令

$$I_P = \int_A \rho^2 dA$$

则

$$T = GI_P \frac{d\varphi}{dx}$$

所以

$$\frac{d\varphi}{dx} = \frac{T}{GI_P} \tag{7-4}$$

代入(7-3)式得剪应力计算公式为

$$\tau = \frac{T\rho}{I_P} \tag{7-5}$$

式中,τ 为横截面上任一点 K 点的剪应力;T 为横截面上的扭矩;ρ 为 K 点的扭转半径;I_P 为横截面的极惯性矩。

7.3.2 最大剪应力

7.2 节通过建立在试验观察现象基础上的平面假设,结合扭转的变形几何关系、物理关系和静力学关系推出了横截面上任一点的剪应力计算公式。从剪应力分布情况来看,剪应力在横截面上的分布是不均匀的,轴心点应力最小为零,最外圆上的点应力最大。材料力学的强度问题所关心的是最大应力,最大剪应力可用剪应力计算公式求出

$$\tau_{max} = \frac{T}{I_P}R = \frac{T}{I_P/R}$$

令

$$W_T = \frac{I_P}{R}$$

则

$$\tau_{max} = \frac{T}{W_T} \tag{7-6}$$

式中,T 为危险截面上的扭矩;W_T 为危险截面的抗扭截面模量。

7.3.3 极惯性矩 I_P 与抗扭截面模量 W_T

极惯性矩 I_P 是一个表示截面几何性质的几何量,定义式为 $\int_A \rho^2 dA$。I_P 只与截面的形状、尺寸有关,国际单位是 m^4。而抗扭截面模量 W_T 是另一个表示截面几何性质的几何量,$W_T = I_P/R$,国际单位是 m^3。

由于工程中圆轴常采用实心(圆形截面)与空心(圆环形截面)两种情况,以下就这两种情况讨论一下极惯性矩与抗扭截面模量的计算。

1. 圆形截面

对圆形截面,可取一半径为 ρ,宽为 $d\rho$ 的圆环形微面积,如图 7-11 所示。

$$dA = 2\pi\rho d\rho$$

于是

$$I_P = \int_A \rho^2 dA = \int_0^{\frac{d}{2}} 2\pi\rho^3 d\rho = \frac{\pi d^4}{32} \approx 0.1 d^4$$

$$W_T = \frac{I_P}{d/2} = \frac{\pi d^3}{16} \approx 0.2 d^3$$

2. 圆环形截面

与圆形截面方法相同,如图 7-12 所示。

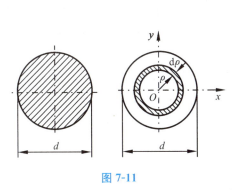

图 7-11

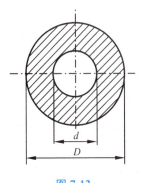

图 7-12

$$I_P = \int_A \rho^2 dA = \int_{\frac{d}{2}}^{\frac{D}{2}} 2\pi\rho^3 d\rho = \frac{\pi}{32}(D^4 - d^4) \approx 0.1(D^4 - d^4)$$

如果令 $\alpha = d/D$,上式可简写成

$$I_P = \frac{\pi D^4}{32}(1 - \alpha^4) \approx 0.1 D^4 (1 - \alpha^4)$$

同样

$$W_T = \frac{I_P}{D/2} = \frac{\pi D^3}{16}(1 - \alpha^4) \approx 0.2 D^3 (1 - \alpha^4)$$

例 7-2 实心阶梯轴受力如图 7-13 所示。已知:$T = 4$ kN·m,$d_1 = 60$ mm,$d_2 = 40$ mm,1—1 截面上 K 点 $\rho_K = 20$ mm。

(1) 计算 1—1 截面上离 O 点距离为 ρ_K 的 K 点剪应力及截面最大剪应力。

(2) 计算 2—2 截面上有最大剪应力。

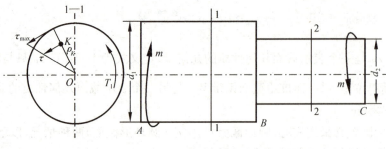

图 7-13

解：(1) 用剪应力公式计算 1—1 截面上 K 点剪应力 τ

$$\tau_K = \frac{T\rho_K}{I_{P1}} = \frac{4 \times 10^6 \times 20}{0.1 \times 60^4} = 61.7 (\text{MPa})$$

用最大剪应力公式计算 1—1 截面最大剪应力

$$\tau_{\max 1} = \frac{T}{W_{T1}} = \frac{4 \times 10^6}{0.2 \times 60^3} \approx 92.6 (\text{MPa})$$

(2) 用最大剪应力公式计算 2—2 截面上最大剪应力

$$\tau_{\max 2} = \frac{T}{W_{T2}} = \frac{4 \times 10^6}{0.2 \times 40^3} \approx 312.5 (\text{MPa})$$

例 7-3 AB 轴传递的功率为 $N=7.5$ kW，转速 $n=360$ r/min。如图 7-14 所示，轴 AC 段为实心圆截面，CB 段为空心圆截面。已知 $D=3$ cm，$d=2$ cm。试计算 AC 以及 CB 段的最大与最小剪应力。

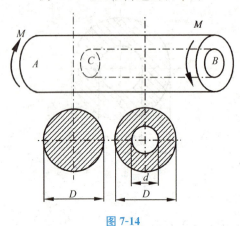

图 7-14

解：(1) 计算扭矩。
轴所受的外力偶矩为

$$M = 9549\frac{N}{n} = 9549 \times \frac{7.5}{360} \approx 199 (\text{N} \cdot \text{m})$$

由截面法

$$T = M = 199 \text{ N} \cdot \text{m}$$

(2) 计算极惯性矩。
AC 段和 CB 段轴横截面的极惯性矩分别为

$$I_{P1} = \frac{\pi D^4}{32} \approx 7.95 \text{ cm}^4$$

$$I_{P2} = \frac{\pi}{32}(D^4 - d^4) \approx 6.38 \text{ cm}^4$$

(3) 计算应力。
AC 段轴在横截面边缘处的剪应力为

$$\tau_{\max}^{AC} = \tau_{\text{外}}^{AC} = \frac{T}{I_{P1}} \cdot \frac{D}{2} = \frac{199}{7.95} \times \frac{3}{2} \times 10^6 \approx 37.5 \times 10^6 (\text{Pa}) = 37.5 \text{ MPa}$$

$$\tau_{\min}^{AC} = 0$$

CB 段轴横截面内、外边缘处的剪应力分别为

$$\tau_{\min}^{CB} = \tau_{内}^{CB} = \frac{T}{I_{P2}} \cdot \frac{d}{2} \approx 31.2 \times 10^6 \text{ Pa} = 31.2 \text{ MPa}$$

$$\tau_{\max}^{CB} = \tau_{外}^{CB} = \frac{T}{I_{P2}} \cdot \frac{D}{2} \approx 46.8 \times 10^6 \text{ Pa} = 46.8 \text{ MPa}$$

7.3.4　圆轴扭转强度条件

为了使圆轴在工作时不被破坏，轴内的最大扭转剪应力不得超过材料的许用剪应力。

$$\tau_{\max} = \frac{T}{W_T} \leqslant [\tau] \tag{7-7}$$

式中，$[\tau]$ 为材料的许用剪应力。

材料许用剪应力与许用正应力的确定方法相似，都是通过试验测得材料的极限剪应力，再以极限剪应力除以安全系数而得来，即

$$[\tau] = \frac{\tau_0}{n}$$

工程实践证明，材料的许用剪应力与许用正应力存在着一定的联系

塑性材料　$[\tau]=(0.5\sim 0.6)[\sigma]$

脆性材料　$[\tau]=(0.8\sim 1.0)[\sigma]$

因此，在已知材料许用正应力的前提下，也可以通过许用正应力来间接确定许用剪应力。

又因为工程中传动轴一类的构件受到的往往不是标准的静载荷，所以实际使用的许用剪应力比理论值还要更低些。

7.3.5　应用实例

根据强度条件，同样可以解决三类不同的强度问题，即强度校核、设计截面尺寸、确定许可载荷。

等截面圆轴由于加工比较方便，在工程中应用较为普遍。根据强度条件，等截面轴扭矩的最大的部分最危险。因此，对于等截面轴强度问题，画出详细、准确的扭矩图是解决问题的关键。

例 7-4　如图 7-15(a)所示，直径 $d=30$ mm 的等截面传动轴，转速为 $n=250$ r/min，A 轮输入功率 $P_A=7$ kW，B，C，D 轮输出功率分别为 $P_B=3$ kW，$P_C=2.5$ kW，$P_D=1.5$ kW。轴材料的许用剪应力 $[\tau]=40$ MPa，剪切弹性模量 $G=80$ GPa。试：

(1) 画此等截面轴的扭矩图。

(2) 校核轴的强度。

(3) 若强度不足，在不增加直径的前提下，能否有措施使轴的强度得到满足？

解：(1) 首先根据轴的转速及轮上的功率计算出各轮上的外力偶矩

$$M_A = 9\,549 \frac{P_A}{n} = 9\,549 \times \frac{7}{250} \approx 267 (\text{N} \cdot \text{m})$$

$$M_B = 9\,549 \frac{P_B}{n} = 9\,549 \times \frac{3}{250} \approx 115 (\text{N} \cdot \text{m})$$

$$M_C = 9\,549 \frac{P_C}{n} = 9\,549 \times \frac{2.5}{250} \approx 96 (\text{N} \cdot \text{m})$$

$$M_D = 9\,549 \frac{P_D}{n} = 9\,549 \times \frac{1.5}{250} \approx 57 (\text{N} \cdot \text{m})$$

四个外力偶矩将轴上扭矩分为三段，用扭矩计算法则计算各段扭矩

$$T_1 = 267 \text{ N} \cdot \text{m}$$
$$T_2 = 152 \text{ N} \cdot \text{m}$$
$$T_3 = 57 \text{ N} \cdot \text{m}$$

根据三段扭矩值作出扭矩图，如图 7-15(b) 所示。

(2) 校核轴的强度。由扭矩图可知，最大扭矩在 AB 段，由于是等截面轴，故 AB 段最危险。

$$\tau_{\max} = \frac{T_1}{W_T} = \frac{267 \times 10^3}{0.2 \times 30^3} \approx 49.4 (\text{MPa}) > 40 \text{ MPa}$$

故此等截面轴强度不足。

(3) 当轴上有多个轮时，主动轮在一侧是不合理的。为此，将 A，B 轮位置互换，如图 7-15(c) 所示。扭矩图变为图 7-15(d) 所示，最大扭矩在 AC 段。

$$\tau_{\max} = \frac{T_{AC}}{W_T} = \frac{152 \times 10^3}{0.2 \times 30^3} \approx 28.2 (\text{MPa}) < 40 \text{ MPa}$$

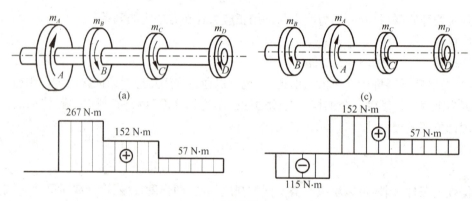

图 7-15

这样，轴的强度满足要求。

工程中有时根据设计中的需要要采用非等截面轴，其中常用的是阶梯轴。阶梯轴的危险截面除了要考虑扭矩的大小，还要考虑截面的极惯性矩及抗扭截面模量，这样的问题有时会出现多处可能的危险截面，强度问题一定要考虑全面。

例 7-5 阶梯形圆轴如图 7-16(a) 所示。AC 段直径 $d_1 = 4$ cm，CD 段直径 $d_2 = 7$ cm。主动轮 3 的输入功率为 $P_3 = 30$ kW，轮 1 的输出功率为 $P_1 = 13$ kW，轴工作时转速 $n = 200$ r/min，材料的许用剪应力 $[\tau] = 60$ MPa。试校核轴的强度。

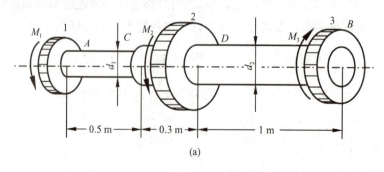

图 7-16

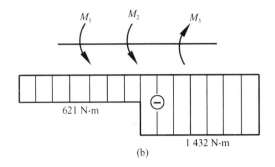

图 7-16(续)

解:(1) 计算外力偶矩。

$$M_1 = 9\,549\frac{P_1}{n} = 9\,549 \times \frac{13}{200} \approx 621(\text{N} \cdot \text{m})$$

$$M_3 = 9\,549\frac{P_3}{n} = 9\,549 \times \frac{30}{200} \approx 1\,432(\text{N} \cdot \text{m})$$

M_2 可以不求出。

(2) 计算扭矩。扭矩分为两段

$$T_1 = -621\,\text{N} \cdot \text{m}$$
$$T_2 = -1\,432\,\text{N} \cdot \text{m}$$

画出扭矩图,如图 7-16(b)所示。

(3) 分析危险截面。

AC 段与 CD 段相比,扭矩相同,CD 段较粗,I_P,W_T 较大,应力小,不危险;AC 段与 DB 段相比,AC 段细,扭矩也小,DB 段粗,扭矩也大,不通过计算,很难确定哪段更危险。不妨都看做危险截面进行校核。

(4) 强度校核。

AC 段 $\tau_{\max}^{AC} = \dfrac{T_1}{\dfrac{\pi d_1^3}{16}} = \dfrac{16 \times 621 \times 10^3}{3.14 \times 40^3} = 49.4(\text{MPa}) < [\tau]$

DB 段 $\tau_{\max}^{DB} = \dfrac{T_2}{\dfrac{\pi d_2^3}{16}} = \dfrac{16 \times 1\,432 \times 10^3}{3.14 \times 70^3} = 21.3(\text{MPa}) < [\tau]$

故该阶梯轴的强度足够。

工程中常采用实心圆轴,这是因为实心圆便于加工。而从截面设计的合理性来看,空心圆轴要优于实心圆轴。因为对实心轴而言,靠近轴心的剪应力是很小的,而较大的应力都作用在远离轴心的地方。而空心轴则正好把中间材料节省出来加强在外围,从而起到了"好钢用在刀刃上"的作用,因而更为合理。我们通过下面例题,对两截面加以比较。

例 7-6 实心轴和空心轴通过牙嵌离合器连接在一起,如图 7-17 所示。两轴材料相同,已知轴的转速 $n=100\,\text{r/min}$,传递的功率 $P=7.35\,\text{kW}$,材料的许用剪应力$[\tau]=20\,\text{MPa}$,试:

(1) 设计实心轴直径 d_1;
(2) 设计内外径比为 0.5 的空心轴的外径 D;
(3) 比较相同长度的空心轴与实心轴的重力。

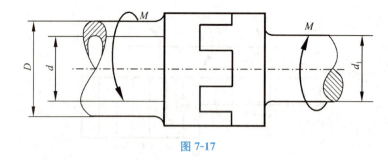

图 7-17

解:(1) 首先设计实心轴直径。

外力偶计算如下:

$$M = 9\,549\frac{P}{n} = 9\,549 \times \frac{7.35}{100} = 702(\text{N} \cdot \text{m})$$

由于只受两个反向力偶作用,所以

$$T = M = 702\,\text{N} \cdot \text{m}$$

根据强度条件设计直径

$$\tau_{\max} = \frac{T}{W_T} = \frac{T}{\frac{\pi d_1^3}{16}} \leqslant [\tau]$$

得

$$d_1 \geqslant \sqrt[3]{\frac{16T}{\pi[\tau]}} = \sqrt[3]{\frac{16 \times 702 \times 10^3}{3.14 \times 20}} \approx 56.3(\text{mm})$$

取 $d_1 = 57$ mm。

(2) 再次根据强度条件设计空心轴外径 D。

$$\tau_{\max} = \frac{T}{W_T} = \frac{T}{\frac{\pi D^3}{16}(1-\alpha^4)} \leqslant [\tau]$$

$$D \geqslant \sqrt[3]{\frac{16T}{\pi[\tau](1-\alpha^4)}} = \sqrt[3]{\frac{16 \times 702}{3.14 \times 20 \times 10^{-6} \times (1-0.5^4)}} \approx 5.76 \times 10^{-2} = 57.6(\text{mm})$$

取 $D = 58$ mm, $d = 29$ mm。

(3) 空心圆轴与实心圆轴的重力比较。

因两轴材料相同,长度相同,强度条件同时取等号时强度也相同。故

$$\frac{G_{\text{空}}}{G_{\text{实}}} = \frac{A_2}{A_1} = \frac{\frac{\pi}{4}(D^2-d^2)}{\frac{\pi}{4}d_1^2} = \frac{57.6^2 - 28.8^2}{56.3^2} = 0.785$$

由此可以看出,在材料、长度、载荷、强度都相同的情况下,空心轴用的材料仅为实心轴用的材料的 78.5%,因此空心轴要比实心轴节省材料;另一方面,相同材料,相同重力的情况下,空心轴的强度要比实心轴的高。

工程中较为精密的机械,如飞机、轮船、汽车等,常采用空心轴来提高运输能力。不仅可以提高强度,还可以节省材料,减轻重力。

但空心轴的加工难度及造价要远高于实心轴的,对于某些长轴,如车床中的光轴,纺织、化工机械中的长传动轴等,都不适宜用空心轴的。

下面再来看一个包括传动轴的简单机构的综合力学问题。

例 7-7 如图 7-18 所示,手摇绞车由两人同时操作,若每人加在手柄上的作用力都是 $F=200$ N,已知轴的许用应力 $[\tau]=40$ MPa,试根据强度条件设计 AB 轴的直径,并确定最大起重量 W。

解: (1) 计算 AB 轴的外力偶矩及扭矩。

$$M_1 = 2(F \times 0.4) = 160 \text{ N} \cdot \text{m}$$
$$T_1 = T_2 = F \times 0.4 = 80 \text{ N} \cdot \text{m}$$

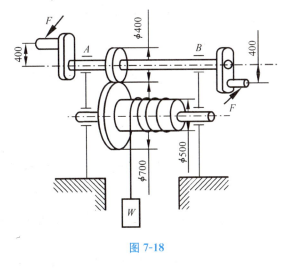

图 7-18

(2) 设计 AB 轴的直径。

$$\tau_{\max} = \frac{T}{W_T} = \frac{T}{\dfrac{\pi d^3}{16}} \leqslant [\tau]$$

$$d \geqslant \sqrt[3]{\frac{16T}{\pi[\tau]}} = \sqrt[3]{\frac{16 \times 80}{3.14 \times 40 \times 10^6}} \approx 2.17 \times 10^{-2} \text{(m)} = 21.7 \text{ mm}$$

取 $d=22$ mm。

(3) 确定最大起重量。设传动时齿轮啮合切向力为 F_τ,则

$$M_1 = F_\tau \times 0.2 = 160 \text{ N} \cdot \text{m}$$
$$M_2 = F_\tau \times 0.35 = \frac{7}{4}M_1 = 280 \text{ N} \cdot \text{m}$$

由卷筒的力偶平衡条件

$$\sum m = 0, \quad W \times 0.25 - M_2 = 0$$

得

$$W = 4M_2 = 1\,120 \text{ N} = 1.12 \text{ kN}$$

故最大起重量为 1.12 kN。

7.4 圆轴扭转时的变形和刚度计算

对于轴这类构件,通常不仅要求其具有足够的强度,而且对其变形也有严格的限制,不允许产生过大的扭转变形。例如机床主轴若产生过大变形,工作时不仅会产生振动,加大摩擦,降低机床使用寿命,还会严重影响工件的加工精度。因此,变形及刚度问题也是圆轴设计所关心的一个问题。

7.4.1 扭转变形

1. 扭转角

扭转角是轴横截面间相对转过的角度,用 φ 表示,如图 7-19 所示,单位为弧度(rad),工程中也用度(°)作扭转角的单位,换算关系为 $\pi=180°$。

由公式(7-4)可知,相距 $\mathrm{d}x$ 的两横截面间的扭转角为

$$\mathrm{d}\varphi = \frac{T}{GI_P}\mathrm{d}x$$

图 7-19

则相距为 l 的两横截面间的扭转角为

$$\varphi = \int_l \mathrm{d}\varphi = \int_l \frac{T}{GI_P} \mathrm{d}x$$

对于同一材料的等截面圆轴,如在长度 l 内扭矩为常量,即 T, G, I_P 均为常量,则上式可积分为

$$\varphi = \frac{Tl}{GI_P} \tag{7-8}$$

式(7-8)也被称为扭转虎克定律,请注意扭转虎克定律从形式上与拉压虎克定律 $\Delta l = \frac{Nl}{EA}$ 是一样的,只不过扭转虎克定律是以力偶为内力,以角度为变形,加之材料及截面几何性质以不同的量表示而已。扭转虎克定律在使用时也要分段,保证每段的 T, G, I_P 为常量才能使用。

2. 单位扭转角

单位扭转角是单位长度上的扭转角,用符号 θ 表示,单位是 rad/m。单位扭转角通常用来表示扭转变形的程度。扭转虎克定律可用另一种形式表示

$$\theta = \frac{\varphi}{l} = \frac{T}{GI_P} \quad (\mathrm{rad/m})$$

由于工程中常用度/米((°)/m)作单位扭转角的单位,所以,上式经常写为

$$\theta = \frac{\varphi}{l} = \frac{T}{GI_P} \times \frac{180}{\pi} \quad ((°)/m) \tag{7-9}$$

7.4.2 刚度条件

工程设计中,通常限定轴的最大单位扭转角 $\theta_{\max}$ 不得超过规定的许用单位扭转角 $[\theta]$((°)/m),即

$$\theta_{\max} = \frac{T}{GI_P} \times \frac{180}{\pi} \leqslant [\theta] \tag{7-10}$$

式(7-10)称为圆轴扭转的刚度条件。许用单位扭转角 $[\theta]$ 是根据设计要求定的,可从有关手册中查出,也可参考下列数据

精密机械的轴　　$[\theta] = 0.15° \sim 0.5°/\mathrm{m}$
一般传动轴　　　$[\theta] = 0.5° \sim 1.0°/\mathrm{m}$
精度要求较低的轴　$[\theta] = 1.0° \sim 4.0°/\mathrm{m}$

从以上可以看出,对于工程中较为精密的机械中的轴,通常需要同时考虑强度条件和刚度条件。

例 7-8　已知传动轴受力如图 7-20(a)所示。若材料采用 45 号钢,$G = 80$ GPa,取 $[\tau] = 60$ MPa,$[\theta] = 1.0°/\mathrm{m}$。试根据强、刚度条件设计轴的直径。

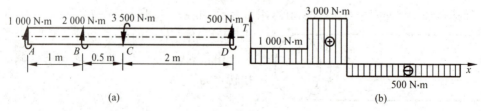

图 7-20

解: (1) 内力计算。
$$T_{AB} = 1\,000 \text{ N} \cdot \text{m}$$
$$T_{BC} = 3\,000 \text{ N} \cdot \text{m}$$
$$T_{CD} = -500 \text{ N} \cdot \text{m}$$

扭矩图如图 7-20(b)所示。

(2) 危险截面分析。

由于是等截面轴,扭矩(绝对值)最大的 BC 段,同时是强度和刚度的危险段。

(3) 由强度条件设计直径。

$$\tau_{\max} = \frac{T_{\max}}{W_T} = \frac{T_{\max}}{\frac{\pi d^3}{16}} \leqslant [\tau]$$

$$d_1 \geqslant \sqrt[3]{\frac{16 T_{\max}}{\pi [\tau]}} = \sqrt[3]{\frac{16 \times 3\,000}{3.14 \times 60 \times 10^6}} \approx 6.34 \times 10^{-2} (\text{m}) = 63.4 \text{ mm}$$

(4) 由刚度条件再设计直径。

需要注意的是$[\theta]$的单位是$((°)/\text{m})$,所以长度单位最好统一用 m,扭矩用 N·m,G 单位用 Pa,这样计算单位是统一的。

$$\theta_{\max} = \frac{T_{\max}}{G I_P} \times \frac{180}{\pi} = \frac{T_{\max} \times 180}{G \times \frac{\pi d^4}{32} \times \pi} \leqslant [\theta]$$

$$d_2 \geqslant \sqrt[4]{\frac{32 T_{\max} \times 180}{G \pi^2 [\theta]}} = \sqrt[4]{\frac{32 \times 3\,000 \times 180}{80 \times 10^9 \times 3.14^2 \times 1.0}} = 0.068\,4 (\text{m}) = 68.4 \text{ mm}$$

要同时满足强度和刚度条件,须 $d \geqslant d_{\max}$,取 $d=69$ mm 或 70 mm。

工程中对较为精密的轴或较长的轴,除了对刚度进行要求以外,往往十分关注特定截面间的扭转角 φ 的大小。

例 7-9 某传动轴受力情况如图 7-21 所示。已知:$M_A = 0.5$ kN·m,$M_C = 1.5$ kN·m,轴截面的极惯性矩 $I_P = 2 \times 10^5$ mm^4,两段长度为 $l_1 = l_2 = 2$ m,轴的剪切弹性模量 $G = 80$ GPa。试计算 C 截面相对 A 截面的扭转角 φ_{AC}。

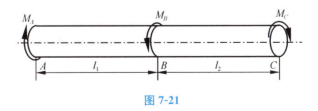

图 7-21

解: (1) 计算各段扭矩。
$$T_{AB} = 0.5 \text{ kN} \cdot \text{m}$$
$$T_{BC} = -1.5 \text{ kN} \cdot \text{m}$$

(2) 计算扭转角。

扭转角是代数值,B 截面相对 A 截面为逆时针转动,扭转角为正;C 截面相对 B 截面为顺时针转动,扭转角为负。

$$\varphi_{AB} = \frac{T_{AB}l_1}{GI_P} \times \frac{180}{\pi} = \frac{0.5 \times 10^6 \times 2 \times 10^3 \times 180}{80 \times 10^3 \times 2 \times 10^5 \times 3.14} = 3.6(°)$$

$$\varphi_{BC} = \frac{T_{BC}l_2}{GI_P} \times \frac{180}{\pi} = \frac{-1.5 \times 10^6 \times 2 \times 10^3 \times 180}{80 \times 10^3 \times 2 \times 10^5 \times 3.14} = -10.8(°)$$

$$\varphi_{AC} = \varphi_{AB} + \varphi_{BC} = 3.6 - 10.8 = -7.2(°)$$

7.5 非圆截面等直杆的自由扭转简介

前述圆截面等直杆在受纯扭转时,其横截面是保持为一个平面。但非圆截面等直杆在受纯扭转时,其横截面将不再保持为一个平面而变成为一个曲面(如图 7-22(b)),这种现象称为横截面的翘曲。这是非圆截面杆受扭转时的一个重要特征。

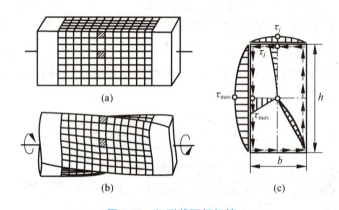

图 7-22 矩形截面杆扭转
(a) 变形前;(b) 变形后;(c) 截面切应力分布

非圆截面杆在扭转时将发生横截面翘曲现象。若相邻两横截面的翘曲程度完全相同,则其横截面上只有剪应力而无正应力,这种扭转称为纯扭转或自由扭转。自由扭转是发生在等直杆两端仅受外力偶作用且端面可以自由翘曲的情况下。若相邻两横截面的翘曲程度不同,则横截面上不仅有剪应力且还有正应力,这种扭转称为约束扭转。

下面简介矩形截面杆的自由扭转。

根据弹性力学,非圆截面等直杆自由扭转时的最大剪应力及单位长度扭转角为

$$\begin{cases} \tau_{\max} = \dfrac{T}{W_t} \end{cases} \quad (7\text{-}11)$$

$$\begin{cases} \theta = \dfrac{T}{GI_t} \end{cases} \quad (7\text{-}12)$$

式中,I_t 及 W_t 分别为截面的相当惯性矩和抗扭截面模量,T 为横截面上的扭矩。

对于矩形截面,其 I_t 及 W_t 与截面尺寸的关系为

$$I_t = \alpha h b^3$$
$$W_t = \beta h b^2$$

式中,α,β 可由表 7-1 查得。

根据计算,矩形截面杆自由扭转时,横截面上的剪应力分布情况如图 7-22(c)所示。最大

剪应力发生在长边中点,其值可按式(7-11)计算,短边中点最大剪应力则可按下式计算:

$$\tau_j = \upsilon \tau_{max}$$

式中,υ 可由表 7-1 查得。

当 $m = \dfrac{h}{b} > 10$ 时,$\alpha = \beta = \dfrac{1}{3}$,此时 I_t,W_t 可按下式计算:

$$I_t = \frac{hb^3}{3}$$

$$W_t = \frac{hb^2}{3}$$

当 $m > 4$ 时,α,β,υ 分别为

$$\alpha = \beta = \frac{m - 0.63}{3}, \quad \upsilon \approx 0.74$$

表 7-1 矩形截面杆自由扭转时的 α,β,υ

$m=h/b$	1.0	1.2	1.5	2.0	2.5	3.0	4.0	6.0	8.0	10.0
α	0.140	0.199	0.294	0.457	0.622	0.790	1.123	1.789	2.456	3.123
β	0.208	0.263	0.346	0.493	0.645	0.801	1.150	1.789	2.456	3.123
υ	1.000	0.930	0.858	0.796	0.767	0.753	0.745	0.743	0.743	0.743

小　　结

1. 扭转的概念

受力特点:受到一对等值、反向、作用面垂直于轴线的力偶作用。

变形特点:截面间相对转动。

2. 外力偶矩计算

已知轴所传递的功率 P 及转速 n,则

$$M(\text{N} \cdot \text{m}) = 9\,549 \frac{P(\text{kW})}{n(\text{r}/\text{min})}$$

$$M(\text{N} \cdot \text{m}) = 7\,024 \frac{P(\text{马力})}{n(\text{r}/\text{min})}$$

3. 扭矩计算

可用截面法计算,也可用扭矩计算法则计算。

(1) 扭矩=截面一侧所有外力偶矩的代数和。

(2) 外力偶矩正负可用右手定则来判定:

使右手四指沿外力偶矩方向,则拇指指向与截面外法线反向者为正;同向者为负。

4. 圆轴扭转时应力及最大应力

$$\tau = \frac{T\rho}{I_P}$$

$$\tau_{max} = \frac{T}{W_T}$$

实心圆截面:

$$I_P = \frac{\pi d^4}{32} \approx 0.1d^4, \quad W_T = \frac{\pi d^3}{16} \approx 0.2d^3$$

空心圆截面：
$$I_P = \frac{\pi D^4}{32}(1-\alpha^4) \approx 0.1D^4(1-\alpha^4), \quad W_T = \frac{\pi D^3}{16}(1-\alpha^4) \approx 0.2D^3(1-\alpha^4)$$

5. 圆轴扭转强度条件

$$\tau_{\max} = \frac{T}{W_T} \leqslant [\tau]$$

6. 扭转角及刚度条件

$$\varphi = \frac{Tl}{GI_P}, \quad \theta_{\max} = \frac{T}{GI_P} \times \frac{180}{\pi} \leqslant [\theta]$$

思考题与习题

思 考 题

7-1 请判断图 7-23 中的应力分布是否正确。

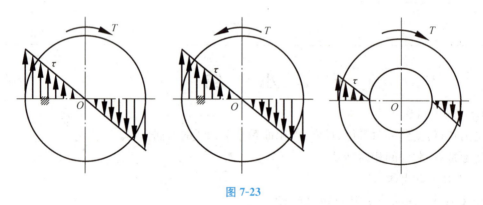

图 7-23

7-2 请从提高强度的角度说明传动轴上轮如何分布更为合理。

7-3 两根几何参数和所受扭矩完全相同而材料不同的圆轴,二者最大剪应力是否相同？扭转角是否相同？

7-4 空心圆轴的极惯性矩 $I_P = \frac{\pi D^4}{32} - \frac{\pi d^4}{32}$,能否推知其抗扭截面模量 $W_T = \frac{\pi D^3}{16} - \frac{\pi d^3}{16}$？为什么？

7-5 从力学角度分析,为什么说空心圆轴比实心圆轴更为合理？

7-6 两个传动轴轮子的布局如图 7-24 所示,哪一种轮的布局对轴的强度有利？为什么？

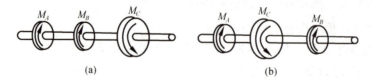

图 7-24

7-7 用 Q235 钢制成的扭转轴,发现原设计的扭转角超过许用值。欲选用优质钢来降低扭转角,此方法是否有效？

7-8 为什么同一减速器中,高速轴的直径较小,而低速轴的直径较大？

习　题

7-1　求如图 7-25 所示各轴截面 1—1,2—2,3—3 上的扭矩,并画出扭矩图。

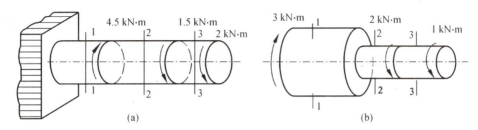

图 7-25

7-2　如图 7-26 所示,轴上装有五个轮子,主动轮 2 的输入功率为 60 kW,从动轮 1,3,4,5 依次输出功率 18 kW、12 kW、22 kW 和 8 kW,轴的转速 $n=200$ r/min。试作轴的扭矩图。轮子这样布置是否最为合理?

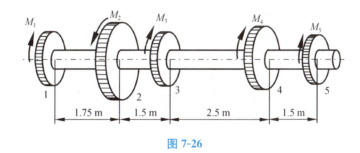

图 7-26

7-3　如图 7-27 所示,AB 轴传递的功率为 $P=7.5$ kW,转速 $n=360$ r/min。轴 AC 段为实心圆截面,CB 段为空心圆截面。已知 $D=3$ cm,$d=2$ cm。试计算 AC 以及 CB 段的最大与最小剪应力。

7-4　如图 7-28 所示,已知圆轴的直径 $d=50$ mm,两端受力偶矩 $M_O=1$ kN·m 作用,试求任意横截面上半径 $\rho_A=12.5$ mm 处的剪应力 τ_ρ 及边缘处的最大扭转剪应力 $\tau_{\max}$。

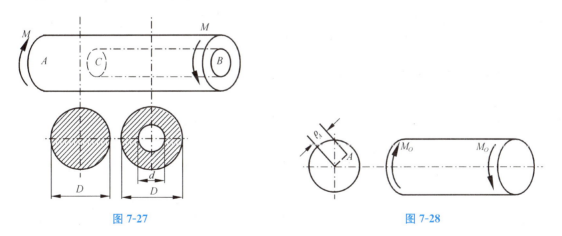

图 7-27　　　　　　　　　　　　　　　图 7-28

7-5　如图 7-29 所示,转轴的功率由 B 轮输入,A,C 轮输出。已知:$P_A=60$ kW,$P_C=20$ kW,轴的许用剪应力 $[\tau]=37$ MPa,转速 $n=630$ r/min。试设计转轴的直径。

7-6　阶梯轴 AB 受力如图 7-30 所示,两段直径分别为 50 mm 和 40 mm。将 AD 段钻一直径 $d=40$ mm 的孔,若 $[\tau]=100$ MPa,试校核轴的扭转强度。

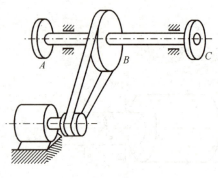

图 7-29

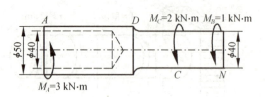

图 7-30

7-7 实心轴和空心轴通过牙嵌离合器连接在一起,如图 7-31 所示。已知轴的转速 $n=120$ r/min,传递的功率 $P=14$ kW,材料的许用剪应力 $[\tau]=60$ MPa,空心轴内外径比 $\alpha=0.8$。试确定实心轴的直径 d_1 和空心轴的内径 d 及外径 D。

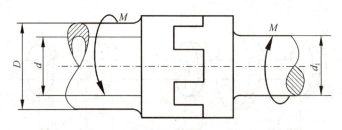

图 7-31

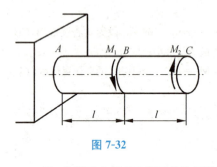

图 7-32

7-8 如图 7-32 所示圆轴,直径 $d=100$ mm,$l=500$ mm,$M_1=7\,000$ N·m,$M_2=5\,000$ N·m,$G=8\times10^4$ MPa。试:
(1) 作轴的扭矩图。
(2) 求截面 C 相对于截面 A 的扭转角 φ_{AC}。

7-9 直径 $d=75$ mm 的传动轴受力如图 7-33 所示。力偶矩 $M_1=1\,000$ N·m,$M_2=600$ N·m,$M_3=M_4=200$ N·m,$G=80$ GPa。
(1) 作轴的扭矩图。
(2) 求轴上最大剪应力。
(3) 求截面 A 相对于截面 C 的扭转角 φ_{CA}。

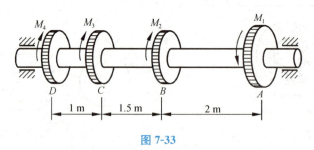

图 7-33

7-10 如图 7-34 所示阶梯形传动轴。$n=500$ r/min,$P_1=500$ 马力,$P_2=200$ 马力,$P_3=300$ 马力,已知 $[\tau]=70$ MPa,$[\varphi]=1°$/m,$G=80$ GPa。试确定 AB 和 BC 段直径。

7-11 如图 7-35 所示套筒联轴器,传递的最大力矩 $m=250$ N·m。已知轴与套筒材料的许用剪应力 $[\tau]=60$ MPa,试校核轴与套筒的强度。尺寸单位 mm。

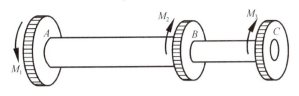

图 7-34

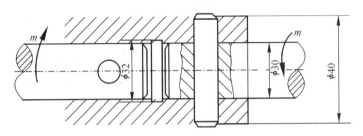

图 7-35

7-12 如图 7-36 所示，AB 的转速 $n=120$ r/min，从 B 轮上输入功率 $N=40$ kW，此功率的一半通过锥齿轮传给垂直轴 V，另一半功率由水平轴 H 传走。已知锥齿轮的节圆直径 $D_1=600$ mm，$D_2=240$ mm；各轴直径为 $d_1=100$ mm，$d_2=80$ mm，$d_3=60$ mm，$[\tau]=20$ MPa，试对各轴进行强度校核。

7-13 已知钻探机钻杆的外径 $D=6$ cm，内径 $d=5$ cm（见图 7-37），功率 $P=7.36$ kW，转速 $n=180$ r/min，钻杆入土深度 $l=40$ m，$[\tau]=40$ MPa。假设土壤对钻杆的阻力沿钻杆长度均匀分布，试求：

(1) 单位长度上土壤对钻杆的阻力矩 T；

(2) 作钻杆的扭矩图，并进行强度校核。

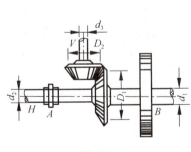

图 7-36

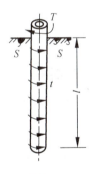

图 7-37

第8章 弯曲内力

梁的弯曲变形特别是平面弯曲是工程中遇到的最多的一种基本变形,弯曲强度和刚度的研究在材料力学中占有重要位置。梁的内力分析及绘制内力图是计算梁的强度和刚度的首要条件,应熟练掌握。本章理论比较集中和完整地体现了材料力学研究问题的基本方法,学习中应注意理解概念,熟悉方法,掌握理论解决实际问题。

8.1 平面弯曲的概念

8.1.1 梁的平面弯曲

弯曲是杆件的基本变形之一。工程上常遇到这样一类直杆,如公路桥梁(图 8-1(a))、火车轮轴(图 8-1(b))、摇臂钻床的横梁(图 8-1(c))等,它们具有这样的特点:所受的外力垂直于杆的轴线,变形前为直线的轴线变形后成为曲线。这种变形形式称为弯曲变形。以弯曲变形为主的杆件习惯上称为梁。

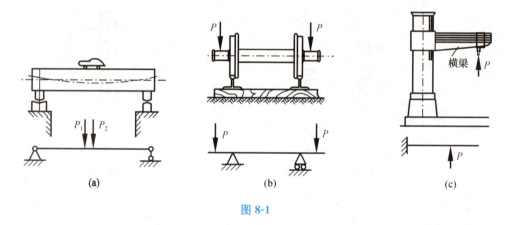

图 8-1

工程中常见的梁的横截面一般都有一根对称轴,如图 8-2 所示。由梁的轴线与横截面的对称轴组成的平面称为纵向对称面,并且,当梁上所有外力均匀作用在纵向对称平面内时,梁变形后的轴线将在此纵向对称面内弯成一条平面曲线,如图 8-3 所示。这种梁的轴线弯曲后所在平面与外力所在平面相重合的弯曲变形称为平面弯曲。这是弯曲问题中最基本的情况。

8.1.2 梁的载荷和约束

工程上应用的主要是等截面直梁,且外力均匀作用在梁的纵对称面内,因此在梁的计算简图中可用梁的轴线来代表整个梁。而梁的支座和所受外力有各种情况,一般比较复杂,有必要

第8章 弯曲内力

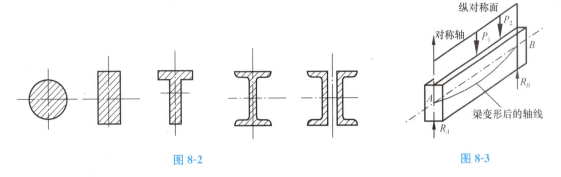

图 8-2

图 8-3

对它们进行合理的简化,以便建立计算简图。

作用在梁上的外力,可以简化为下面三种类型。

(1) 集中力。如前面公路桥梁上的车轮压力、火车车轮对车轴的压力,其作用范围远小于公路桥梁、车轴的长度,可视为集中作用于一点。这类力称为集中力或集中载荷,其单位常用牛顿(N)表示。

(2) 分布载荷。沿梁的全长或部分长度连续分布的横向力叫分布载荷。均匀分布的称为均布载荷。图 8-4 所示为轧板机的工作示意图。工作时,下辊轴 AB 与板近似为线接触,且接触线平行于轴线,沿接触辊轴 AB 受到分布载荷的作用。为使板厚薄均匀,需保证辊轴变形很小,因此可以认为载荷是均布的。单位长度内的载荷叫均布载荷的集度,用 q 表示,其单位常用牛顿/米(N/m)表示。另外,图 8-1(a)所示公路桥梁的自重也是均布载荷。

(3) 集中力偶。如图 8-5(a)所示圆锥齿轮,当只讨论与轴线平行的载荷 P_a 时,将 P_a 平移到轴线上的 C 点,则成为一个沿轴线方向作用的集中力 P_a

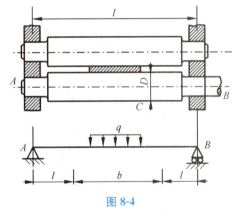

图 8-4

和一个作用在梁轴线平面内的集中力偶 $M_0 = P_a r$,如图 8-5(c)所示。集中力偶的单位常用牛顿·米(N·m)表示。

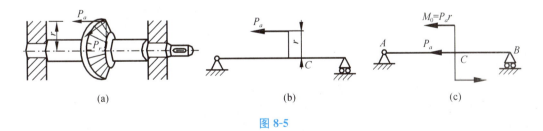

图 8-5

梁的支座按其对梁的约束情况可以简化为以下三种形式。

(1) 可动铰支座。能阻止支承处截面沿垂直方向移动,不能阻止发生横向移动和转动的支座称为可动铰支座。其简化形式如图 8-6(a)或图 8-6(b)所示。这种支座对梁仅有一个约束,相应地提供一个支反力,即垂直方向的支反力 R,如图 8-6(c)所示。注意:该支座在垂直方向既可承受压力,也可承受拉力。滑动轴承、滚动轴承均可简化为可动铰支座。

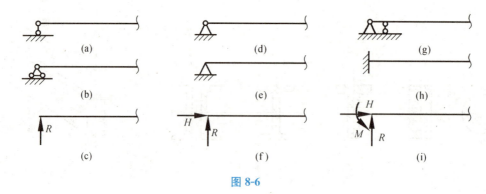

图 8-6

(2) 固定铰支座。能阻止支撑处截面沿水平和铅垂方向移动,但不能阻止发生转动的支座称为固定铰支座。其简化形式如图 8-6(d)或 8-6(e)所示。固定铰支座对梁提供两个约束,相应地有两个支反力,即垂直方向的支反力 R 和水平方向的支反力 H,如图 8-6(f)所示。例如,止推轴承和桥梁下的固定支座可简化为固定铰支座。

(3) 固定端支座(固定端)。这种支座使梁端既不发生移动也不发生转动。因此它对梁提供三个约束,相应地有三个支反力,即水平支反力 H、铅垂支反力 R 和矩为 M 的支反力偶。其简化形式及支反力如图 8-6(g)、图 8-6(h)、图 8-6(i)所示。图 8-1(c)中的钻床横梁的左端以及长轴承、车刀刀架等均可简化为固定端支座。

8.1.3 静定梁及其分类

由上面的分析可知,如果梁只有一个固定端,或者在梁的两个截面处分别有一个固定铰支座和一个可动铰支座,就可保证梁不产生刚体位移。此时梁的三个支反力均可由平面力系的三个平衡方程求得,这种梁称为静定梁。静定梁有三种基本形式。

(1) 简支梁。一端为固定铰支座,一端为可动铰支座,计算简图如图 8-7(a)所示。
(2) 悬臂梁。一端固定,一端自由的梁如图 8-7(b)所示。
(3) 外伸梁。梁的一端或两端伸出支座之外,这样的梁称为外伸梁,如图 8-7(c)所示。

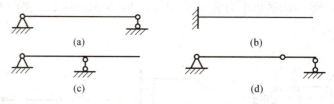

图 8-7

根据上述支座的简化及梁的分类,图 8-1(a)中的公路桥大梁,图 8-4 中的辊轴,图 8-5(a)中的齿轮轴都可简化为简支梁;图 8-1(b)中的火车轮轴简化为外伸梁,图 8-1(c)中钻床的横梁可简化为悬臂梁。

8.2 梁的内力——剪力和弯矩

8.2.1 计算梁的内力的截面法

作用有均布载荷的悬臂梁如图 8-8 所示,用截面法计算任一截面 m—m 上内力的步骤如下。

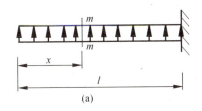 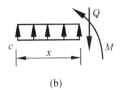

图 8-8

1. 方程和弯矩

(1) 切:用一假想平面,将梁沿横截面 $m—m$ 切开,并分为两段。

(2) 取:以左段为研究对象。

(3) 代:由于左段梁上有外力的作用,左段梁沿 $m—m$ 截面有向上错动趋势,同时将绕截面形心顺时针转动。因此,要使截面左侧梁段保持平衡,在 $m—m$ 截面上必有向下的内力 Q 和位于梁纵向对称面内的、逆时针转向且矩为 M 的内力偶。

(4) 平:根据左段的平衡条件列方程。

$$\sum F_y = 0, \quad qx - Q = 0$$

即
$$Q = qx$$

$$\sum M_c = 0, \quad M - q\frac{x^2}{2} = 0$$

即
$$M = \frac{q}{2}x^2$$

同样,以右段梁为研究对象,亦可求得 $m—m$ 截面上的内力 Q' 和内力 M',分别与 Q 和 M 数值相同,方向相反。

由于内力 Q 在横截面内,说明对梁有剪切作用,故称 Q 为该截面上的剪力。截面上内力偶 M 的存在,说明对梁有弯曲作用,故称 M 为该截面上的弯矩。

2. 剪力和弯矩的符号规定

在材料力学中,一般需根据内力引起梁的变形情况来规定剪力和弯矩的正负号。其目的是使不论选取梁的左段还是右段,在计算同一截面的剪力和弯矩时取得一致的符号。

剪力符号规定为,使该截面的临近微段有顺时针转动趋势时剪力取正号,反之取负号,如图 8-9(a)所示;或剪力 Q 逆时针转 $90°$ 与截面外法线方向一致时,剪力为正,反之为负,如图 8-9(b)所示。

弯矩符号规定为,使梁弯曲成下凸变形时,弯矩为正,反之为负,如图 8-10 所示。

3. 利用截面法求指定截面上的内力

例 8-1 如图 8-11 所示简支梁,其上作用集中力 $F = 8\,\text{kN}$,均布载荷 $q = 12\,\text{kN/m}$,图中尺寸单位为 m,试求梁截面 1—1 和截面 2—2 的弯矩和剪力。

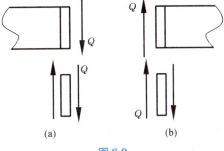

图 8-9

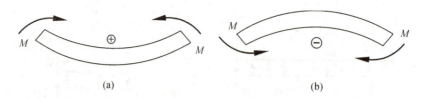

图 8-10

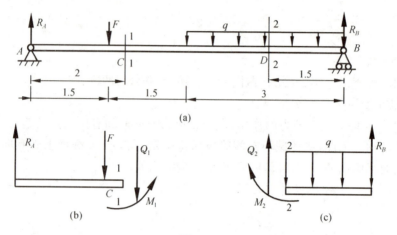

图 8-11

解:(1) 求支反力。取全梁为研究对象,由静力平衡方程式

$$\sum M_B = 0, \quad -R_A \times 6 + F \times 4.5 + q \times 3 \times 1.5 = 0$$

得

$$R_A = \frac{8 \times 4.5 + 12 \times 3 \times 1.5}{6} = 15(\text{kN})$$

由 $\sum Y = 0, R_A + R_B - F - q \times 3 = 0$

得

$$R_B = 8 + 12 \times 3 - 15 = 29(\text{kN})$$

其指向如图 8-11 所示,均为向上。

(2) 求截面 1—1 上的内力。假想沿 1—1 截面将梁切开,取左段为研究对象,将所切截面上的内力用一个正剪力 Q_1 和一个正弯矩 M_1 代替,如图 8-11(b)所示。由静力学平衡条件

$$\sum F_y = 0, \quad R_A - F - Q_1 = 0$$

得

$$Q_1 = R_A - F = 15 - 8 = 7(\text{kN})$$

由 $\sum M_C = 0, -R_A \times 2 + F \times 0.5 + M_1 = 0$

得

$$M_1 = R_A \times 2 - F \times 0.5 = 15 \times 2 - 8 \times 0.5$$
$$= 26(\text{kN} \cdot \text{m})$$

剪力 Q_1 及弯矩 M_1 都是正号。

(3) 求截面 2—2 的内力。假想沿 2—2 截面将梁切开,取右段梁为研究对象,将所切截面上的内力用一个正剪力 Q_2 和一个正弯矩 M_2 代替,如图 8-11(c)所示。由静力学平衡条件 $\sum F_Y = 0, \sum M_D = 0$,列平衡方程解得

$$Q_2 = q \times 1.5 - R_B = 12 \times 1.5 - 29 = -11 (\text{kN})$$
$$M_2 = R_B \times 1.5 - q \times 1.5 \times 0.75 = 29 \times 1.5 - 12 \times 1.5 \times 0.75 = 30 (\text{kN} \cdot \text{m})$$

剪力 Q_2 为负值，弯矩 M_2 为正值。

8.2.2 梁的内力计算规则

1. 梁的内力计算

为了简化计算，可以不必用平面假设将梁截开，而是由梁截面一侧的外力直接计算得到该截面的内力。其规则是：利用理论力学中力的平移定理和同平面内力偶等效定理，将截面一侧所有外力(包括力偶)移动到所求截面位置，直接进行求和计算。即

剪力$(Q) = $ 截面一侧梁上所有外力的代数和

弯矩$(M) = $ 截面一侧梁上所有外力对该截面形心的力矩代数和

符号规定如下。

对于剪力，若取左段梁为分离体时，则此段梁上所有向上的外力会使该截面上产生正剪力，而所有向下的外力会使该截面上产生负剪力。对于右梁则符号相反。

对于弯矩，无论取左段梁还是右段为分离体时，梁上所有向上的外力都会使该截面上产生正弯矩，而所有向下的外力都会使该截面上产生负弯矩。左段梁上所有顺时针转向的外力偶会使该截面上产生正弯矩，而所有逆时针转向的外力偶会使该截面上产生负弯矩。对于右段梁，则符号相反。

2. 利用内力计算规则求指定截面上的内力

例 8-2 如图 8-12 悬臂梁作用有均布载荷 q 及力偶 $M = qa^2$，求 A 点右侧截面、C 点左侧和右侧截面、B 点左侧截面的剪力和弯矩。

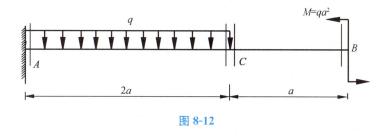

图 8-12

解：对于悬臂梁不必求支座反力，可由自由端开始分析

截面 B_- 上的内力，由截面右侧梁段得：$M_{B-} = qa^2$

截面 C_+ 上的内力，由截面右侧梁段得：$M_{C+} = qa^2$

截面 C_- 上的内力，由截面右侧梁段得：$M_{C-} = qa^2$

截面 A_+ 上的内力，由截面右侧梁段得：$M_{A+} = qa^2 - q \cdot 2a \cdot a = -qa^2$

8.3 剪力方程和弯矩方程、剪力图和弯矩图

8.3.1 剪力方程和弯矩方程

一般情况下，梁各截面上的内力是不相同的，即梁横截面剪力和弯矩是随截面的位置而变

化的,如果沿梁轴线方向选取 x 表示横截面的位置,则梁各个横截面上的剪力和弯矩可表示为坐标 x 的函数,即

$$Q=Q(x), \quad M=M(x)$$

这两个函数表达式分别称为剪力方程和弯矩方程。

8.3.2 剪力图和弯矩图

为了能形象地表明剪力和弯矩沿梁轴线的变化情况,以 x 为横坐标轴,以 Q 或 M 为纵坐标轴,分别绘出 $Q=Q(x)$ 和 $M=M(x)$ 的图线,这种曲线称为梁的剪力图和弯矩图。一般的,正的 Q 和 M 画在 x 轴的上方。

利用剪力图和弯矩图能方便地确定梁上最大剪力和最大弯矩,找出梁上危险截面所在的位置。

以下讨论剪力图、弯矩图的具体作法。

如图 8-13(a)所示,一悬臂梁 A 端固定,B 端受集中力 F 作用。画出此悬臂梁的剪力图和弯矩图。

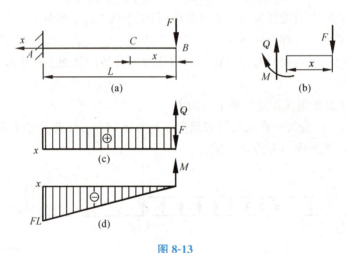

图 8-13

(1) 列剪力方程和弯矩方程。首先建立坐标轴 Bx,取 B 点为原点,然后在梁上取横坐标为 x 的任意截面,用一假想平面将梁切开。以梁的右段为研究对象,如图 8-13(b)所示,并在所切的截面上假设一个正的剪力 Q 和一个正的弯矩 M,画出分离段的受力图。根据平衡条件

$$\sum F_x=0, \quad Q-F=0$$

得 $\qquad Q(x)=F \quad (0<x<L)$ (1)

由 $\qquad \sum M_C=0, \quad -M-Fx=0$

得 $\qquad M(x)=-Fx \quad (0\leqslant x\leqslant L)$ (2)

式(1)和式(2)即为剪力方程和弯矩方程

(2) 画剪力图和弯矩图。由剪力方程式(1)看出,各横截面上的剪力均等于 F。故剪力图是一条平行于 x 轴的直线,Q 为正,应画在 x 轴的上方,如图 8-13(c)所示。

从梁的弯矩方程(2)可见,梁在各横截面的弯矩为 x 的一次函数,弯矩图应为一斜直线。只要确定直线上的两个点,便可画出此直线。

$$x = 0, \quad M_B = 0$$
$$x = L, \quad M_A = -FL$$

根据这两个数据作出弯矩图，如图 8-13(d)所示。

从弯矩图可以看出，在悬臂梁的固定端处弯矩值最大，$|M|_A = |M|_{\max} = FL$。

例 8-3 如图 8-14(a)所示，一简支梁 AB 受均布载荷 q 作用。试列出该梁的剪力方程和弯矩方程，并绘出剪力图和弯矩图。

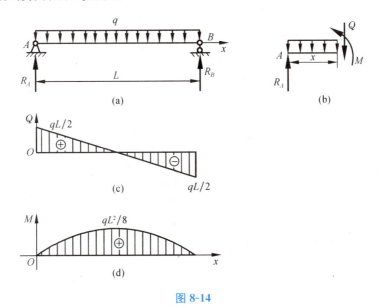

图 8-14

解：(1) 首先求约束力。利用载荷与支座反力的对称性，可直接得到约束力为

$$R_A = R_B = \frac{qL}{2}$$

方向向上。

(2) 按图 8-14(b)所示，列剪力方程和弯矩方程。由内力计算法则可得剪力方程

$$Q(x) = R_A - qx = \frac{qL}{2} - qx \quad (0 < x < L) \tag{1}$$

弯矩方程

$$M(x) = R_A x - qx\frac{x}{2} = \frac{qL}{2}x - \frac{q}{2}x^2 \quad (0 \leqslant x \leqslant L) \tag{2}$$

(3) 作剪力图和弯矩图。由剪力方程(1)可知，梁的剪力是 x 的 次函数，剪力图应为一条斜直线。

$$x = 0, \quad Q(x) = \frac{qL}{2}; x = L, \quad Q(x) = -\frac{qL}{2}$$

剪力图如图 8-14(c)所示。

由弯矩方程(2)可知，该梁的弯矩是 x 的二次函数，故弯矩图应为一条二次抛物线。先确定抛物线上三个特征点的弯矩：

$$x = 0, \quad M(x) = 0; x = L, \quad M(x) = 0; x = \frac{l}{2}, \quad M(x) = \frac{1}{8}qL^2$$

根据梁的载荷与支座反力均具有对称性这一个特性,则弯矩图也必然为对称的,对称点即其抛物线的顶点在 $x=L/2$ 处。

作弯矩图,如图 8-14(d)所示。由剪力图和弯矩图可见,在梁的两端支座处剪力值为最大 $|Q|_{max}=qL/2$;在梁跨度中点处,横截面上有最大弯矩值 $M_{max}=qL^2/8$,而 $Q=0$。

由此题可知,受均布载荷的梁剪力图和弯矩图均是连续的曲线。剪力图为斜直线,弯矩图为抛物线。

在以上的例题中,由于梁上没有外力突变,所以只要把梁分为一段,就可以通过平衡方程得到剪力方程和弯矩方程。但当作用在梁上的外力发生突变时,突变处应是梁的分段处。

例 8-4 一简支梁 AB,在 C 点处受集中载荷 F 的作用,如图 8-15(a)所示,试列出梁的剪力方程和弯矩方程,并作此梁的剪力图和弯矩图。

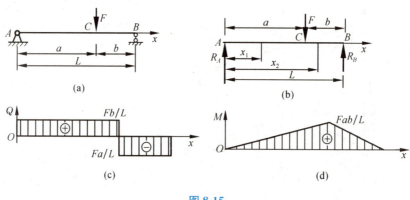

图 8-15

解:(1) 求约束力。

由平衡方程式 $\sum M_B = 0$ 和 $\sum F_y = 0$ 分别算得支座反力

$$R_A = \frac{Fb}{L} \quad R_B = \frac{Fa}{L}$$

(2) 列剪力方程及弯矩方程。

一找。以梁的左端 A 为原点,选取如图 8-15(b)所示的坐标系。由于 C 截面处有集中力 F 作用,故 C 应为分段点。AC 和 CB 两段梁上各截面的剪力和弯矩不同,必须分段列出。

二查。在 AC 段内,取与原点距离为 x_1 的任意截面,该截面左段一侧的外力为 R_A,外力对截面形心的矩为 $R_A x_1$。

三判定。由于 R_A 向上和 $R_A x_1$ 顺时针转向,根据平衡条件求得该截面的剪力和弯矩分别为

$$Q(x_1) = R_A = \frac{Fb}{L} \quad (0 < x_1 < a)$$

$$M(x_1) = R_A x_1 = \frac{Fb}{L} x_1 \quad (0 \leqslant x_1 \leqslant a)$$

以上两式表示 AC 段内,任一截面上的剪力和弯矩,即为 AC 段的剪力方程和弯矩方程。对于 CB 段内的剪力和弯矩,取截面右段为研究对象,坐标原点不变,根据平衡条件得 CB

段的剪力方程和弯矩方程

$$Q(x_2) = -R_B = -\frac{Fa}{L} \qquad (a < x_2 < L)$$

$$M(x_2) = R_B(L - x_2) = \frac{Fa}{L}(L - x_2) \quad (a \leqslant x_2 \leqslant L)$$

(3) 绘剪力图及弯矩图。

由 $Q(x_1)$ 和 $Q(x_2)$ 可以作出剪力图,如图 8-15(c)所示。$Q(x_1),Q(x_2)$ 表示在 AC 段和 CB 段内梁各截面的剪力均为常数,分别等于 Fb/L 和 Fa/L,所以,两段中的剪力图是与 x 轴平行的直线,正值画在 x 轴的上方,负值画在下方。从剪力图看出,当 $a>b$ 时,全梁的最大剪力出现在 CB 段,$|Q|_{\max}=Fa/L$。

由 $M(x_1)$ 和 $M(x_2)$ 可知,AC 段和 CB 段内的弯矩皆为 x 的一次函数,表明弯矩均为一条斜线,因而,每条直线只要确定两点,便可完全确定。例如

$$x_1 = 0, \quad M_1 = 0; x_1 = a, \quad M_1 = \frac{Fab}{L}$$

$$x_2 = a, \quad M_2 = \frac{Fab}{L}; x_2 = L, \quad M_2 = 0$$

分别连接与 M_1,M_2 相应的两点,便得到 AC 及 CB 段的弯矩图,如图 8-15(d)所示。从弯矩图中可看出,最大弯矩发生在集中力 F 作用的截面 C 处,$M_{\max}=Fab/L$。若 $a=b=L/2$,即集中载荷作用在梁跨度中点时,则最大弯矩值 $M_{\max}=FL/4$。

由上面分析可知,在集中力作用处,剪力图有突变,突变处的差值即为该集中力的值,突变方向与集中力方向相同。弯矩图有折角,即弯矩图的图线走向开始改变。

例 8-5 简支梁如图 8-16 所示,在 C 点处受一集中力偶 M_0 作用。试作此梁的剪力图和弯矩图。

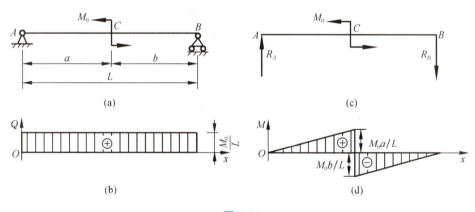

图 8-16

解:(1) 计算支座反力。梁 AB 受力如图 8-16(c)所示,R_A,R_B 组成力偶与 M_0 平衡。列平衡方程

$$\sum M_B = 0, \quad -R_A L + M_0 = 0, \quad R_A = \frac{M_0}{L}$$

$$\sum F_y = 0, \quad R_B = R_A = \frac{M_0}{L}$$

(2) 剪力方程与弯矩方程。选梁左端 A 为坐标原点，由于 C 截面有集中力偶 M_0 作用，所以 C 为分段点，分别在 AC 与 CB 段内取截面。根据计算规则，由截面一侧的外力可列出剪力方程与弯矩方程。

AC 段的剪力方程与弯矩方程分别为

$$Q(x_1) = \frac{M_0}{L} \quad (0 < x_1 \leqslant a)$$

$$M(x_1) = \frac{M_0}{L} x_1 \quad (0 \leqslant x_1 < a)$$

CB 段的剪力方程和弯矩方程分别为

$$Q(x_2) = \frac{M_0}{L} \quad (a \leqslant x_2 < L)$$

$$M(x_2) = \frac{M_0}{L} x_2 - M_0 \quad (a \leqslant x_2 \leqslant L)$$

(3) 画剪力图及弯矩图。从剪力方程可知全梁各截面上的剪力相等，均为同一常数 M_0/L，故剪力为平行于 x 轴的直线，如图 8-16(c) 所示，最大剪力 $Q_{\max} = M_0/L$。

从弯矩方程可知梁各截面的弯矩为 x 的一次函数。计算各控制点处的弯矩值：

AC 段 $x_1 = 0, M_1 = 0; x_1 = a, M_1 = \dfrac{M_0 a}{L}$

CB 段 $x_2 = a, M_2 = -\dfrac{M_0 b}{L}; x_2 = L, M_2 = 0$

弯矩图如图 8-16(d) 所示。由图可见，在 $a > b$ 情况下，集中力偶作用处的左侧横截面上的弯矩值为最大，$|M|_{\max} = M_0 a / L$。

由此可得结论，在集中力偶作用处，弯矩图发生突变，其突变值等于该集中力偶矩之值，而剪力图图形不变。

从以上绘制剪力图及弯矩图的过程，可归纳出绘制剪力图及弯矩图的步骤。

(1) 建立直角坐标系。沿平行于梁轴线的方向，以各横截面的所在位置为横坐标 x，以对应各横截面上的剪力值或弯矩值为纵坐标，建立直角坐标系。

(2) 寻找分段点。即寻找剪力和弯矩图形的不连续点，一般以载荷变化点为分界点，确定剪力方程和弯矩方程的适用区间，即划定剪力图和弯矩图各自的分段连续区间。

(3) 计算控制点的内力值。分段点左右两侧面的剪力和弯矩值一般是不相同的，需要分别计算出来。假想在分段点把梁切开，将梁分成两段，分段点也称为控制点。计算控制点的内力值，实际上就是求各段连续内力曲线开区间的端点值。

(4) 确定每段内力图的形状。由每段剪力方程和弯矩方程 x 的幂次，可判断出该段剪力图和弯矩图的图形形状。

(5) 连线作图。在所划定的各段连续区间内，依据内力图的形状，连接各相应的控制点，即可作出整个梁的剪力图和弯矩图。

(6) 注明数据和符号。在所绘制的剪力图和弯矩图中，注明各控制点的内力坐标值和各段剪力和弯矩的正负号。

(7) 确定 $|Q|_{\max}$ 和 $|M|_{\max}$ 确定剪力图和弯矩图中绝对值最大的剪力值和弯矩值及相应截面的位置。

注释:

上述剪力、弯矩的符号规定,也可以用"符号图"表示,这样便于记忆和应用。该"符号图"表示如下:

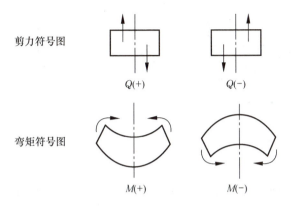

符号图所表达的意思是:
(1) 框图表示整个梁;
(2) 框图内的点直线表示所求内力的横截面,该横截面将梁分成左右两段;
(3) 剪力符号图上的箭头表示梁上外力的真实方向,弯矩符号图上的箭头表示梁上外力对 所求内力横截面的形心的力矩转向。

符号图的应用:

当求梁某截面内力时,若用左段外力,则内力符号由符号图左段确定;若用右段外力,则内力符号由符号图右段确定。

8.3.3 关于土木专业的剪力、弯矩图的说明

土木专业的剪力、弯矩图与机械专业的规定有所不同,对土木专业可按下述规定。

当用于列梁内力方程绘梁内力图时,仍可应用上述梁内力符号规定,列梁内力方程。在按梁内力方程绘图时,剪力图仍然采用"第一象限"坐标(即竖坐标表示内力,横坐标表示横截面位置),而对土木专业来说,弯矩图的竖坐标应向下取为正$\left(\begin{smallmatrix}O\\M\end{smallmatrix}\!\!\downarrow\!\!\rule[0.5ex]{1em}{0.4pt}X\right)$。这样即可满足土木专业的"弯矩图必须画在梁的纵向纤维受拉的一边"的要求。

8.4 载荷集度、剪力和弯矩之间的微分关系及其应用

8.4.1 载荷集度、剪力和弯矩之间的微分关系

在例8-3中,梁的剪力方程和弯矩方程分别为

$$Q = \frac{qL}{2} - qx, \quad M = \frac{qL}{2}x - \frac{q}{2}x^2$$

可以看出,弯矩、剪力与分布载荷之间存在着微分关系。现在就来推导这三者之间的普遍的微分关系。

如图 8-17(a)所示，梁上作用有任意的分布载荷，其集度为 $q=q(x)$，它是 x 的连续函数，并规定指向向上为正。在距 O 端距离为 x 处，截出微段梁 dx 来研究，如图 8-17(b)所示。

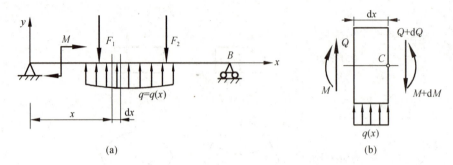

图 8-17

设此微段梁左边截面上的剪力和弯矩分别为 Q 和 M，右边截面上的剪力和弯矩分别为 $Q+dQ$ 和 $M+dM$；作用在此微段梁载荷为均布载荷。设以上各力皆为正向。根据平衡条件

$$\sum F_y = 0, \quad Q+qdx-(Q+dQ)=0$$

得

$$\frac{dQ}{dx}=q \tag{8-1}$$

由 $\sum M_c = 0$

得

$$-M-Qdx-qdx\frac{dx}{2}+(M+dM)=0$$

略去高阶微量 $qdx\dfrac{dx}{2}$ 后有

$$\frac{dM}{dx}=Q \tag{8-2}$$

将式(8-2)代入式(8-1)，可得

$$\frac{d^2M}{dx^2}=q \tag{8-3}$$

以上三式表示了弯矩、剪力与分布载荷之间存在着的微分关系。

8.4.2 载荷集度、剪力和弯矩之间微分关系的应用

由式(8-1)、式(8-2)、式(8-3)可以看出，梁上的载荷和剪力、弯矩之间存在如下一些关系。

在无分布载荷作用的梁段上，由于 $q(x)=0$，$\dfrac{dQ}{dx}=q(x)=0$，因此，$Q(x)=$ 常数，即剪力图为一水平直线。由于 $Q(x)=$ 常数，$\dfrac{dM}{dx}=Q(x)=$ 常数，$M(x)$ 是 x 的一次函数，弯矩图是斜直线，其斜率则随 Q 值而定。

对于有均布载荷作用的梁段，由于 $q(x)=$ 常数，则 $\dfrac{d^2M(x)}{dx^2}=\dfrac{dQ(x)}{dx}=$ 常数，故在这一段内 $Q(x)$ 是 x 的一次函数，而 $M(x)$ 是 x 的二次函数，因而剪力图是斜直线而弯矩图是抛物线。具体说，当分布载荷向上，即 $q>0$ 时，$\dfrac{d^2M(x)}{dx^2}>0$，弯矩图为凹曲线；反之，当分布载荷向下，即

$q<0$ 时,弯矩图为凸曲线。

若在梁的某一截面上 $Q(x)=0$,即 $\dfrac{\mathrm{d}M}{\mathrm{d}x}=0$,亦即弯矩图的斜率为零,则在这一截面上弯矩为一极值。

在集中力作用处,剪力 Q 有一突变(其突变的数值即等于集中力),因而弯矩图的斜率也发生一突然变化,成为一个转折点。

在集中力偶作用处,弯矩图将发生突变,突变的数值即等于力偶矩的数值。

$|M|_{\max}$ 不但可能发生在 $Q=0$ 的截面上,也可能发生在集中力作用处,或集中力偶作用处,所以求 $|M|_{\max}$ 时,应考虑上述几种可能性。

例 8-6 简支梁及其所受载荷如图 8-18(a)所示,试作梁的剪力图和弯矩图。

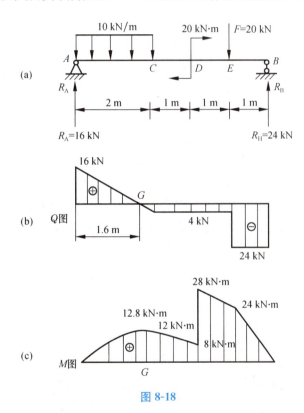

图 8-18

解:(1) 求支座反力。由梁的平衡方程

$$\sum M_A = 0, \quad -10\times 2\times 1 - 20 - 20\times 4 + 5R_B = 0$$

$$\sum M_B = 0, \quad -5R_A + 10\times 2\times 4 - 20 + 20\times 1 = 0$$

得 $R_B=24$ kN; $R_A=16$ kN

(2) 作剪力图。梁上的外力将梁分成 AC,CD,DE,EB 四段,在支座反力 R_A 作用的截面 A 上,剪力图向上突变,突变值等于 R_A 的大小 16 kN。在支座稍右的截面上,剪力 $Q_{A右}=16$ kN。AC 段受向下均布载荷的作用,剪力图为向下倾斜的直线,截面 C 上的剪力为

$$Q_C = R_A - 10\times 2 = 16 - 20 = -4 \text{(kN)}$$

确定剪力为零的截面 G 的位置

$$R_A - 10x = 0$$
$$x = 1.6 \text{ m}$$

CD 段和 DE 段上无载荷作用,截面 D 上受集中力偶的作用,故 CE 段的剪力图为水平线。截面 E 上受向下的集中力作用,剪力图向下突变,突变值等于集中力的大小 20 kN。EB 段上无载荷作用,剪力图为水平线。截面 B 上受支座反力 R_B 作用,剪力图向上突变,突变值等于 R_B 的大小。全梁的剪力图如图 8-18(b)所示。

(3) 作弯矩图。AC 段受向下均匀载荷的作用,弯矩图为向上凸的抛物线,截面 A 上的弯矩 $M_A=0$。截面 G 上的弯矩为

$$M_G = 16 \times 1.6 - 10 \times 1.6 \times \frac{1.6}{2} = 12.8 (\text{kN} \cdot \text{m})$$

截面 C 上的弯矩为

$$M_C = 16 \times 2 - 10 \times 2 \times 1 = 12 (\text{kN} \cdot \text{m})$$

CD 段上无载荷作用,且剪力为负,故弯矩图为向下倾斜的直线。D 点稍左截面上的弯矩为

$$M_{D左} = 16 \times 3 - 10 \times 2 \times 2 = 8 (\text{kN} \cdot \text{m})$$

截面 D 上受集中力偶的作用,力偶矩为顺时针转向,故弯矩图向上突变,突变值等于集中力偶矩的大小。D 点稍右截面上的弯矩 $M_{D右}=28 \text{ kN} \cdot \text{m}$。DE 段上无载荷作用,剪力为负,故弯矩图为向下倾斜的直线。截面 E 上的弯矩为

$$M_E = 16 \times 4 - 10 \times 2 \times 3 + 20 = 24 (\text{kN} \cdot \text{m})$$

EB 段上无载荷作用,剪力为负,故弯矩图为向下倾斜的直线。截面 B 上的弯矩为零。全梁的弯矩图如图 8-18(c)所示。

梁的最大剪力发生在 EB 段各截面上,其值为 $Q_{\max}=24 \text{ kN}$(负值)。最大弯矩发生在 D 点稍右截面上,其值为 $M_{\max}=28 \text{ kN} \cdot \text{m}$(正值)。

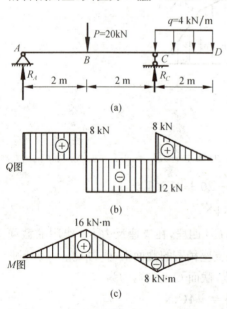

图 8-19

例 8-7 如图 8-19(a)所示,利用微分关系作外伸梁的内力图。

解:(1) 求支反力。

由 $\sum M_C = 0$ 和 $\sum M_A = 0$ 得

$$R_A = 8 \text{ kN}(\uparrow) \quad R_C = 20 \text{ kN}(\uparrow)$$

校核:$\sum F_y = R_A + R_C - P - 2q = 8 + 20 - 20 - 8 = 0$(无误)

(2) 分三段作 Q 图。

AB 段:$q=0$,则 Q 图为水平线。由 A 截面右侧的剪力值 $Q_{A右}=R_A=8 \text{ kN}$ 即可画出。

BC 段:$q=0$,则 Q 图为水平线。由 $Q_{B右}=R_A-P=8-20=-12(\text{kN})$ 即可画出。在 B 截面处,有向下的集中力 $P=20 \text{ kN}$ 作用,Q 图由 8 kN 突变到 -12 kN,突变值为

$$|-12-8|=20 \text{ kN}=P$$

CD 段:$q=$常数,Q 图为斜直线,斜率 $\dfrac{\mathrm{d}Q}{\mathrm{d}t}=q$。

由 $Q_{C右}=q\times 2=4\times 2=8(\text{kN})$ 和 $Q_D=0$ 两点即可画出。在 C 截面处,有向上的集中力 $R_C=20$ kN,Q 图由 -12 kN 向上突变到 8 kN,突变值等于 R_C。

Q 图如图 8-19(b)所示。

(3) 作 M 图,仍需分三段作图。AB 段:$q=0$,M 图为斜直线。由 $M_A=0$,$M_B=R_A\times 2=8\times 2=16(\text{kN}\cdot\text{m})$两点画出。

BC 段:$q=0$,M 图为斜直线。由 $M_B=16$ kN·m 和 $M_C=8\times 4-20\times 2=-8$ N·m 画出。

CD 段:$q=$常数<0,M 图为上凸的抛物线。由 $M_C=-8$ kN·m,$M_D=0$ 以及因 $Q_D=0$,M 图在 D 点的斜率等于零(即有水平切线)三个条件即可大致画出 M 图的形状。

最后,该梁的 M 图如图 8-19(c)所示。

8.5 用叠加法作剪力图和弯矩图

在前面所举的例题中,若仔细分析一下所建立的剪力图方程和弯矩方程,就会看到在这些方程中的剪力和弯矩都与载荷(如 q,F,M_e 等)保持线性关系。同样,若如图 8-20 所示,在梁上同时作用有载荷 q,F,M_e 时,可求得此梁的剪力方程和弯矩方程分别具有如下形式。

$$AC \text{ 段} \quad Q(x)=\left(\dfrac{l}{2}-x\right)q+\left(\dfrac{b_1}{l}\right)F+\left(\dfrac{1}{l}\right)M_e$$

$$M(x)=\left(\dfrac{lx}{2}-\dfrac{x^2}{2}\right)q+\left(\dfrac{b_1 x}{l}\right)F+\left(\dfrac{x}{l}\right)M_e$$

$$CD \text{ 段} \quad Q(x)=\left(\dfrac{l}{2}-x\right)q+\left(\dfrac{a_1}{l}\right)F+\left(\dfrac{1}{l}\right)M_e$$

$$M(x)=\left(\dfrac{lx}{2}-\dfrac{x^2}{2}\right)q+\left(a_1-\dfrac{a_1 x}{l}\right)F+\left(\dfrac{x}{l}\right)M_e$$

$$DB \text{ 段} \quad Q(x)=\left(\dfrac{l}{2}-x\right)q+\left(\dfrac{a_1}{l}\right)F+\left(\dfrac{1}{l}\right)M_e$$

$$M(x)=\left(\dfrac{lx}{2}-\dfrac{x^2}{2}\right)q+\left(a_1-\dfrac{a_1 x}{l}\right)F+\left(\dfrac{x}{l}-1\right)M_e$$

当要求梁的某一指定截面(即 x 等于某一常数的截面)上的剪力和弯矩时,上列各式中圆括弧内的数值都是常数,因而这些式子可改写成如下的统一形式

$$Q(x)=a_1 q+a_2 F+a_3 M_e$$
$$M(x)=b_1 q+b_2 F+b_3 M_e$$

即剪力 $Q(x)$ 和弯矩 $M(x)$ 都是载荷 q,F,M_e 的线性函数。它们表明:在小变形的前提下,当梁上同时作用几个载荷时,各个载荷所引起的内力是各自独立的,并不互相影响。这时,各个载荷与它所引

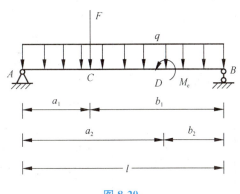

图 8-20

起的内力呈线性关系,叠加各个载荷单独作用时的内力,就得到这些载荷共同作用时的内力。这一原理称为叠加原理。

根据叠加原理作梁的剪力图和弯矩图的方法为:首先分别作出梁在各个载荷单独作用下的剪力图和弯矩图,然后将各图的相应纵坐标叠加起来,即得梁在所有载荷共同作用下的剪力图和弯矩图。几种常见载荷作用下的 Q,M 图列于表 8-1 中,供查阅或叠加运算时参考。

表 8-1 各种简单载荷作用下的典型 Q,M 图

		图 形	各段方程	相应线形
受集中力的悬臂梁	梁及载荷图		$q(x)=0$	零线
	Q 图		$Q(x)=-P \quad (0<x<L)$	水平线
	M 图		$M(x)=-Px \quad (0 \leqslant x<L)$	直线
受均布载荷的悬臂梁	梁及载荷图		$q(x)=-q$ （常量）	水平线
	Q 图		$Q(x)=-qx \quad (0 \leqslant x<L)$	斜直线
	M 图		$M(x)=-1/2qx^2 \quad (0 \leqslant x<L)$	二次抛物线
受集中力偶的悬臂梁	梁及载荷图		$q(x)=0$	零线
	Q 图		$Q(x)=0$	零线（水平线）
	M 图		$M(x)=M_0 \quad (0<x<L)$	斜直线

续表

		图　形	各段方程	相应线形
受集中力的简支梁	梁及载荷图	$R_A=Pb/L$, $R_B=Pb/L$, X_1, X_2, P, a, b, L	$q(x)=0$	零线
	Q 图	Pb/L, Pa/L	$Q(x_1)=R_A$　$(0<x_1<a)$ $Q(x_2)=R_A-P$　$(a<x_2<L)$	水平线
	M 图	Pab/L	$M(x_1)=R_A x_1$　$(0\leqslant x_1\leqslant a)$ $M(x_2)=R_A x_2-P(x_2-a)$ 　$(a\leqslant x_2\leqslant L)$	斜直线
受均布载荷的简支梁	梁及载荷图	$R_A=qL/2$, $R_B=qL/2$, q, X, L	$q(x)=-q$（常量）	水平线
	Q 图	$qL/2$, $qL/2$	$Q(x)=R_A-qx$　$(0<x<L)$	斜直线
	M 图	$qL^2/8$	$M(x)=R_A x-1/2qx^2$ 　$(0\leqslant x\leqslant L)$	二次抛物线
受集中力偶的简支梁	梁及载荷图	$R_A=M_0/L$, $R_B=M_0/L$, M_0, a, b, L, X_1, X_2	$q(x)=0$	零线
	Q 图	M_0/L	$Q(x_1)=-R_A$　$(0<x_1<a)$ $Q(x_2)=-R_A$　$(0<x_2<a)$	水平线
	M 图	$M_0 b/L$, $M_0 a/L$	$M(x_1)=-R_A x_1$　$(0\leqslant x_1\leqslant a)$ $(x_2)=-R_A x_1+M_0$ 　$(a<x_2\leqslant L)$	斜直线

下面举例加以说明。

例 8-8 试作出图 8-21(a)所示悬臂梁的剪力图和弯矩图。

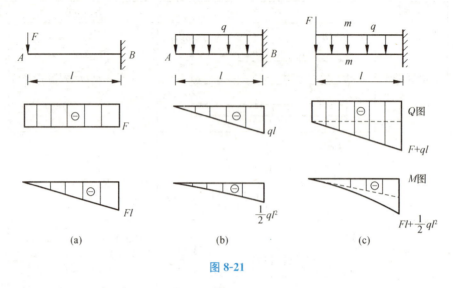

图 8-21

解：分别作出悬臂梁在集中力 F 和均布载荷 q 单独作用下的剪力图和弯矩图(图 8-21(a),(b))。因集中力 F 单独作用下的剪力图的图线为直线,故以它为基线叠加上均布载荷 q 单独作用下的剪力图,即得在 F,q 共同作用下的剪力图(图 8-21(c))。弯矩图的作法类似。

在此例中,若集中力 $F=ql$ 且向上作用(图 8-22(a)),则仍可如上述的作法,分别将两个剪力图和两个弯矩图进行叠加。由于两图的纵坐标具有不同的正负号,故叠加后图形重叠部分表示纵坐标值相互抵消,不重叠的部分即为所求剪力图和弯矩图(图 8-22(b),(c))。

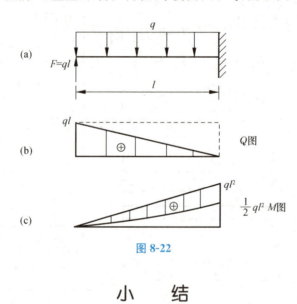

图 8-22

小 结

1. 弯曲与平面弯曲

(1) 弯曲。梁产生弯曲变形的特点是:构件所受载荷为横向载荷(或以横向载荷为主);构件的轴线由直线变成光滑连续曲线。

(2) 平面弯曲。作用在梁上的所有载荷均位于纵向对称面内,梁的轴线弯成纵向对称面内的平面曲线。平面弯曲是工程实际中最常见的弯曲现象。

2. 弯曲内力

梁弯曲时横截面上存在两种内力——弯矩 M 和剪力 Q。

内力与梁上所作用的外力的关系是：

剪力 Q=载荷一侧所有外力的代数和（截面左侧梁段向上的外力为正，向下的外力为负；右侧梁段外力符号与左侧相反）。

弯矩 M=截面一侧所有外力对截面形心力矩的代数和（截面左侧梁段顺时针的外力矩（外力偶矩）为正，逆时针的外力矩（外力偶矩）为负；右侧梁段外力矩符号与左侧相反）。

内力图是表示梁各截面内力变化规律的图线。作内力图的方法主要有：

(1) 根据内力方程作内力图；

(2) 利用 M,Q,q 之间的微分关系作内力图。

作内力图的步骤一般为：

(1) 求支座反力；

(2) 对梁进行分段（以载荷变化点为分界点）；

(3) 列内力方程（或分析 M,Q,q 之间的微分关系）；

(4) 计算控制截面的内力值、作出内力图；

(5) 确定图中最大内力的位置和内力值。

思考题与习题

思 考 题

8-1 在什么情况下杆发生弯曲？什么情况下发生平面弯曲？

8-2 剪力和弯矩的正负号的物理意义是什么？与理论力学中力和力偶的正负号规则有何不同？在图 8-23(a)中截取右段梁为研究对象时，①横截面上所设 Q 和 M 的正负号为何？②利用静力平衡条件列 $\sum F_y=0$ 和 $\sum M_0=0$ 时，Q 和 M 分别代什么符号？③由平衡方程解得 $Q=-qa, M=qa^2$，结果中的正、负号说明什么？④Q,M 的实际方向应为什么？⑤如所设 Q,M 方向与图 8-23(b)所示的相反，上述问题又如何？⑥截取右段梁为研究对象，横截面上的 Q 和 M 与 P 有关。这是否说明与支座 A 的约束力和分布载荷无关？

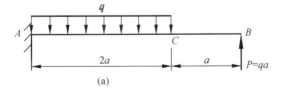 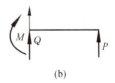

(a)   (b)

图 8-23

8-3 列剪力方程与弯矩方程时分段原则是什么？

8-4 用截面法将梁分成两部分，计算梁截面上的内力时，下列说法正确否？若不正确，应如何更正？

(1) 在截面的任一侧，向上的集中力产生正的剪力，向下的集中力产生负的剪力。

(2) 在截面的任一侧，顺时针转向的集中力偶产生正弯矩，逆时针转向的集中力偶产生负弯矩。

8-5 对图 8-24 所示简支梁的 $m-n$ 截面，若用截面左侧的外力计算剪力和弯矩，则 Q 和 M 便与 q 无关，如用截面右侧的外力计算，则 Q,M 便与 P 无关，这一论断正确否？

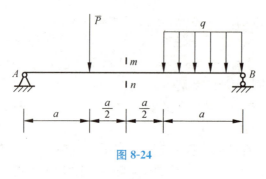

图 8-24

习 题

8-1 列出如图 8-25 所示梁的剪力方程和弯矩方程,求截面 1—1,2—2,3—3 上的剪力和弯矩。

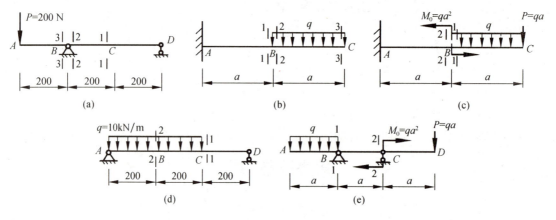

图 8-25

8-2 列出如图 8-26 所示各梁的剪力方程和弯矩方程,作出剪力图和弯矩图,求出 $|Q|_{max}$ 和 $|M|_{max}$。

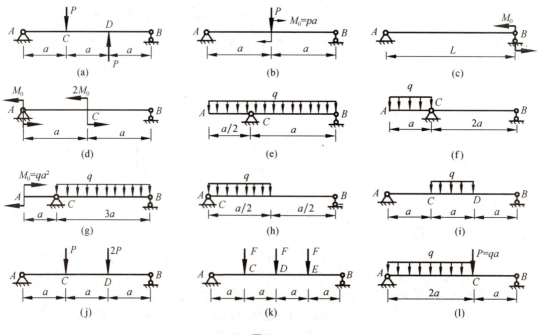

图 8-26

8-3 试利用剪力图、弯矩图的规律(q,Q,M 间的微分关系以及图形的突变规律等)作出如图 8-27 所示各梁的 Q,M 图。

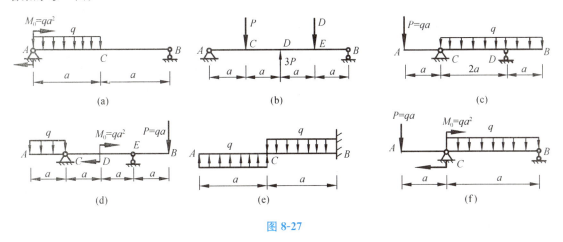

图 8-27

8-4 求作如图 8-28 所示各梁的剪力图和弯矩图。

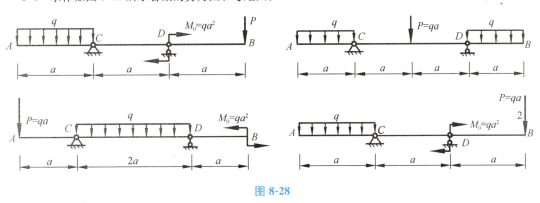

图 8-28

8-5 桥式起重机大梁 AB 如图 8-29 所示,上面的行车的每个轮子对大梁的压力均为 P,试问行车在什么位置时,梁内的弯矩最大？并求此最大弯矩值。设梁的跨度为 L,小车的轮距为 d。

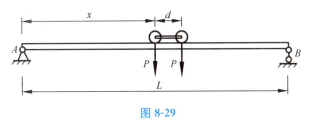

图 8-29

8-6 图 8-30 所示的梁,受均布载荷 q 作用,试问当 a 取何值时梁的最大弯矩最小。

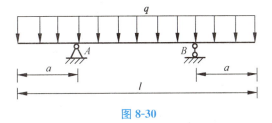

图 8-30

第9章 梁的弯曲强度

9.1 平面弯曲时横截面上的正应力

9.1.1 纯弯曲、剪切弯曲的概念

为解决梁的强度问题,在求得梁的内力后,必须进一步研究横截面上的应力分布规律。

通常,梁受外力弯曲时,其横截面上同时有剪力和弯矩两种内力,于是在梁的横截面上将同时存在剪应力和正应力,如图 9-1(a)所示。只有横截面上的切向内力元素 τdA 才能构成剪力,只有法向内力元素 σdA 才能构成弯矩,如图 9-1(b)所示。

如图 9-2(a)所示,在一简支梁纵向对称面内,关于跨度中点对称的两个集中力 P 作用在梁的两端的 C,D 两点,此时梁靠近支座的 AC,DB 段内,各横截面内既有弯矩又有剪力,这种情况称为剪切弯曲或横力弯曲。在中段 CD 内的各横截面上剪力等于零,弯矩为一常数,这种弯曲情况称为纯弯曲。为了更集中地分析正应力与弯矩之间的关系,先考虑纯弯曲梁横截面上的正应力。

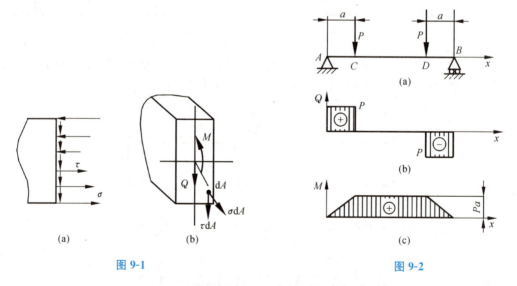

图 9-1

图 9-2

研究方法与轴向拉伸(压缩)及圆轴扭转的应力分析方法相似,即通过实验观察梁的变形得出简化假设,然后从变形几何、物理和静力学三方面综合分析,最后建立纯弯曲的正应力公式。

9.1.2 梁的纯弯曲实验及简化假设

在矩形截面的梁表面上分布有垂直于轴线的横向线 mm,nn 和平行于轴线的纵向线 aa,

bb,如图 9-3(a)所示,然后使梁发生纯弯曲变形,如图 9-3(b)所示。从梁的表面变形情况可观察到下列现象。

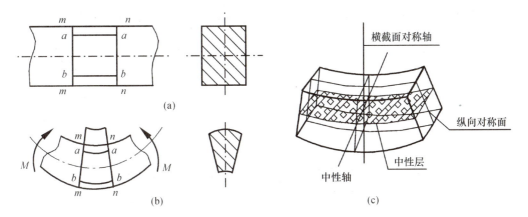

图 9-3

(1) 横向线仍为直线,但转过了一个小角度;
(2) 纵向线变为曲线,但仍与横向线保持垂直;
(3) 位于凹边的纵向线缩短,凸边的纵向线伸长;
(4) 观察横截面情况,在梁宽方向,它的上部伸长,下部缩短,分别和梁的纵向缩短(上部)或伸长(下部)存在简单的比例关系。

根据上述表面变形现象,对梁的变形和受力作如下假设。

(1) 弯曲的平面假设。梁的各个横截面在变形后仍保持为平面,并且仍然垂直于变形后的梁的轴线,只是绕横截面上的某轴转过了一个角度。

(2) 单向受力假设。纵向"纤维"之间互不牵扯,每根纤维都只产生轴向拉伸或压缩。

实践表明,以上述假设为基础导出的应力和变形公式符合实际情况。同时,在纯弯曲情况下,由弹性理论也得到了相同的结论。

由上述假设可以建立起梁的变形模式,如图 9-3(c)所示。设想梁由许多层纵向纤维组成,变形后,梁的上层纤维缩短,下层纤维伸长。由于变形的连续性,其中必有一层纤维既不伸长,也不缩短,这层纤维称为**中性层**。中性层与横截面的交线称为**中性轴**,中性轴与横截面对称轴垂直。梁纯弯曲时,横截面就是绕中性轴转动,并且每根纵向纤维都处于轴向拉伸或压缩的简单受力状态。

9.1.3 纯弯曲时的正应力公式

1. 变形几何关系

用 1—1,2—2 两横截面截取相距为 dx 的一段梁(图 9-4(a)),令 y 轴为横截面的对称轴,z 轴为中性轴(其位置待定)。弯曲变形后,与中性层距离为 y 的纤维 bb 变为弧线 $b'b'$ (图 9-4(b)),且 $b'b' = (\rho + y)d\theta$,而原长 $bb = dx = O_1 O_2 = \rho d\theta$。这里 ρ 为中性层的曲率半径,$d\theta$ 是两横截面 $1'—1', 2'—2'$ 的相对转角。由此得纤维 bb 的线应变为

$$\varepsilon = \frac{(\rho + y)d\theta - \rho d\theta}{\rho d\theta} = \frac{y}{\rho} \tag{1}$$

式(1)表明,纵向纤维的线应变 ε 与它到中性层的距离 y 成正比。

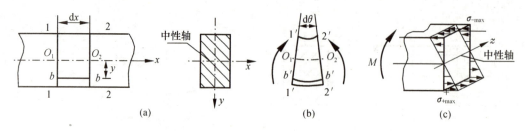

图 9-4

2. 物理关系

由假设(2),纵向纤维只受单向拉伸或压缩,因此在正应力不超过材料比例极限时,由虎克定律可得

$$\sigma = E\varepsilon = E\frac{y}{\rho} \tag{2}$$

式(2)表明,横截面上任意点的正应力 σ 与该点到中性轴的距离成正比,即正应力沿截面高度呈线性分布,而在距中性轴等距离的各点处正应力大小相等,中性轴上正应力等于零。这一变化规律如图(9-4c)所示。

3. 静力学关系

由于中性轴的位置以及中性层的曲率半径 ρ 均未确定,因此式(2)还不能用于计算应力。为此考虑正应力应满足的静力学关系。

在横截面上任取一点,其坐标为 (y, z),过此点的微面积 dA 上有微内力 σdA(图 9-5)。在整个截面上这些微内力构成空间平行力系。而纯弯曲时梁横面上的内力只有位于纵向对称面内的弯矩 M,于是根据静力学条件有

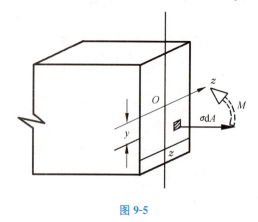

图 9-5

$$N = \int_A \sigma dA = 0 \tag{3}$$

$$M_z = \int_A y\sigma dA = M \tag{4}$$

式中,A 为横截面面积。将式(2)代入式(3)得

$$\frac{E}{\rho}\int_A y dA = 0$$

并令 $\int_A y dA = S_z$,S_z 称为截面静矩,由于 E/ρ 不能为零,则静矩 $S_z = 0$,这说明中性轴 z 轴必过截面形心,因此中性轴位置被确定,具有唯一性。

将式(2)代入式(4)可得

$$\frac{E}{\rho}\int_A y^2 dA = M$$

并令 $\int_A y^2 dA = I_z$,I_z 称为截面惯性矩,于是

$$\frac{1}{\rho} = \frac{M}{EI_z} \tag{9-1}$$

此即为梁的曲率公式。可见弯矩越大,梁的曲率也越大,即弯得越厉害;相同弯矩下,EI_z 大,曲率越小,即说明梁比较刚硬,不易弯曲。常将 EI_z 称为梁的抗弯刚度,它表示梁抵抗弯曲变形的能力。式(9-1)是研究弯曲变形的基本公式。

将式(9-1)代回到式(2),则得到纯弯曲时横截面上的正应力计算公式

$$\sigma = \frac{M}{I_z} y \tag{9-2}$$

式中,M 是横截面的弯矩;y 是横截面上的一点到中性轴的距离。在实际计算时,M 和 y 均可用绝对值代入,至于所求点的应力是拉应力还是压应力,可直接根据梁的变形情况,即判断纤维的伸缩情况来确定。

4. 惯性矩的计算

圆形截面
$$I_z = \frac{\pi d^4}{64} \tag{9-3}$$

矩形截面
$$I_z = \frac{bh^3}{12} \tag{9-4}$$

对于相对中性轴不对称的截面,其惯性矩可由平行移轴公式进行计算。

5. 平行移轴公式

若已知图形对其形心轴 y_c 的惯性矩为 I_{yc},且轴 y 与其形心轴 y_c 平行,两轴间垂直距离为 a,图形面积为 A,则平行移轴公式为

$$I_y = I_{yc} + a^2 A$$

6. 最大正应力、抗弯截面模量

由式(9-2)可知,横截面上的正应力发生在距离中性轴最远处,即

$$\sigma_{\max} = \frac{M}{I_z} y_{\max} \tag{9-5}$$

合并截面的两个几何量 I_z 和 $y_{\max}$,令

$$W_z = \frac{I_z}{y_{\max}}$$

则有
$$\sigma_{\max} = \frac{M}{W_z} \tag{9-6}$$

式中,W_z 称为抗弯截面模量,是衡量梁的抗弯强度的一个几何量,其量纲为[长度]^3。

对于矩形截面,如图 9-6(a)所示

$$W_z = \frac{I_z}{y_{\max}} = \frac{\frac{bh^3}{12}}{\frac{h}{2}} = \frac{bh^2}{6}$$

对于圆形截面,如图 9-6(b)所示

$$W_z = \frac{I_z}{y_{\max}} = \frac{\frac{\pi d^4}{64}}{\frac{d}{2}} = \frac{\pi d^3}{32}$$

各种轧制型钢的抗弯截面模量可查型钢表。

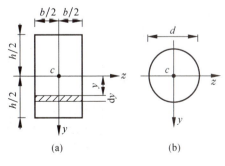

图 9-6

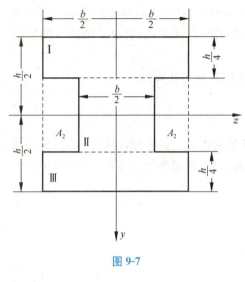

图 9-7

例 9-1 图 9-7 所示工字形截面,已知 b,h。试求截面对形心轴 y,z 的惯性矩。

解:(1) 求 I_y。此组合截面可分为 Ⅰ,Ⅱ,Ⅲ 三个矩形,y 轴既是通过组合截面形心轴,也是矩形 Ⅰ,Ⅱ,Ⅲ 的形心轴。故有

$$I_y = I_y(\text{Ⅰ}) + I_y(\text{Ⅱ}) + I_y(\text{Ⅲ}) = 2I_y(\text{Ⅰ}) + I_y(\text{Ⅱ})$$

$$= 2\frac{\frac{h}{4}b^3}{12} + \frac{\frac{h}{2}\left(\frac{b}{2}\right)^3}{12} = \frac{3hb^3}{64}$$

(2) 求 I_z。

可以将此组合截面理解为 $b \times h$ 的矩形 A_1 减去两个 $\frac{b}{4} \times \frac{h}{2}$ 的矩形 A_2,于是得

$$I_z = I_z(A_1) - 2I_z(A_2) = \frac{bh^3}{12} - 2\frac{\frac{b}{4}\left(\frac{h}{2}\right)^3}{12} = \frac{5bh^3}{64}$$

9.1.4 剪切弯曲时横截面上的正应力公式

工程中常见的弯曲问题大多是横截面上既有剪力又有弯矩的剪切弯曲。这时由于剪力的存在,横截面将不再保持为平面(发生翘曲)。但是根据实验和弹性理论分析,对于一般较细长的梁(跨度与高度之比 $l/h > 5$),剪力对正应力分布的影响很小,因此可将弯曲正应力公式(9-5)直接推广应用到剪切弯曲。但是在剪切弯曲时,弯矩不是常量,此时为求等直梁内的最大正应力,应将全梁的最大弯矩 $M_{\max}$ 代替式(9-5)中的 M,即

$$\sigma_{\max} = \frac{M_{\max}}{I_z} y_{\max} = \frac{M_{\max}}{W_z} \tag{9-7}$$

例 9-2 如图 9-8(a)所示简支梁,梁的横截面为 $b \times h = 120 \text{ mm} \times 180 \text{ mm}$ 的矩形,跨长 $l = 3$ m,均布载荷 $q = 35$ kN/m。求:

(1) 如果将截面竖放,如图 9-8(c)所示,求危险截面上 a,b 两点的正应力。

(2) 如果截面横放,如图 9-8(d)所示,求危险截面上的最大应力。

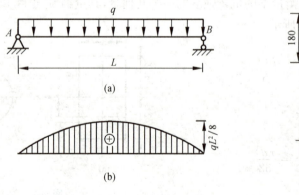
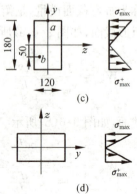

图 9-8

解:(1) 作弯矩图,如图 9-8(b)所示,跨中截面弯矩最大,为危险截面。最大弯矩为

$$M_{max} = \frac{1}{8}ql^2 = \frac{1}{8} \times 35 \times 3^2 = 39.4(\text{kN} \cdot \text{m})$$

(2) 竖放时,z 轴为中性轴。

a 点距 z 轴为

$$y_a = y_{max} = 90 \text{ mm}, \quad I_z = \frac{bh^3}{12} = 58.3 \times 10^{-6} \text{ m}^4$$

所以

$$\sigma_a = \frac{M_{max}}{I_z}y_a = \frac{39.4 \times 10^3 \times 90 \times 10^{-3}}{58.3 \times 10^{-6}} = 60.8 \times 10^6 \text{ N/m}^2 = 60.8 \text{ MPa}$$

b 点距中性轴 $y_b = 50$ mm。

根据上面的分析,b 点为拉应力

$$\sigma_b = \frac{M_{max}}{I_z}y_b = \frac{39.4 \times 10^3 \times 50 \times 10^{-3}}{58.3 \times 10^{-6}} = 33.8(\text{MPa})$$

由于该截面弯矩为正值,即梁在该截面的变形为凸边向下,故中性轴下面纤维受拉,上面纤维受压。a 点在中性轴上面,而且 $y_a = y_{max}$,故 σ_a 为最大压应力。

(3) 横放时,y 轴为中性轴

$$I_y = \frac{hb^3}{12} = \frac{1}{12} \times 180 \times 120^3 \times 10^{-12} = 25.9 \times 10^{-6} (\text{m}^4)$$

最大正应力发生在 $z = \pm \frac{b}{2} = 60$ mm 处各点

$$\sigma_{max} = \frac{M_{max}}{W_y} = \frac{M_{max}}{I_y}z_{max} = \frac{39.4 \times 10^3 \times 60 \times 10^{-3}}{25.9 \times 10^{-6}} = 91.3(\text{MPa})$$

由此例可见,同一根梁,承受的载荷不变,因放置的方式不同,其截面内的最大正应力也不相同。

9.2 弯曲正应力的强度条件

9.2.1 梁的正应力强度

由于横截面上距中性轴最远处切应力 $\tau = 0$,正应力 σ 的绝对值最大,材料处于简单拉伸或压缩的状态。如果限制梁的最大工作正应力 σ_{max} 不超过材料的许用弯曲正应力 $[\sigma]$,就可以保证梁的安全。因此,由式(9-7)得梁弯曲正应力强度条件为

$$\sigma_{max} = \frac{M_{max}}{W_z} \leqslant [\sigma] \tag{9-8}$$

要注意,式(9-8)的强度条件只适用于抗拉和抗压许用应力相等的材料,通常这样的梁截面做成与中性轴对称的形状,如矩形、圆形等。对于拉、压许用应力不等的材料,为了使材料能充分发挥作用,通常将梁的横截面做成与中性轴非对称形状,如 T 形、槽形截面等,这一类梁应分别列出抗拉强度条件和抗压强度条件:

$$\sigma_{tmax} = \frac{|M|_{max}y_1}{I_z} \leqslant [\sigma_t] \tag{9-9}$$

$$\sigma_{c\max} = \frac{|M|_{\max} y_2}{I_z} \leqslant [\sigma_c] \tag{9-10}$$

式中，y_1 为梁的受拉边缘到中性轴的距离；y_2 为梁的受压边缘到中性轴的距离。

对于变截面梁，由于 W_z 不是常量，应综合考虑 M 和 W_z 两个因素来确定梁的最大正应力 $\sigma_{\max}$，即

$$\sigma_{\max} = \left(\frac{M}{W_z}\right)_{\max} \leqslant [\sigma] \tag{9-11}$$

应用强度条件，可校核梁的强度、设计截面尺寸及确定梁的许可载荷。在具体计算中，材料的许用弯曲正应力 $[\sigma]$ 可以近似用单向拉伸(压缩)的许用应力代替。

9.2.2 梁的正应力强度的应用

例 9-3 矩形截面的悬臂梁，如图 9-9(a)所示，$L=1$ m，在自由端有一载荷 $P=20$ kN，$[\sigma]=140$ MPa。要求：

(1) 如 $a=70$ mm，试校核梁的强度是否安全？
(2) 设计截面尺寸 a 的最小值；
(3) 如采用工字钢，试选择工字钢型号。

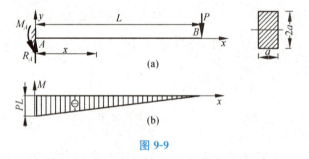

图 9-9

解：(1) 为求最大弯矩，作弯矩图，如图 9-9(b)所示，由图可见，

$$|M|_{\max} = Pl = 20 \text{ kN·m}$$

校核强度

$$\sigma_{\max} = \frac{M_{\max}}{W_z} = \frac{Pl}{\frac{a(2a)^2}{6}} = \frac{20 \times 1\,000 \times 1 \times 6}{70 \times 10^{-3} \times (140 \times 10^{-3})^2} = 87.5(\text{MPa}) < [\sigma]$$

故安全。

(2) 选择截面尺寸

$$W_z \geqslant \frac{M_{\max}}{[\sigma]} = \frac{20 \times 1\,000 \times 1}{140 \times 10^6} = 143 \times 10^{-6}(\text{m}^3) = 143 \text{ cm}^3$$

由 $W = \frac{a(2a)^2}{6}$

得

$$a = \sqrt[3]{\frac{6W}{4}} = \sqrt[3]{\frac{6 \times 143 \times 10^{-6}}{4}} \approx 0.06(\text{m}) = 60 \text{ mm}$$

(3) 根据以上 W_z 计算结果，查表得知，选 18 号工字钢比较合适，其 $W_z = 185$ cm³。

例 9-4 一矩形截面的简支梁，如图 9-10(a)所示，已知梁的跨度 $L=5$ m，截面高 $h=$

180 mm,宽 $b=90$ mm,均布载荷 $q=3.6$ kN/m,许用应力 $[\sigma]=10$ MPa,试校核此梁的强度,并确定许可载荷。

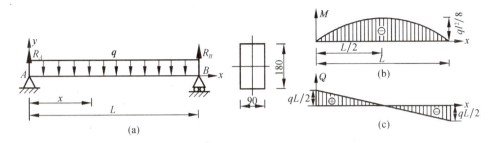

图 9-10

解:(1) 强度校核。绘出梁的弯矩图,如图 9-10(b)所示,由图可知,梁的最大弯矩发生在跨中截面。

$$M_{\max} = \frac{ql^2}{8} = \frac{3.6 \times 5^2}{8} = 11.25 (\text{kN} \cdot \text{m})$$

$$W_z = \frac{bh^2}{6} = \frac{90 \times 180^2}{6} = 0.486 \times 10^6 (\text{mm}^3) = 0.486 \times 10^{-3} \text{ m}^3$$

梁内最大正应力

$$\sigma_{\max} = \frac{M_{\max}}{W_z} = \frac{11.25 \times 10^3}{0.486 \times 10^{-3}} = 23.15 \text{ MPa} > [\sigma]$$

故梁的强度不够。

(2) 确定许可载荷。从上面的计算可知,梁承受 $q=3.6$ kN/m 的载荷是不安全的。那么,该梁可以承受的载荷为多大呢?根据强度条件式(9-8)

$$M_{\max} \leqslant [\sigma] W_z \tag{1}$$

已知

$$[\sigma] W_z = 10 \times 10^6 \times 0.486 \times 10^{-3} = 4\,860 (\text{N} \cdot \text{m}) \tag{2}$$

又

$$M_{\max} = \frac{ql^2}{8} = \frac{1}{8} q \times 5^2 = \frac{25}{8} q \tag{3}$$

将式(2)、式(3)代入式(1),整理后得

$$q = \frac{8}{25} \times 4\,860 = 1.56 (\text{kN/m})$$

所以,本梁允许承受的最大均布载荷 $q=1.56$ kN/m。

例 9-5 如图 9-11(a)所示,试按正应力校核铸铁梁的强度。已知梁的横截面为 T 形,惯性矩 $I_z=26.1\times10^{-6}$ m^4,材料的许用拉应力 $[\sigma_t]=40$ MPa,许用压应力 $[\sigma_c]=110$ MPa,横截面尺寸单位为 mm。

解:(1) 求约束力。先由静力平衡方程求出梁的支座约束力

$$R_A = 14.3 \text{ kN}, \quad R_B = 105.7 \text{ kN}$$

(2) 绘 M 图。绘出梁的弯矩图,如图 9-11(c)所示。由图可知,最大正弯矩在截面 C 处,即 $M_{C\max}=7.15$ kN·m;最大负弯矩在截面 B 处,即 $|M_{B\max}|=16$ kN·m;因为 T 截面关于中性轴 Z 不对称,且材料的许用应力 $[\sigma_t] \neq [\sigma_c]$,所以对两个危险截面 C、B 上的最大正应力要分别校核。

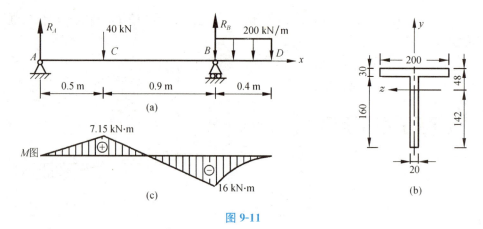

图 9-11

(3) 强度校核

截面 C

$$\sigma_{c\max} = \frac{7.15 \times 10^3 \times 0.048}{26.1 \times 10^{-6}} = 13.15(\text{MPa}) < [\sigma_c]$$

$$\sigma_{t\max} = \frac{7.15 \times 10^3 \times 0.142}{26.1 \times 10^{-6}} = 38.9(\text{MPa}) < [\sigma_t]$$

截面 B

$$\sigma_{c\max} = \left|\frac{16 \times 10^3 \times 0.142}{26.1 \times 10^{-6}}\right| = 87(\text{MPa}) < [\sigma_c]$$

$$\sigma_{t\max} = \left|\frac{16 \times 10^3 \times 0.048}{26.1 \times 10^{-6}}\right| = 29.4(\text{MPa}) < [\sigma_t]$$

故知铸铁梁的强度是足够的。

(4) 分析 经过强度校核可知,该梁的强度是足够的,说明此梁按现状放置是合理的。但若将此 T 形截面位置倒置,虽外力作用情况不变,但截面上的正应力分布将发生变化,会使梁的强度不足,读者不妨讨论一下。

(5) 讨论。由抗拉和抗压性能不同的材料制成的梁($[\sigma_c] > [\sigma_t]$),一般做成上下不对称的截面,如 T 形截面。对于这类梁的强度校核,一般是找出正、负最大弯矩所在截面,再分别进行拉、压强度校核。

例 9-6 外伸梁 AB 用 32a 号工字钢制成,如图 9-12(a) 所示,其许用应力 $[\sigma] = 160$ MPa,作用在梁上的载荷 $q = 5$ kN/m,试求作用在梁上的集中力载荷 F 许可值。

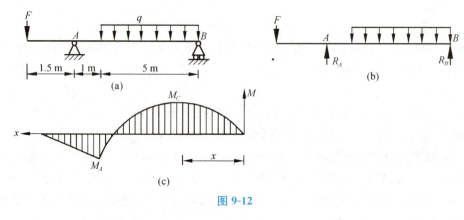

图 9-12

第 9 章 梁的弯曲强度

解：(1) 求约束力。考虑整个梁处于平衡状态，由平衡条件

$$\sum M_A = 0, \quad R_B \times 6 + F \times 15 - q \times 5 \times \left(\frac{5}{2} + 1\right) = 0$$

得

$$R_B = \frac{87\,500 - 1.5F}{6}$$

$$\sum F_y = 0, \quad R_A = F + q \times 5 - R_B$$

(2) 由强度条件求许可最大弯矩。查表得到工字钢 32a 的抗弯截面模量

$$W_z = 692 \text{ cm}^3$$

由梁的正应力条件

$$\sigma_{\max} = \frac{M_{\max}}{W_z} \leqslant [\sigma]$$

解得最大许可弯矩

$$M_{\max} \leqslant [\sigma] W_z = 160 \times 10^6 \times 692.2 \times 10^{-6} = 110.752 \text{(kN} \cdot \text{m)}$$

(3) 由弯矩图求危险截面上的最大弯矩。由弯矩图 9-12(c) 可知，危险截面可能发生在梁的 A 处以及 AB 梁的中间点 C 处，其相应截面上的弯矩值为

A 点处
$$|M_A| = 1.5F$$

C 点处
$$M_C = R_B x - \frac{1}{2} q x^2 \tag{1}$$

其中 x 为 AB 段弯矩极值所在的截面位置，由式(1)
解得

$$\frac{dM_c}{dx} = R_B - qx = 0$$

$$x = \frac{R_B}{q} \tag{2}$$

将式(2)代入式(1)，则得到 AB 段弯矩的极值

$$M_c = R_B \times \frac{R_B}{q} - \frac{q}{2}\left(\frac{R_B}{q}\right)^2 = \frac{1}{2}\frac{R_B^2}{q}$$

(4) 求许可载荷值。危险截面上的弯矩值应不超过许用的最大弯矩值。根据这一关系可以求出许可载荷 F。

由 A 截面上的弯矩值

$$M_A \leqslant M_{\max}$$

即
$$1.5F \leqslant 110.752$$

得到
$$F \leqslant 73.83 \text{ kN}$$

由 C 截面上的弯矩值

$$M_C \leqslant M_{\max}$$

即
$$\frac{1}{2}\frac{R_B^2}{q} \leqslant M_{\max}$$

$$\frac{1}{2 \times 5\,000} \times \left(\frac{87\,500 - 1.5F}{6}\right)^2 = 110.752$$

得到
$$F \leqslant 191.45 \text{ kN}$$
比较两个结果,取其中较小的值,则该梁的许可载荷 F 值是 73.83 kN。

9.3 弯曲剪应力简介

梁在横力弯曲时,横截面上同时存在弯曲正应力 σ 和弯曲切应力 τ。如前所述,对于实心细长梁,切应力可忽略不计,但对于跨度短、截面窄且高的梁及薄壁截面梁,切应力就不能忽略了。下面介绍几种常见截面上弯曲切应力计算公式。

9.3.1 矩形截面梁

如图 9-13 所示为一矩形截面梁,高为 h,宽为 b,剪力 Q 在某一横截面的截面对称轴坐标为 y 的直线上的切应力分布情况。根据切应力互等定理可知,截面两侧边上各点的切应力沿 Z 方向分量为零,即 $\tau_z = 0$。因此,切应力的方向一定与侧边相切,且平行于 Q。由对称关系可知,横截面中点处切应力的方向,也必然与 Q 方向相同,由此可见整个截面上的切应力均与 Q 平行。由以上分析,可对切应力的分布规律作出假设。

(1) 截面上每一点处切应力的方向都与剪力 Q 平行。
(2) 距中性轴等距离处的切应力相等,切应力沿宽度方向均匀分布。

根据以上假设,经理论分析得切应力公式为

$$\tau = \frac{QS_z}{I_z b} \tag{9-12}$$

式中,τ 为距中性轴为 y 处切应力;I_z 为全横截面对中性轴 z 的惯性矩;b 为横截面在所求切应力处的宽度;S_z 为距中性轴为 y 的横线以下(或以上),阴影部分面积对中性轴的静矩,如图 9-14(a)所示。

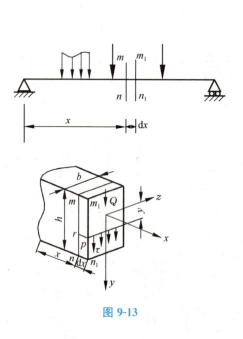

图 9-13

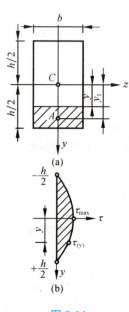

图 9-14

$$S_z = A_A y_C = b\left(\frac{h}{2}-y\right)\left(\frac{h}{4}+\frac{y}{2}\right) = \frac{b}{2}\left(\frac{h^2}{4}-y^2\right)$$

代入式(9-12),得距中性轴 y 处的切应力

$$\tau = \frac{Q}{2I_z}\left(\frac{h^2}{4}-y^2\right) \tag{9-13}$$

由式(9-13)可知,矩形截面梁横截面上的切应力沿截高度按二次抛物线规律变化,如图 9-14(b)所示,当 $y=\pm\frac{h}{2}$ 时,即在横截面上、下边缘处,$\tau=0$;当 $y=0$ 时,即在中性轴上,切应力最大,为

$$\tau_{\max} = \frac{Qh^2}{8I_z} = \frac{3Q}{2bh} = \frac{3Q}{2A} \tag{9-14}$$

式中,$A=bh$,为矩形截面的面积,由式(9-14)可见梁的最大切应力为截面上的平均切应力1.5倍。

9.3.2 工字形截面梁

工字形截面梁如图 9-15 所示,其腹板和翼缘均由窄长的矩形组成。

翼缘面积上的切应力基本沿水平方向,且数值很小,可略去不计。

中间腹板部分是窄长矩形,所以矩形截面切应力公式推导中的两个假设对这部分是适用的。腹板上的剪应力为

$$\tau = \frac{QS_z}{I_z b}$$

中性轴处的最大剪应力为

$$\tau_{\max} = \frac{QS_{z\max}}{I_z b} \tag{9-15}$$

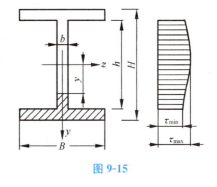

图 9-15

9.3.3 其他横截面梁

1. T 字形截面梁

图 9-16(a)所示的 T 字形截面是由两个矩形组成的,下面的狭长矩形与工字形截面的腹板类似,该部分上的切应力仍用下式计算。即

$$\tau = \frac{QS_z^*}{I_z b_1}$$

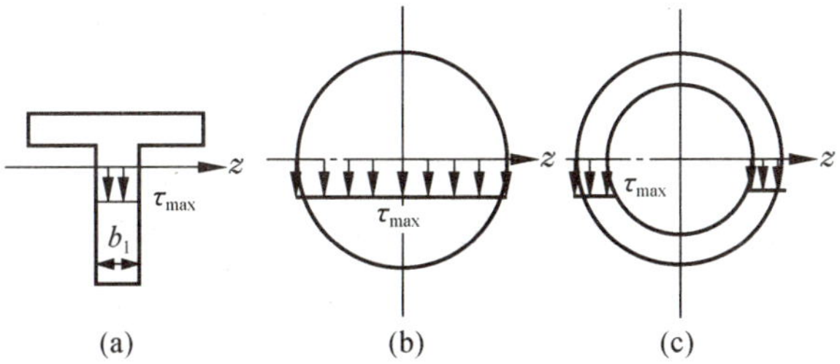

图 9-16

2. 圆形及环形截面梁

对于圆形及环形这两种截面（图 9-16(b)、(c)），它们的最大弯曲切应力均发生在中性轴处，并沿中性轴均匀分布，其值分别为

圆形
$$\tau_{max} = \frac{4}{3}\frac{Q}{A} \tag{9-16}$$

环形
$$\tau_{max} = 2\frac{Q}{A} \tag{9-17}$$

式中，Q 为横截面上的剪力；A 为横截面面积。

9.3.4 弯曲切应力强度条件及其应用

当最大切应力 τ_{max} 发生在最大剪力所在横截面的中性轴处，而该处的正应力为零，是纯剪切。所以，梁的弯曲切应力强度条件为

$$\tau_{max} \leqslant [\tau] \tag{9-18}$$

利用式(9-12)，式(9-18)可写为

$$\tau_{max} = \frac{Q_{max} S_{zmax}^*}{I_z b} \leqslant [\tau] \tag{9-19}$$

式中，$[\tau]$ 为材料的许用切应力。

例 9-7 图 9-17(a)所示矩形截面简支梁，承受均布载荷 q 的作用，已知：q, l, b, h。试求梁内最大正应力和最大切应力，并求两者之比值。

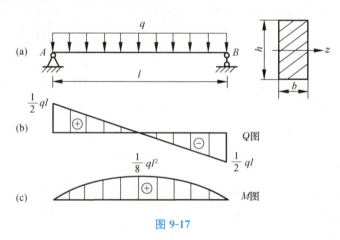

图 9-17

解：(1) 确定 Q_{max} 和 M_{max}，画出梁的剪力图和弯矩图。由图 9-17(b)可知，梁的最大剪力发生在 A 和 B 截面处，其值 $Q_{max} = \frac{1}{2}ql$；由图 9-17(c)可知，最大弯矩发生在跨中点截面处，其值 $M_{max} = \frac{1}{8}ql^2$。

(2) 计算最大正应力和最大切应力。由式(9-7)可知，梁的最大弯曲正应力为

$$\sigma_{max} = \frac{M_{max}}{W_z} = \frac{\frac{ql^2}{8}}{\frac{bh^2}{6}} = \frac{3ql^2}{4bh^2}$$

由式(9-14)可知,梁的最大切应力

$$\tau_{\max} = \frac{3Q_{\max}}{2A} = \frac{3 \times \frac{ql}{2}}{2bh} = \frac{3ql}{4bh}$$

(3) 最大正应力和最大切应力之比值

$$\frac{\sigma_{\max}}{\tau_{\max}} = \frac{l}{h}$$

由此例可知,当梁的跨度 l 与截面高度 h 相近时,弯曲切应力不能忽略。只有当梁的跨度远大于截面高度,而且材料的抗剪能力又比较好时,方可忽略切应力对梁的强度的影响。

9.4 提高梁弯曲强度的措施

所谓提高梁的强度,是指用尽可能少的材料,使梁能承受尽可能大的载荷,达到既经济又安全,以及减轻重量等目的。

在一般情况下,梁的强度主要是由正应力强度条件控制的。所以要提高梁的强度,应该在满足梁承载能力的前提下,尽可能减小梁的弯曲正应力。由正应力强度条件

$$\sigma_{\max} = \frac{M_{\max}}{W_z} \leqslant [\sigma]$$

可见,在不改变所用材料的前提下,应从减小最大弯矩 $M_{\max}$ 和增大抗弯截面模量 W_z 两方面考虑。

9.4.1 减小最大弯矩

1. 合理布置载荷

图 9-18 所示四根相同的简支梁,受相同的外力作用,但外力的布置方式不同,则相对应的弯矩图也不相同。

比较图 9-18(a)和图 9-18(b),图 9-18(b)所示梁的最大弯矩比图 9-18(a)的小,显然图 9-18(b)载荷布置比图 9-18(a)的合理。所以,当载荷可布置在梁上任意位置时,则应使载荷尽量靠近支座。例如,机械中齿轮轴上的齿轮常布置在紧靠轴承处。

比较图 9-18(a)和图 9-18(c)、图 9-18(d),图 9-18(c)与图 9-18(d)梁的最大弯矩相等,且只有图 9-18(a)梁的一半。所以,当条件允许时,尽可能将一个集中载荷改变为均布载荷,或者分散为多个较小的集中载荷。例如工程中设置的辅助梁,大型汽车采用的密布车轮等。

2. 合理布置支座

图 9-19(a)所示简支梁,其最大弯矩

$$M_{\max} = \frac{1}{8}ql^2 = 0.125ql^2$$

图 9-19(b)所示外伸梁,其最大弯矩

$$M_{\max} = \frac{1}{40}ql^2 = 0.025ql^2$$

由以上计算可见,图 9-19(b)梁的最大弯矩仅是图 9-19(a)梁最大弯矩的 1/5。所以图 9-19(b)支座布置比较合理。

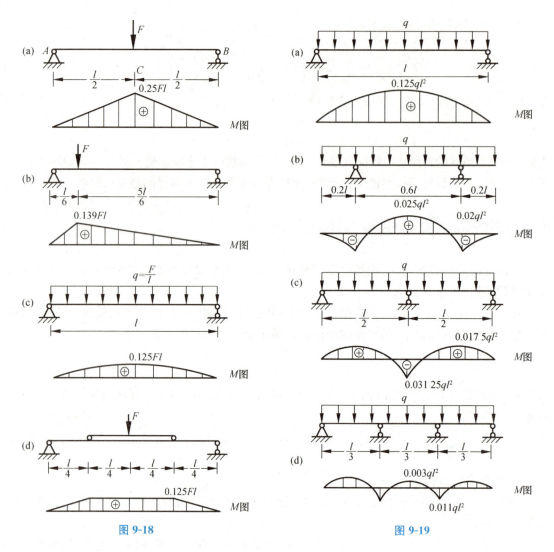

图 9-18

图 9-19

为了减小梁的弯矩,还可以采用增加支座以减小梁跨度的办法,如图 9-19(c),最大弯矩 $M_{max}=0.312\,5ql^2$,为图 9-19(a)的 1/4;若增加两个支座(图 9-19(d)),则 $M_{max}=0.011ql^2$,为图 9-19(a)的 1/11。

9.4.2 提高弯曲截面系数

弯曲截面系数是与截面形状、大小有关的几何量。在材料相同的情况下,梁的自重与截面积 A 成正比。为了减轻自重,就必须合理设计梁的截面形状。从弯曲强度方面考虑,梁的合理截面形状指的是在截面面积相同时,具有较大的弯曲截面系数 W_z 的截面。例如一个高为 h、宽为 b 的矩形截面梁($h>b$),截面竖放(图 9-20(a))比横放(图 9-20(b))抗弯强度大,这是由于竖放时的弯曲截面系数比横放时的弯曲截面系数大。

比较各种不同形状截面的合理性和经济性,可

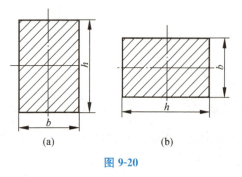

图 9-20

能通过 W_z/A 来进行。比值越大，表示这种截面在截面面积相同时承受弯曲的能力越大，其截面形状越合理。例如：

直径为 h 的圆形截面

$$\frac{W_z}{A} = \frac{\pi h^3/32}{\pi h^2/4} = \frac{h}{8} = 0.125h$$

高为 h、宽为 b 的矩形截面

$$\frac{W_z}{A} = \frac{bh^2/6}{bh} = 0.167h$$

高为 h 的槽形及工字形截面

$$\frac{W_z}{A} = (0.27 \sim 0.3)h$$

可见，工字形截面、槽形截面较合理，圆形截面最不合理。其原因只要从横截面上正应力分布规律来分析就清楚了。正应力强度条件主要是控制最大弯矩截面上离中性轴最远处各点的最大正应力，而中性轴附近处的正应力很小，材料没有充分发挥作用。若将中性轴附近的一部分材料转移到离中性轴较远的边缘上，既充分利用了材料，又提高了弯曲截面系数 W_z 的值。例如工字钢截面设计符合这一要求，而圆形截面的材料比较集中在中性轴附近，所以工字形截面比圆形截面合理。

应该指出，合理的截面形状还应考虑材料的性质。对于抗拉和抗压强度相同的塑性材料，应采用对称于中性轴的截面，如矩形、工字形等。对于抗拉和抗压强度不同的脆性材料，应采用对中性轴不对称的截面，并使中性轴靠近受拉一侧，如 T 形、槽形等。

9.4.3 等强度梁

一般情况下，梁的弯矩随截面位置而变化。因此，按正应力强度条件设计的等截面梁，除最大弯矩截面处外，其他截面上的弯矩都比较小，弯曲正应力也比较小，材料未得到充分利用，故采用等截面梁是不经济的。

工程中常根据弯矩的变化规律，相应地使梁截面沿轴线变化，制成变截面的梁。在弯矩较大处，采用较大的截面；在弯矩较小处，采用较小的截面。这种截面沿梁轴线变化的梁称为变截面梁。

理想的变截面梁应使所有横截面上的最大弯曲正应力相等，并等于材料的弯曲许用应力，即

$$\sigma_{\max} = \frac{M(x)}{W(x)} = [\sigma]$$

由此可得各截面的弯曲截面系数为

$$W(x) = \frac{M(x)}{[\sigma]} \tag{9-20}$$

式(9-20)表示等强度梁抗弯截面系数 $W(x)$ 沿梁的轴线变化规律。

从强度以及材料的利用上看，等强度梁很理想。但这种梁的加工及制造比较困难，故在工程中一些弯曲构件大都设计成近似的等强度梁。例如建筑结构中的"鱼腹梁"(图 9-21(a))、机械中的阶梯轴(图 9-21(b))等。

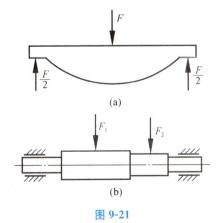

图 9-21

综上所述，提高梁强度的措施很多，但在实际设计构件时，不仅应考虑弯曲强度，还应考虑刚度、稳定性、工艺要求等诸多因素。

小　结

1. 弯曲应力

梁弯曲时其横截面上一般存在两种应力——正应力 σ 和剪应力 τ。

通常，由弯曲引起的正应力 σ 是决定梁强度的主要因素。正应力计算表达式为

$$\sigma = \frac{My}{I}$$

正应力沿截面高度方向呈线性分布，中性轴处正应力为零，离中性轴最远的边缘处正应力最大。

中性轴通过截面形心，将截面分成受拉和受压两个区域，应力的方向可根据弯矩的方向来确定。

正应力强度条件为

$$\sigma_{max} = \frac{M_{max}}{W} \leqslant [\sigma]$$

正应力计算式是在纯弯曲条件下推导出来的，但可适用于剪切弯曲。

在一些特殊情况下，还需对梁进行剪应力强度校核。剪应力计算表达式为

$$\tau = \frac{QS^*}{Ib}$$

剪应力强度条件为

$$\tau = \frac{Q_{max} S^*_{max}}{Ib} \leqslant [\tau]$$

剪应力沿截面高度呈二次曲线分布，一般情况下，中性轴处剪应力最大，上下边缘处剪应力为零。

2. 提高梁承载能力的措施

如何提高梁承载能力是工程中最关心的问题，虽然途径较多，但降低最大弯矩，合理选择截面形状与尺寸是工程中最通用的方法。

3. 注意问题

（1）梁内最大弯矩 M 和最大剪力 Q 通常不在同一截面，危险截面要分别判断；由于截面上的正应力和剪应力都不是均匀分布的，危险点也要分别判断。

（2）对拉压性能不同的材料，应分别进行拉应力、压应力强度校核。

思考题与习题

思　考　题

9-1　挑东西用的扁担常在中间折断，跳水板则容易在固定端处折断，为什么？

9-2　比较圆形、矩形和工字形截面的合理性，并说明理由。

9-3　试指出下列概念的区别：

（1）纯弯曲与平面弯曲；

(2) 中性轴与形心轴；

(3) 抗弯刚度与抗弯截面系数。

(4) 轴惯性矩与极惯性矩。

9-4 回答下列问题。

(1) 若矩形截面的高度或宽度分别增加一倍，截面的抗弯能力将各增大几倍？

(2) 设有载荷、跨度、横截面相同的木梁和钢梁，试比较它们的弯矩是否一致，正应力的大小与分布是否一样，纵向线应变是否相同。

(3) 矩形截面梁 $h=2b$，试说明竖放与平放时，它们的最大弯曲正应力和切应力各相差几倍。

9-5 悬臂梁由两根矩形截面的杆组成，设力 F 沿梁的宽度 b 作用，并假设各杆分别承受 $F/2$ 的作用，试分析如图 9-22(b)、图 9-22(c) 所示两种安放形式哪一种合理，为什么？

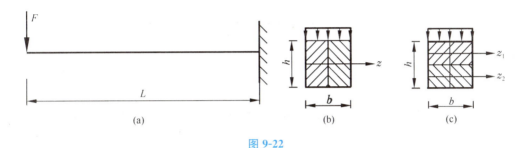

图 9-22

9-6 箱形截面如图 9-23 所示，按下式计算抗弯截面系数 W_z 是否正确？

$$W_z = \frac{1}{6}b_1 h_1^2 - \frac{1}{6}b_2 h_2^2$$

9-7 截面为正方形的梁按图 9-24 所示两种方式放置，问哪种方式较合理？

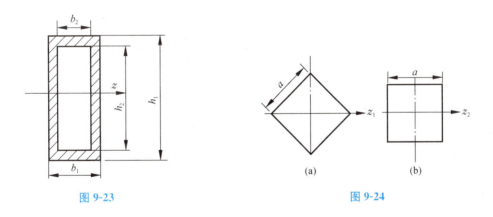

图 9-23   图 9-24

9-8 设有载荷、跨度、横截面均相同的钢梁与木梁，试比较二梁的剪力、弯矩；正应力、剪应力分布；强度条件。

习　题

9-1 如图 9-25 所示一矩形截面的简支木梁，受 $q=2\,\text{kN/m}$ 的均布载荷作用。已知梁长 $L=3\,\text{m}$，截面高为宽的 3 倍，即 $h=24\,\text{cm}$，$b=8\,\text{cm}$，试分别计算截面竖放和横放时梁的最大正应力，并比较二者相差几倍。

9-2 如图 9-26(a) 所示简支梁，试求 I—I 截面上 A、B 两点处的正应力及切应力，并绘出该截面上正应力及切应力的分布图。

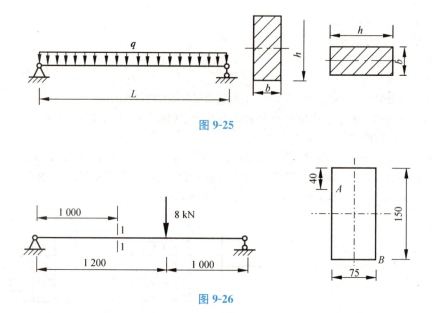

图 9-25

图 9-26

9-3 如图 9-27 所示悬臂梁,承受 $q=10$ kN/m 的均布载荷,已知 $L=1.5$ m,试求危险截面上的最大正应力。

9-4 如图 9-28 所示为一承受纯弯曲的铸铁梁,其截面为 T 形,材料的拉伸和压缩的许用应力之比 $[\sigma_1]/[\sigma_2]=1/4$,求水平翼板的合理宽度 b。

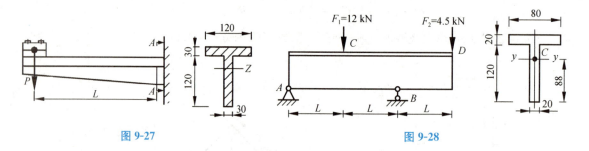

图 9-27　　　　　　　　　图 9-28

9-5 如图 9-29 所示简支梁,已知梁上所受集中力 $F=265$ kN,$L=2$ m,钢材 $[\sigma]=170$ MPa。要求:(1)选择 $h/b=1.5$ 的矩形截面尺寸;(2)选择工字钢型号;(3)比较两种截面耗用钢材的情况。

9-6 一圆形截面的木梁,梁上载荷如图 9-30 所示,已知 $L=3$ m,$F=3$ kN,$q=3$ kN/m,弯曲时木材的许用应力 $[\sigma]=10$ MPa,试选择圆木的直径。

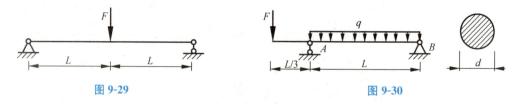

图 9-29　　　　　　　　　图 9-30

9-7 起重机运行于两根工字钢所组成的简支梁上,如图 9-31 所示。起重机自重 $Q=50$ kN,起重量 $F=10$ kN,材料的许用应力 $[\sigma]=160$ MPa。若梁的自重不计,试选择工字钢的型号。

9-8 如图 9-32 示轧辊轴直径 $D=280$ mm,跨长 $L=1\,000$ mm,$l=450$ mm,$b=100$ mm,轧辊材料的弯曲许用应力 $[\sigma]=100$ MPa,求轧辊能承受的最大轧制力。

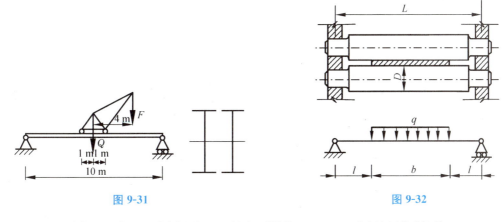

图 9-31　　　　　　　　　　　　图 9-32

9-9　20a 工字钢梁的支承及受力如图 9-33 所示。若 $[\sigma]=160$ MPa，试求许用载荷 $[P]$。

9-10　在 18 号工字钢梁上作用着可移动的载荷 P。如图 9-34 所示，为提高梁的承载能力，试确定 a 和 b 的合理数值及相应的许用载荷。设 $[\sigma]=160$ MPa。

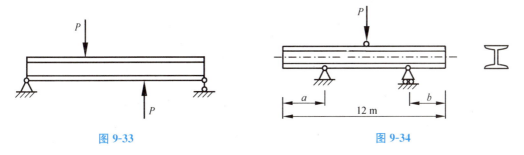

图 9-33　　　　　　　　　　　　图 9-34

9-11　欲从直径为 d 的圆木中截取一矩形截面梁（图 9-35），试从强度角度求出矩形截面最合理的高、宽尺寸。

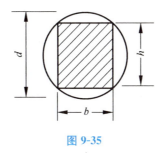

图 9-35

第 10 章 梁的弯曲刚度

10.1 梁变形的概念

平面弯曲时,梁的轴线在外力作用下变成一条连续、光滑的平面曲线,该曲线称为梁的挠曲线。在工程中,只允许梁发生弹性变形,所以,挠曲线又称为弹性曲线。

为了表示梁的变形情况,建立坐标系 Oxy,如图 10-1 所示。以梁左端为原点,x 轴沿梁的轴线方向,向右为正。在梁的纵向对称平面内取与 x 相垂直的轴为 y 轴,向上为正。

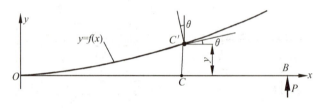

图 10-1

梁的基本变形用挠度和转角两个基本量来表示。

1. 挠度

梁轴线上的点 C(即横截面的形心),其在垂直于梁轴线方向上的线位移 CC' 称为该截面的挠度,用 y 表示。由于变形是微小的,所以,C 点的水平位移可以忽略不计。

一般情况下,不同截面的挠度是不相同的,因此可以把截面的挠度 y 表示为截面形心位置 x 的函数

$$y = f(x)$$

上式称为梁的挠曲线方程。挠度与 y 轴正方向一致时为正,反之为负。

2. 转角

梁横截面绕其中性轴相对于变形前的位置转动的角位移称为该截面的转角,用 θ 表示,由图 10-1 可见,过挠曲线上任一点作切线,它与 x 轴的夹角就等于 C 点所在截面的转角 θ。转角的正负号规定为:逆时针转动为正;顺时针转动为负。

3. 挠度与转角之间的关系

由微分学可知,过挠曲线任一点的切线与 x 轴的夹角的正切就是挠曲线在该点的斜率,即

$$\tan\theta = \frac{dy}{dx}$$

由于微小变形,θ 角很小,有

$$\theta \approx \tan\theta = \frac{dy}{dx} = f'(x) \tag{10-1}$$

上式表明,任意横截面的转角 θ 等于挠曲线在该截面形心处的斜率。显然,只要知道了挠曲线方程,就可以确定梁上任一横截面的挠度和转角。

4. 挠曲线的微分方程

在第 9 章中,曾导出纯弯曲时弯矩与中性层曲率间的关系式:

$$\frac{1}{\rho} = \frac{M}{EI} \tag{1}$$

式中,M 为横截面的弯矩;ρ 为挠曲线的曲率半径;EI 为梁的抗弯刚度。

在横力弯曲的情况下,通常梁的跨度远大于截面的高度,剪力对梁的变形影响很小,可以略去不计,因而式(1)仍可适用;只是梁的各截面的弯矩和曲率都随截面的位置改变,即它们都是 x 的函数,故式(1)可写为

$$\frac{1}{\rho(x)} = \frac{M(x)}{EI} \tag{2}$$

挠曲线上任一点的曲率 $1/\rho(x)$ 与该点处横截面的弯矩 $M(x)$ 成正比,而与该截面的抗弯刚度 EI 成反比。

设沿 x 方向相距为 dx 的两横截面间的相对转角为 $d\theta$,并设这两横截面间的挠曲线弧长为 ds,ds 两端法线的交点为曲率中心,曲率半径 ρ 也随之确定了。如图 10-2 所示,在顶角为 $d\theta$ 的曲边三角形中,显然有

$$ds = \rho d\theta, \quad \frac{1}{\rho} = \frac{d\theta}{ds}$$

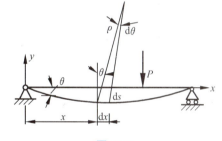

图 10-2

由于是小变形,θ 很微小,有 $\cos\theta \approx 1$,因此有

$$ds = \frac{dx}{\cos\theta} \approx dx$$

得

$$\frac{1}{\rho} = \frac{d\theta}{ds} \approx \frac{d\theta}{dx} = \frac{d^2 y}{dx^2} \tag{3}$$

把式(3)代入式(2),得到挠曲线近似微分方程式

$$\frac{d^2 y}{dx^2} = \frac{M(x)}{EI} \tag{10-2}$$

式中,$M(x)$ 为梁的弯矩方程。式(10-2)是研究弯曲变形的基本方程。欲求解梁的弯曲变形问题,只需对式(10-2)进行积分运算即可。

10.2 用积分法求梁的变形

对于等截面梁,抗弯刚度 EI 为常数,挠曲线近似微分方程(10-2)又可写为

$$EI y'' = M(x) \tag{10-3}$$

方程两边乘以 dx,并积分一次,得到梁的转角方程式

$$EI y'(x) = EI \theta(x) = \int M(x) dx + C \tag{10-4}$$

将上式再积分一次,得到挠曲线方程

$$EIy = \int\left[\int M(x)\mathrm{d}x\right]\mathrm{d}x + Cx + D \tag{10-5}$$

式中 C,D 为积分常数，可根据梁的边界条件和挠曲线连续光滑条件来确定。

(1) 简支梁的边界条件。简支梁在两端支座处的挠度为零，如图 10-3(a)所示，即

$$x = 0, \quad y_A = 0$$
$$x = l, \quad y_B = 0$$

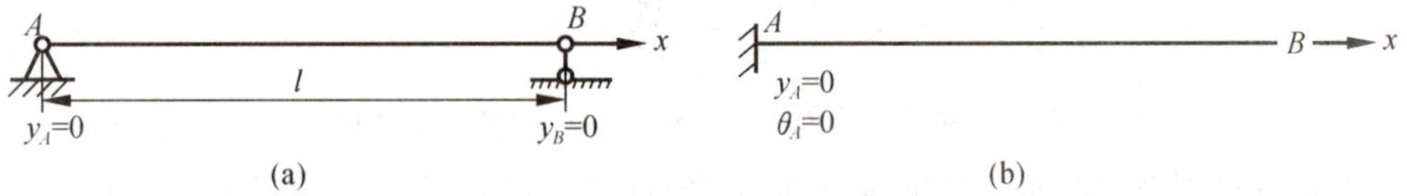

图 10-3

(2) 悬臂梁的边界是条件。悬臂梁在固定端处的挠度和转角都等于零，即 $x=0$ 处

$$y_A = 0, \quad \theta_A = 0$$

由边界条件确定出积分常数后，可由式(10-4)和式(10-5)得到梁的转角方程和挠曲线方程分别为

$$\theta = \frac{\mathrm{d}y}{\mathrm{d}x} = f'(x), \quad y = f(x)$$

从而可求得梁任意截面的转角和轴线上任一点的挠度。这种求梁变形的方法，通常称为积分法。

注意：当梁的弯矩方程需分段建立时，挠曲线微分方程也要分段建立。这时积分常数要按照边界条件和光滑连续条件确定。所谓光滑连续条件是指：梁的挠曲线应是一条光滑连续曲线，在任一点处有唯一确定的挠度和转角，而不允许有折点和不连续的现象。

例 10-1 工件在 B 端受切削力 P 作用，工件长为 l，抗弯刚度 EI，如图 10-4 所示。试求此工件最大挠度。

图 10-4

解：工件被紧固在卡盘 A 端，不允许产生挠度和转角，故可简化为固定端约束。

(1) 求约束力，列弯矩方程。由平衡方程求得支座约束力

$$R_A = P, \quad M_A = Pl$$

在距 A 点 x 处取截面，列出弯矩方程

$$M(x) = -Px + Pl \tag{1}$$

(2) 列挠曲线近似微分方程并各分将弯矩方程代入式(10-2)，得该梁的挠曲线近似微分方程

$$EIy''(x) = M(x) = -Px + pl \tag{2}$$

对式(2)积分，得到转角方程，

$$EI\theta(x) = -\frac{1}{2}Px^2 + Plx + C \tag{3}$$

对式(3)积分,得到挠度方程.

$$EIy(x) = -\frac{P}{6}x^3 + \frac{P}{2}lx^2 + Cx + D \tag{4}$$

(3) 确定积分常数。该悬臂梁的边界条件为 $x=0$ 处

$$\theta_A = 0, \quad y_A = 0$$

将此条件代入式(3)、式(4),得到

$$C = 0, \quad D = 0 \tag{5}$$

(4) 确定转角方程和挠度方程。将式(5)代入式(3)、式(4),得到转角方程和挠曲线方程分别为

$$\theta(x) = \frac{Px}{2EI}(2l - x) \tag{6}$$

$$y(x) = \frac{Px^2}{6EI}(3l - x) \tag{7}$$

(5) 求最大转角和最大挠度。由式(6)、式(7)可知,最大转角和最大挠度均发生在自由端,分别为

$$\theta_{\max} = \theta_B = \theta(l) = \frac{Pl^2}{2EI} \quad (\text{逆时针})$$

$$y_{\max} = y_B = y(l) = \frac{Pl^3}{3EI} \quad (\text{向上})$$

结果均为正值。

例 10-2 一个等截面悬臂梁的受力如图 10-5 所示,其弯曲刚度为 EI。求梁的挠曲线方程和转角方程。

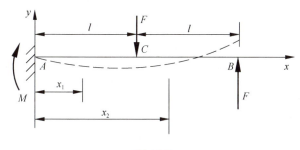

图 10-5

解:(1) 取坐标如图 10-5 所示,列弯矩方程梁的支反力矩 $M = Fl$,分段列弯矩方程

AC 段: $M(x_1) = Fl \quad (0 \leqslant x_1 \leqslant l)$

CB 段: $M(x_2) = Fl - F(x_2 - l) \quad (l \leqslant x_2 \leqslant 2l)$

(2) 建立挠曲线微分方程并积分。将弯矩方程式代入式(10-2),得

AC 段
$$EI\frac{d^2y_1}{dx_1^2} = Fl$$

积分一次得
$$EI\frac{dy_1}{dx_1} = Flx_1 + C_1 \tag{1}$$

再积分一次得
$$EIy_1 = \frac{Fl}{2}x_1^2 + C_1 x_1 + D_1 \tag{2}$$

CB 段
$$EI\frac{d^2 y_2}{dx_2^2} = Fl - F(x_2 - l)$$

积分一次得
$$EI\frac{dy_2}{dx_2} = Flx_2 - \frac{F}{2}(x_2 - l)^2 + C_2 \tag{3}$$

再积分一次得
$$EIy_2 = \frac{Fl}{2}x_2^2 - \frac{F}{6}(x_2 - l)^3 + C_2 x_2 + D_2 \tag{4}$$

(3) 确定积分常数。现有 C_1, D_1, C_2, D_2 四个积分常数,确定方法首先根据梁的挠曲线为一光滑连续曲线的特征,即同一截面上的转角和挠度分别相等的连续条件,有

在 $x_1 = x_2 = l$ 处,$\theta_1 = \theta_2$,代入式(1)和式(3),得 $C_1 = C_2$;

$y_1 = y_2$,代入式(2)和式(4),得 $D_1 = D_2$。

再由梁的边界条件,有

在 $x_1 = 0$ 时,$\theta_A = 0$,代入式(1),得 $C_1 = C_2 = 0$;

$y_A = 0$,代入式(2),得 $D_1 = D_2 = 0$。

(4) 确定转角方程和挠曲线方程。将积分常数的值代入式(1)~式(4),便得转角方程和挠曲线方程分别为

AC 段
$$\theta_1 = \frac{Fl}{EI}x_1$$

$$y_1 = \frac{Fl}{2EI}x_1^2$$

CB 段
$$\theta_2 = \frac{F}{2EI}[2lx_2 - (x_2 - l)^2]$$

$$y_2 = \frac{F}{6EI}[3lx_2^2 - (x_2 - l)^3]$$

积分法是求梁变形的基本方法,其优点是可以求得转角和挠曲线的普遍方程式。但当梁上的载荷复杂时,需分段列弯矩方程和挠曲线微分方程,并分段积分。分段越多,积分常数越多,根据边界条件和变形连续条件来确定积分常数的运算十分烦琐,所以积分法常用于梁上载荷比较简单的场合。

10.3 用叠加法求梁的变形

由上节例题可知,用积分法可以求出梁的挠曲线方程和转角方程。但当梁上载荷作用比较复杂时,用积分法计算梁的变形的过程就过于繁冗了。当只需求梁某特定截面的挠度和转角时,积分法尤为烦琐。当梁的弯曲变形很小,材料服从虎克定律时,梁的挠度和转角与梁上作用的载荷呈线性关系。当梁上有几个载荷同时作用时,可分别计算每一个载荷单独作用时所引起梁的变形,然后求出诸变形的代数和,即得到在这些载荷共同作用下梁所产生的变形。这种方法称为叠加法。

现将各种简单载荷作用下梁的挠曲线方程、转角和挠度有关计算公式列于表 10-1 中,以便查询。

表 10-1 在简单载荷作用下梁的变形

序号	梁的简图	挠曲线方程	梁端面转角（绝对值）	最大挠度（绝对值）
1	悬臂梁，B端受力偶 M_e	$y=-\dfrac{M_e x^2}{2EI}$	$\theta_B=\dfrac{M_e l}{EI}(\curvearrowright)$	$y_B=\dfrac{M_e l^2}{2EI}(\downarrow)$
2	悬臂梁，C处受力偶 M_e	$y=-\dfrac{M_e x^2}{2EI}\quad 0\leqslant x\leqslant a$ $y=-\dfrac{M_e a}{EI}\left[(x-a)+\dfrac{a}{2}\right]$ $a\leqslant x\leqslant l$	$\theta_B=\dfrac{M_e a}{EI}(\curvearrowright)$	$y_B=\dfrac{M_e a}{EI}\left(l-\dfrac{a}{2}\right)$ ($\downarrow$)
3	悬臂梁，B端受集中力 F	$y=-\dfrac{Fx^2}{6EI}(3l-x)$	$\theta_B=\dfrac{Fl^2}{2EI}(\curvearrowright)$	$y_B=\dfrac{Fl^3}{3EI}(\downarrow)$
4	悬臂梁，C处受集中力 F	$y=-\dfrac{Fx^2}{6EI}(3a-x)\quad 0\leqslant x\leqslant a$ $y=-\dfrac{Fa^2}{6EI}(3x-a)\quad a\leqslant x\leqslant l$	$\theta_B=\dfrac{Fa^2}{2EI}(\curvearrowright)$	$y_B=\dfrac{Fa^2}{6EI}(3l-a)$ ($\downarrow$)
5	悬臂梁，均布载荷 q	$y=-\dfrac{qx^2}{24EI}(x^2-4lx+6l^2)$	$\theta_B=\dfrac{ql^3}{6EI}(\curvearrowright)$	$y_B=\dfrac{ql^4}{8EI}(\downarrow)$
6	简支梁，B端作用力偶 M_e	$y=-\dfrac{M_e x}{6lEI}(l^2-x^2)$	$\theta_A=\dfrac{M_e l}{6EI}(\curvearrowright)$ $\theta_B=\dfrac{M_e l}{3EI}(\curvearrowleft)$	$y_{\max}=\dfrac{M_e l^2}{9\sqrt{3}EI}(\downarrow)$ $x=\dfrac{l}{\sqrt{3}}$ $y_{\frac{1}{2}}=\dfrac{M_e l^2}{16EI}(\downarrow)$
7	简支梁，C处作用力偶 M_e	$y=\dfrac{M_e x}{6lEI}(l^2-3b^2-x^2)$ $0\leqslant x\leqslant a$ $y=\dfrac{M_e}{6lEI}[-x^3+3l(x-a)^2+(l^2-3b^2)x]\quad a\leqslant x\leqslant l$	$\theta_A=\dfrac{M_e}{6lEI}(l^2-3b^2)(\curvearrowright)$ $\theta_B=\dfrac{M_e}{6lEI}(l^2-3a^2)(\curvearrowright)$ $\theta_C=\dfrac{M}{6lEI}(3a^2+3b^2-l^2)(\curvearrowright)$	$y_{\max}=\dfrac{(l^2-3b^2)^{\frac{3}{2}}}{9\sqrt{3}lEI}$ $x=\left(\dfrac{l^2-3b^2}{3}\right)^{\frac{1}{2}}$ $y_{\max}=\dfrac{-(l^2-3a^2)^{\frac{1}{2}}}{9\sqrt{3}lEI}$ $x=\left(\dfrac{l^2-3a^2}{3}\right)^{\frac{3}{2}}$
8	简支梁，跨中受集中力 F	$y=-\dfrac{Fx}{48EI}(3l^2-4x^2)$ $0\leqslant x\leqslant \dfrac{l}{2}$	$\theta_A=\dfrac{Fl^2}{16EI}(\curvearrowright)$ $\theta_B=\dfrac{Fl^2}{16EI}(\curvearrowleft)$	$y_{\frac{1}{2}}=\dfrac{Fl^3}{48EI}(\downarrow)$

续表

序号	梁的简图	挠曲线方程	梁端面转角（绝对值）	最大挠度（绝对值）
9		$y=-\dfrac{Fbx}{6lEI}(l^2-x^2-b^2)$ $0\leqslant x\leqslant a$ $y=-\dfrac{Fb}{6lEI}\left[\dfrac{l}{b}(x-a)^3+\right.$ $\left.(l^2-b^2)x-x^3\right]$ $a\leqslant x\leqslant l$	$\theta_A=\dfrac{Fab(l+b)}{6lEI}(\curvearrowright)$ $\theta_B=\dfrac{Fab(l+a)}{6lEI}(\curvearrowleft)$	$y_{\max}=\dfrac{Fb(l^2-b^2)^{\frac{3}{2}}}{9\sqrt{3}lEI}(\downarrow)$ $x=\sqrt{\dfrac{l^2-b^2}{3}}$ $y_{\frac{l}{2}}=\dfrac{Fb(3l^2-4b^2)}{48EI}(\downarrow)$
10		$y=-\dfrac{qx}{24EI}(l^3-2lx^2+x^3)$	$\theta_A=\dfrac{ql^3}{24EI}(\curvearrowright)$ $\theta_B=\dfrac{Fl^3}{24EI}(\curvearrowleft)$	$y=\dfrac{5ql^4}{384EI}(\downarrow)$
11		$y=\dfrac{Fax}{6lEI}(l^2-x^2)$ $0\leqslant x\leqslant l$ $y=-\dfrac{F(x-l)}{6EI}[a(3x-l)-$ $(x-l)^2]$ $l\leqslant x\leqslant (l+a)$	$\theta_A=\dfrac{Fal}{6EI}(\curvearrowleft)$ $\theta_B=\dfrac{Fal(l+a)}{3EI}(\curvearrowright)$ $\theta_C=\dfrac{Fa}{6EI}(2l+3a)(\curvearrowright)$	$y_C=\dfrac{Fa^2}{3EI}(l+a)(\downarrow)$ $y_{\max}=\dfrac{Fal^2}{q\sqrt{3}EI}(\uparrow)$ $x=\dfrac{l}{\sqrt{3}}$
12		$y=-\dfrac{M_e x}{6lEI}(x^2-l^2)$ $0\leqslant x\leqslant l$ $y=-\dfrac{M_e}{6EI}(3x^2-4xl+l^2)$ $l\leqslant x\leqslant (l+a)$	$\theta_A=\dfrac{M_e l}{6EI}(\curvearrowright)$ $\theta_B=\dfrac{M_e l}{3EI}(\curvearrowleft)$ $\theta_C=\dfrac{M_e}{3EI}(l+3a)(\curvearrowleft)$	$y_C=\dfrac{M_e a}{6EI}(2l+3a)(\downarrow)$ $y_{\max}=\dfrac{M_e l^2}{9\sqrt{3}EI}(\uparrow)$ $x=\dfrac{l}{\sqrt{3}}$
13		$y=\dfrac{qa^2}{12EI}\left(lx^2-\dfrac{x^3}{l}\right)$ $0\leqslant x\leqslant l$ $y=-\dfrac{qa^2}{12EI}\left[\dfrac{x^3}{l}-\dfrac{(2l+a)(x-l)^3}{al}+\right.$ $\left.\dfrac{(x-l)^4}{2a^2}-lx\right]$ $l\leqslant x\leqslant (l+a)$	$\theta_A=\dfrac{qa^2 l}{12EI}(\curvearrowright)$ $\theta_B=\dfrac{qa^2 l}{6EI}(\curvearrowleft)$ $\theta_C=\dfrac{qa^2}{6EI}(l+a)(\curvearrowleft)$	$y_C=\dfrac{qa^3}{24EI}(3a+4l)(\downarrow)$ $y_1=\dfrac{qa^2 l^2}{18\sqrt{3}EI}(\uparrow)$ $x=\dfrac{l}{\sqrt{3}}$

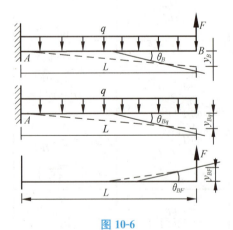

图 10-6

例 10-3 等直悬臂梁 AB，已知梁的抗弯刚度为 EI，如图 10-6 所示。试用叠加法求自由端的转角和挠度。

解：悬臂梁上作用两种载荷：均布载荷 q 及集中载荷 F。

（1）集中载荷 F 单独作用时，B 端的转角和挠度可直接由表 10-1 查出。得到自由端的转角和挠角分别为

$$\theta_{BF}=\dfrac{FL^2}{2EI}, \quad y_{BF}=\dfrac{FL^3}{3EI}$$

（2）均布载荷 q 单独作用时，B 端的转角和挠角可直接由表 10-1 查出，得到自由端的转角和挠度分别为

$$\theta_{Bq}=\dfrac{-qL^3}{6EI}, \quad y_{Bq}=\dfrac{-qL^4}{8EI}$$

(3) 由叠加法求均布载荷 q 及集中载荷 F 同时作用下，自由端的转角和挠度分别为

$$\theta_B = \theta_{BF} + \theta_{Bq} = \frac{FL^2}{2EI} - \frac{qL^3}{6EI}$$

$$y_B = y_{BF} + y_{Bq} = \frac{FL^3}{3EI} - \frac{qL^4}{8EI}$$

例 10-4 外伸梁 AC，已知梁的抗弯刚度 EI 为常数，如图 10-7(a)所示。试计算截面 C 的挠度。

解：由于由表 10-1 不能直接查出外伸臂部分受均布载荷时的变形，因此需将此梁分为两段来研究，以便利用表 10-1 进行计算。

(1) 假想用横截面将梁截为两段，把左段 AB 视为简支梁，右段 BC 视为固定于截面 B 上的悬臂梁。当悬臂梁 BC 变形时，截面 C 垂直下移，如图 10-7(b)所示；当简支梁 AB 变形时，截面 B 转动，从而使截面 C 也垂直下移，如图 10-7(c)所示。

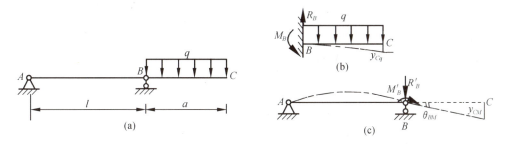

图 10-7

(2) 悬臂梁 BC 段。悬臂梁 BC 段仅作用有均布载荷 q，由表 10-1 查得自由端 C 截面的挠度

$$y_{Cq} = \frac{-qa^4}{8EI}$$

悬臂梁 B 端的支座约束力

$$M_B = \frac{1}{2}qa^2, \quad R_B = qa$$

(3) 简支梁 AB 段的 B 截面上，由于原梁被切成两段，故在所切的截面上有弯矩 M'_B 和 R'_B，其数值与 BC 段所截的截面处的弯矩和反力大小相等，方向相反，分别为

$$M'_B = -\frac{1}{2}qa^2, \quad R'_B = -qa$$

集中力 R'_B 直接作用在支座 B 上，故对梁的变形无影响。集中力偶 M'_B 作用在支座 B 上，使 B 截面有转角，由表 10-1 查出为

$$\theta_{BM} = \frac{-\frac{qa^2}{2} \times l}{3EI} = \frac{-qa^2 l}{6EI}$$

(4) AB 段与 BC 段是固连在一起的，因而根据连续性条件，简支梁 AB 段的 B 截面转动也将带动悬臂梁 BC 段转动同一角度，引起 BC 段自由端 C 截面的挠度

$$y_{CM} = \theta_{BM} a = \frac{-qa^3 l}{6EI}$$

所以，均布载荷单独作用在外伸梁时，在外伸端 C 处所引起的挠度等于两段梁所产生挠度的总和，为

$$y_C = y_{cq} + y_{CM} = \frac{-qa^4}{8EI} - \frac{qa^3 l}{6EI} = \frac{-qa^3}{24EI}(3a+4l)$$

10.4 梁的刚度计算及提高梁弯曲刚度的措施

10.4.1 梁的刚度计算

在工程实际中，对梁的刚度要求，就是根据不同工作需要，将其最大挠度和最大转角（或指定截面的挠度和转角）限制在所规定的允许值之内，即

$$|\theta|_{max} \leqslant [\theta]$$
$$|y|_{max} \leqslant [y] \tag{10-6}$$

式(10-6)称为梁的刚度条件。式中 $|\theta|_{max}$ 和 $|y|_{max}$ 为梁产生的最大转角和最大挠度的绝对值，$[\theta]$ 和 $[y]$ 分别为对梁规定的许用转角和许用挠度，其值可从有关手册或规范中查得。

例 10-5 图 10-8(a)所示矩形截面梁，已知 $q = 10$ kN/m，$l = 3$ m，$E = 196$ GPa，$[\sigma] = 118$ MPa，许用挠度 $[y] = \dfrac{l}{250}$。试设计截面尺寸($h = 2b$)。

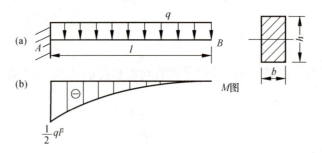

图 10-8

解：(1) 按强度设计。画弯矩图，如图 10-8(b)所示。最大弯矩

$$M_{max} = \frac{1}{2}ql^2 = \frac{1}{2} \times 10 \times 3^2 = 45(\text{kN} \cdot \text{m})$$

矩形截面弯曲截面系数

$$W_z = \frac{bh^2}{6} = \frac{2b^3}{3}$$

由强度条件

$$\sigma_{max} = \frac{M_{max}}{W_z} \leqslant [\sigma]$$

$$b \geqslant \sqrt[3]{\frac{3M_{max}}{2[\sigma]}} = \sqrt[3]{\frac{3 \times 45 \times 10^6}{2 \times 118}} = 83(\text{mm})$$

(2) 按刚度设计。由表 10-1 查得最大挠度值为

$$y_{max} = |y_B| = \frac{ql^4}{8EI}$$

矩形截面的惯性矩 $I=\dfrac{bh^3}{12}=\dfrac{2b^4}{3}$

根据刚度条件,式(9-6)中 $|y|_{\max}\leqslant[y]$,有

$$\dfrac{ql^4}{8EI}\leqslant\dfrac{l}{250}$$

$$b\geqslant\sqrt[4]{\dfrac{3\times250ql^3}{2\times8E}}=\sqrt[4]{\dfrac{3\times250\times10\times(3\times10^3)^3}{2\times8\times196\times10^3}}=89.6(\mathrm{mm})$$

取 $b=90$ mm,$h=180$ mm。

(3) 根据强度和刚度设计结果,确定截面尺寸。比较以上两个计算结果,应取刚度设计得到的尺寸作为梁的最终设计尺寸,即 $b=90$ mm,$h=180$ mm。

例 10-6 图 10-9(a)所示为某车床主轴受力简图,若工作时最大主切削力 $F_1=2$ kN,齿轮给轴的径向力 $F_2=1$ kN,空心轴外径 $D=80$ mm,内径 $d=40$ mm,$l=400$ mm,$a=200$ mm,$E=210$ GPa,截面 C 处许可挠度 $[y]=0.0001l$。试校核其刚度。

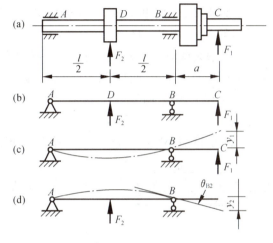

图 10-9

解:受力简图(b)可用图(c)和图(d)表示。

(1) 截面惯性矩

$$I=\dfrac{\pi}{64}(D^4-d^4)=\dfrac{\pi}{64}\times(80^4-40^4)=189\times10^4(\mathrm{mm}^4)$$

(2) 按图(c)所示,由表 10-1 查得

$$y_1=\dfrac{F_1 a^2}{3EI}(l+a)=\dfrac{2\times10^3\times200^2}{3\times210\times10^3\times189\times10^4}\times(400+200)=4.03\times10^{-2}(\mathrm{mm})$$

(3) 按图(d)所示,由表 10-1 查得

$$\theta_{B2}=-\dfrac{F_2 l^2}{16EI}$$

$$y_2=\theta_{B2}a=-\dfrac{F_2 l^2 a}{16EI}=-\dfrac{1\times10^3\times400^2\times200}{16\times210\times10^3\times189\times10^4}=-0.504\times10^{-2}(\mathrm{mm})$$

(4) 由叠加法求挠度 y_C

$$y_C=y_1+y_2=4.03\times10^{-2}-0.504\times10^{-2}=3.53\times10^{-2}(\mathrm{mm})$$

(5) 许用挠度 $[y]=0.0001l=0.0001\times400=4\times10^{-2}(\mathrm{mm})$

比较得 $y_C<[y]$,所以满足刚度条件。

如果图 10-9(a)中齿轮受的径向力 F_2 指向向下,这时由 F_2 力将使 C 点向上移动,即

$$y_2=0.504\times10^{-2}(\mathrm{mm})$$

这样 C 点的挠度为

$$y_C=y_1+y_2=4.03\times10^{-2}+0.504\times10^{-2}=4.53\times10^{-2}(\mathrm{mm})$$

此值大于 $[y]$,主轴这样受力,刚度条件就不能满足。

10.4.2 提高梁弯曲刚度的措施

由表 10-1 可见,梁的挠度和转角除了与梁的支承和载荷情况有关外,还取决于以下因素,即

材料——梁的变形与材料的弹性模量 E 成反比。

截面——梁的变形与截面的惯性矩 I 成反比。

跨长——梁的变形与跨长 l 的 n 次幂成正比(由表 10-1 可知,在各种不同载荷作用下,n 分别等于 1,2,3 或 4)。

所谓提高梁的刚度,是指在外载荷作用下产生尽可能小的弹性变形。为了达到提高梁刚度的目的,常采用以下措施:

(1) 增大截面惯性矩。因为各类钢材的弹性模量 E 的数值极为接近,采用优质钢材对提高弯曲刚度意义不大,而且还造成浪费。所以,一般选择合理的截面形状,以增大截面的惯性矩。在工程上,常采用工字形、箱形、空心圆轴等形状的截面,这样既提高了梁的强度,又提高了刚度。

(2) 尽量减小梁的跨度。如上所述,梁的挠度和转角与梁的跨长 l 的 n 次幂成正比,因此如能设法缩短梁的跨度,将能显著地减小其挠度和转

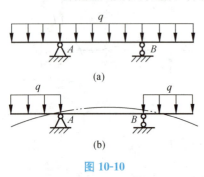

图 10-10

角。这是提高梁刚度的一个很有效的措施之一。例如桥式起重机的箱形钢梁或桁架钢梁,通常采用两端外伸的结构,如图 10-10(a)所示。其原因之一,就是为了缩短跨长,从而减小梁的最大挠度值。另外,由于这种梁的外伸部分的自重作用,将使梁的 AB 跨产生向上的挠度,如图 10-10(b)所示,从而使 AB 跨的向下挠度能够被抵消一部分而有所减小。

(3) 增加支座。增加支座也是提高梁刚度的有效措施之一。在梁的跨度不能缩短时,可采用增加支座的办法,以提高梁的刚度。例如在悬臂梁的自由端或简支梁的跨中增加一个支座,都可以使梁的挠度显著地减小。但采用这种措施后,原来的静定梁就变成了静不定梁。有关静不定梁的问题将在下一节中讨论。

(4) 合理布置载荷,减小弯矩。弯矩是引起变形的主要因素。变更载荷位置或方式,减小梁内弯矩,可达到减小变形提高刚度的目的。

*10.5 梁的静不定问题

工程中为了提高梁的强度和刚度,或者由于结构上的其他要求,常在静定梁上增加支承,使之变成静不定梁。增加的支承,对于在载荷作用下保持梁的平衡并不是必需的,而是多余的,故属于多余约束,与之相应的约束反力称为多余约束反力。多余约束的个数,称为梁的静不定次数。

解静不定梁的方法很多,这里仅介绍解简单静不定梁常用的变形比较法。与解拉压静不定问题相似,解静不定梁问题的关键是建立变形补充方程。现举例说明解静不定梁的方法。

例 10-7 图 10-11(a)所示一等截面梁,若 q,l,EI 均已知,求全部约束反力,并绘出梁的剪力图和弯矩图。

解:(1) 确定静不定梁次数。在 A, B 处共有四个约束反力,根据静力平衡条件可列三个平衡方程,故为一次静不定梁。

(2) 选择基本静定梁,建立相当系统。除去梁上多余的约束,使原来的静不定梁变为静定梁,此静定梁称为基本静定梁。例如对图 10-11(a) 中的梁,若取支座 B 为多余约束并解除之,则得到图 10-11(b) 所示的悬臂梁,此为相应的基本静定梁。

在基本静定梁上加上作用在原静不定梁上的全部外载荷,即除原来的均布载荷外,还应加上多余约束反力 R_B,如图 10-11(c) 所示,此系统称为原静不定梁的相当系统。

(3) 列变形补充方程,求多余约束反力。为保证相当系统与原静不定梁完全等效,即二者的受力和变形应完全相同,则相当系统在多余约束处的变形必须符合原静不定梁的约束条件,即满足变形协调条件。由图 10-11(a) 知,原静不定梁在 B 点处为铰支座,不可能产生挠度,所以挠度应为零。即

$$y_B = 0 \qquad (1)$$

根据叠加法,由表 10-1 查得在外力 q 和 R_B 作用下,相当系统在截面 B 的挠度为

$$y_B = y_{Bq} + y_{BR} = -\frac{ql^4}{8EI} + \frac{R_B l^3}{3EI} \qquad (2)$$

将式(2)代入式(1),得到变形补充方程为

$$-\frac{ql^4}{8EI} + \frac{R_B l^3}{3EI} = 0$$

由此式解得多余约束反力

$$R_B = \frac{3}{8}ql$$

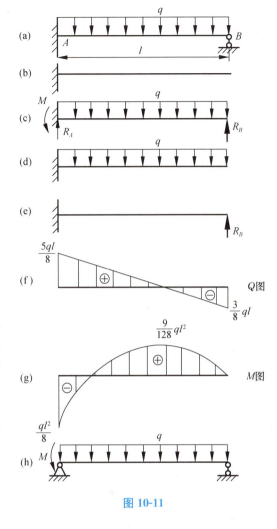

图 10-11

(4) 列静力平衡方程,求其余约束反力。由相当系统的平衡,图 10-11(c) 所示,列平衡方程

$$\sum m_A = 0 \quad M - ql\frac{l}{2} + R_B l = 0$$

$$\sum F_y = 0 \quad R_A + R_B - ql = 0$$

解得 $R_A = \frac{5}{8}ql$, $M = \frac{1}{8}ql^2$

(5) 绘剪力图和弯矩图。从剪力图 10-11 知,最大剪力 $Q_{max} = \frac{5}{8}ql$,从弯矩图(图 10-11(g))

知,最大弯矩 $M_{max} = \dfrac{1}{8}ql^2$。若与没有支座 B 的静定梁相比,静不定梁的最大剪力和最大弯矩比静定梁分别减小 $\dfrac{3}{8}ql$ 和 $\dfrac{3}{8}ql^2$。可见静不定梁由于增加了支座,其强度和刚度提高了。

应该指出,相当系统的选取不是唯一的。例如图 10-11(a)也可将固定端处限制横截面 A 转动的约束作为多余约束,并以多余约束反力偶矩 M 代替其作用,则原梁的相当系统如图 10-11(h)所示。此时变形协调条件为截面 A 的转角为零,即

$$\theta_A = 0$$

由此求得的约束反力与上述的完全相同。

对于解静不定梁的问题,其关键在于确定多余约束反力。多余约束反力确定后,作用在相当系统上的所有外载荷均为已知,由此即可按照分析静定梁的方法,继续进行内力、应力、变形等的计算。

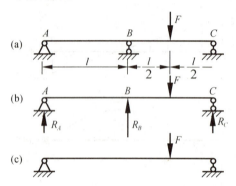

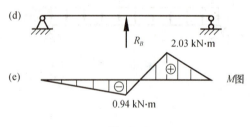

图 10-12

例 10-8 图 10-12 所示圆截面梁,已知:$F = 20$ kN,$l = 500$ mm,直径 $d = 60$ mm,$[\sigma] = 160$ MPa。试校核此梁的强度。

解:(1)确定静不定次数。此梁有三个约束反力,根据平面平行力系平衡条件可列两个平衡方程,故为一次静不定梁。

(2)选择基本静定梁,建立相当系统。如取支座 B 为多余约束,相应的基本静定梁为一简支梁。在此简支梁上受集中力 F 和多余约束反力 R_B 作用,即相当系统如图 10-12 所示。

(3)列变形补充方程,求多余约束反力。由静不定支座 B 的约束条件,B 点处的挠度应力零,即变形协调条件为

$$y_B = 0 \qquad (1)$$

根据叠加法,由表 10-1 查得在外力 F 和 R_B 作用下,相当系统截面 B 的挠度为

$$y_B = y_{BF} + y_{BR} = -\dfrac{F\dfrac{l}{2}l}{6 \times 2lEI}\left[(2l)^2 - (l^2) - \left(\dfrac{l}{2}\right)^2\right] + \dfrac{R_B(2l)^3}{48EI} = -\dfrac{11Fl^3}{96EI} + \dfrac{R_Bl^3}{6EI} \qquad (2)$$

将式(2)代入式(1),得到变形补充方程

$$-\dfrac{11Fl^3}{96EI} + \dfrac{R_Bl^3}{6EI} = 0$$

由此式得

$$R_B = \dfrac{11}{16}F = \dfrac{11}{16} \times 20 = 13.75 (\text{kN})$$

(4)列静力平衡方程,求其余约束反力。由图 10-12 所示,列平衡方程

$$\sum M_A = 0, \quad R_Bl - F\left(l + \dfrac{l}{2}\right) + R_C 2l = 0$$

$$\sum F_y = 0, \quad R_A + R_B + R_C - F = 0$$

解得
$$R_A = -\frac{3F}{32} = -\frac{3 \times 20}{32} = -1.88(\text{kN})$$
$$R_C = \frac{13F}{32} = \frac{13 \times 20}{32} = 8.13(\text{kN})$$

(5) 绘弯矩图,确定最大弯矩。从弯矩图 10-12 知,梁的最大弯矩
$$M_{\max} = 2.03 \text{ kN} \cdot \text{m}$$

(6) 梁弯曲时正应力强度校核。梁的最大正应力为
$$\sigma_{\max} = \frac{M_{\max}}{W_z} = \frac{32M_{\max}}{\pi d^3} = \frac{32 \times 2.03 \times 10^6}{\pi \times 60^3} = 95.7(\text{MPa}) < [\sigma]$$

综合上述计算,此梁的强度符合要求。

小 结

1. 梁的变形和刚度计算

挠曲线的近似微分方程是: $\dfrac{d^2 y}{dx^2} = \dfrac{M(x)}{EI}$

(1) 用积分法求弯曲变形。

转角 $\theta = \dfrac{dy}{dx} = \int \dfrac{M}{EI} dx + C$;挠度 $y = \int \left(\int \dfrac{M}{EI} dx \right) dx + Cx + d$

根据梁的边界条件和挠曲线的连续光滑条件确定积分常数。

(2) 用叠加法求弯曲变形。

梁上受到多个载荷作用时,其中某一截面的挠度和转角,等于每个载荷单独作用时该截面的挠度或转角的代数和,这就是叠加法。

梁的刚度条件:为了保证梁有足够的刚度,梁中最大挠度和最大转角必须在许可范围内,即 $y_{\max} \leq [f]$,$\theta_{\max} \leq [\theta]$,这就是梁的刚度条件。

2. 静不定梁

求解静不定梁的方法与解拉压静不定问题类似,也需要根据梁的变形协调条件和力与变形间的物理关系,建立补充方程,然后与静力平衡方程联立求解。

3. 提高梁弯曲刚度的措施

(1) 增大截面抗弯刚度;

(2) 调整跨度和改善结构;

(3) 改变载荷作用方式。

思考题与习题

思 考 题

10-1 梁的挠度和转角之间有何关系?它们的正、负号如何规定?挠度最大、转角为零,适用于哪种情况?

10-2 什么是边界条件?什么是变形连续条件?试写出图 10-13 所示各梁的边界条件和变形连续性条件?

10-3 设两梁的长度、抗弯刚度和弯矩方程均相同,则两梁的变形是否相同?为什么?

10-4 何谓静不定梁?求解静不定梁的关键是建立补充方程。此方程应根据什么条件建立?

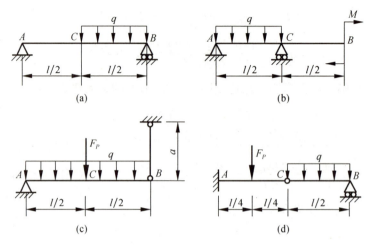

图 10-13

10-5 对图 10-14 所示的矩形截面悬臂梁,试问:当横截面高度增大 1 倍或跨度减小 1/2 时,最大弯曲正应力和最大挠度各将怎样变化?

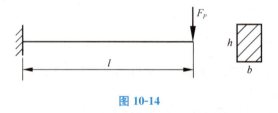

图 10-14

10-6 提高弯曲强度和提高弯曲刚度各有哪些主要措施?这些措施中哪些可以起到"一箭双雕"的作用?

10-7 若已知图 10-15(a)所示梁中点挠度为 $y_1 = \dfrac{5ql^4}{384EI_z}$,则判断图 10-15(b)所示梁中点挠度 y_2 为多少?二梁抗弯刚度 EI_z 相同。

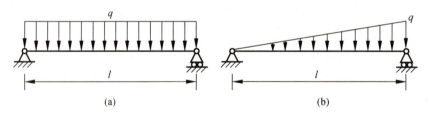

图 10-15

习　题

10-1 试用积分法求图 10-16 所示悬臂梁的挠曲线方程和转角方程,并确定最大挠度和最大转角。设 EI 为常数。

10-2 试用积分法求图 10-17 所示各梁的挠曲线方程和转角方程,并求截面 A 的挠度。设 EI 为常数。

10-3 写出图 10-18 所示各梁的挠曲线微分方程,说明确定积分常数的条件。设 EI 为常数。

10-4 用叠加法求图 10-19 所示各梁截面 B 的挠度和转角。

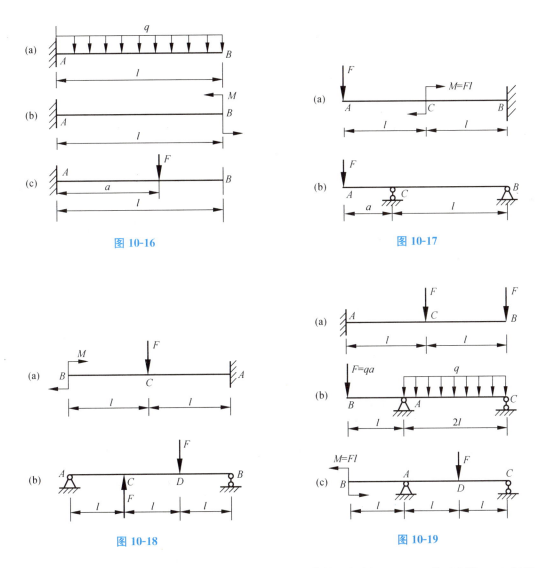

图 10-16

图 10-17

图 10-18

图 10-19

10-5 图 10-20 所示木梁的右端用钢拉杆支承,已知梁的横截面为边长 $a=0.2$ m 的正方形,$q=40$ kN/m,$E_1=10$ GPa;钢拉杆的横截面面积 $A_2=250$ mm²,$E_2=210$ GPa。试求拉杆的伸长 Δl 及梁中点 C 沿铅垂方向的位移 y_C。

10-6 为了测定材料的弹性模型 E,在图 10-21 所示跨度为 1.7 m 的简支梁的中点 C 上加力 $F=550$ N,测得 C 点处的挠度 $y_C=4$ mm,梁的横截面是边长 $a=30$ mm 的正方形。试求 E 值。

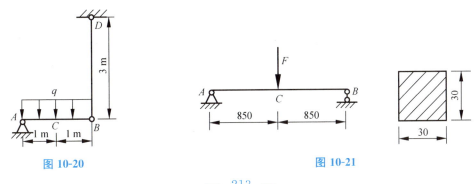

图 10-20

图 10-21

10-7 图 10-22 所示为一工字钢简支梁。已知：$q=4$ kN/m，$M=4$ kN·m，材料弯曲许用应力$[\sigma]=160$ MPa，许用挠度$[y]=\dfrac{l}{400}$，$E=200$ GPa。试按强度条件选择型号，并校核梁的刚度。

10-8 求图 10-23 所示各静不定梁的支座反力。

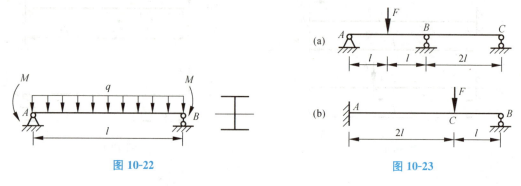

图 10-22　　　　　图 10-23

10-9 试作图 10-24 所示各梁的剪力图和弯矩图。

10-10 图 10-25 所示为圆截面梁。已知 $q=15$ kN/m，$l=4$ m，直径 $d=100$ mm，许用应力$[\sigma]=100$ MPa。试校核梁的强度。

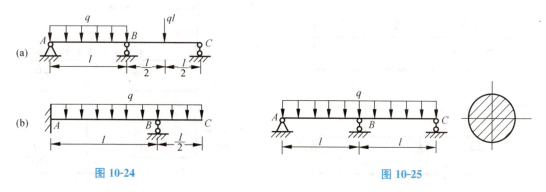

图 10-24　　　　　图 10-25

10-11 如图 10-26 所示，梁 AB 上作用有均布载荷 q 以及力偶矩 $M=qL^2/20$，梁的抗弯刚度为 EI。试用叠加法求简支梁截面 A,B 的转角和跨度中点 C 的挠度。

10-12 桥式起重机，载荷 $P=20$ kN。起重机大梁为 32a 号工字钢，$E=210$ GPa，$L=8.75$ m，如图 10-27 所示。规定 $f=l/500$，试校核梁的刚度。

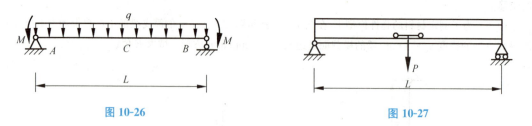

图 10-26　　　　　图 10-27

第11章 应力状态和强度理论

本章主要研究平面应力状态理论,并介绍常见的强度理论。

11.1 点的应力状态

通过前面所学知识,我们知道构件在同一截面上各点的应力不一定相同。例如,圆轴扭转时,横截面上各点的剪应力大小从圆心到圆边缘按直线规律变化。直梁弯曲时,横截面上各点正应力的大小随其离中性轴的距离不同而变化。此外,在研究直杆拉伸或压缩的斜截面上的应力时,我们也知道:即使在同一个点,随着所取截面的方位的不同,截面上的应力也不相同。为了深入了解受力构件内的应力关系,必须分析构件在一点处的各个不同方位截面上的应力情况。构件上某一点处的应力变化情况称为点的应力状态。

研究点的应力状态,可围绕研究的点切取一个边长趋于零的微小的正六面体作为研究对象,这个微小的正六面体就称为该点的单元体,又称微元体。因为单元体十分微小,故可以认为单元体各面上的应力是均匀分布的,大小等于所研究点在对应截面上的应力;相互平行的截面上的应力大小相等,符号相同。这样,单元体各个面上的应力就是构件相应截面在该点处的应力。单元体的应力状态表示了相应点的应力状态。为了便于研究,通常沿杆件的纵、横截面切取单元体。

在矩形截面拉杆上取一微元体,其应力状态如图 11-1(a)所示,梁纯弯曲时横截面上下边缘 B,B' 的应力状态如图 11-1(b)所示。它们的共同特点是微元体左、右两侧面上有正应力,没有剪应力。这种应力状态称为"单向应力状态"。

圆轴扭转时,圆轴表面上任意一点 C 的单元体及其面上的应力如图 11-1(c)所示。其左、右面是横截面上 C 点附近的微小面,仅有剪应力,其大小等于横截面上 C 点的剪应力 $\tau_{xy} = \dfrac{T}{W_t}$,根据剪应力互等定律,上、下面上有与剪应力 τ_{xy} 符号相反的剪应力,而前、后面上没有剪应力。这种应力状态称为"纯剪应力状态"。

传动轴横截面最上边缘 D 点的应力状态如图 11-1(d)所示,在左、右截面上,既有正应力 $\sigma_x = \dfrac{My}{I_z}$,又有剪应力 $\tau_{xy} = \dfrac{m}{W_t}$,根据剪应力互等定律,上、下面上有剪应力,前后面上亦有应力。把一个面上既有正应力又有剪应力的状态,称为"复杂应力状态"。

单元体各面上的应力符号为:正应力——拉应力为正,压应力为负;剪应力——与截面外法线顺时针转 90°方向一致为正,反之为负。

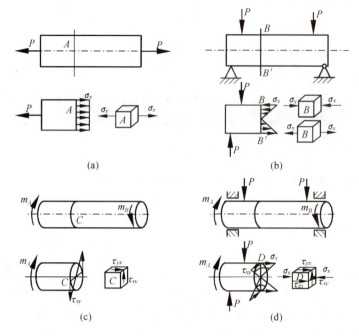

图 11-1

11.2 平面应力状态分析的解析法

平面应力状态是材料力学中见得最多的应力状态,所以进行平面应力状态分析具有很重要的意义,同时也给三向应力状态分析打下必要的基础。

分析平面应力状态的常用方法有两种——解析法和图解法。本节介绍解析法求一点处任意截面上的应力及正应力极值。

一般平面应力状态下原始单元体各个面上的应力如图 11-2(a)所示,设原始单元体各面上的应力分量 σ_x,σ_y,τ_{xy} 和 τ_{yx} 皆为已知。图 11-2(b)为单元体的正投影。这里 σ_x 和 τ_{xy} 是法线与 x 轴平行的面上的正应力和剪应力;σ_y 和 τ_{yx} 是法线与 y 轴平行的面上的应力。剪应力 τ_{xy}(或 τ_{yx})有两个下标,第一个下标 x(或 y)表示剪应力作用平面的法线的方向;第二个下标 y(或 x)则表示剪应力的方向平行于 y 轴(或 x 轴)。关于应力的符号,规定为:正应力以拉应力为正而压应力为负;剪应力对单元体内任意点的矩为顺时针转向时为正,反之为负。按照上述符号规则,在图 11-2(a)中,σ_x,σ_y 和 τ_{xy} 皆为正,而 τ_{yx} 为负。

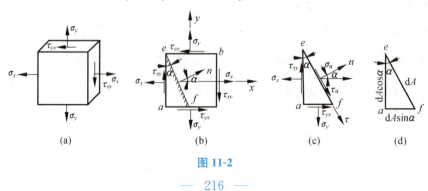

图 11-2

11.2.1 斜截面上的应力

取任意斜截面 ef,其外法线 n 与 x 轴正向的夹角为 α。规定:由 x 轴转到外法线 n 为反时针转向时,则 α 为正。以截面 ef 把单元体分成两部分,并研究 aef 部分的平衡问题(图 11-2(c))。斜截面 ef 上的应力由正应力和剪应力来表示。

若 ef 面的面积为 dA(图 11-2(d)),则 af 面的面积是 $dA\sin\alpha$,ae 面的面积为 $dA\cos\alpha$。把作用于 aef 部分上的力投影于 ef 面的外法线 n 和切线 τ 的方向并考虑其平衡,由 $\sum F_n = 0$ 和 $\sum F_\tau = 0$ 有

$$\sigma_\alpha dA + (\tau_{xy} dA\cos\alpha)\sin\alpha - (\sigma_x dA\cos\alpha)\cos\alpha + (\tau_{yx} dA\sin\alpha)\cos\alpha - (\sigma_y dA\sin\alpha)\sin\alpha = 0$$

$$\tau_\alpha dA - (\tau_{xy} dA\cos\alpha)\cos\alpha - (\sigma_x dA\cos\alpha)\sin\alpha + (\sigma_y dA\sin\alpha)\cos\alpha + (\tau_{yx} dA\sin\alpha)\sin\alpha = 0$$

由于 $\tau_{yx} = \tau_{xy}$,将上式化简后整理得到

$$\sigma_\alpha = \frac{\sigma_x + \sigma_y}{2} + \frac{\sigma_x - \sigma_y}{2}\cos 2\alpha - \tau_{xy}\sin 2\alpha \tag{11-1}$$

$$\tau_\alpha = \frac{\sigma_x - \sigma_y}{2}\sin 2\alpha + \tau_{xy}\cos 2\alpha \tag{11-2}$$

以上两式表明,斜截面上的正应力 σ_α 和剪应力 τ_α 随 α 角的改变而变化,即 σ_α 和 τ_α 都是 α 的函数。式(11-1)、式(11-2)就是求以 α 为参数的任意斜截面上的正应力和剪应力公式。

例 11-1 试用解析法求图 11-3(a)中指定截面上的正应力和剪应力,并把结果标在图上。

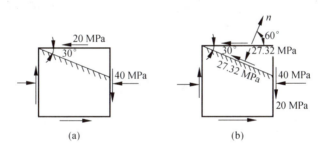

图 11-3

解:根据图中标出的应力知

$$\sigma_x = -40 \text{ MPa} \quad \sigma_y = 0 \quad \tau_{xy} = 20 \text{ MPa}$$

如图 11-3(b)所示,画出指定截面的外法线 n,它与 x 轴的正向成 $60°$ 角,所以 $\alpha=60°$,由式(11-1)和式(11-2)得

$$\sigma_{60°} = \frac{-40+0}{2} + \frac{-40-0}{2} \times \cos(60°\times 2) - 20 \times \sin(60°\times 2) = -27.32 \text{(MPa)}$$

$$\tau_{60°} = \frac{-40-0}{2} \times \sin(60°\times 2) + 20 \times \cos(60°\times 2) = -27.32 \text{(MPa)}$$

得出的斜截面上的应力标在图 11-3(b)所示的斜截面上。

例 11-2 求图 11-4(a)所示单元体内 ab 截面上的应力。

解:由图 11-4(a)所示单元体的各面上的应力得知

$$\sigma_x = 30 \text{ MPa} \quad \sigma_y = -10 \text{ MPa} \quad \tau_{xy} = -25 \text{ MPa}$$

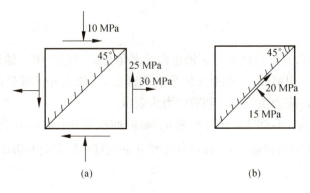

图 11-4

ab 面外法线与 x 轴正向的夹角为 $\alpha=-45°$。
由式(11-1)和式(11-2)得

$$\sigma_{-45°}=\frac{30-10}{2}+\frac{30-(-10)}{2}\times\cos(-45°\times2)-(-25)\times\sin(-45°\times2)=-15(\text{MPa})$$

$$\tau_{-45°}=\frac{30-(-10)}{2}\times\sin(-45°\times2)+(-25)\times\cos(-45°\times2)=-20(\text{MPa})$$

所得的应力标在图 11-4(b)所示的 ab 斜截面上。

11.2.2 正应力极值

由斜截面上的正应力公式可以看出,正应力 σ_α 是有界的,因此它是有极值的。下面推导求正应力极值和它所在的平面的解析式。

将式(11-1)对 α 求导数,得

$$\frac{\mathrm{d}\sigma_\alpha}{\mathrm{d}\alpha}=-2\left(\frac{\sigma_x-\sigma_y}{2}\sin 2\alpha+\tau_{xy}\cos 2\alpha\right) \tag{1}$$

若 $\alpha=\alpha_0$ 时,能使导数 $\frac{\mathrm{d}\sigma_\alpha}{\mathrm{d}\alpha}=0$,则在 α_0 所确定的截面上,正应力达到极值。以 α_0 代入式(1),得到

$$\frac{\sigma_x-\sigma_y}{2}\sin 2\alpha_0+\tau_{xy}\cos 2\alpha_0=0 \tag{2}$$

由此得出

$$\tan 2\alpha_0=-\frac{2\tau_{xy}}{\sigma_x-\sigma_y} \tag{11-3}$$

因为正切函数是周期为 180°的周期函数,所以由式(11-3)能够算出相差 180°的两个 $2\alpha_0$,也就算出相差 90°的两个 α_0。因此正应力的极值有两个,且分别作用于相差 90°的两个截面上(正应力极值的两个作用面互相垂直)。一般 α_0 在 ±90°范围内选取,若设其中之一为 α_0',另一个为 α_0'',则有

$$\alpha_0'=\alpha_0''\pm 90°$$

若从式(11-3)中求出 $\sin 2\alpha_0$ 和 $\cos 2\alpha_0$,代入到式(11-1)中,求得的两个正应力的极值为

$$\begin{matrix}\sigma'\\\sigma''\end{matrix}=\frac{\sigma_x+\sigma_y}{2}\pm\sqrt{\left(\frac{\sigma_x-\sigma_y}{2}\right)^2+\tau_{xy}^2} \tag{11-4}$$

其他截面上的正应力满足
$$\sigma'' \leqslant \sigma \leqslant \sigma'$$
由式(11-4)显然有
$$\sigma' + \sigma'' = \sigma_x + \sigma_y$$
正应力取得极值的作用面上,其剪应力为
$$\tau_{\alpha_0} = \frac{\sigma_x - \sigma_y}{2}\sin 2\alpha_0 + \tau_{xy}\cos 2\alpha_0$$
由式(2)得 $\tau_{\alpha_0} = 0$。

这就是说,在正应力取极值的作用面上剪应力为零。

在具体计算时,当只需考虑两个极值应力的数值时,直接使用式(11-4)。若还需指出正应力极值的作用面以及作用面上的两个极值分别是多少时,就需要先由式(11-3)求出 α_0' 和 α_0'',然后分别把 α_0' 和 α_0'' 代入到式(11-1)中,求出两个正应力极值 σ' 和 σ''。

例 11-3 已知一点处的平面应力状态如图 11-5(a)所示,试求正应力极值及其作用面。要求图示。

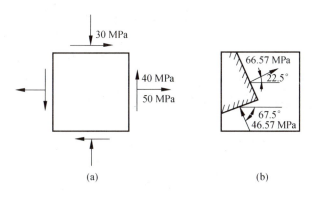

图 11-5

解:由图 11-5(a)所示的应力知
$$\sigma_x = 50 \text{ MPa} \quad \sigma_y = -30 \text{ MPa} \quad \tau_{xy} = -40 \text{ MPa}$$
先由式(11-3)求出正应力极值所在的平面,即求出 α_0' 和 α_0''。因为
$$\tan 2\alpha_0 = -\frac{2\tau_{xy}}{\sigma_x - \sigma_y} = -\frac{2 \times (-40)}{50 - (-30)} = 1$$
所以
$$2\alpha_0' = 45° \quad \alpha_0' = 22.5°$$
$$2\alpha_0'' = -135° \quad \alpha_0'' = -67.5°$$
然后把 $2\alpha_0'$ 和 $2\alpha_0''$ 代入到式(11-1)中,得到
$$\sigma' = \frac{\sigma_x + \sigma_y}{2} + \frac{\sigma_x - \sigma_y}{2}\cos 2\alpha_0' - \tau_{xy}\sin 2\alpha_0'$$
$$= \frac{50 + (-30)}{2} + \frac{50 - (-30)}{2}\cos 45° - (-40)\sin 45° = 66.57(\text{MPa})$$
$$\sigma'' = \frac{\sigma_x + \sigma_y}{2} + \frac{\sigma_x - \sigma_y}{2}\cos 2\alpha_0'' - \tau_{xy}\sin 2\alpha_0''$$
$$= \frac{50 + (-30)}{2} + \frac{50 - (-30)}{2}\cos(-135°) - (-40)\sin(-135°) = -46.57(\text{MPa})$$

先画出 $\alpha_0'=22.5°$ 和 $\alpha_0''=-67.5°$ 两个正应力极值作用面,然后把相应的两个应力 σ' 和 σ'' 画在这两个面上(图 11-5(b))。

如果只关心两个极值应力的大小,则可直接用式(11-4)求出 σ' 和 σ''。

$$\begin{matrix}\sigma'\\ \sigma''\end{matrix} = \frac{\sigma_x+\sigma_y}{2} \pm \sqrt{\left(\frac{\sigma_x-\sigma_y}{2}\right)^2+\tau_{xy}^2}$$

$$= \frac{50+(-30)}{2} \pm \sqrt{\left[\frac{50-(-30)}{2}\right]^2+(-40)^2} = \begin{cases} 66.57\ \text{MPa}\\ -46.57\ \text{MPa}\end{cases}$$

11.3 主应力与最大剪应力

可以证明,对于任意一个单元体,都可以找到三个相互垂直的平面——平面上只有正应力,没有剪应力(剪应力为零)。我们把这些**单元体上剪应力等于零的平面称为主平面。主平面上的正应力称为主应力**。主应力为单元体上各截面中正应力的极值。三个主应力分别用 $\sigma_1,\sigma_2,\sigma_3$ 表示,并按代数值的大小来排列,即 $\sigma_1 \geqslant \sigma_2 \geqslant \sigma_3$。所以,一点的应力状态,通常也可以用三个主应力来表示。

根据三个主应力的数值是否为零,可将点的应力状态分为三类:在三个主应力中,只有一个主应力不为零的应力状态,称为单向应力状态。有两个主应力不为零的应力状态称为二向应力状态。单向应力状态和二向应力状态统称为平面应力状态。若三个主应力均不为零,则称为三向应力状态,也称为空间应力状态。

工程中构件上各点,大多为二向应力状态,二向应力状态的主应力计算式为

$$\begin{matrix}\sigma_{\max}\\ \sigma_{\min}\end{matrix} = \frac{\sigma_x+\sigma_y}{2} \pm \sqrt{\left(\frac{\sigma_x-\sigma_y}{2}\right)^2+\tau_{xy}^2}$$

在讨论主应力方向时,一般以单元体上与横截面对应的平面为参考面,则主平面的方位角为

$$\tan 2\alpha_o = -\frac{2\tau_{xy}}{\sigma_x-\sigma_y}$$

二向应力状态可视为有一个主应力为零的三向应力状态,若 $\sigma_{\min}<0$,则 $\sigma_2=0$,而 $\sigma_3=\sigma_{\min}$;若 $\sigma_{\min}>0$,则 $\sigma_3=0$,而 $\sigma_2=\sigma_{\min}$。

单元体某一截面上将存在最大剪应力

$$\tau_{\max} = \sqrt{\left(\frac{\sigma_x-\sigma_y}{2}\right)^2+\tau_{xy}^2} = \frac{\sigma_{\max}-\sigma_{\min}}{2} = \frac{\sigma_1-\sigma_3}{2} \tag{11-5}$$

最大剪应力所在平面的方位角为 $\alpha_1=\alpha_o+45°$,和主平面成 $45°$。

例 11-4 圆轴受力偶矩 $m=700\ \text{kN·m}$ 作用(如图 11-6(a)),试求圆轴表面 K 点的主应力和最大剪应力。

解:(1) 取单元体。围绕 K 点,用一对横截面、一对切向截面以及一对径向截面切取一个单元体,如图 11-6(b)所示。

由圆轴扭转时横截面应力公式可知,单元体左右一对平行横截面上只有剪应力,其值 $\tau_{xy}=\tau_{\max}=\frac{T}{W_t}$。根据剪应力互等定理可知,上下一对平行面上也有剪应力 $\tau_{yx},\tau_{yx}=-\tau_{xy}$。圆轴扭转时表面沿轴向没有剪应力,故单元体前后表面上没有剪应力。

将单元体简化为图 11-6(b)所示的平面图形。这种单元体表面只有剪应力而没有正应力的应力状态，称为纯剪切应力状态。

$$\tau_{xy} = \frac{T}{W_t} = \frac{m}{\frac{\pi}{16}d^3} = \frac{16 \times 700 \times 10^3}{\pi \times 40^3} = 55.7(\text{MPa})$$

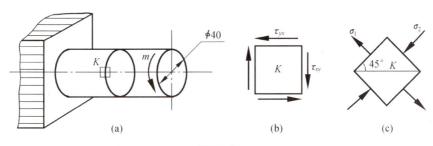

图 11-6

（2）求主应力和最大剪应力。

将 $\tau_{xy} = 55.7$ MPa, $\sigma_x = \sigma_y = 0$ 代入式(11-4)，得主应力：

$$\sigma_1 = \sigma_{\max} = \frac{\sigma_x + \sigma_y}{2} + \sqrt{\left(\frac{\sigma_x - \sigma_y}{2}\right)^2 + \tau_{xy}^2} = 55.7 \text{ MPa}$$

$$\sigma_2 = 0$$

$$\sigma_3 = \frac{\sigma_x + \sigma_y}{2} - \sqrt{\left(\frac{\sigma_x - \sigma_y}{2}\right)^2 + \tau_{xy}^2} = -55.7 \text{ MPa}$$

$$\tan 2\alpha_0 = -\frac{2\tau_{xy}}{\sigma_x - \sigma_y} = -\infty$$

$$2\alpha_0 = -90° \quad \text{或} \quad \alpha_0 = -45°$$

主应力如图 11-6(c)所示。
由式(11-5)得最大剪应力为

$$\tau_{\max} = \sqrt{\left(\frac{\sigma_x - \sigma_y}{2}\right)^2 + \tau_{xy}^2} = 55.7 \text{ MPa}$$

由 $\alpha_1 = \alpha_0 + 45°$ 得最大剪应力作用面的方位角 $\alpha_1 = 0°$。

在圆轴扭转时，最大剪应力发生在圆轴表面的横截面与纵向截面上。主平面与最大剪应力作用面的夹角为 45°。所以主应力分别发生在与轴线成 45°的斜截面上，大小都分别等于剪应力。

由前面分析可知：铸铁等脆性材料制成的圆轴，扭转失效一般发生在与轴线成 45°的斜截面上，这是由于这类材料的抗拉强度最差，与轴线成 45°的斜截面上的最大拉应力使轴沿着该斜截面被拉断。而低碳钢等塑性材料制成的圆轴，扭转失效一般发生在横截面上，这是因为这类材料的抗剪强度低于抗拉(压)强度，横截面上最大剪应力 $\tau_{\max}$ 使轴沿横截面剪断。

11.4 平面应力状态分析的图解法

可以证明，单元体任意斜截面上的应力 $\sigma_\alpha, \tau_\alpha$ 满足下面方程

$$\left(\sigma_\alpha - \frac{\sigma_x + \sigma_y}{2}\right)^2 + \tau_\alpha^2 = \left(\frac{\sigma_x - \sigma_y}{2}\right)^2 + \tau_{xy}^2$$

这是一个以 $\left(\dfrac{\sigma_x+\sigma_y}{2},0\right)$ 为圆心,半径为 $R=\sqrt{\left(\dfrac{\sigma_x-\sigma_y}{2}\right)^2+\tau_{xy}^2}$ 的圆的方程。这样得到的圆称为应力圆。圆周上每一点对应着单元体的每一个截面。也就是说,圆周上一个点的纵坐标表示对应截面上的剪应力,横坐标则表示对应截面上的正应力。

应力圆的画法:

(1) 建立 σ-τ 直角坐标系;

(2) 在坐标系中作出与图 11-7(a)所示单元体基准面的对应点 $D(\sigma_x,\tau_{xy})$ 以及与 90°面的对应点 $E(\sigma_y,\tau_{yx})$;

(3) 连接 DE,则 DE 与 x 轴的交点 C 即为圆心,以 C 为圆心,以 CD 或 CE 为半径所作的圆,即为所求的应力圆。

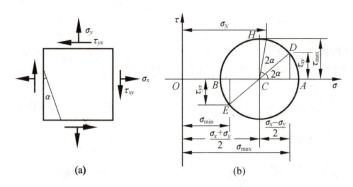

图 11-7

由图 11-7(b)可以看出,应力圆与横坐标轴的交点为 A,B,这两点对应单元体截面上的剪应力为零,因此 A,B 两点对应截面就是主平面,它们的横坐标就是主应力。

显然

$$\sigma_{\max}=\overline{OC}+R$$

$$\sigma_{\min}=\overline{OC}-R$$

$$\tau_{\max}=R$$

为了计算方便,在作应力圆时,应标出基准点 D 或倾角为 0°的截面,同时还应标出 C 的横坐标、半径的大小及基准半径 CD 的倾角。

例 11-5 用图解法求图 11-8 所示单元体的主平面、主应力及最大剪应力,并作出主平面单元体。应力单位为 MPa。

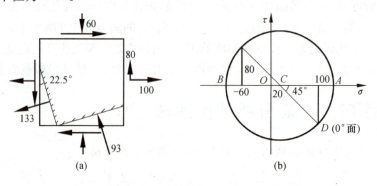

图 11-8

解：（1）建立 σ-τ 直角坐标系，作出与单元体对应的应力圆。

计算圆心 C 点的坐标、圆的基准半径 CD。根据基准截面（单元体右截面）上的应力值 $(100,-80)$ 描出 D 点，作出应力圆如图 11-8(b)所示。

$$\overline{OC} = \frac{\sigma_x + \sigma_y}{2} = \frac{100-60}{2} = 20(\text{MPa})$$

$$R = \sqrt{\left(\frac{\sigma_x - \sigma_y}{2}\right)^2 + \tau_{xy}^2} = \sqrt{\left(\frac{100+60}{2}\right)^2 + 80^2} = 80\sqrt{2} \approx 113(\text{MPa})$$

（2）由图可知，A，B 两点对应的截面是主平面。

$$\sigma_{\max} = \sigma_A = \overline{OC} + R = 20 + 113 = 133 \, (\text{MPa})$$

相应主平面方位角 $\alpha_{O1} = 22.5°$（单元体上主平面的方位角为应力圆上主应力方位角的一半）

$$\sigma_{\min} = \sigma_B = \overline{OC} - R = 20 - 113 = -93(\text{MPa})$$

相应主平面方位角 $\alpha_{O2} = -67.5°$

（3）最大剪应力。

$$\tau_{\max} = R = 113 \text{ MPa}$$

（4）根据以上结论，画出主平面单元体图，如图 11-8(a)所示。

11.5　平面应力状态下的应力-应变关系

构件在外力作用下产生变形，组成构件的无数个单元体也同样产生变形，并且构件的变形就来自于单元体的变形。设各向同性材料制成的构件都是在弹性范围内工作，也就是每个单元体都处于弹性变形状态。现在研究在这种变形状态下单元体上的应力和应变之间的关系。

在讨论单向拉伸或压缩时，根据实验，曾得到材料在线弹性范围内工作时应力与应变的关系为

$$\sigma = E\varepsilon \quad \text{或} \quad \varepsilon = \frac{\sigma}{E}$$

这种变形的应力与应变满足线性关系，把上式所表示的应力与应变的关系称为虎克定律。此外，轴向的变形还将引起横向尺寸的变化，横向应变 ε' 为

$$\varepsilon' = -\mu\varepsilon = -\mu\frac{\sigma}{E}$$

而在纯剪切的情况下，由实验结果表明，当剪应力不超过剪切比例极限时，剪应力和剪应变之间的关系服从剪切虎克定律

$$\tau = G\gamma \quad \text{或} \quad \gamma = \frac{\tau}{G}$$

以上所述只是特殊应力状态下的应力-应变关系。

主单元体是我们经常研究的对象。首先考虑主单元体的应力-应变关系。主单元体的各表面上均无剪应力，变形时单元体的顶点处的直角不发生改变，即剪应变为零。主单元体在 σ_1，σ_2 和 σ_3 方向产生线应变。把主应力方向的线应变称为主应变。主应变是代数量，以伸长为正，缩短为负。把 σ_1 方向的主应变记为 ε_1，σ_2 方向的主应变记为 ε_2，σ_3 方向的主应变记为 ε_3。与正应力相对应，主应变也是三个。

首先讨论 σ_1 方向的线应变 ε_1(图 11-9(a))。当单元体上只作用 σ_1 时,在 σ_1 方向产生的线应变为 $\dfrac{\sigma_1}{E}$;当单元体上只作用 σ_2 时,在 σ_1 方向产生的线应变为 $-\mu\dfrac{\sigma_2}{E}$;当单元体上只作用 σ_3 时,在 σ_1 方向产生的线应变为 $-\mu\dfrac{\sigma_3}{E}$。所以当 σ_1,σ_2 和 σ_3 这三个应力同时作用在单元体上时,在 σ_1 方向产生的线应变可通过叠加得到,即

$$\varepsilon_1 = \dfrac{\sigma_1}{E} - \mu\dfrac{\sigma_2}{E} - \mu\dfrac{\sigma_3}{E}$$

同样的办法可得到另外两个主应变 ε_2 和 ε_3。经过整理,最后得到

$$\left.\begin{aligned}\varepsilon_1 &= \dfrac{1}{E}[\sigma_1 - \mu(\sigma_2+\sigma_3)]\\ \varepsilon_2 &= \dfrac{1}{E}[\sigma_2 - \mu(\sigma_3+\sigma_1)]\\ \varepsilon_3 &= \dfrac{1}{E}[\sigma_3 - \mu(\sigma_1+\sigma_2)]\end{aligned}\right\} \quad (11\text{-}6)$$

式(11-6)也称为广义虎克定律。

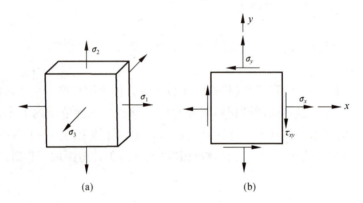

图 11-9

平面应力状态是最为多见的应力状态。下面讨论这种应力状态下的应力-应变关系。分两种情况:一种情况是针对主单元体的;另一种是针对平面应力状态的一般情况。

对于平面应力状态下的主单元体而言,其三个主应力中一个为零,不妨先假设 $\sigma_3=0$,由式(11-6)得到

$$\left.\begin{aligned}\varepsilon_1 &= \dfrac{1}{E}(\sigma_1 - \mu\sigma_2)\\ \varepsilon_2 &= \dfrac{1}{E}(\sigma_2 - \mu\sigma_1)\\ \varepsilon_3 &= -\dfrac{\mu}{E}(\sigma_1 + \sigma_2)\end{aligned}\right\} \quad (11\text{-}7)$$

若不是 $\sigma_3=0$,而是 σ_1 或 σ_2 中的某个为零时,参照式(11-6)便可写出类似于式(11-7)所表示的应力-应变关系。对于平面应力状态的一般情况,如图 11-9(b)所示。单元体上有四个侧面不但作用着正应力,同时还作用着剪应力,使得单元体在 x 轴和 y 轴方向产生线应变,同时还产生剪应变,且只在 xy 平面内产生剪应变。

设单元体 x 和 y 方向产生的线应变为 ε_x 和 ε_y,在 xy 平面内产生的剪应变为 γ_{xy}。实验证明对线弹性小变形的各向同性材料而言,线应变只与正应力有关,而剪应变只与剪应力有关。因此可得到如下情况下的应力-应变关系

$$\left.\begin{aligned}\varepsilon_x &= \frac{1}{E}(\sigma_x - \mu\sigma_y) \\ \varepsilon_y &= \frac{1}{E}(\sigma_y - \mu\sigma_x) \\ \gamma_{xy} &= \frac{1}{G}\tau_{xy}\end{aligned}\right\} \tag{11-8}$$

上述这些应力-应变关系在工程实践中有很强的实用性。如在应力电测试验中就必须用这些关系。

现在大家看到了三个弹性常数 E,G,μ。其实在力学中使用的弹性常数远不止这三个,但独立的弹性常数只有两个。所以 E,G 和 μ 三者有一定的关系,这种关系为

$$G = \frac{E}{2(1+\mu)} \tag{11-9}$$

例 11-6 图 11-10 为一受扭的圆轴,直径 $d=20$ mm,材料的弹性模量为 $E=200$ GPa,泊松比 $\mu=0.3$,现用应变仪测得圆轴表面与轴线成 $45°$ 方向的线应变 $\varepsilon=5.2\times10^{-4}$,试求轴的外力偶矩 M。

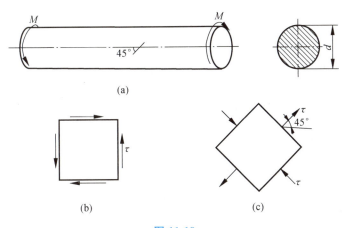

图 11-10

解:解题思路:先取出原始单元体,研究原始单元体上的应力与测得的线应变的关系,求出此应力,再求出外力偶矩。因为所测得线应变与轴线成 $45°$ 角,所以必须要考虑与轴线成 $45°$ 角方位的单元体,把已知应变和应力联系起来。

(1) 取原始单元体和与轴线成 $45°$ 角方位的单元体,并建立分别作用在这两个单元体上的应力关系。因为圆轴扭转时,横截面上正应力为零,所以原始单元体上只有剪应力(图 11-10(b)),由平面应力状态理论的式(11-1)和式(11-2)进行分析。因为原始单元体上的

$$\sigma_x = 0 \quad \sigma_y = 0 \quad \tau_{xy} = -\tau$$

所以

$$\sigma_\alpha = \frac{\sigma_x + \sigma_y}{2} + \frac{\sigma_x - \sigma_y}{2}\cos 2\alpha - \tau_{xy}\sin 2\alpha = \tau\sin 2\alpha$$

$$\tau_\alpha = \frac{\sigma_x - \sigma_y}{2}\sin 2\alpha + \tau_{xy}\cos 2\alpha = -\tau\cos 2\alpha$$

当 $\alpha=45°$ 时 $\sigma_{45°}=\tau\sin(45°\times2)=\tau$ $\tau_{45°}=-\tau\cos(45°\times2)=0$

当 $\alpha=-45°$ 时 $\sigma_{-45°}=\tau\sin(-45°\times2)=-\tau$ $\tau_{-45°}=-\tau\cos(-45°\times2)=0$

由此可知图 11-10(c)所示单元体各面上的剪应力都是零,故该单元体为主单元体,45°方向是第一主应力方向,这个截面上作用着主应力 $\sigma_1=\tau$;$-45°$方向是第三主应力方向,这个截面上作用着主应力 $\sigma_3=-\tau$。

(2) 根据平面应力状态下的应力-应变关系,求出 τ。依题意,45°方向的线应变就是 σ_1 方向的线应变,即 $\varepsilon_1=\varepsilon$,所以

$$\varepsilon=\varepsilon_1=\frac{1}{E}(\sigma_1-\mu\sigma_3)=\frac{1}{E}[\tau-\mu(-\tau)]=\frac{1+\mu}{E}\tau$$

得到 $\tau=\dfrac{E}{1+\mu}\varepsilon=\dfrac{200\times10^9}{1+0.3}\times5.2\times10^{-4}=80\times10^6(\text{Pa})=80\ \text{MPa}$

(3) 求轴的外力偶矩 M。圆轴的扭矩与外力偶矩相等,由圆轴扭转理论知

$$M=T=\tau W_T$$

而 $W_T=\dfrac{\pi d^3}{16}=\dfrac{\pi\times20^3}{16}=1\ 571(\text{mm}^3)$

所以 $M=\tau W_T=80\times10^6\times1\ 571\times10^{-9}=125.7(\text{N}\cdot\text{m})$

11.6 强度理论简介

试验表明,各种材料发生失效的形式是不一样的。塑性材料在轴向拉伸时,当达到屈服极限时,将出现明显的塑性变形或流动现象。在这种情况下,实际构件已不能正常工作,因此出现塑性变形或流动现象就是失效的标志。脆性材料在轴向拉伸载荷作用下,当还没有明显的变形时就突然断裂。这又是另一类失效的标志。可见,材料失效的形式主要有两类:一类是流动失效(又称为屈服失效或塑性失效),另一类就是断裂失效(又称脆性失效)。

因此,就把屈服极限 σ_s 作为塑性材料的极限应力,而把强度极限 σ_b 作为脆性材料的极限应力。

在工程中,大多数受力构件的危险点都处于复杂应力状态下,因此必须寻找建立强度条件的新途径。

对材料在各种应力状态下的失效现象进行分析研究时,假设无论是单向应力状态还是复杂应力状态,材料的失效都是由同一因素引起的,从而就可以利用单向应力状态下的试验结果,建立复杂应力状态下的强度条件。这种关于引起材料失效原因的假说,就称为强度理论。

因为材料的失效形式有两类,故强度在理论也相应分为两大类:一类以断裂为失效标志,提出材料断裂失效的条件;另一类以屈服为失效标志,提出材料发生屈服失效的条件。下面介绍常温、静载条件下常用的几个强度理论。

1. 最大拉应力理论(第一强度理论)

最大拉应力理论认为最大拉应力是引起材料断裂失效的主要因素。即无论材料处于何种应力状态下,只要构件内任一点处的最大拉应力达到材料在轴向拉伸时的强度极限 σ_b,就会发生断裂失效。于是得到发生断裂失效的条件是

$$\sigma_1=\sigma_b$$

所以按最大拉应力理论建立的强度条件是

$$\sigma_1 \leqslant [\sigma] \tag{11-10}$$

最大拉应力理论能很好地解释脆性材料在轴向拉伸时断裂发生在拉应力最大的横截面上以及扭转时在拉应力最大的 45°的螺旋面上发生断裂的原因。但是，这一理论没有考虑其他两个主应力 σ_2 和 σ_3 的影响，而且只能解析拉应力状态下的材料失效的原因。

2. 最大伸长线应变理论（第二强度理论）

最大伸长线应变理论认为最大伸长线应变 ε_1 是引起材料断裂失效的主要因素。即无论是在复杂的应力状态下还是在简单的应力状态下，只要构件内任一点处的最大伸长线应变 ε_1 达到材料的极限值，就会引起构件断裂失效。根据这一理论，材料发生断裂失效的条件是

$$\varepsilon_1 = \varepsilon_0$$

式中，ε_1 是最大伸长线应变；ε_0 是轴向拉伸时线应变的极限值。

简单应力状态时线应变的极限值 $\varepsilon_0 = \dfrac{\sigma_b}{E}$，复杂应力状态时最大伸长线应变

$$\varepsilon_1 = \frac{1}{E}[\sigma_1 - \mu(\sigma_2 + \sigma_3)]$$

则

$$\sigma_1 - \mu(\sigma_2 + \sigma_3) = \sigma_b$$

于是根据最大伸长应变理论建立的强度条件为

$$\sigma_1 - \mu(\sigma_2 + \sigma_3) \leqslant [\sigma] \tag{11-11}$$

式中，μ 为泊松比。

3. 最大剪应力理论（第三强度理论）

最大剪应力理论认为最大剪应力是引起材料流动失效的主要因素。即材料无论是在复杂应力状态下还是在简单应力状态下，只要构件内任一点处的最大剪应力 $\tau_{\max}$ 达到了材料的极限值，就会引起材料的流动失效。根据这一理论，材料发生流动失效的条件是

$$\tau_{\max} = \tau_0$$

简单应力状态下剪应力的极限值 $\tau_0 = \dfrac{\sigma_s}{2}$，复杂应力状态下的最大剪应力 $\tau_{\max} = \dfrac{\sigma_1 - \sigma_3}{2}$，所以最大剪应力理论的强度条件为

$$\sigma_1 - \sigma_3 \leqslant [\sigma] \tag{11-12}$$

4. 形状改变比能理论（第四强度理论）

形状改变比能理论是从变形能的角度建立的。我们知道，构件在外力的作用下会发生变形，同时储存变形能，单位体积内储存的变形能称为比能。形状改变比能密度用 u_f 表示。简单应力状态下形状改变比能密度为

$$u_f^0 = \frac{1+\mu}{3E}\sigma_s^2$$

在复杂应力状态下形状改变比能密度为

$$u_f = \frac{1+\mu}{6E}[(\sigma_1 - \sigma_2)^2 + (\sigma_2 - \sigma_3)^2 + (\sigma_3 - \sigma_1)^2]$$

形状改变比能理论认为无论是在复杂应力状态下，还是在简单应力状态下，只要构件内任意一点处的形状改变比能达到了材料的极限值 u_f^0，就会引起材料的流动失效。u_f 是轴向拉伸

屈服时的形状改变比能。根据这一理论，材料发生流动失效的条件是 $u_f = u_f^0$，由此得

$$\sqrt{\frac{1}{2}[(\sigma_1-\sigma_2)^2+(\sigma_2-\sigma_3)^2+(\sigma_3-\sigma_1)^2]} = \sigma_s$$

根据这一理论所建立的强度条件为

$$\sqrt{\frac{1}{2}[(\sigma_1-\sigma_2)^2+(\sigma_2-\sigma_3)^2+(\sigma_3-\sigma_1)^2]} \leqslant [\sigma] \tag{11-13}$$

因为形状改变比能理论考虑到三个主应力的影响，所以它比最大剪应力理论更接近试验结果，应用也更为广泛。

上述四个强度理论的强度条件，可统一地记成形式：

$$\sigma_{xdi} \leqslant [\sigma]$$

式中，σ_{xdi} 称为相当应力，对于不同的强度理论分别为

$$\left.\begin{aligned}
\sigma_{xd1} &= \sigma_1 \\
\sigma_{xd2} &= \sigma_1 - \mu(\sigma_2 + \sigma_3) \\
\sigma_{xd3} &= \sigma_1 - \sigma_3 \\
\sigma_{xd4} &= \sqrt{\frac{1}{2}[(\sigma_1-\sigma_2)^2+(\sigma_2-\sigma_3)^2+(\sigma_3-\sigma_1)^2]}
\end{aligned}\right\} \tag{11-14}$$

上述四个强度理论可以根据不同的情况选用。一般地，脆性材料在通常情况下以断裂形式失效，所以宜采用第一和第二强度理论。塑性材料在通常情况下以流动形式失效，所以宜选用第三和第四强度理论。

应该指出的是，不同的材料固然可以发生不同形式的失效，但即使是同一种材料，在不同的应力状态下也可以有不同形式的失效。例如碳钢在单向拉伸下，以流动形式失效，是典型的塑性材料。但在三向拉应力状态下会发生断裂失效。由碳钢制成的螺栓杆拉伸时，在螺纹根部由于应力集中引起三向拉伸，这部分材料就会出现断裂失效。铸铁在单向拉伸时以断裂的形式失效，是典型的脆性材料，但在三向压应力状态下会发生塑性变形。假如用淬火钢球压在铸铁板上，接触点附近的材料处于三向压应力状态下，随着压力的增大，铸铁板就会出现明显的凹坑。因此，无论是塑性材料，还是脆性材料，在三向拉应力状态下，都应该采用最大拉应力理论；而在三向压应力状态下，都应该采用形状改变比能理论或最大剪应力理论。

小　　结

本章的研究内容包括应力状态分析和强度理论两部分。

一、应力状态分析

1. 点的应力状态，是研究受力构件上一点在各个不同方位截面上的应力情况。研究应力状态的目的就是分析材料在复杂应力状态下的失效规律。研究方法是在构件内取出一个微小的正六面体为研究对象。这个微小的正六面体就称为单元体。

2. 单元体上剪应力为零的平面称为主平面，主平面上的正应力称为主应力。主应力是单元体上各截面上正应力的极值。对于构件上任意一点，都存在三个相互垂直的主平面和三个相应的主应力 σ_1，σ_2 和 σ_3，且 $\sigma_1 \geqslant \sigma_2 \geqslant \sigma_3$。并按主应力不为零的数目，将点的应力状态分为单向应力状态、二向应力状态和三向应力状态，单向和二向应力状态又称为平面应力状态，三向

应力状态又称为空间应力状态。单向应力状态又称为简单的应力状态，二向和三向应力状态又称为复杂的应力状态。

3. 对于平面应力状态下，可以确定出主应力为

$$\left.\begin{array}{c}\sigma_1\\\sigma_2\end{array}\right\} = \left.\begin{array}{c}\sigma_{\max}\\\sigma_{\min}\end{array}\right. = \frac{\sigma_x + \sigma_y}{2} \pm \sqrt{\left(\frac{\sigma_x - \sigma_y}{2}\right)^2 + \tau_{xy}^2}$$

主平面的方位角

$$\tan 2\alpha_0 = -\frac{2\tau_{xy}}{\sigma_x - \sigma_y}$$

4. 最大剪应力和最小剪应力为

$$\left.\begin{array}{c}\tau_{\max}\\\tau_{\min}\end{array}\right\} = \pm \sqrt{\left(\frac{\sigma_x - \sigma_y}{2}\right)^2 + \tau_{xy}^2}$$

最大剪应力和最小剪应力的作用面的方位角

$$\tan 2\alpha_1 = \frac{\sigma_x - \sigma_y}{2\tau_{xy}}$$

且最大剪应力的作用面与主应力的作用面成 $45°$。

最大剪应力与主应力之间的关系是

$$\tau_{\max} = \frac{\sigma_1 - \sigma_3}{2}$$

5. 应力圆是平面应力状态分析的图解法。应力圆在以 σ, τ 为纵、横坐标轴的平面内，圆心在为横坐标 $\left(\dfrac{\sigma_x + \sigma_y}{2}, 0\right)$，半径为 $\sqrt{\left(\dfrac{\sigma_x - \sigma_y}{2}\right)^2 + \tau_{xy}^2}$。

应力圆的性质：

(1) 圆上任意一点的纵横坐标分别表示单元体某一截面上的正应力和剪应力。

(2) 圆上任意两点所引半径间的夹角，为单元体上对应两截面间夹角的二倍，且转向相同。

二、强度理论

强度理论是关于材料失效原因的假说，是在复杂应力状态下建立构件强度条件的理论依据。材料失效的形式有流动失效（塑性失效或屈服失效）和脆性断裂两种。

常用的四种强度理论的强度条件是

$$\sigma_{xdi} \leqslant [\sigma]$$

其中

$$\sigma_{xd1} = \sigma_1$$
$$\sigma_{xd2} = \sigma_1 - \mu(\sigma_2 + \sigma_3)$$
$$\sigma_{xd3} = \sigma_1 - \sigma_3$$
$$\sigma_{xd4} = \sqrt{\frac{1}{2}[(\sigma_1 - \sigma_2)^2 + (\sigma_2 - \sigma_3)^2 + (\sigma_3 - \sigma_1)^2]}$$

第一、第二强度理论适用于脆性材料，第三、第四强度理论适用于塑性材料，但是每一种强度理论的应用还应注意根据构件具体的受力情况。

思考题与习题

思 考 题

11-1 什么叫做点的应力状态？为什么要研究点的应力状态？

11-2 什么叫主平面与主应力？通过受力构件内任意一点有几个主平面？

11-3 何谓单元体？如何取单元体？

11-4 点的应力状态分哪几种？试举例说明。

11-5 单元体上最大正应力的作用面上有无剪应力？最大剪应力的作用面上有无正应力？

11-6 材料失效的主要形式有几种？相应的失效标志是什么？

11-7 何谓强度理论？为什么要提出强度理论？常用的强度理论有哪几种？如何选用强度理论？简单的应力状态可否用强度理论校核强度？

11-8 铸铁构件压缩失效时，失效面与轴线大致成 45°倾角，为什么？

11-9 一梁如图 11-11 所示，图中给出了单元体 A, B, C, D, E 的应力情况，试指出并改正各单元体上所标应力的错误。

11-10 冬天自来水管结冰时，为何冰不失效而水管可能胀破？

11-11 在平面应力状态下，若 $\sigma_x \neq 0, \sigma_y \neq 0, \sigma_z = 0$，能否推知 $\varepsilon_x \neq 0, \varepsilon_y \neq 0, \varepsilon_z = 0$？

11-12 如图 11-12 所示用铆钉连接的薄壁容器，在同样长度内，纵向铆钉数比横向的多一倍，为什么？

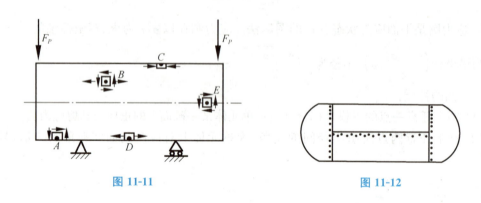

图 11-11　　　　　　图 11-12

习　题

11-1 在图 11-13 所示各单元体中，试用解析法求斜截面上的应力。应力的单位为 MPa。

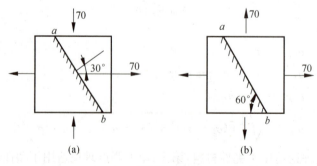

图 11-13

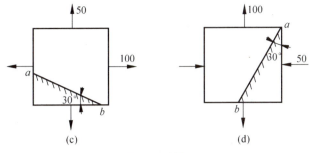

图 11-13(续)

11-2 试用图解法求图 11-14 所示单元体内指定斜截面上的应力。图中的应力单位为 MPa。

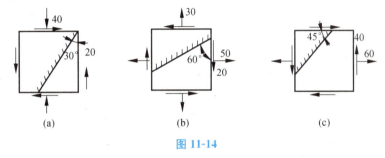

图 11-14

11-3 已知应力状态如图 11-15 所示,图中的应力单位为 MPa。试用图解法求出正应力的极值 σ' 和 σ'',并确定其作用面。把 σ' 和 σ'' 画在其作用面上。

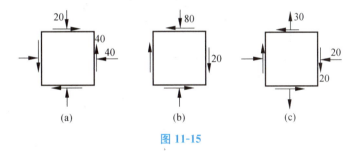

图 11-15

11-4 试标出如图 11-16 所示单元体的主应力 σ_1,σ_2,σ_3,并指出各属于何种应力状态。

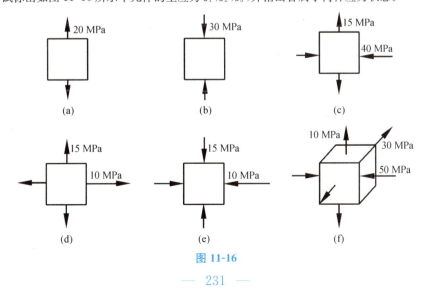

图 11-16

11-5 已知矩形截面梁某截面上的弯矩及剪力分别为 $M=10 \text{ kN} \cdot \text{m}, Q=120 \text{ kN}$(见图 11-17),试绘出截面上 1,2,3,4 各点应力状态的原单元体,并求出主应力。

11-6 薄壁圆筒扭转—拉伸试验的示意图如图 11-18 所示。若 $F=20 \text{ kN}, T=600 \text{ N} \cdot \text{m}$,且 $d=50 \text{ mm}$,$\delta=2 \text{ mm}$,试求:(1) A 点在指定斜截面上的应力;(2) A 点的主应力的大小及方向(用单元体表示)。

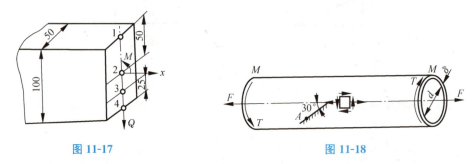

图 11-17   图 11-18

11-7 在一体积较大的钢块上开一个贯穿的槽,其宽度和深度都是 10 mm,如图 11-19 所示。在槽内紧密无隙地嵌入一铝质立方块,它的尺寸是 $10 \text{ mm} \times 10 \text{ mm} \times 10 \text{ mm}$。当铝块受到力 $F=6 \text{ kN}$ 的作用时,假设钢块不变形。铝的弹性模型 $E=70 \text{ GPa}, \mu=0.33$。试求铝块的三个主应力及相应的变形。

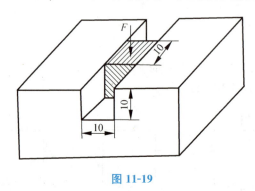

图 11-19

11-8 薄壁圆筒扭转—拉伸组合受力如图 11-20 所示。若 $F=16 \text{ kN}, T=480 \text{ N} \cdot \text{m}$,截面内径 $d=50 \text{ mm}, \delta=2 \text{ mm}$。若 $[\sigma]=120 \text{ MPa}$,试按第三强度和第四强度理论计算相当应力,并说明圆筒强度够否。

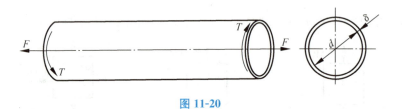

图 11-20

第 12 章 组合变形的强度计算

前面研究了构件拉伸(压缩)、剪切、扭转和弯曲等基本变形时的强度和刚度计算,但在工程中,很多构件往往同时产生两种或两种以上的基本变形。这类变形形式就称为组合变形。

12.1 拉伸(压缩)与弯曲的组合变形的强度计算

12.1.1 拉(压)弯组合变形的应力分析

拉伸或压缩变形与弯曲变形相组合的变形是工程上常见的变形形式。因为工程中工作状态下的杆件一般都处于线弹性范围内,而且变形也非常小,因而作用在杆件上的任一载荷所引起的应力一般不受其他载荷的影响。所以,可应用叠加原理来分析计算。现以图 12-1(a)所示悬臂起重机的横梁为例进行说明,其步骤如下。

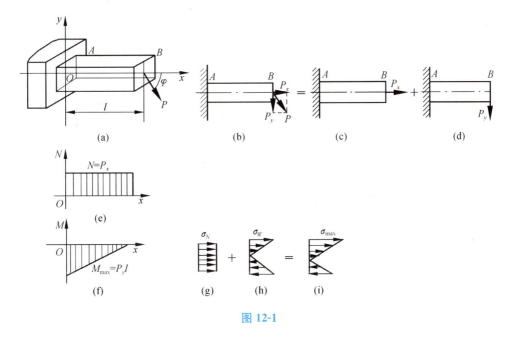

图 12-1

(1) 外力分析。悬臂梁在自由端受力 P 的作用,力 P 位于梁的纵向对称平面内,并与梁的轴线成夹角 φ。将力 P 沿平行轴线方向和垂直轴线方向分解为 P_x 和 P_y(如图 12-1(b)),大小分别为

$$P_x = P\cos\varphi, \quad P_y = P\sin\varphi$$

分力 P_x 为轴向拉力,将使梁产生轴向拉伸变形,如图 12-1(c)所示,分力 P_y 方向与梁的轴

线垂直,将使梁产生平面弯曲变形,如图 12-1(d)所示,故梁在力 P 作用下将产生拉弯组合变形。

(2) 内力分析。梁的内力图如图 12-1(e)、12-1(f)所示。

梁各横截面上的轴力都相等,均为

$$N = P_x = P\cos\varphi$$

梁的固定端截面 A 上的弯矩值最大,其值为

$$M_{\max} = P_y l = Pl\sin\varphi$$

梁的固定端截面 A 为危险截面。

(3) 应力分析。在梁的危险截面上,拉应力 σ_N 均匀分布,如图 12-1(g)所示,弯曲正应力 σ_W 分布如图 12-1(h)所示。其值分别为

$$\sigma_N = \frac{N}{A} = \frac{P_x}{A}$$

$$\sigma_W = \frac{M_{\max}}{W_z} = \frac{P_y l}{W_z}$$

根据叠加原理,可将悬臂梁固定端所在截面上的弯曲正应力和拉伸正应力相叠加,则叠加后的应力分布图如图 12-1(i)所示,在上、下边缘处,正应力大小分别为

$$\sigma_{\max} = \left| \frac{N}{A} + \frac{M_{\max}}{W_z} \right| = \left| \frac{P_x}{A} + \frac{P_y l}{W_z} \right|$$

$$\sigma_{\min} = \left| \frac{N}{A} - \frac{M_{\max}}{W_z} \right| = \left| \frac{P_x}{A} - \frac{P_y l}{W_z} \right|$$

对压缩与弯曲的组合变形采用同样的分析方法。

(4) 强度条件。若以 σ' 表示拉(压)应力,以 σ'' 表示弯曲应力,则根据危险截面上单元体应力状态及构件所用材料的自身特性等可得强度条件

$$\sigma = |\sigma' + \sigma''| \leqslant [\sigma] \tag{12-1}$$

对于拉压性能不等的材料,应对最大拉应力点和最大压应力点分别校核。

12.1.2 拉(压)弯组合变形时的强度计算

根据前面所建立的拉(压)弯组合变形的强度条件,同样可以对拉弯或压弯组合变形的构件进行三类计算,即强度校核、尺寸设计和许可载荷的确定。下面举例说明。

例 12-1 如图 12-2(a)所示,AB 杆是悬臂吊车的滑车梁,若 AB 梁为 22a 工字钢,材料的许用应力$[\sigma]=100$ MPa,当起吊重量 $F=30$ kN,行车移至 AB 梁的中点时,试校核 AB 梁的强度。

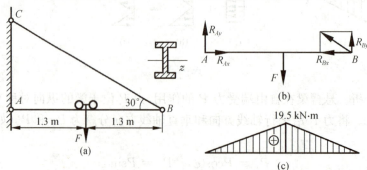

图 12-2

解:(1) 外力分析。取 AB 梁为研究对象,如图 12-2(b)所示。设支座 A 处的约束反力为 R_{Ax}, R_{Ay}, BC 杆给 AB 梁的约束反力为 R_{Bx}, R_{By}, 根据平衡方程式

$$\sum M_A = 0$$

可得
$$R_{By} = \frac{F}{2} = 15 \text{ kN}$$

$$\sum M_B = 0$$

可得
$$R_{Ay} = \frac{F}{2} = 15 \text{ kN}$$

$$R_{Bx} = \frac{R_{By}}{\tan 30°} = 25.98 \text{ kN}$$

$$\sum F_x = 0$$

可得
$$R_{Ax} = R_{Bx} = 25.98 \text{ kN}$$

其中,力 R_{Ax} 与 R_{Bx} 使梁产生轴向压缩变形, R_{Ay}, R_{By}, F 使梁产生弯曲变形,所以 AB 梁将产生压弯组合变形。

(2) 内力分析。R_{Ax}, R_{Bx} 使 AB 梁各横截面上产生相同的轴向压力 N, $N = 25.98$ kN。
R_{Ay}, R_{By} 与 F 引起 AB 梁产生弯曲变形,其弯矩图如图 12-2(c)所示,最大弯矩值发生在 AB 梁的中点,且 $M_{\max} = 19.5$ kN·m。根据内力分析可知, AB 梁的中点截面就是危险截面。

(3) 应力分析。由轴向压力 N 引起危险截面上各点的压缩正应力均相等,由于最大弯矩引起的最大弯曲正应力产生在中点截面上侧各点,因此危险点就形成危险截面上侧的一条线。查型钢表得 22a 工字钢的面积 $A = 42 \text{ cm}^2$,抗弯截面模量 $W_z = 309 \text{ cm}^3$。

危险点的压应力为

$$\sigma_Y = -\frac{N}{A} = -\frac{25.98 \times 10^3}{42 \times 10^{-4}} = -6.19 (\text{MPa})$$

危险点的最大弯曲压应力为

$$\sigma_W = -\frac{M_{\max}}{W_z} = -\frac{19.5 \times 10^6}{309 \times 10^{-3}} = -63.11 (\text{MPa})$$

(4) 强度计算。根据式(12-1)可得

$$\sigma_{\max} = \left| -\frac{N}{A} - \frac{M_{\max}}{W_z} \right| = |-6.19 - 63.11| = 69.3 (\text{MPa}) < [\sigma]$$

故 AB 梁的强度足够。

由计算数据可知,由轴力所产生的正应力远小于由弯矩所产生的弯曲正应力。因此,在一般情况下,在拉(压)弯组合变形中,弯曲正应力是主要的。

例 12-2 压力机机架如图 12-3(a)所示。机架材料为铸铁,许用拉应力 $[\sigma_t] = 40$ MPa,许用压应力 $[\sigma_c] = 120$ MPa。立柱横截面的几何性质与有关尺寸为:截面面积 $A = 1.8 \times 10^5 \text{ mm}^2$,惯性矩 $I_z = 8 \times 10^9 \text{ mm}^4$, $h = 700$ mm, C 为截面形心, $y_C = 200$ mm, $e = 800$ mm。试确定该压力机的最大工作压力。

解:若作用在杆上的外力与杆的轴线平行而不重合,这种变形就称为偏心拉伸或偏心压缩,外力的作用线与杆件轴线间的距离称为偏心距。可见,立柱受到力 P 的偏心拉伸作用,偏心距为 e。

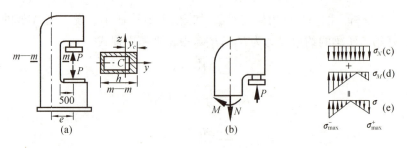

图 12-3

(1) 内力分析。用截面法将立柱沿任一截面 $m-m$ 截开,取上半部为研究对象,如图 12-3(b)所示,由平衡条件可知,各截面上(垂直部分)的内力均相同,分别为

轴力　$N=P$　　使立柱产生拉伸变形

弯矩　$M=Pe$　　使立柱产生纯弯曲变形

所以,立柱在偏心力 P 的作用下,产生拉弯组合变形。

(2) 应力分析与强度条件。在 $m-m$ 截面上的拉伸与弯曲正应力分布情况如图 12-3(c)、图 12-3(d)所示,叠加后,截面上的正应力分布情况如图 12-3(e)所示。因机架材料为铸铁,抗拉和抗压能力不同,应分别建立拉应力强度条件和压应力强度条件。

立柱右侧边缘 $m-m$ 上拉应力最大,所以

$$\sigma_{\max}^+ = \sigma_N + \sigma_M = \frac{N}{A} + \frac{My_C}{I_z} \leqslant [\sigma_t]$$

即

$$\frac{P}{A} + \frac{Pey_C}{I_z} \leqslant [\sigma_t]$$

则

$$P \leqslant \frac{[\sigma_t]}{\dfrac{1}{A} + \dfrac{ey_C}{I_z}} = \frac{40}{\dfrac{1}{1.8\times 10^5} + \dfrac{800\times 200}{8\times 10^9}} = 1\,565\,217(\text{N}) \approx 1\,565\,\text{kN}$$

立柱左侧边缘 $m-m$ 上压应力最大,所以

$$\sigma_{\max}^- = |\sigma_N + \sigma_M| = \left|\frac{N}{A} - \frac{M(h-y_C)}{I_z}\right| \leqslant [\sigma_c]$$

即

$$\left|\frac{P}{A} - \frac{Pe(h-y_C)}{I_z}\right| \leqslant [\sigma_c]$$

则

$$P \leqslant \frac{[\sigma_c]}{\left|\dfrac{1}{A} - \dfrac{e(h-y_C)}{I_z}\right|} = \left|\frac{120}{\dfrac{1}{1.8\times 10^5} - \dfrac{800\times(700-200)}{8\times 10^9}}\right| = 2\,700\,000(\text{N}) = 2\,700\,\text{kN}$$

为了使立柱既满足抗拉强度,又满足抗压强度,该压力机的最大工作压力应取

$$[P] = 1\,565\,\text{kN}$$

12.2　弯扭组合变形时的强度计算

弯曲与扭转的组合变形是工程中常见的情况。下面介绍圆截面轴弯扭组合变形的强度计算。

12.2.1 弯扭组合变形时的应力分析

1. 外力分析

设有一圆轴,如图 12-4(a)所示,左端固定,自由端受力 P 和力偶矩 m 的作用。力 P 的作用线与圆轴的轴线垂直,使圆轴产生弯曲变形;力偶矩 m 使圆轴产生扭转变形,所以圆轴 AB 将产生弯曲与扭转的组合变形。

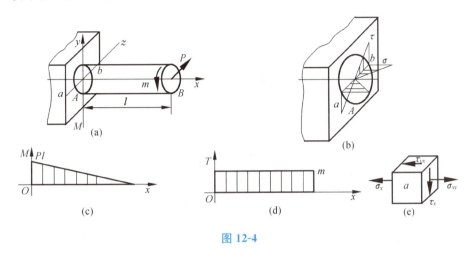

图 12-4

2. 内力分析

画出圆轴的内力图,如图 12-4(c)、图 12-4(d)所示。由扭矩图可以看出,圆轴各横截面上的扭矩值都相同,而从弯矩图看出,固定端 A 截面上的弯矩值最大,所以横截面 A 为危险截面,其上的扭矩值和弯矩值分别为

$$T = m, \quad M = Pl$$

3. 应力分析

在危险截面上同时存在着扭矩和弯矩,扭矩将产生扭转剪应力,剪应力与危险截面相切,截面的外轮廓线上各点的剪应力为最大;弯矩将产生弯曲正应力,弯曲正应力与横截面垂直,截面的前、后(a,b)两点的弯曲正应力为最大,如图 12-4(b)所示,所以,截面的前、后两点(a,b)为弯扭组合变形的危险点。危险点上的剪应力和正应力分别为

$$\tau = \frac{T}{W_t}, \quad \sigma_W = \frac{M}{W_z}$$

4. 强度条件

为了进行强度计算,必须要了解危险点 a 或 b 的应力状态,围绕点 a 切取一单元体,如图 12-4(e)所示,可以看出 a 点是平面应力状态,其中 $\sigma_{xy} = \sigma_W$, $\sigma_{yx} = 0$, $\tau_{xy} = -\tau_{yx} = \tau$。应用公式(11-4)可求得 a 点的主应力分别为

$$\sigma_1 = \frac{\sigma_W}{2} + \sqrt{\left(\frac{\sigma_W}{2}\right)^2 + \tau^2} \tag{1}$$

$$\sigma_2 = 0 \tag{2}$$

$$\sigma_3 = \frac{\sigma_W}{2} - \sqrt{\left(\frac{\sigma_W}{2}\right)^2 + \tau^2} \tag{3}$$

由于圆轴一般是用塑性材料制成的,所以,a 点的强度应按第三或第四强度理论进行校核。

若用第三强度理论校核强度时,其强度条件为

$$\sigma_{xd3} = \sigma_1 - \sigma_3 \leqslant [\sigma]$$

将主应力值代入上式可得

$$\sigma_{xd3} = 2\sqrt{\left(\frac{\sigma_W}{2}\right)^2 + \tau^2} \leqslant [\sigma]$$

或

$$\sigma_{xd3} = \sqrt{\sigma_W^2 + 4\tau^2} \leqslant [\sigma] \tag{12-2}$$

将 $\sigma_W = \dfrac{M}{W_z}, \tau = \dfrac{T}{W_t}$ 代入上式,即得

$$\sigma_{xd3} = \sqrt{\left(\frac{M}{W_z}\right)^2 + 4\left(\frac{T}{W_t}\right)^2} \leqslant [\sigma]$$

对于圆截面及圆环截面,有 $W_T = 2W_z$,则上式可写为

$$\sigma_{xd3} = \frac{\sqrt{M^2 + T^2}}{W_z} \leqslant [\sigma] \tag{12-3}$$

若用第四强度理论校核强度,其强度条件为

$$\sigma_{xd4} = \sqrt{\frac{1}{2}\left[(\sigma_1-\sigma_2)^2 + (\sigma_2-\sigma_3)^2 + (\sigma_3-\sigma_1)^2\right]} \leqslant [\sigma]$$

将主应力 $\sigma_1, \sigma_2, \sigma_3$ 的值代入上式,化简后得

$$\sigma_{xd4} = \sqrt{\sigma_W^2 + 3\tau^2} \leqslant [\sigma] \tag{12-4}$$

将 $\sigma_W = \dfrac{M}{W_z}, \tau = \dfrac{T}{W_t}, W_t = 2W_z$ 代入上式,得

$$\sigma_{xd4} = \frac{\sqrt{M^2 + 0.75T^2}}{W_z} \leqslant [\sigma] \tag{12-5}$$

注意,式(12-3)和式(12-5)中 M,T 和 W_z 均为危险截面上的弯矩、扭矩和抗弯截面模量。

前面选择危险点 a 作为研究对象,通过第三和第四强度理论建立了强度条件,若选择危险点 b,也采用第三和第四强度理论来建立强度条件,其结果与式(12-3)、式(12-5)相同吗?a,b 两点的强度一样吗?为什么?请读者自己来解答。

12.2.2 弯扭组合变形时的强度计算

根据前面所建立的强度条件,同样可以对产生弯扭组合变形的构件进行三类计算,即强度校核、尺寸设计和许可载荷的确定。下面举例说明。

例 12-3 电动机带动皮带轮运动,如图 12-5(a)所示,轴的直径 $d = 38$ mm,带轮的直径 $D = 400$ mm,其重量 $G = 700$ N,若电动机的功率 $P = 16$ kW,转速 $n = 955$ r/min,带轮紧边与松边拉力之比为 $\dfrac{T_2}{T_1} = 2$,轴的许用应力 $[\sigma] = 120$ MPa。试按第三强度理论来校核该轴的强度。

解:(1) 外力分析。根据题意,可求得电动机输出的外力偶矩为

$$m = 9\,549 \frac{P}{n} = 9\,549 \times \frac{16}{955} = 160(\text{N} \cdot \text{m})$$

由皮带轮的受力图 12-5(b)可知,作用在轴上的载荷有垂直向下的力 F 和作用面垂直于轴线的力偶 m,轮轴的计算简图如图 12-5(c)所示。其中

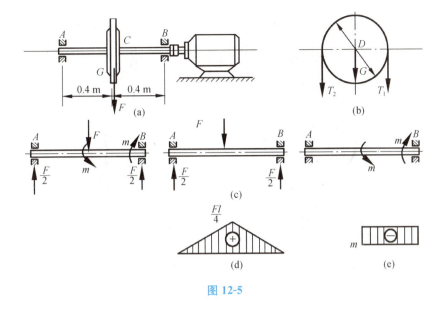

图 12-5

$$F = G + T_1 + T_2 = G + 3T_1$$

$$m = (T_2 - T_1)\frac{D}{2} = \frac{DT_1}{2}$$

显然

$$T_1 = \frac{2m}{D} = \frac{2 \times 160 \times 10^3}{400} = 800(\text{N})$$

所以作用于轴中间垂直向下的力为

$$F = G + 3T_1 = 700 + 3 \times 800 = 3\,100(\text{N})$$

力 F 使轴产生弯曲变形，力偶 m 使轴产生扭转变形，所以轴 AB 将发生弯扭组合变形。

(2) 内力分析。画出轴的内力图如图 12-5(d)、图 12-5(e)所示，由扭矩图可以看出，轴 CB 段各横截面上的扭矩值都相同，AC 段的扭矩值为零，而从弯矩图可以看出，轴的中间截面 C 处的弯矩值最大，所以轴的中间截面 C 稍靠左处为危险截面，该截面上的扭矩值和弯矩值分别为

$$T = m = 160 \text{ N} \cdot \text{m}$$

$$M = \frac{1}{4}Fl = \frac{1}{4} \times 3\,100 \times 0.8 = 620 \text{ (N} \cdot \text{m)}$$

(3) 强度校核。

轴的抗弯截面模量

$$W_z = \frac{\pi}{32}d^3 = \frac{\pi}{32} \times 38^3 = 5\,384 (\text{mm}^3)$$

根据式(12-3)可得

$$\sigma_{xd3} = \frac{\sqrt{M^2 + T^2}}{W_z} = \frac{\sqrt{(620 \times 10^3)^2 + (160 \times 10^3)^2}}{5\,384} = 119(\text{MPa}) < [\sigma]$$

所以轴的强度足够。

例 12-4 转轴 AB 由电动机带动，如图 12-6(a)所示，在轴的中点 C 处装有一皮带轮。已知，皮带轮的直径 $D = 400 \text{ mm}$，皮带紧边拉力 $T_1 = 8 \text{ kN}$，松边拉力 $T_2 = 4 \text{ kN}$，轴承间的距离 $l = 300 \text{ mm}$，轴的材料为钢，其许用应力 $[\sigma] = 120 \text{ MPa}$。试按第四强度理论设计轴 AB 的直径 d。

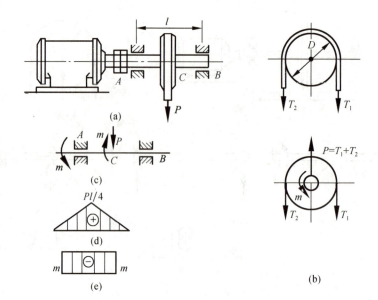

图 12-6

解:(1) 外力分析。由皮带轮的受力图 12-6(b)可知,作用在轴上的载荷有垂直向下的力 P 和作用面垂直于轴线的力偶 m,轴的计算简图如图 12-6(c)所示。其中

$$P = T_1 + T_2 = 8 + 4 = 12 \text{(kN)}$$

$$m = (T_1 - T_2)\frac{D}{2} = (8-4) \times \frac{400}{2} = 800 \text{(kN·mm)} = 0.8 \text{ kN·m}$$

力 P 使轴产生弯曲变形,力偶 m 使轴产生扭转变形,所以轴 AB 将发生弯扭组合变形。

(2) 内力分析。画出轴的内力图,如图 12-6(d)、图 12-6(e)所示,由弯矩图和扭矩图可知,轴的中间横截面 C 为危险截面,其上的扭矩值和弯矩值分别为

$$T = m = 0.8 \text{ kN·m}$$

$$M = \frac{1}{4}Pl = \frac{1}{4} \times 12 \times 300 = 900 \text{(kN·mm)} = 0.9 \text{ kN·m}$$

(3) 确定 AB 轴的直径 d。

根据题意,由式(12-5)可得

$$W_z \geq \frac{\sqrt{M^2 + 0.75T^2}}{[\sigma]} = \frac{\sqrt{(0.9 \times 10^6)^2 + 0.75 \times (0.8 \times 10^6)^2}}{120} = 9465 \text{(mm}^3)$$

因为

$$W_z = \frac{\pi}{32}d^3$$

所以

$$d = \sqrt[3]{\frac{32W_z}{\pi}} \geq \sqrt[3]{\frac{32 \times 9465}{\pi}} = 45.85 \text{(mm)}$$

圆整数据,取 AB 轴的直径为 $d = 46$ mm。

12.3 截面核心的概念

设有一柱体,在其顶端 A 处作用一平行于柱体轴线的压力 P(图 12-7(a)),A 点的坐标位置为 (Y_P, Z_P),距截面形心的偏心距为 e(图 12-7(b))。

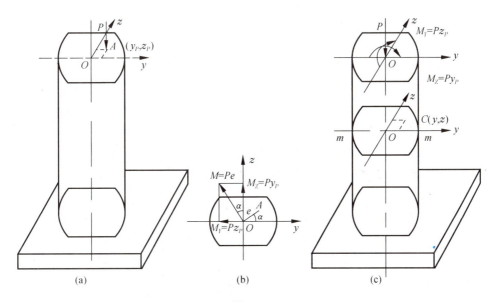

图 12-7

将力 P 移至截面形心 O 处，得一作用于形心的压力 P 及力偶 $M=Pe$，再将力偶 M 分解成 M_y 及 M_z（力偶均以矢量表示，如图 12-7(b)），则柱体共受到 P,M_y,M_z 的作用，即柱体为压+弯+弯的组合变形（图 12-7(c)）。

现求任意横截面 m—m 上任意点 C 的应力（图 12-7(c)）。

设 A,I_y,I_z 分别为柱体横截面的面积及轴惯性矩，则 C 点的正应力为

$$\sigma = -\frac{P}{A} - \frac{Pz_P}{I_y}z - \frac{Py_P}{I_z}y \tag{12-6}$$

因 $I_y=A(i_y)^2,I_z=A(i_z)^2$（$i$ 为惯性半径）

故

$$\sigma = -\frac{P}{A}\left(1+\frac{z_P}{i_y^2}z+\frac{y_P}{i_z^2}y\right) \tag{12-7}$$

令(12-7)式等于 0，得

$$1+\frac{z_P}{i_y^2}z+\frac{y_P}{i_z^2}y=0 \tag{12-8}$$

式(12-8)即为中性轴方程，此中性轴方程是一条不通过截面形心的直线，为了定出中性轴位置，可利用它在 y,z 轴上的截距 $a_y=y|_{z=0}$ 及 $a_z=z|_{y=0}$ 绘出，根据式(12-8)可求得

$$\left.\begin{array}{l}a_y=-\dfrac{i_z^2}{y_P}\\[6pt]a_z=-\dfrac{i_y^2}{z_P}\end{array}\right\} \tag{12-9}$$

因 A 点（图 12-7(a)）在第一象限内，y_P,z_P 均为正值，故由式(12-9)可知，a_y,a_z 均为负值，这就是说，中性轴与外力作用点分别位于截面形心的相对两边（图 12-8）。

由（图 12-8）可知，中性轴右侧截面上点均为压应力，中性轴左侧截面上点均为拉应力。

由式(12-9)可知，当偏心距较小（即 y_P,z_P 较小）时，柱体横截面上

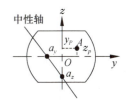

图 12-8

也就可能全部是压应力而不出现拉应力。

在土建工程中，常用的混凝土构件和砖石砌体，其抗拉强度远低于抗压强度，主要用做承压构件。这类构件在受偏心压力作用时，其横截面上最好不出现拉应力，以免开裂。为此应使中性轴不穿过横截面。从式(12-9)可知，对于任一给定的截面，y_P，z_P值越小，a_y，a_z值就越大，即外力作用点离形心越近，中性轴距形心就越远。因此，当外力作用点位于截面形心附近的一个区域内时，就可以保证中性轴不穿过横截面，这个区域就称为截面核心。

要确定任意形状截面的核心边界，可将与截面周边相切的任一直线看做是中性轴，根据中性轴a_y，a_z按式(12-9)就可以算出与中性轴对应的外力作用点y_P，z_P，也即核心边界上的一个点的坐标值y_P，z_P。

现求圆截面的截面核心：

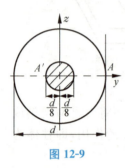

图 12-9

因截面对圆心是极对称的，故截面核心对圆心也是极对称的，即核心边界也是一个圆。在截面A点作一平行于Z轴的切线(图 12-9)并看做是中性轴，此中性轴在坐标轴上的截距分别为

$$a_y = \frac{d}{2}, \quad a_z = \infty$$

将圆截面的$i_y^2 = i_z^2 = \frac{d^2}{16}$代入式(12-9)，求得核心边界上$A'$点坐标值：

$$y_P = -\frac{i_z^2}{a_y} = -\frac{d}{8}, \quad z_P = -\frac{i_y^2}{a_z} = 0$$

小　结

构件同时产生两种或两种以上的基本变形的变形形式称为组合变形。组合变形的强度计算主要有四个步骤，即外力分析、内力分析、应力分析和强度计算。

(1) 拉(压)弯组合变形的强度条件

$$\sigma = |\sigma' + \sigma''| \leqslant [\sigma]$$

(2) 弯扭组合变形的强度条件

第三强度理论　　$\sigma_{xd3} = \sqrt{\sigma_W^2 + 4\tau^2} \leqslant [\sigma]$ 或 $\sigma_{xd3} = \frac{\sqrt{M^2+T^2}}{W_z} \leqslant [\sigma]$

第四强度理论　　$\sigma_{xd4} = \sqrt{\sigma_W^2 + 3\tau^2} \leqslant [\sigma]$ 或 $\sigma_{xd4} = \frac{\sqrt{M^2+0.75T^2}}{W_z} \leqslant [\sigma]$

思考题与习题

思　考　题

12-1　拉(压)弯组合变形构件的危险截面和危险点如何来确定？弯扭组合变形的构件危险截面和危险点如何来确定？

12-2　试分析图 12-10 所示杆件中 AB，BC，CD 段分别是哪几种基本变形的组合？

12-3　在图 12-11 所示梁上，力分别作用在竖向与水平对称面内，试分析梁的危险截面及梁横截面上最大应力所在的点。

第 12 章 组合变形的强度计算

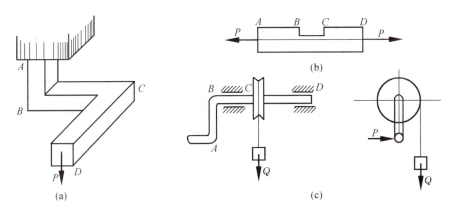

图 12-10

12-4 一矩形简支梁如图 12-12 所示,试分析梁的变形情况,并指出危险截面及危险点位置。

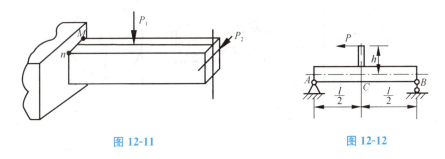

图 12-11　　　　　　　　　　图 12-12

12-5 同一强度理论,其强度条件可写成不同形式,以第三强度理论为例:

(1) $\sigma_{xd3} = \sigma_1 - \sigma_3 \leqslant [\sigma]$

(2) $\sigma_{xd3} = \sqrt{\sigma^2 + 4\tau^2} \leqslant [\sigma]$

(3) $\sigma_{xd3} = \dfrac{\sqrt{M^2 + T^2}}{W_z} \leqslant [\sigma]$

试问上述各式的适用范围各是什么?

12-6 图 12-13 所示圆截面悬臂梁,同时受轴向力 F、横向力 F' 和力偶 M 的作用,试问:

(1) 危险截面、危险点位置;
(2) 危险点应力状态;
(3) 按第三强度理论,可写出以下两个公式:

a. $\dfrac{F}{A} + \sqrt{\left(\dfrac{M}{W}\right)^2 + 4\left(\dfrac{M}{W_p}\right)^2} \leqslant [\sigma]$

b. $\sqrt{\left(\dfrac{F}{A} + \dfrac{M}{W}\right)^2 + 4\left(\dfrac{M}{W_p}\right)^2} \leqslant [\sigma]$

图 12-13

哪一个公式正确?

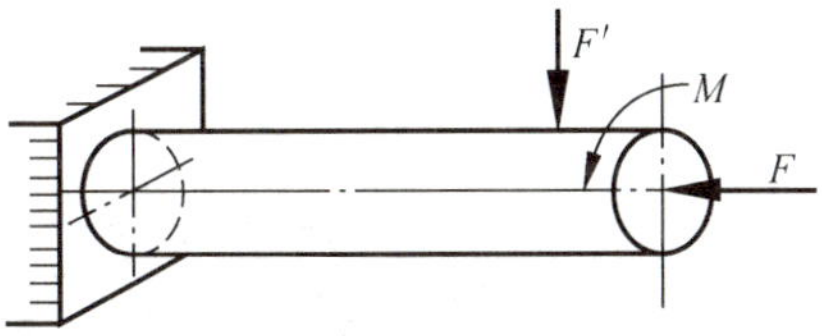

习　题

12-1 若在正方形横截面短柱的中间开一槽,使横截面积减少为原截面积的一半,如图 12-14 所示。试问开槽后的最大正应力为不开槽时最大正应力的几倍?

12-2 小型铆钉机座如图 12-15 所示,材料为铸铁,许用拉应力 $[\sigma_t] = 30$ MPa,许用压应力 $[\sigma_c] = 80$ MPa。Ⅰ—Ⅰ截面的惯性矩 $I = 3\,789$ cm^4,在冲打铆钉时,受力 $P = 20$ kN 作用。试校核Ⅰ—Ⅰ截面的强度。

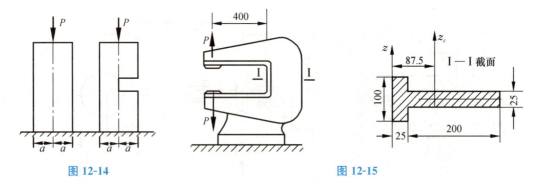

图 12-14　　　　　　　　　　　　　图 12-15

12-3　如图 12-16 所示,电动机带动皮带轮转动。已知电动机功率 $P=12$ kW,转速 $n=900$ r/min,带轮直径 $D=200$ mm,重力 $G=600$ N,皮带紧边拉力与松边拉力之比 $T/t=2$,AB 轴直径 $d=45$ mm,材料为 45 号钢,许用应力 $[\sigma]=120$ MPa。试按第四强度理论校核该轴的强度。

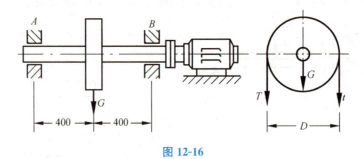

图 12-16

12-4　如图 12-17 所示圆截面杆受载荷 P 和 m 的作用。已知 $P=0.5$ kN,$m=1.2$ kN·m,圆杆材料为 45 号钢,$[\sigma]=120$ MPa。力 P 的剪切作用略去不计,试按第三强度理论确定圆杆直径 d。

12-5　如图 12-18 所示,拐轴在 C 处受铅垂力 P 作用。已知 $P=3.2$ kN。轴的材料为 45 号钢,许用应力 $[\sigma]=160$ MPa。试用第三强度理论校核 AB 轴的强度。

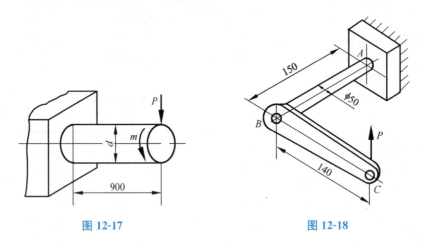

图 12-17　　　　　　　　　　　　　图 12-18

12-6　如图 12-19 所示,在 AB 轴上装有两个轮子,轮上分别作用力 P 和 Q 而处于平衡状态。已知 $Q=12$ kN,$D_1=200$ mm,$D_2=100$ mm,轴的材料为碳钢,许用应力 $[\sigma]=120$ MPa。试按第四强度理论确定 AB 轴的直径。

12-7　等截面钢制圆轴受力如图 12-20 所示,轮 C 输入功率 $P=1.8$ kW,转速 $n=120$ r/min,已知材料许用应力 $[\sigma]=160$ MPa。按最大剪应力理论设计轴的直径。

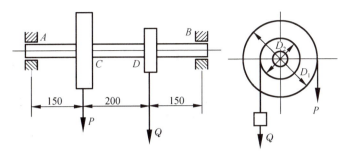

图 12-19

12-8 两端装有传动轮的钢轴如图 12-21 所示,轮 C 输入功率 $P=14.7$ kW,转速 $n=120$ r/min,D 轮上的皮带拉力 $F_1=2F_2$,材料的许用应力 $[\sigma]=160$ MPa。按第四强度理论设计轴的直径。

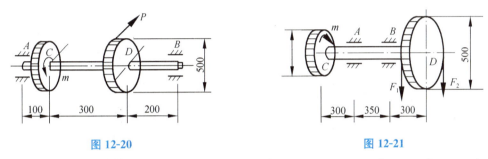

图 12-20　　　　　　　　　　　　图 12-21

12-9 图 12-22 所示铁道路标的信号板,装在外径 $D=60$ mm 的空心柱上,信号板上作用的最大风载压强 $p=2\,000$ Pa,若 $[\sigma]=60$ MPa,试按第三强度理论选择空心柱的厚度。

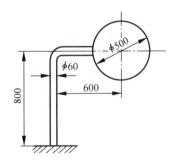

图 12-22

第13章 压杆稳定

13.1 压杆稳定的概念

稳定性问题和强度问题、刚度问题一样,是研究构件承载能力所要解决的基本问题之一。

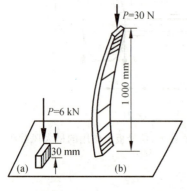

图 13-1

一根宽 30 mm,厚 5 mm 的矩形截面木杆,对其施加轴向压力,如图 13-1 所示,设材料的抗压强度极限 $\sigma_b=40$ MPa,当杆件很短时(设高为 30 mm)将杆压弯所需的压力为

$$P = \sigma_b \cdot A = 40 \times 30 \times 5 = 6\,000(\text{N})$$

若杆长 1 m,则只需 30 N 的压力杆件就会弯曲,若压力再大则杆件就会显著弯曲而丧失工作能力。

由此可见,两根材料相同,横截面相同的压杆,由于杆长不同,其丧失工作能力的原因有着质的区别,前者属于粗短杆,主要考虑其强度问题;后者属细长杆,引起破坏的因素不是强度问题。这就说明,细长压杆丧失工作能力并非杆件本身强度不足,而是由于其**轴线在轴向压力作用下不能维持原有的直线形状——称为压杆丧失稳定**,简称**失稳**。因此对于较细长的受压杆件,必须给予足够的重视。这类杆件在很小的压力作用下,就会弯曲,若压力继续增大,杆件将会发生显著的弯曲变形而丧失工作能力。

为了研究细长压杆的失稳过程,如图 13-2(a)所示,取一细长杆,在杆端施加轴向压力 P。当 P 较小时,压杆保持直线平衡状态。再施加一横向干扰力 Q,压杆将发生微小的弯曲变形,去掉干扰力 Q 后,杆经过若干次摆动,仍恢复到原来的直线平衡状态,如 13-2(b)所示,则当压杆的**原有轴线为直线时,压杆达到平衡,这种平衡称为稳定平衡**。

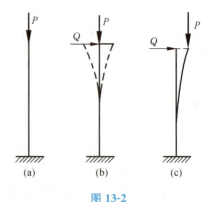

图 13-2

当压力 P 逐渐增大到某一数值时,压杆在横向干扰力 Q 作用下发生弯曲,去掉干扰力后,杆件不能恢复到原有的轴线为直线的平衡状态,而处于轴线为曲线的平衡状态,如图 13-2(c)所示。压力 P 继续增加,杆件因弯曲变形显著增加而丧失工作能力,称压杆的原有轴线为直线的平衡状态为非稳定平衡。压杆的稳定性问题,就是受压杆件轴线能否保持在原有的直线状态的平衡问题。

通过上述分析，压杆能否保持稳定，主要取决于压力 P 的大小，压力 P 小于某一数值时压杆就处于稳定平衡状态，压力 P 超过某一数值时，压杆则处于非稳定平衡状态。压杆从稳定平衡状态过渡到非稳定平衡状态的极限状态称为临界状态，该状态所对应的轴向压力值称为临界力，用 P_{cr} 表示。因此，临界力 P_{cr} 是判断压杆是否稳定的一个重要指标。对于一个具体的压杆(材料、截面形状和尺寸，杆件的长度，两端约束情况均已知)而言，P_{cr} 是一个确定的值。只要杆件所承受的实际压力不超过 P_{cr}，该压杆就是稳定的。所以，对于压杆稳定性问题的研究，关键在于确定 P_{cr} 的大小。

在工程中，只注重压杆的强度而忽视其稳定性，会给工程结构带来极大的危害，历史上，曾多次出现由于压杆失稳而引发的严重事故的案例，因此在结构的设计计算中，特别是细长压杆，对其进行稳定性计算是非常必要的。例如千斤顶的丝杆(图 13-3)托架中的压杆(图 13-4)等，当其过于细长时，就必须进行稳定计算。

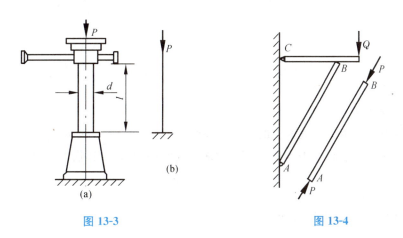

图 13-3　　　　　　　　　　图 13-4

13.2　压杆的临界载荷和临界应力

13.2.1　压杆的临界力

1. 临界力的欧拉公式

临界力是判断压杆是否稳定的依据。当作用在压杆上的压力 $P=P_{cr}$ 时，压杆受到干扰力作用后将处于不稳定的微弯曲状态。因此，细长杆的临界力 P_{cr} 是压杆发生弯曲而失去稳定平衡的最小压力值。在杆的应变不大，杆内压应力不超过材料比例极限的情况下，根据弯曲变形理论，可以推导出临界力大小的计算公式为

$$P_{cr} = \frac{\pi^2 EI}{(\mu l)^2} \tag{13-1}$$

式(13-1)称为计算临界力的欧拉公式。式中，I 为杆件横截面对中性轴的惯性矩；μ 为与杆件两端支承情况有关的长度系数，其值见表 13-1；l 为杆件的长度；μl 为相当长度，因欧拉公式是按两端铰支的情况推导出来的，当杆件两端铰支时 $\mu=1$，对其余支承情况，杆件的长度应按相当长度计算。

表 13-1　不同支承情况的长度系数

杆端约束情况	两端铰支	一端固定 一端自由	一端固定 一端铰支	两端固定
挠曲线形状	l	$2l$	$0.7l$, l	$l/4$, $l/2$, $l/4$, l
长度系数 μ	1.0	2.0	0.7	0.5

由式(13-1)可以看出，临界力 P_{cr} 与杆件的抗弯刚度 EI 成正比，与相当长度的平方成反比，杆件越细长，稳定性就越差。

2. 临界应力的欧拉公式

压杆在临界力作用下横截面上的压应力，称为临界应力，以 σ_{cr} 表示。

设作用于压杆 h 的临界力为 P_{cr}，压杆的横截面面积为 A，则其临界应力为

$$\sigma_{cr} = \frac{P_{cr}}{A} = \frac{\pi^2 EI}{A(\mu l)^2}$$

式中，I 和 A 均与压杆截面形状和尺寸有关。

压杆截面的惯性半径为 $i = \sqrt{\dfrac{I}{A}}$，将其代入上式，则得

$$\sigma_{cr} = \frac{\pi^2 E}{(\mu l)^2} i^2 = \frac{\pi^2 E}{(\mu l/i)^2}$$

令

$$\lambda = \frac{\mu l}{i} \tag{13-2}$$

则有

$$\sigma_{cr} = \frac{\pi^2 E}{\lambda^2} \tag{13-3}$$

式中，λ 为压杆的长细比。

式(13-3)表明 σ_{cr} 与 λ^2 成反比，λ 越大，压杆越细长，其临界应力 σ_{cr} 越小，压杆越容易失稳；反之，λ 越小，压杆越粗短，其临界应力越大，压杆越不易失稳。因此，λ 又称柔度。

λ 是反映压杆细长度的一个综合参数，它集中反映了压杆两端的支承情况、杆长、截面形状及尺寸等因素对临界应力的影响。所以，柔度 λ 是压杆稳定计算中的一个重要参数。

3. 欧拉公式的适用范围

欧拉公式是压杆处于弹性范围内推导出的，亦即只有在材料服从虎克定律的条件下才成立。因此只有当压杆的临界应力 σ_{cr} 不超过材料的比例极限 σ_p 时，欧拉公式才能适用，即

$$\sigma_{cr} = \frac{\pi^2 E}{\lambda^2} \leqslant \sigma_p$$

由此可以求出对应于比例极限时的柔度 λ_p 为

$$\lambda_p = \pi\sqrt{\frac{E}{\sigma_p}} \tag{13-4}$$

显然,欧拉公式的适用范围是

$$\lambda \geqslant \lambda_p$$

把 $\lambda \geqslant \lambda_p$ 的压杆称为细长杆或大柔度杆。欧拉公式只适用于细长杆。

λ_p 的数值取决于材料的弹性模量 E 及比例极限 σ_p,因此,材料不同的压杆,σ_p 值是不同的,例如,对于 Q235A 钢,$E=200$ GPa,$\sigma_p=200$ MPa,代入公式(13-4)得

$$\lambda_p = \pi\sqrt{\frac{E}{\sigma_p}} = 3.14 \times \sqrt{\frac{200 \times 10^3}{200}} = 100$$

这说明用 Q235A 钢制成的压杆,只有当 $\lambda \geqslant 100$ 时,才能用欧拉公式来计算其临界应力。

13.2.2 非细长杆临界应力的经验公式

工程中,经常会遇到柔度小于 λ_p 的压杆,这类压杆的临界应力超过材料的比例极限而小于材料的屈服极限,其失效形式仍以失稳为主,在计算其临界应力 σ_{cr} 时,欧拉公式已不再适用。目前多用建立在实验基础上的经验公式,即

$$\sigma_{cr} = a - b\lambda \tag{13-5}$$

式中,a,b 是与材料性质有关的常数,其单位为 MPa。一些常见材料的 a,b 值列于表 13-2。

表 13-2 公式的系数 a,b 及柔度 λ_p,λ_s

材 料	a/MPa	b/MPa	λ_p	λ_s
Q235	304	1.12	100	61.6
45 钢	578	3.744	100	60
铸铁	332.2	1.454	80	
木材	28.7	0.19	110	40

经验公式(13-5)也有一个适用范围。对于塑性材料制成的压杆,要求其临界应力不得超过材料的屈服极限 σ_s,即

$$\sigma_{cr} = a - b\lambda < \sigma_s$$

或

$$\lambda > \frac{a - \sigma_s}{b} = \lambda_s \tag{13-6}$$

式中,λ_s 为对应于屈服极限 σ_s 时的柔度值。

综上所述,经验公式(13-5)适用范围是

$$\lambda_s < \lambda < \lambda_p$$

一般把柔度介于 λ_s 与 λ_p 之间的压杆称为中柔度杆或中长杆。试验证明,中长杆的稳定性接近细长杆,失效时也有明显的失稳现象。例如 Q235A 钢制成的压杆,$\sigma_s=235$ MPa,$a=304$ MPa,$b=1.12$ MPa,则

$$\lambda_s = \frac{a - \sigma_s}{b} = \frac{304 - 235}{1.12} = 61.6$$

对于中长杆,则 $61.6 < \lambda < 100$,λ 值很接近。

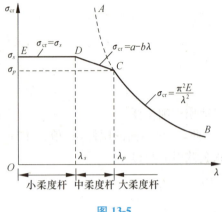

图 13-5

柔度 $\lambda \leqslant \lambda_s$ 的杆称为小柔度杆或粗短杆。试验证明，这类压杆当工作应力达到屈服极限时，材料发生较大的塑性变形而丧失工作能力，其失效的主要原因是由于强度不足，并非失稳。

根据大、中、小柔度杆的临界应力计算公式，大柔度杆的临界应力与柔度的平方成反比；中柔度杆的临界应力与柔度呈直线关系；小柔度杆的临界应力 $\sigma_{cr}=\sigma_s$。根据上述结果，若以柔度 λ 为横坐标，以临界应力 σ_{cr} 为纵坐标，可绘出临界应力随柔度变化的曲线，即临界应力总图，如图 13-5 所示。

根据图 13-5，将各类柔度压杆临界应力计算公式归纳如下：

（1）对于大柔度杆或细长杆（$\lambda \geqslant \lambda_p$），其失效以失稳为主，其临界应力用欧拉公式计算

$$\sigma_{cr} = \frac{\pi^2 E}{\lambda^2}$$

（2）对于中柔度杆或中长杆（$\lambda_s < \lambda < \lambda_p$），其临界应力用经验公式计算

$$\sigma_{cr} = a - b\lambda$$

（3）对于小柔度杆或粗短杆（$\lambda \leqslant \lambda_s$），其失效是强度不足所致，用压缩强度公式计算

$$\sigma_{cr} = \sigma_s$$

例 13-1 有一矩形截面的压杆如图 13-6 所示，下端固定，上端自由。已知 $b=20$ mm, $h=40$ mm, $l=1$ m，材料为钢材，$E=200$ GPa，试计算此压杆的临界力。

解：（1）求最小惯性半径 i_{min}。

截面对 y 和 z 轴的惯性矩分别为

$$I_y = \frac{hb^3}{12} = \frac{40 \times 20^3}{12} = 26\ 667 (\text{mm}^4)$$

$$I_z = \frac{bh^3}{12} = \frac{20 \times 40^3}{12} = 106\ 667 (\text{mm}^4)$$

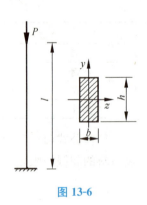

图 13-6

因 $I_{min} = I_y$，故压杆易绕 y 轴弯曲而失稳，其最小惯性半径为

$$i_{min} = \sqrt{\frac{I_{min}}{A}} = \sqrt{\frac{26\ 667}{40 \times 20}} = 5.774 (\text{mm})$$

（2）求柔度 λ。

因为 $\mu = 2.0$，则

$$\lambda = \frac{\mu l}{i} = \frac{2 \times 1 \times 10^3}{5.774} = 346.4 > \lambda_p = 100$$

（3）用欧拉公式计算临界应力。

$$\sigma_{cr} = \frac{\pi^2 E}{\lambda^2} = \frac{3.14^2 \times 200 \times 10^3}{346.4^2} = 16.434 (\text{MPa})$$

（4）计算临界力 P_{cr}。

$$P_{cr} = \sigma_{cr} \cdot A = 16.434 \times 20 \times 40 = 13\ 147.2 (\text{N}) \approx 13.1 \text{ kN}$$

13.3 压杆稳定性校核

为了保证压杆不失稳,必须对其进行稳定性计算。这种计算与构件的强度或刚度计算有本质上的区别,因为它们对保证构件的安全所提出的要求是不同的。在压杆稳定计算时,其临界力和临界应力是压杆丧失稳定的极限值。为了保证压杆有足够的稳定性,不但要求作用于压杆上的轴向载荷或工作应力不超过极限值,而且还要考虑留有足够的安全储备。因此,压杆的稳定条件为

$$P \leqslant \frac{P_{cr}}{[n_\omega]} \quad \text{或} \quad \sigma \leqslant \frac{\sigma_{cr}}{[n_\omega]}$$

式中,$[n_\omega]$为规定的稳定安全系数。

若令 $n_\omega = \dfrac{P_{cr}}{P} = \dfrac{\sigma_{cr}}{\sigma}$ 为压杆实际工作的稳定安全系数,可得压杆的稳定条件为

$$n_\omega = \frac{P_{cr}}{P} \geqslant [n_\omega]$$

或

$$n_\omega = \frac{\sigma_{cr}}{\sigma} \geqslant [n_\omega] \tag{13-7}$$

规定的稳定安全系数$[n_\omega]$的确定是一个既复杂又重要的问题,它涉及的因素很多。$[n_\omega]$的值,在有关的设计规范中都有明确的规定,一般情况下$[n_\omega]$可采用如下数值:

金属结构中的钢制压杆:$[n_\omega]=1.8\sim3.0$

矿山设备中的钢制压杆:$[n_\omega]=4.0\sim8.0$

金属结构中的铸铁压杆:$[n_\omega]=4.5\sim5.5$

木结构中的木制压杆:$[n_\omega]=2.5\sim3.5$

按式(13-7)进行稳定计算的方法,称为安全系数法。利用该式可解决压杆的三类稳定性问题:

(1) 校核压杆的稳定性。
(2) 设计压杆的截面尺寸。
(3) 确定作用压杆上的最大许可载荷。

下面举例说明安全系数法的具体应用。

例 13-2 如图 13-3(a)所示的螺旋千斤顶,螺杆旋出的最大长度 $L=400$ mm,螺纹直径 $d=40$ mm,最大起重量 $P=80$ kN,螺杆材料为 45 号钢,$\lambda_p=100$,$\lambda_s=60$,$[n_\omega]=4.0$,试校核螺杆杆的稳定性。

解:(1) 计算柔度。

$$i = \sqrt{\frac{I}{A}} = \sqrt{\frac{\pi d^4/64}{\pi d^2/4}} = \frac{d}{4} = 10 \text{ mm}$$

查表得 $\mu=2.0$,则

$$\lambda = \frac{\mu l}{i} = \frac{2.0 \times 400}{10} = 80$$

(2) 计算临界力。

因 $\lambda<\lambda_p=100$,且 $\lambda>\lambda_s=60$,故螺杆为中长杆,应用经验公式计算其临界应力。

查表 13-2 可得,$a=578$ MPa,$b=3.744$ MPa,则
$$\sigma_{cr} = a - b\lambda = 578 - 3.744 \times 80 = 278.48(\text{MPa})$$
螺杆的临界力为
$$P_{cr} = \sigma_{cr} \cdot A = 278.48 \times \frac{3.14 \times 40^2}{4} = 349\,771(\text{N}) \approx 350 \text{ kN}$$

(3) 校核压杆的稳定性。
$$n_\omega = \frac{P_{cr}}{P} = \frac{350}{80} = 4.375 > [n_\omega]$$

故压杆的稳定性是足够的。

例 13-3 一根 25a 号工字钢的支柱,长 7 m,两端固定,材料是 Q235A 钢,$E=200$ GPa,$\lambda_p=100$,$[n_\omega]=2.0$,试求支柱的安全载荷 $[P]$。

解:(1) 计算柔度 λ。
由于支柱为 25a 号的工字钢,查型钢表可得,$i_x = 10.2$ cm,$i_y = 2.4$ cm,$I_x = 5\,020$ cm^4,$I_y = 280$ cm^4,故
$$\lambda_x = \frac{\mu l}{i_x} = \frac{0.5 \times 7 \times 10^3}{10.2 \times 10} = 34.3$$
$$\lambda_y = \frac{\mu l}{i_y} = \frac{0.5 \times 7 \times 10^3}{2.4 \times 10} = 145.8$$

(2) 计算临界力 P_{cr}。
因 $\lambda_y > \lambda_x$,故按以 y 轴为中性轴的弯曲进行稳定性计算。
又因 $\lambda_y > \lambda_p$,则用欧拉公式计算得
$$P_{cr} = \frac{\pi^2 E I_y}{(\mu l)^2} = \frac{3.14^2 \times 200 \times 10^3 \times 280 \times 10^4}{(0.5 \times 7 \times 10^3)^2} = 450.7(\text{kN})$$

(3) 计算支柱的安全载荷 $[P]$。
$$[P] = \frac{P_{cr}}{[n_\omega]} = \frac{450.7}{2} = 225.4(\text{kN})$$

由计算结果可知,只要加在支柱上的轴向压力不超过 $[P]=225.4$ kN,支柱在工作过程中就不会失稳。

例 13-4 一两端铰支压杆,材料为 Q235A 钢截面为圆形,作用于杆端的最大轴向压力 $P=70$ kN,杆长 $L=2\,500$ mm,稳定安全系数 $[n_\omega]=2.5$,试计算压杆的直径。

解:(1) 求临界力 P_{cr},由稳定条件得
$$P_{cr} \geq P[n_\omega] = 70 \times 2.5 = 175(\text{kN})$$

(2) 计算压杆直径 d,由于压杆直径未确定,故无法计算压杆的柔度,所以也就不能正确判定是用欧拉公式计算,还是用经验公式计算。因此,在试算时可先用欧拉公式确定压杆直径,再检查是否满足其适用条件。

由欧拉公式得压杆的临界压力
$$P_{cr} = \frac{\pi^2 EI}{(\mu l)^2} \geq 175 \times 10^3 \text{ N}$$

$$\frac{3.14^2 \times 200 \times 10^3 \times \frac{\pi d^4}{64}}{(1 \times 2\,500)^2} \geq 175\,000$$

解得 $d \geqslant 57.98$ mm,取 $d=58$ mm。

(3) 验算正确性。

$$i=\sqrt{\frac{I}{A}}=\sqrt{\frac{\pi d^2/64}{\pi d^2/4}}=\frac{d}{4}=14.5 \text{ mm}$$

$$\lambda=\frac{\mu l}{i}=\frac{1\times 2\,500}{14.5}=172.41>\lambda_p=100$$

故应用欧拉公式计算是正确的。

13.4 提高压杆稳定的措施

提高压杆的稳定性应从影响压杆临界力和临界应力的各种因素如压杆的截面形状和尺寸、压杆的长度、杆端约束情况及压杆的材料性质等方面着手。

1. 合理地选择截面形状

由细长杆临界力和临界应力的欧拉公式以及中长杆临界应力的经验公式:

细长杆
$$P_{cr}=\frac{\pi^2 EI}{(\mu l)^2}$$

$$\sigma_{cr}=\frac{\pi^2 E}{\lambda^2}$$

中长杆
$$\sigma_{cr}=a-b\lambda$$

$$\lambda=\frac{\mu l}{i}=\mu l\sqrt{\frac{A}{I}}$$

可知,对于细长杆,临界力 P_{cr} 的大小与截面惯性矩 I 有关,I 越大,P_{cr} 就越大,压杆愈稳定;而 σ_{cr} 的大小与 λ 及 E 有关,E 值越大,λ 值越小,σ_{cr} 就越大,压杆抵抗失稳的能力越强。

因此,对于一定长度和支承方式的压杆,在横截面面积及材料一定的情况下,应尽可能使材料分布远离截面形心,以增大截面惯性矩,减小其柔度。如图 13-7 所示,采用空心截面将比实心截面更为合理。

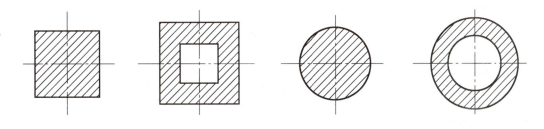

图 13-7

另外,压杆的失稳总是发生在柔度 λ 较大的纵向平面内。因此最理想的设计应该是使各个纵向平面内有相等或近似相等的柔度。根据 $\lambda=\frac{\mu l}{i}$ 可知,当压杆在截面两个主轴方向的约束情况不同时,应采用绕主轴惯性半径不同的截面形状,如矩形或工字形截面,使压杆在两个主轴方向有相等或近似相等的稳定性,即所谓的等稳定设计。

2. 减少压杆的长度，改善压杆两端的约束条件

由 $\lambda = \dfrac{\mu l}{i}$ 可知，λ 与 μl 成正比，要使柔度 λ 减小，就应尽量减小杆件的长度，如果工作条件不允许减小压杆的长度，可以在压杆中间增加约束或改善杆端约束提高压杆的稳定性。

3. 合理选择材料

对于细长杆，材料对临界力的影响只与弹性模量 E 有关，而各种钢材的 E 值很接近，约为 200 GPa，所以选用合金钢、优质钢并不比普通碳素钢优越，且不经济。对于中长杆，临界力同材料的强度指标有关，材料的强度越高，σ_{cr} 就越大。所以选用高强度钢材，可提高其稳定性。

小 结

本章对细长杆和中长杆承压能力进行分析与计算，解决工程中受压构件的稳定性问题。

1. 压杆稳定问题的实质是压杆直线平衡状态是否稳定的问题。

2. 临界力 P_{cr} 是压杆从稳定平衡状态过渡到不稳定平衡状态的极限载荷值。压杆在临界力作用下，把横截面上的压应力称临界应力 σ_{cr}。

(1) 对大柔度杆(或细长杆)($\lambda \geqslant \lambda_p$)

$$P_{cr} = \dfrac{\pi^2 EI}{(\mu l)^2}$$

$$\sigma_{cr} = \dfrac{\pi^2 E}{\lambda^2}$$

(2) 对中柔度杆或中长杆($\lambda_s < \lambda < \lambda_p$)

$$\sigma_{cr} = a - b\lambda$$

$$P_{cr} = \sigma_{cr} A$$

(3) 对小柔度杆或粗短杆($\lambda \leqslant \lambda_s$)

$$\sigma_{cr} = \sigma_s$$

属强度问题。

3. 压杆稳定计算，常用安全系数法，其稳定条件为

$$n_\omega = \dfrac{\sigma_{cr}}{\sigma} \geqslant [n_\omega]$$

校核压杆稳定问题的一般步骤是：

(1) 计算压杆柔度。根据压杆的实际尺寸和支承情况，分别算出在各个弯曲平面内弯曲时的实际柔度，即

$$\lambda = \dfrac{\mu l}{i}, \quad i = \sqrt{\dfrac{I}{A}}$$

(2) 计算临界力。根据实际柔度恰当地选用计算临界应力的具体公式，并计算出临界应力 σ_{cr} 或临界力 P_{cr}。

(3) 校核稳定性。按稳定性条件进行稳定性计算。

4. 提高压杆稳定性的措施：

(1) 合理选择截面形状。

(2) 减少压杆长度,改善压杆两端的约束条件。
(3) 合理选择材料。

思考题与习题

思 考 题

13-1　什么是压杆的稳定平衡状态和非稳定平衡状态?

13-2　什么是大、中、小柔度杆?它们的临界应力如何确定?

13-3　什么是柔度?它的大小由哪些因素确定?

13-4　今有两根材料、截面尺寸及支承情况均相同的压杆,仅知长压杆的长度是短压杆的长度的两倍。试问在什么条件下才能确定两压杆临界力之比,为什么?

13-5　如图 13-8 所示截面,若压杆两端均为铰支,压杆会在哪个平面内失稳(即失稳时,横截面绕哪根轴转动)?

13-6　如图 13-9 所示三根细长压杆、材料及横截面均相同,试判断哪一根最容易失稳,哪一根最不容易失稳?

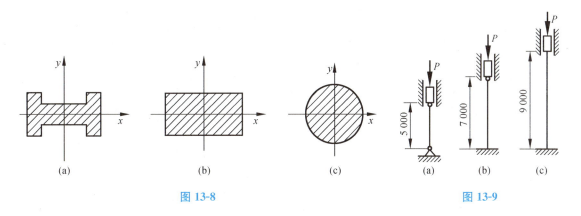

图 13-8　　　　　　　　　　　　　图 13-9

习 题

13-1　三根圆截面压杆,其直径均为 $d=160$ mm,材料均为 Q235A 钢,$E=200$ GPa,$\sigma_s=235$ MPa,已知压杆两端均为铰接,长度分别为 L_1、L_2、L_3,且 $L_1=2L_2=4L_3=5$ m。试求各杆的临界力。

13-2　由 Q235A 钢制成的 20a 工字钢压杆,两端为铰支,杆长 $L=4$ m,弹性模量 $E=200$ GPa。试求压杆的临界力和临界应力。

13-3　有一木柱两端铰支,其横截面为 120 mm×200 mm 的矩形,长度 $L=4$ m,木材的 $E=10$ GPa,$\lambda_p=112$,试求木柱的临界应力。

13-4　千斤顶的最大承重量 $P=150$ kN,丝杆直径 $d=52$ mm,长度 $L=500$ mm,材料是 45 号钢。试求丝杠的工作稳定安全系数。

13-5　图 13-10 所示为简易起重机,其中 BD 杆为 20 号槽钢,材料为 Q235A 钢,起重机的最大起重量是 $P=40$ kN。若 $[n_w]=5.0$,试校核 BD 杆的稳定性。

13-6　如图 13-11 所示托架中,$Q=70$ kN,杆 AB 的直径 $d=40$ mm,两端为铰支,材料为 Q235A 钢,$E=200$ GPa,$[n_w]=2.0$,横梁 CD 为 20a 工字钢,$[\sigma]=140$ MPa。试校核托架是否安全。

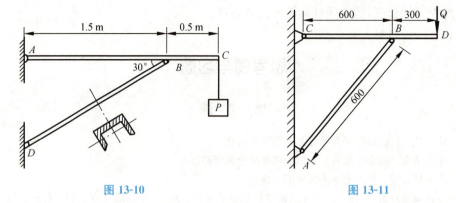

图 13-10　　　　　　　　　　　图 13-11

13-7　已知柱的长端为铰支，下端为固定，柱的外径 $D=200$ mm，内径 $d=100$ mm，柱长 $L=9$ m，材料为 Q235A 钢，$[\sigma]=160$ MPa，试求柱的许用载荷 $[P]$。

13-8　两端铰支的工字钢受轴向压力 $P=400$ kN 作用，杆长 $L=3$ m，$[\sigma]=160$ MPa，试选定工字钢型号。

13-9　材料为 Q235A 钢的压杆，直径 $d=80$ mm，$\sigma_s=240$ MPa，$[\sigma]=160$ MPa，长度 $L=2.2$ m，两端铰支，试求此杆的稳定安全系数。

第14章 运动学基础

运动学研究物体的空间位置随时间变化的规律,而不考虑引起位置变化的原因。要确定一个物体在空间的位置及某时刻的速度和加速度,必须选定另一个物体作为参照物。如果将一组坐标系固连在该参照物上,则该坐标系称为参照系。工程中,一般选择与地面相固连的坐标系为参照系。

运动学的主要研究对象为点和刚体,这里的点是指不计形状、大小、质量,但在空间占有确定位置的几何点;而刚体可看做是由无数个点组成的、在力的作用下不产生变形的系统。

14.1 点的运动

点的运动规律是指点对于某参照系的几何位置随时间变化的规律,包括点的运动方程、速度和加速度。为了描述点的运动,必须首先确定点的空间位置,下面介绍两种常用的研究点的运动的方法。

14.1.1 自然法

在点的运动中,如果点的运动轨迹已知,则在轨迹上任选一点为原点,并规定点的一侧为正向,则另一侧必为负向。在某瞬时,动点的位置可由它至原点的轨迹弧长度来确定。**这种以点的轨迹作为自然坐标轴来确定点的位置的方法称为自然法。**

1. 运动方程

设动点沿已知轨迹曲线运动,在轨迹上任选一点为参考原点,并沿轨迹在原点两侧沿轨迹规定正负方向,则点在任一瞬时的位置可由具有正负号的弧长来确定,显然,弧长是代数量,称为动点的弧坐标或自然坐标,用 s 表示。动点沿轨迹运动时,其弧坐标将随时间而改变,因此弧坐标是时间的单值连续函数,即

$$s = f(t) \tag{14-1}$$

式(14-1)称为点的自然形式或弧坐标形式的运动方程。

用自然法描述点的运动时,必须具备两个条件:

(1) 已知运动轨迹

(2) 运动方程已知或可以建立

下面介绍路程、位移以及弧坐标三者之间的关系。路程是指在某一时间间隔内动点沿轨迹所走过的弧长。它表示在某一时间间隔内动点所走过的距离的绝对值,因此路程随时间的增加而增加,永远是正值,与参照原点的选择无关,弧坐标与路程的概念是不同的,弧坐标表示

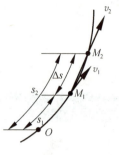

图 14-1

某瞬时动点在轨迹上的位置,是个代数量,它与参照原点的选择有关。在图 14-1 中,动点 M 沿轨迹单向运动,在瞬时 t_1,动点运动到 M_1 处,弧坐标为 s_1,在瞬时 t_2,动点运动到 M_2 处,弧坐标为 s_2。在时间间隔 $\Delta t = t_2 - t_1$ 内,动点的路程

$$\overset{\frown}{M_1 M_2} = |s_2 - s_1| = \Delta s$$

所以,当动点沿轨迹单向运动时,某时间间隔内动点弧坐标的增量的绝对值等于路程。动点运动方向改变时路程要分段计算。位移是指动点位置的移动,常用由起始位置指向终止位置的有向线段表示。

综上所述,弧坐标是代数量,路程是算术量,位移是矢量。

2. 点的速度

速度是表示点运动的快慢程度。设动点沿已知轨迹运动,如图 14-1 所示,在瞬时 t_1,动点的弧坐标为 s_1,在 $t_1 \sim t_2$ 时间间隔内,动点由 M_1 运动到 M_2,矢量 $\overrightarrow{M_1 M_2}$ 是动点在 Δt 时间内的位移,而位移 $\overrightarrow{M_1 M_2}$ 与时间之比,称为动点在 Δt 时间内的平均速度,以 $\boldsymbol{v}^*$ 表示,即

$$\boldsymbol{v}^* = \frac{\overrightarrow{M_1 M_2}}{\Delta t}$$

平均速度只能大致说明点在 Δt 时间内的运动情况,显然 Δt 越小平均速度越接近于动点的真实速度。当 Δt 趋于零时,M_2 趋近于 M_1,$\overrightarrow{M_1 M_2}$ 的大小趋近于零,平均速度趋近于某一极限速度值,该极限值就是动点在该位置处的瞬时速度:

$$\boldsymbol{v} = \lim_{\Delta t \to 0} \frac{\overrightarrow{M_1 M_2}}{\Delta t} = \lim_{\Delta t \to 0} \frac{\Delta \boldsymbol{s}}{\Delta t} = \frac{\mathrm{d}\boldsymbol{s}}{\mathrm{d}t}$$

即

$$\boldsymbol{v} = \frac{\mathrm{d}\boldsymbol{s}}{\mathrm{d}t} \tag{14-2}$$

因为速度是矢量,所以不仅要确定它的大小,还要确定它的方向,平均速度的方向与位移的方向相同,瞬时速度的方向则应与位移趋近于零时的极限方向相同。当 Δt 趋于零时,M_2 趋近于 M_1,$\overrightarrow{M_1 M_2}$ 的极限方向与 M_1 点的切线方向重合,指向运动的一方,所以动点瞬时速度方向是沿着轨迹上该点的切线方向,并指向运动的方向。

综上所述,瞬时速度的大小等于动点的弧坐标对时间的一阶导数,其方向沿轨迹的切线方向并指向动点运动方向。若 $v > 0$,动点沿轨迹的正方向运动;若 $v < 0$,则动点沿轨迹的负方向运动。

3. 点的加速度

加速度是表示速度对时间的变化率。一般情况下,动点沿平面曲线运动时,其速度的大小和方向都会发生变化。

设动点沿已知的平面曲线运动,在 t 时刻位于 M 点,其速度为 $\boldsymbol{v}$,经时间间隔 Δt,动点运动到 M_1,其速度为 $\boldsymbol{v}_1$,速度大小和方向都发生变化。一般把加速度分解为两个分量。我们把仅由于速度大小变化引起的速度增量,称为切向加速度,用 $\boldsymbol{a}_\tau$ 表示,它是加速度沿切线方向的一个分量,它表明速度的大小对时间的变化率。可以证明,切向加速度 $\boldsymbol{a}_\tau$ 的大小为

$$a_\tau = \frac{\mathrm{d}v}{\mathrm{d}t} = \frac{\mathrm{d}^2 s}{\mathrm{d}t^2} \tag{14-3}$$

切向加速度的方向沿轨迹上点的切线方向,当 $\dfrac{\mathrm{d}v}{\mathrm{d}t}>0$ 时,切向加速度指向轨迹的正向;当 $\dfrac{\mathrm{d}v}{\mathrm{d}t}<0$ 时,切向加速度指向轨迹的负向。但是切向加速度的正负不能说明点是做加速运动还是做减速运动,只有当切向加速度与速度同号时,点做加速运动,反之,两者异号时,点做减速运动。

加速度的另一个分量表示仅由于速度方向改变所引起的速度的增量,这个分量称为法向加速度,也称向心加速度,并以 a_n 表示,它是加速度沿法线方向的一个分量,它表明速度的方向对时间的变化率。

可以证明,法向加速度的大小为

$$a_n = \dfrac{v^2}{\rho} \tag{14-4}$$

式中,ρ 是曲线上 M 点处的曲率半径,$\rho=\dfrac{1}{k}$,k 是曲线在 M 点处的曲率,它表明曲线在 M 点处的弯曲程度,可由高等数学知识求得。对于圆来说,$\rho=R$。

法向加速度的方向与速度垂直,即沿轨迹的法线并指向轨迹曲线在该点的曲率中心。

概括起来,点的切向加速度 $\boldsymbol{a}_\tau$ 表明了速度大小的变化率,其大小为 $\dfrac{\mathrm{d}v}{\mathrm{d}t}$,方向沿轨迹的切线;法向加速度 $\boldsymbol{a}_n$ 表明了速度方向的变化率,其大小为 v^2/ρ,方向沿轨迹上点的曲率半径并指向曲率中心;点的全加速度 $\boldsymbol{a}$ 等于切向加速度 $\boldsymbol{a}_\tau$ 和法向加速度 $\boldsymbol{a}_n$ 的矢量和,如图 14-2 所示。即

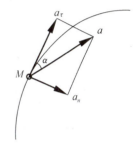

图 14-2

$$\boldsymbol{a} = \boldsymbol{a}_\tau + \boldsymbol{a}_n$$

因为 $\boldsymbol{a}_\tau$ 与 $\boldsymbol{a}_n$ 互相垂直,故全加速度的大小为

$$a = \sqrt{a_\tau^2 + a_n^2} = \sqrt{\left(\dfrac{\mathrm{d}v}{\mathrm{d}t}\right)^2 + \left(\dfrac{v^2}{\rho}\right)^2} \tag{14-5}$$

全加速度的方向可由 $\boldsymbol{a}_\tau$ 与 $\boldsymbol{a}$ 所夹的锐角 α 来确定,即

$$\tan\alpha = \left|\dfrac{a_n}{a_\tau}\right| \tag{14-6}$$

综上所述,加速度可以分解为切向加速度和法向加速度,切向加速度描述了速度大小随时间的变化率,法向加速度描述了速度方向随时间的变化率,切向加速度与法向加速度在任一瞬时刻都互相垂直。全加速度是切向加速度和法向加速度的矢量和。

根据切向加速度和法向加速度的不同取值,点的运动有下列几种特殊情况。

(1) 变速直线运动:由于直线的曲率半径 $\rho \to \infty$,因此法向加速度 $a_n=0$,速度方向也没有改变,全加速度值 $\boldsymbol{a}=\boldsymbol{a}_\tau=\mathrm{d}v/\mathrm{d}t$。

(2) 匀速曲线运动:由于速度为常值,因此,切向加速度 $a_\tau=0$,全加速度 $a=a_n=v^2/\rho$。

(3) 匀速直线运动:由于速度为一常值,速度的大小和方向不变,因此,全加速度 $a=0$。

(4) 匀变速直线运动:当点做匀变速直线运动时,a_τ 为常量,a_n 为零,若已知运动的初始条件,即当 $t=0$ 时,$v=v_0$,$s=s_0$,由 $\mathrm{d}v=a\mathrm{d}t$,$\mathrm{d}s=v\mathrm{d}t$,积分可得其速度与位移方程为

$$v = v_0 + at$$

$$s = s_0 + v_0 t + \frac{1}{2} a t^2$$

由以上两式消去 t 得

$$v^2 = v_0^2 + 2a(s - s_0)$$

(5) 匀变速曲线运动：当点在做匀变速曲线运动时，a_τ 为常量，$a_n = v^2/\rho$。若已知运动的初始条件，即当 $t=0$ 时，$v=v_0$，$s=s_0$，由 $dv = a_\tau dt$，$ds = v dt$，积分得

$$v = v_0 + a_\tau t \tag{14-7}$$

$$s = s_0 + v_0 t + \frac{1}{2} a_\tau t^2 \tag{14-8}$$

由以上两式消去 t 得

$$v^2 = v_0^2 + 2a_\tau (s - s_0) \tag{14-9}$$

以上式子说明，在研究点的运动时，已知运动方程，应用求导的方法可求点的速度和加速度；反之，已知点的速度和加速度及运动的初始条件，应用积分法也可以得到点的运动方程。

14.1.2 直角坐标法

当点的轨迹未知时，常用直角坐标法描述点的运动，直角坐标法即用直角坐标表示点的各种运动量的方法来描述点的运动。

1. 运动方程

设动点 M 在平面内做曲线运动，取直角坐标系 Oxy 作为参照系，则 M 点在任一瞬时 t 的位置可由其坐标 x，y 来确定。如图 14-3 所示，当动点 M 运动时，其坐标 x，y 随时间而变化，因此动点坐标 x，y 是时间的单值连续函数，即

$$\begin{cases} x = f_1(t) \\ y = f_2(t) \end{cases} \tag{14-10}$$

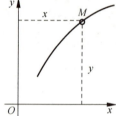

图 14-3

式(14-10)称为点的直角坐标形式的运动方程。由这个方程可以求出任一瞬时动点的坐标 x，y，从而便确定了该瞬时点在空间的位置。将不同瞬时的 t 值代入用直角坐标表示的点的运动方程，求出相应的坐标值，即确定了各瞬时点在空间的位置并将它们连成光滑曲线，就可得到动点的运动轨迹。此外，还可以消去式中的参变量 t，得到两坐标间的函数关系

$$y = f(x) \tag{14-11}$$

由式(14-11)即可画出直角坐标系中动点的轨迹。

2. 速度

设点 M 在平面内做曲线运动，其运动方程为

$$x = f_1(t)$$
$$y = f_2(t)$$

如图 14-4 所示，在瞬时 t，动点位于 $M(x, y)$；经时间 Δt 动点运动到 $M'(x', y')$，因此在 Δt 内动点的位移为 $\overrightarrow{MM'}$，在瞬时 t 的速度为

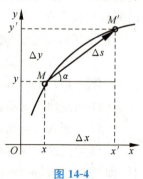

图 14-4

$$v = \lim_{\Delta t \to 0} \frac{\overrightarrow{MM'}}{\Delta t}$$

由于微位移 $\Delta s = \overrightarrow{MM'}$ 的极限方向为曲线的切线方向，$\overrightarrow{MM'}$ 与轴的夹角的极限值等于 M 点处切向速度与 x 轴的夹角。Δs 在 x, y 轴上的投影为 $\Delta x, \Delta y$，则

$$\Delta x = \Delta s \cos \alpha$$
$$\Delta y = \Delta s \sin \alpha$$

于是可得动点在 x, y 轴方向的速度投影 v_x, v_y 分别为

$$v_x = \lim_{\Delta t \to 0} \frac{\Delta x}{\Delta t} = \frac{\mathrm{d}x}{\mathrm{d}t} = \lim_{\Delta t \to 0} \frac{\Delta s}{\Delta t} \cos \alpha = \frac{\mathrm{d}s}{\mathrm{d}t} \cos \alpha = v \cos \alpha$$

$$v_y = \lim_{\Delta t \to 0} \frac{\Delta y}{\Delta t} = \frac{\mathrm{d}y}{\mathrm{d}t} = \lim_{\Delta t \to 0} \frac{\Delta s}{\Delta t} \sin \alpha = \frac{\mathrm{d}s}{\mathrm{d}t} \sin \alpha = v \sin \alpha$$

即

$$\begin{cases} v_x = \dfrac{\mathrm{d}x}{\mathrm{d}t} \\ v_y = \dfrac{\mathrm{d}y}{\mathrm{d}t} \end{cases} \tag{14-12}$$

式(14-12)说明，动点的速度在直角坐标系上的投影，等于其相应坐标对时间的一阶导数。

因此，如果已知以直角坐标表示的动点运动方程（如图 14-5 所示），即可求得速度的大小和方向

$$v = \sqrt{v_x^2 + v_y^2} = \sqrt{\left(\frac{\mathrm{d}x}{\mathrm{d}y}\right)^2 + \left(\frac{\mathrm{d}y}{\mathrm{d}t}\right)^2} \tag{14-13}$$

$$\tan \alpha = \left|\frac{v_y}{v_x}\right| \tag{14-14}$$

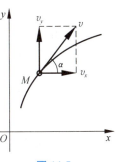

图 14-5

式中，α 为速度方向与 x 轴所夹的锐角；v_x, v_y 的指向与坐标轴正方向一致时，其值为正，反之为负。速度 v 的指向由 v_x, v_y 的正负号决定。

3. 加速度

如图 14-6(a)所示，设点在平面内做曲线运动，在瞬时 t，动点位于 M，其速度为 v，经时间 Δt，动点位于 M'，速度为 v'，则在 Δt 时间内动点的速度改变量为

$$\Delta v = v' - v$$

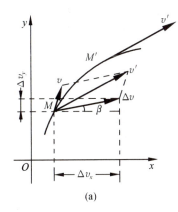
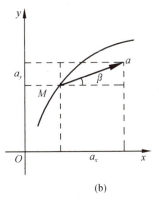

(a) (b)

图 14-6

动点在瞬时 t 的加速度为

$$\boldsymbol{a} = \lim_{\Delta t \to 0} \frac{\Delta \boldsymbol{v}}{\Delta t}$$

与速度投影的分析过程相类似，由于 Δv 在 x,y 轴上的投影分别为 $\Delta v_x,\Delta v_y$，且

$$\Delta v_x = \Delta v\cos\beta$$
$$\Delta v_y = \Delta v\sin\beta$$

可得加速度在 x,y 轴上的投影为

$$a_x = \lim_{\Delta t \to 0}\frac{\Delta v_x}{\Delta t} = \frac{\mathrm{d}v_x}{\mathrm{d}t} = \frac{\mathrm{d}^2 x}{\mathrm{d}t^2} = a\cos\beta$$
$$a_y = \lim_{\Delta t \to 0}\frac{\Delta v_y}{\Delta t} = \frac{\mathrm{d}v_y}{\mathrm{d}t} = \frac{\mathrm{d}^2 y}{\mathrm{d}t^2} = a\sin\beta$$
(14-15)

即

$$a_x = \frac{\mathrm{d}v_x}{\mathrm{d}t} = \frac{\mathrm{d}^2 x}{\mathrm{d}t^2}$$
$$a_y = \frac{\mathrm{d}v_y}{\mathrm{d}t} = \frac{\mathrm{d}^2 y}{\mathrm{d}t^2}$$
(14-16)

式(14-16)说明：动点的加速度在直角坐标轴上的投影，等于其相应速度投影对时间的一阶导数或坐标对时间的二阶导数。

若已知 a_x,a_y 的大小，如图 14-16(b) 所示，即可求出加速度的大小和方向分别为

$$a = \sqrt{a_x^2 + a_y^2} = \sqrt{\left(\frac{\mathrm{d}v_x}{\mathrm{d}t}\right)^2 + \left(\frac{\mathrm{d}v_y}{\mathrm{d}t}\right)^2} = \sqrt{\left(\frac{\mathrm{d}^2 x}{\mathrm{d}t^2}\right)^2 + \left(\frac{\mathrm{d}^2 y}{\mathrm{d}t^2}\right)^2}$$
(14-17)

$$\tan\beta = \left|\frac{a_y}{a_x}\right|$$
(14-18)

式中，β 为加速度 a 与 x 轴所夹的锐角；a_x,a_y 的指向与坐标轴正方向一致时，其值为正，反之为负。加速度 a 的指向由 a_x,a_y 的正负号决定。

例 14-1 如图 14-7(a) 所示摇杆套环机构，A 为固定铰链，将 AB 杆与半径为 R 的固定圆环套在一起，杆 AB 与铅垂线夹角 $\varphi = \omega t$，求点 M 的运动方程、速度、加速度。

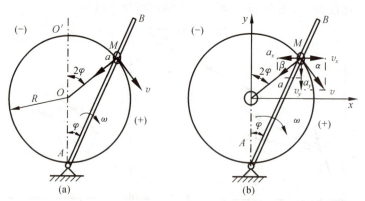

图 14-7

解法 1：用直角坐标法求解，如图 14-7(b) 建立直角坐标系 Oxy。
(1) 建立点 M 的运动方程，由图中几何关系，建立运动方程为

$$x = R\sin 2\varphi = R\sin 2\omega t$$
$$y = R\cos 2\varphi = R\cos 2\omega t$$

(2) 求点 M 的速度。

$$v_x = \frac{dx}{dt} = 2R\omega \cos 2\omega t$$

$$v_y = \frac{dy}{dt} = -2R\omega \sin 2\omega t$$

$$v = \sqrt{v_x^2 + v_y^2} = 2R\omega$$

$$\tan \alpha = \left|\frac{v_x}{v_y}\right| = \tan 2\omega t$$

(3) 求点 M 的加速度。

$$a_x = \frac{dv_x}{dt} = -4R\omega^2 \sin 2\omega t$$

$$a_y = \frac{dv_y}{dt} = -4R\omega^2 \cos 2\omega t$$

点 M 加速度的大小和方向为

$$a = \sqrt{a_x^2 + a_y^2} = 4R\omega^2$$

$$\tan \beta = \left|\frac{a_x}{a_y}\right| = \cot 2\omega t$$

其方向沿 MO 指向 O。

解法 2：用自然法求解。

以套环为研究对象，由于环的运动轨迹已知，故采用自然法求解。以圆弧上 O' 点为弧坐标原点，顺时针为弧坐标方向，建立弧坐标轴，如图 14-7(a) 所示。

(1) 建立点的运动方程，由图中几何关系建立运动方程为
$$s = R(2\varphi) = 2R\omega t$$

(2) 求点 M 的速度。

$$v = \frac{ds}{dt} = 2R\omega$$

(3) 求点 M 的加速度。

$$a_\tau = \frac{dv}{dt} = 0$$

$$a_n = \frac{v^2}{\rho} = \frac{(2R\omega)^2}{R} = 4R\omega^2$$

点 M 的全加速度为

$$a = \sqrt{a_\tau^2 + a_n^2} = 4R\omega^2$$

其方向沿 MO 指向 O。

经比较不难看出，两种解法的计算结果是一致的，也可以看出，用自然法解题简便，结果清晰，但只适用于运动轨迹已知的情况；用直角坐标法，解题较繁，但它既适用于点的运动轨迹已知的情况，也适用于点的运动轨迹未知的情况，故应用范围较广。

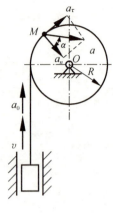

图 14-8

例 14-2 如图 14-8 所示提升装置，料斗由绕水平轴 O 转动的滚动提升，滚筒的半径 $R=0.5$ m，在启动阶段。料斗以匀加速度 $a_0=1$ m/s² 上升。试求由静止开始，启动 5 s 后滚筒边缘上点的加速度。

解：滚筒边缘上任一点 M 的速度与切向加速度的大小，应分别等于料斗上升的速度与加速度的大小，故 M 点的切向加速度为

$$a_\tau = a_0 = 1 \text{ m/s}^2$$

$t=5$ s 时，料斗的速度即 M 点的速度大小为

$$v = a_0 t = 5 \text{ m/s}$$

M 点的法向加速度大小为

$$a_n = \frac{v^2}{R} = \frac{5^2}{0.5} = 50 (\text{m/s}^2)$$

M 点的全加速度的大小及方向分别为

$$a = \sqrt{a_\tau^2 + a_n^2} = \sqrt{1^2 + 50^2} \approx 50 \text{ m/s}^2$$

$$\tan \alpha = \frac{a_\tau}{a_n} = \frac{1}{50} = 0.02$$

$$\alpha = 1°9'$$

α 为全加速度与该点法线间的夹角。

14.1.3 空间点的运动

前面用直角坐标法和自然法在研究点的运动规律时，都是以平面问题为例。对于空间问题，其研究方法与平面问题基本相同，可以把平面问题中的理论和方法向空间加以延伸和扩展，就可适用于空间问题。

用直角坐标法研究空间点的运动规律时，在平面直角坐标系的基础上加一个 z 轴，将直角坐标系变为空间坐标系，其运动方程相应地变为

$$\begin{cases} x = f_1(t) \\ y = f_2(t) \\ z = f_3(t) \end{cases}$$

同理，其速度变为

$$\begin{cases} v_x = \dfrac{dx}{dt} \\ v_y = \dfrac{dy}{dt} \\ v_z = \dfrac{dz}{dt} \end{cases}$$

其加速度变为

$$a_x = \frac{dv_x}{dt} = \frac{d^2 x}{dt^2}$$

$$a_y = \frac{dv_y}{dt} = \frac{d^2 y}{dt^2}$$

$$a_z = \frac{\mathrm{d}v_z}{\mathrm{d}t} = \frac{\mathrm{d}^2 z}{\mathrm{d}t^2}$$

在用自然法研究空间点的运动规律时,把曲线上动点及与动点相近的点的切线所确定的平面称为密切面;与点的切线相垂直的平面称为法平面;两面的交线称为主法线。法平面内与主法线垂直的线称为副法线。我们把切线用 τ 轴表示;主法线用 n 轴表示;副法线用 b 轴表示。

用自然法研究空间点的运动规律时,用 τ, n, b 轴作为坐标轴,其运动方程为
$$s = f(t)$$
其速度为
$$v = \frac{\mathrm{d}s}{\mathrm{d}t}$$
由于加速度沿动点轨迹副法线方向的投影为零,因此其加速度为
$$a_\tau = \frac{\mathrm{d}v}{\mathrm{d}t} = \frac{\mathrm{d}^2 s}{\mathrm{d}t^2}$$
$$a_n = \frac{v^2}{\rho}$$

14.2 刚体的基本运动

前面研究了点的运动规律,但是在工程上常见到的往往是物体的运动。例如,轴和齿轮的转动;机床工作台的移动、车轮的滚动等。在研究它们的运动规律时,有些物体不能抽象成有质量的质点,只能看成由无数质点组成的刚体,所以需要研究刚体的运动规律。本节先研究刚体的基本运动,一方面因为它在工程上有广泛的应用;另一方面也为以后研究刚体的复杂运动打下基础。刚体的基本运动形式有两种:平行移动和定轴转动。下面分别对这两种运动进行介绍。

14.2.1 刚体的平行移动

在运动过程中,刚体上任一直线始终与它原来的位置保持平行,这种运动称平行移动,简称平动。例如机车车轮连杆的运动,如图 14-9 所示;曲柄滑块机构中滑块 B 的运动,如图 14-10 所示。

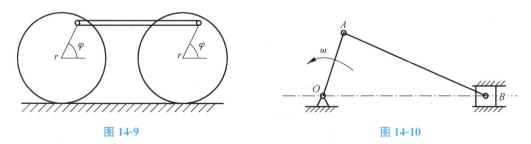

图 14-9　　　　　　　　　　图 14-10

刚体平动过程中,其上各点的轨迹若是直线,则称刚体做直线平动,如图 14-10 所示滑块的运动;其上各点的轨迹若是曲线,则称刚体做曲线平动,如上述机车车轮连杆的运动。

下面研究平动刚体上各点的运动轨迹、速度、加速度的特征。在平动刚体上任取两点 A,B,其运动轨迹如图 14-11 所示。

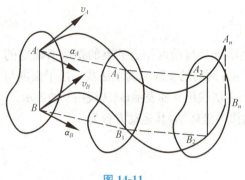

图 14-11

由于刚体不变形的性质可知 $AB=A_1B_1=A_2B_2=\cdots$,由平动的定义可知 $AB /\!/ A_1B_1 /\!/ A_2B_2 /\!/ \cdots$,因而连接 $AA_1,A_1A_2,BB_1,B_1B_2,\cdots$ 可得各平行四边形 $ABB_1A_1,A_1B_1B_2A_2,\cdots$ 因此有 AA_1 与 BB_1,A_1A_2 与 B_1B_2,$\cdots$ 平行且相等,于是,折线 $AA_1A_2,\cdots$ 和 $BB_1B_2,\cdots$ 完全平行且相等。假设 AA_1,A_1A_2,及对应的 BB_1,B_1B_2 均为无限小的微位移时,两条折线成为两条完全平行且相等的曲线,这两条曲线就是刚体上任意两点的轨迹,依此类推,平动时,刚体上所有点的轨迹相同,且相互平行。

由图 14-11 可知,在任一时间间隔内,两点具有相同的位移,从而在任何瞬时,两点的速度都相同。即

$$\boldsymbol{v}_A = \lim_{\Delta t \to 0} \frac{\overline{A_{n-1}A_n}}{\Delta t}$$

$$\boldsymbol{v}_B = \lim_{\Delta t \to 0} \frac{\overline{B_{n-1}B_n}}{\Delta t}$$

由于

$$\overline{A_{n-1}A_n} = \overline{B_{n-1}B_n}$$

故

$$\boldsymbol{v}_A = \boldsymbol{v}_B \tag{14-19}$$

因为在任何瞬时,A 点和 B 点速度完全相同,所以其速度变化情况也完全相同,因而在任何瞬时,A,B 两点的加速度也必然相同,即

$$\boldsymbol{a}_A = \boldsymbol{a}_B \tag{14-20}$$

由于 A,B 两点是任意选取的,所以可以得出结论:刚体做平动时,刚体上各点的速度和加速度完全相同,刚体上任一点的运动都能代表整个刚体的运动。因此,在研究刚体的平动时,可用刚体上任一点的运动来表征,刚体的平动问题可归结为点的运动问题来研究。

14.2.2 刚体绕定轴转动

刚体运动时,在其内部(或其延伸部分)有一条直线始终保持不动,这种运动称为定轴转动,这条不动的直线称为转轴,刚体上其他各点都绕转轴做不同半径的圆周运动,工程中齿轮、带轮、电动机转子及机床主轴的转动,都是刚体定轴转动的实例。

1. 转动方程

为确定转动刚体在空间的位置,过转轴 z 作一固定平面 I 并选此平面作为参照面,再通过轴线作一假想动平面 II 固结在转动刚体上,如图 14-12 所示,这两个平面间的夹角 φ 称为刚体的转角。转角 φ 是代数量。转动刚体的位置由转角 φ 确定,对应一个确定转角,刚体便有一个确定的位置。刚体上各点在相应圆周上所走弧长对应的中心角均等于转角 φ。刚体转动时,转角随时间 t 而变化。即转角 φ 是 t 的单值连续函数即

$$\varphi = f(t) \tag{14-21}$$

式(14-21)称为刚体的转动方程。它表示刚体转动的规律,由转动

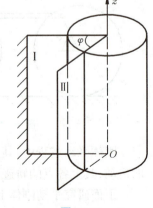

图 14-12

方程可以确定任一瞬时的转角,也就可以确定任一瞬时刚体在空间的位置。

转角的单位为弧度(rad),规定逆时针转动时转角为正值,顺时针转动时转角为负值。

2. 角速度

角速度是表示刚体转动快慢和转动方向的物理量,常用符号 ω 表示,刚体定轴转动的角速度 ω 等于转角对时间的一阶导数,即

$$\omega = \frac{\mathrm{d}\varphi}{\mathrm{d}t} \tag{14-22}$$

角速度是代数量,它的正负表示刚体的转动方向,当 $\omega>0$ 时,刚体逆时针转动;反之则顺时针转动,角速度的单位是 rad/s。

但在工程上常以 r/min 表示转动的快慢,称为转速,并以 n 表示,则角速度 ω 与转速 n 之间的关系为

$$\omega = \frac{2\pi n}{60} = \frac{\pi n}{30} \tag{14-23}$$

3. 角加速度

角加速度是表示角速度随时间的变化率,常用符号 ε 表示。刚体角加速度的大小等于角速度对时间的一阶导数或转角对时间的二阶导数:

$$\varepsilon = \frac{\mathrm{d}\omega}{\mathrm{d}t} = \frac{\mathrm{d}^2\varphi}{\mathrm{d}t^2} \tag{14-24}$$

角加速度 ε 是代数量。当 $\varepsilon>0$ 时,ω 的代数值随时间增大而增大;若 $\varepsilon<0$,ω 的代数值随时间增大而减小。角加速度的单位是 $\mathrm{rad/s^2}$。

当 ε 与 ω 同号时,表示角速度绝对值随时间增加而增大,刚体做加速转动;反之,则做减速转动。

4. 定轴转动刚体上各点的速度、加速度

前面研究了定轴转动刚体整体的运动规律,在工程中,还往往需要了解刚体上各点的运动情况。例如,为了保证机器安全运转,在设计带轮时,需要知道轮缘的速度;在车削和铣削工件时,也必须选择合适的切削速度,即转动工件表面上点的速度。

下面将讨论转动刚体上各点的速度、加速度与整个的运动规律之间的关系。

刚体定轴转动时,刚体内除转轴以外的各点都做圆周运动,其运动平面与转轴垂直。圆心是运动平面与转轴的交点,转动半径是点到其运动平面的圆心的距离。

假设刚体绕 z 轴转动,其角速度为 ω,角加速度为 ε,如图 14-13 所示,刚体上 M 点的速度、切向加速度、法向加速度分别为

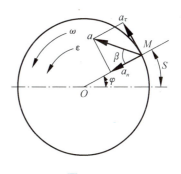

图 14-13

$$v = R\omega \tag{14-25}$$

$$a_\tau = R\varepsilon \tag{14-26}$$

$$a_n = \frac{v^2}{R} = R\omega^2 \tag{14-27}$$

求得了切向加速度、法向加速度之后,就可求得全加速度的大小和方向。

$$a = \sqrt{a_\tau^2 + a_n^2} = R\sqrt{\varepsilon^2 + \omega^4} \tag{14-28}$$

$$\beta = \arctan\left|\frac{a_\tau}{a_n}\right| = \arctan\left|\frac{\varepsilon}{\omega^2}\right| \tag{14-29}$$

β 为全加速度 a 与 M 点法线间的夹角。

综上所述,可得如下结论:

(1) 转动刚体上各点的速度、切向加速度、法向加速度及全加速度均与其转动半径成正比,同一瞬时转动半径上各点的速度,加速度分布规律如图 14-14 所示。

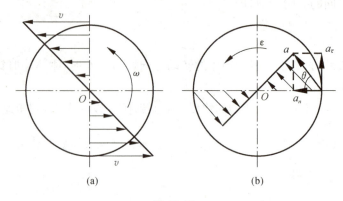

图 14-14

(2) 转动刚体上各点的速度方向垂直于转动半径,其指向与角速度的转向一致。

(3) 转动刚体上各点的切向加速度垂直转动半径,其指向与角加速度转向一致。

(4) 转动刚体上各点的法向加速度方向沿半径指向转轴。

(5) 任一瞬时各点的全加速度与转动半径的夹角相同。

5. 匀速及匀变速转动

匀速及匀变速定轴转动是工程中常见的情况,可作为刚体绕定轴转动的特殊情况。

(1) 匀速定轴转动

若刚体做定轴转动时角速度不变,则称为匀速转动。仿照点的匀速运动公式,可得

$$\omega = \frac{d\varphi}{dt} = 常量$$

$$\varphi = \varphi_0 + \omega t$$

(2) 匀变速转动

刚体做定轴转动时,角加速度为一常量,此运动称为匀变速转动。仿照点的匀变速运动公式,可得

$$\varepsilon = 常量$$
$$\omega = \omega_0 + \varepsilon t$$
$$\varphi = \varphi_0 + \omega_0 t + \frac{1}{2}\varepsilon t^2$$
$$\omega^2 - \omega_0^2 = 2\varepsilon(\varphi - \varphi_0)$$

式中,ω_0,φ_0 分别为 $t=0$ 时的角速度和转角。

刚体绕定轴转动的基本公式与点的运动的基本公式,在性质和形式上都是相似的。

例 14-3 某汽轮机启动时,转子按转动方程 $\varphi = \pi t^3$ 转动,式中 φ 的单位为 rad,t 的单位为 s。试求:(1) 启动后第 3 s 时的角加速度;(2) 由静止至 $n=1~440$ r/min 所需的时间和转子转过的转数。

解:(1) 求第 3 s 时的角加速度。

由转动方程求一次导数可得角速度

$$\omega = \frac{d\varphi}{dt} = 3\pi t^2$$

角加速度为

$$\varepsilon = \frac{d\omega}{dt} = 6\pi t$$

当 $t = 3$ s 时

$$\varepsilon_3 = 6\pi \times 3 = 18\pi = 56.52 \text{ (rad/s}^2\text{)}$$

(2) 求由静止至 $n = 1440$ r/min 所需时间。

由于

$$\omega = \frac{\pi n}{30} = \frac{1440\pi}{30} = 48\pi$$

将上式代入所得的角加速度式中

$$\omega = 3\pi t^2 = 48\pi$$

得所需的时间 t

$$t = \sqrt{\frac{48\pi}{3\pi}} = 4 \text{ s}$$

(3) 求转过的转数。

由转动方程得

$$\varphi = \pi t^3 = \pi \times 4^3 = 64\pi$$

换算成转数为

$$n = \frac{\varphi}{2\pi} = \frac{64\pi}{2\pi} = 32(\text{r})$$

例 14-4 如图 14-15 所示,一刚性绳一端绕在半径为 R 的定滑轮上,另一端挂一重物 P,设重物自静止开始以匀加速度 a_0 下降,同时带动滑轮转动,求重物下降高度为 h 时,滑轮的角加速度、角速度及轮缘上一点 M 的全加速度。

解:由于绳为刚性,重物下降高度等于轮缘上一点 M 在同一时间转过的弧长。因此重物下降的加速度等于轮缘上点 M 的切向加速度,即 $a_\tau = a_0$。

由于滑轮做匀加速运动,角加速度为

$$\varepsilon = \frac{a_\tau}{R} = \frac{a_0}{R}$$

重物下降距离为 h 时,重物的速度为

$$v_t^2 = v_0^2 + 2a_\tau h$$

因为 $v_0 = 0$

所以

$$v_t = \sqrt{2a_0 h}$$

滑轮的角速度为

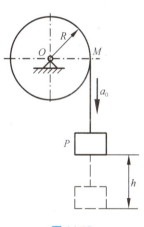

图 14-15

$$\omega = \frac{v}{R} = \frac{v_t}{R} = \frac{\sqrt{2a_0 h}}{R}$$

轮缘上点 M 的法向加速度大小为

$$a_n = \frac{v^2}{R} = \omega^2 R = \frac{2a_0 h}{R}$$

轮缘上点 M 的全加速度大小为

$$a = \sqrt{a_\tau^2 + a_n^2} = \sqrt{a_0^2 + (2a_0 h/R)^2}$$

$$= \frac{a_0}{R}\sqrt{R^2 + 4h^2}$$

其方向 $\tan\beta = \dfrac{a_\tau}{a_n} = \dfrac{R}{2h}$

例 14-5 发动机的转速为 $n_0 = 1\,200$ r/min，在其制动后作匀减速运动，从开始制动至停止转动共转过 80 转。求发动机制动过程所需要的时间。

解：初角速度和末角速度分别为 ω_0, ω。

$$\omega_0 = \frac{\pi n_0}{30} = \frac{\pi \times 1\,200}{30} = 40\pi(\text{rad/s}), \quad \omega = 0$$

在制动过程中转过的转角为

$$\varphi = 2\pi n = 2\pi \times 80 = 160\pi(\text{rad})$$

可求得角加速度为

$$\varepsilon = \frac{\omega^2 - \omega_0^2}{2\varphi} = \frac{0 - (40\pi)^2}{2 \times 160\pi} = -5\pi(\text{rad/s}^2)$$

可求得制动时间为

$$t = (\omega - \omega_0)/\varepsilon = 0 - 40\pi/(-5\pi) = 8(\text{s})$$

14.3 点的合成运动

本节介绍点的运动合成与分解的方法，它不仅是研究刚体复杂运动的基础，而且无论在理论上或在工程实际上都具有重要意义。

14.3.1 点的合成运动的概念

在点的运动学中，我们研究了动点对于一个参照系的运动，但是在工程中，常常遇到同时用两个不同的参照系去描述同一点的运动的情况，同一点对于不同的参照系所表现的运动特征虽然不同。但之间又存在联系，例如，无风下雨时雨滴的运动，对于地面的观察者来说，雨滴是垂直向下的，但是对于正在行驶的车上的观察者来说，雨滴是倾斜向后的，如图 14-16 所示。所以说，动点（雨点）对于不同的观察者来说，其运动特征是不同的，这就是运动的相对性。

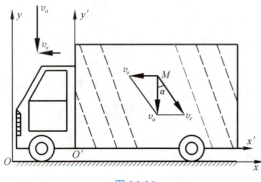

图 14-16

为了能用数学的方法描述物体的运动,常在参照物上固连一坐标系,该坐标系称为参照系。我们把固定于地球表面的参照系称为静参照系,简称静系,常用 Oxy 表示;而把相对于地面运动的参照系称为动参照系,简称动系,常用 $O'x'y'$ 表示。

下面介绍绝对运动、相对运动和牵连运动的概念。

由运动的相对性可知,**动点相对于不同的坐标系有不同的运动**,其中动点相对于静参照系的**运动称为绝对运动;动点相对于动参照系的运动称为相对运动;动参照系相对于静参照系的运动称为牵连运动**。如在上面的例子中,如果把行驶的车取为动参照系,则雨滴相对于车沿着与铅直线成 α 角的直线运动是相对运动,相对于地面的铅直线运动是绝对运动,而车相对地面的直线运动则是牵连运动。

从上述定义可知,动点的绝对运动和相对运动都是动点的运动,只是相对的参照系不同而已,而牵连运动是动参照系相对于静系的运动,也就是固连着动参照系的刚体的运动,其运动可能是平动、转动或者是其他较复杂的运动。一般而言,做牵连运动的物体上的各个点的运动速度是不相同的,因此,我们引入一个非常重要的概念——牵连点。所谓牵连点,就是在某一瞬时,动系上与动点位置相重合的点。随着动点在动系平面上的运动,牵连点的位置在不断地改变。不同的瞬时有不同的牵连点,各个牵连点在动系平面上所形成的连续曲线即是相对轨迹。

下面用实例来说明上述三种运动。

桥式起重机如图 14-17 所示,静系固连在地面上,动系固连在起重机小车上,当小车起吊重物并同时水平移动时,重物(动点)相对于地面(静系)的运动为绝对运动,重物(动点)相对于小车(动系)的运动是相对运动,而小车(动系)相对于地面(静系)的运动是牵连运动。

在分析上述三种运动时,首先必须确定动点和动参照系,绝对运动可以认为是由相对运动与牵连运动合成的运动,因此相对运动和牵连运动称为分运动,绝对运动是它们的合成运动。

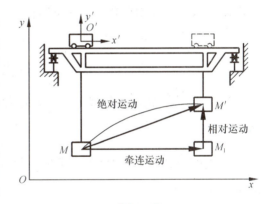

图 14-17

动点和动参照系的选择必须遵循以下原则:

(1) 动点和动参照系不能选在同一物体上,即动点对于动参照系必须有相对运动。

(2) 动点、动系的选择应以相对轨迹易于辨认为原则,机械中两构件在传递运动时,常以点相接触,如果某一物体上的点 M 始终与另一物体处于接触位置,则 M 点称为常接触点;另一个物体的接触点是时刻变化的,称为瞬时接触点(即牵连点)。在研究运动合成时,把常接触点作为动点,把瞬时接触点所在的物体作为动系,瞬时接触点(牵连点)的连线是动点在动系上走过的轨迹,即相对轨迹。

14.3.2 点的速度合成定理

动点相对于不同参照系的运动是不同的,因此对不同的参照系,动点的速度也不同,现在我们引入以下定义:

绝对速度——动点相对于静参照系的速度,用 v_a 表示。

相对速度——动点相对于动参照系的速度,用 v_r 表示。

牵连速度——牵连点相对于静参照系的速度，用 v_e 表示。

值得注意的是动参照系的运动是刚体的运动，有时刚体上各点的速度不同，所以牵连速度是指某瞬时牵连点相对静参照系的速度。

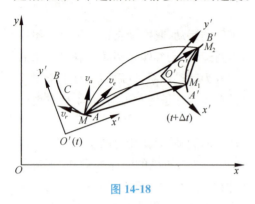

图 14-18

动点的绝对速度、相对速度和牵连速度之间的关系推导如下。

如图 14-18 所示，运动平面 S 上有一曲线槽 AB，槽内有动点沿槽运动，静参照系 Oxy 固连在地面上，动参照系 $O'x'y'$ 固连在运动平面 S 上。

设在瞬时 t 动点位于动系 $O'x'y'$ 的 M 处，经过时间 Δt 后，曲线槽 AB 随同动参照系运动到 $A'B'$ 位置，而动点也沿曲线槽运动到 M_2。显然，$\overrightarrow{MM_2}$ 为绝对位移，$\overparen{MM_2}$ 为绝对轨迹；$\overrightarrow{M_1M_2}$ 为相对位移，$\overparen{M_1M_2}$ 为相对轨迹；$\overrightarrow{MM_1}$ 为牵连位移，$\overparen{MM_1}$ 为牵连轨迹。

由矢量三角形可知

$$\overrightarrow{MM_2} = \overrightarrow{MM_1} + \overrightarrow{M_1M_2}$$

上式表明，动点的绝对位移是牵连位移和相对位移的矢量和。

将上式两边各除以 Δt，并取 $\Delta t \to 0$ 的极限值，可得

$$\lim_{\Delta t \to 0}\frac{\overrightarrow{MM_2}}{\Delta t} = \lim_{\Delta t \to 0}\frac{\overrightarrow{MM_1}}{\Delta t} + \lim_{\Delta t \to 0}\frac{\overrightarrow{M_1M_2}}{\Delta t}$$

矢量 $\lim\limits_{\Delta t \to 0}\dfrac{\overrightarrow{MM_2}}{\Delta t}$ 就是动点 M 在瞬时 t 的绝对速度 v_a，其方向沿着绝对轨迹 $\overparen{MM_2}$ 上 M 点的切线方向。

矢量 $\lim\limits_{\Delta t \to 0}\dfrac{\overrightarrow{M_1M_2}}{\Delta t}$ 就是动点 M 在瞬时 t 的相对速度 v_r，其方向沿着相对轨迹 $\overparen{M_1M_2}$ 上 M 点的切线方向。

矢量 $\lim\limits_{\Delta t \to 0}\dfrac{\overrightarrow{MM_1}}{\Delta t}$ 就是动点 M 在瞬时 t 的牵连速度即牵连点的速度 v_e，其方向沿着牵连轨迹 $\overparen{MM_1}$ 上 M 点的切线方向。

上式可写为

$$v_a = v_e + v_r \qquad (14\text{-}30)$$

式(14-30)称为点的速度合成定理，它表明，动点的绝对速度等于它的牵连速度和相对速度的矢量和。此矢量式共包含 3 个速度的大小、方向共 6 个要素，只要知道其中 4 个即可确定另 2 个。

例 14-6 如图 14-19 所示，正弦机构的曲柄 OA 绕固定轴 O 匀速转动，通过滑块带动槽杆 BC 做水平往复平动。已知曲柄 $OA=r=15$ cm，角速度 $\omega=3$ rad/s，求当 $\varphi=30°$ 时，槽杆 BC 的速度。

解：因为槽杆 BC 做水平方向的平动，所以只

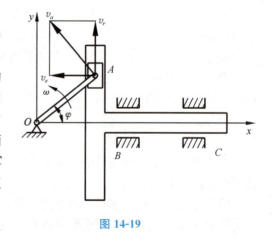

图 14-19

要求得 BC 上任一点的速度,即为 BC 杆的速度。

取常接触点,即曲柄 OA 上的滑块 A 为动点,槽杆 BC 为动系,地面为静参照系。因此,曲柄上的端点 A(即滑块 A)绕定轴 O 转动的线速度是绝对速度;槽杆 BC 平动速度是牵连速度;滑块 A 沿槽上下滑动是相对速度。

现已知绝对速度的大小为 $v_a = r\omega$,其方向垂直于 OA;牵连速度及相对速度的方向为已知;共有 4 个已知量,可作出速度平行四边形。

根据点的速度合成定理,画出速度矢量图,如图 14-19 所示,可得槽杆 BC 的速度大小为

$$v_e = v_a \sin \varphi = r\omega \sin \varphi = 150 \times 3 \times 0.5 = 225 \text{(mm/s)}$$

方向为水平向左。

例 14-7 如图 14-20 所示的机构中,偏心凸轮的偏心距 $OC = r$,轮半径 $R = \sqrt{3}r$,以匀角速度 ω_0 绕 O 轴匀速转动。设某瞬时 OC 与 CA 垂直,求此瞬时杆 AB 的速度。

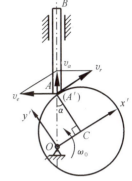

图 14-20

解:由于 AB 杆做上下方向的平动,AB 杆上任一点的速度,即为 AB 杆的速度,所以只要求得 AB 杆上 A 点的速度即可。

取 AB 上的常接触点 A 为动点,把动系固结在偏心凸轮上,因此,AB 杆上 A 点上下平动速度为绝对速度,此时凸轮上与 A 点重合的点 A' 为牵连点,牵连点 A' 绕 O 点定轴转动的线速度为牵连速度,方向垂直于 OA';动点的相对运动轨迹是凸轮的轮廓线,沿轮廓线上该点的切线方向为相对速度方向,方向垂直于 AC。

根据点的速度合成定理,作速度矢量图如图 14-20 所示。

由几何关系得

$$\alpha = \arctan \frac{OC}{CA} = 30°$$

$$v_e = \omega_0 OA = 2r\omega_0$$

则 A 点的速度为

$$v_A = v_a = v_e \tan \alpha = \frac{2\sqrt{3}}{3}r\omega_0$$

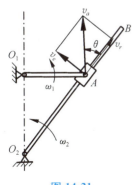

图 14-21

例 14-8 如图 14-21 所示曲柄摇杆机构,曲柄 $O_1A = r$,以角速度 ω_1 绕 O_1 转动,通过滑块 A 带动摇杆 O_2B 绕 O_2 往复摆动。求在图示瞬时,摆杆 O_2B 的角速度 ω_2。

解:取曲柄 O_1A 的滑块 A(常接触点)为动点,把动系固结在摇杆 O_2B 上。

A 点绕着 O_1 定轴转动的线速度为绝对速度,方向垂直于 O_1A,点 A 沿 O_2B 的直线速度为相对速度,方向沿 O_2B 方向;牵连点为 O_2B 上此瞬时与 A 点重合的点,牵连点绕 O_2 定轴转动的线速度为牵连速度,方向垂直于 O_2B。

根据点的速度合成定理,作速度矢量图,如图 14-21 所示,由几何关系得

$$v_a = \omega r_1$$

$$v_e = v_a \sin \theta = r\omega_1 \sin \theta$$

$$\omega_2 = \frac{v_e}{O_2 A} = \frac{r\omega_1 \sin\theta}{\dfrac{r}{\sin\theta}} = \omega_1 \sin^2\theta$$

在此时,ω_2 的转向为逆时针方向。

14.4　刚体的平面运动

前面已经讨论过刚体的两种最简单的运动:平动和定轴转动,下面研究刚体的一种较复杂的运动——平面运动。

刚体的平面运动在工程上是常见的,例如,擦黑板时黑板擦的运动;车轮沿直线轨道的滚动;曲柄连杆机构中连杆的运动等,都是刚体的平面运动。它们在运动中有一个共同的特征,即在运动过程中,刚体内所有的点至某一固定平面的距离保持不变,也就是说刚体内各个点都在平行于这一固定平面的某一平面内运动。我们把具有这种特征的运动称为刚体的平面运动,下面将研究刚体平面运动的运动方程并分析刚体的运动速度和加速度。

14.4.1　刚体平面运动的运动方程

在研究刚体的平面运动时,根据平面运动的上述特点,对问题加以简化。

如图 14-22 所示,一刚体做平面运动,刚体上各点到固定平面 I 的距离保持不变,在刚体内任取一个和固定平面 I 平行的横截面 S,则此横截面 S 始终在平面 II 内运动,又过截面 S 上任意点 A 作一条与固定平面 I 垂直的直线 $A_1 A_2$,由刚体平面运动的定义,可知直线 $A_1 A_2$ 将做整体的水平运动,并且直线上各点的运动与截面 S 上的 A 点的运动完全相同,由此截面 S 上各点的运动就代表了整个刚体的运动,因此,只需要确定平面图形 S 在每一瞬时的位置,即可确定刚体平面运动的运动方程。

如图 14-23 所示,只要确定图形上某一线段的位置,图形的位置也就确定了。在图形上任取线段 AO',则线段 AO' 的位置由点 O' 的两个坐标 $x_{O'}$,$y_{O'}$ 及该线段与轴的夹角 φ 来确定。当图形 S 运动时,坐标 $x_{O'}$,$y_{O'}$ 和角 φ 都将随时间而改变,可以表示为时间 t 的单值连续函数。

$$\begin{aligned} x_{O'} &= f_1(t) \\ y_{O'} &= f_2(t) \\ \varphi &= f_3(t) \end{aligned} \tag{14-31}$$

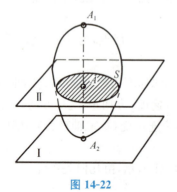

图 14-22

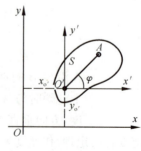

图 14-23

若这些函数是已知的,则图形 S 在每一瞬时 t 的位置都可以确定,式(14-31)称为刚体平面运动的运动方程。

上述平面运动方程中有两种特殊情况：

（1）若 φ 为常数，即图形 S 上任一直线在运动过程中保持与原来的位置平行，即刚体做平动。

（2）若 $x_{O'}$、$y_{O'}$ 为常数，即点 O' 的位置不变，则刚体只绕通过 O' 点且垂直于定平面的轴做定轴运动。

由此可见，刚体的平动和定轴转动都是平面运动的特殊情况。

14.4.2　求平面图形上各点的运动速度的基点法

如图 14-24 所示，静参照系固连于地面，动参照系 $O'x'y'$ 固连于图形 O 点上并随 O 点做平动。这样，线段 AO 的运动即为刚体的运动，此时，可以将刚体的运动分解为随动系 $O'x'y'$ 的平动（牵连运动）和线段 AO 在动系上绕原点的转动（相对运动），我们把平动的动系的原点 O 称为基点。所以，平面运动是平面图形随基点平动和绕基点转动的合成运动。

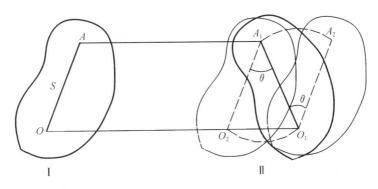

图 14-24

设平面图形在时间间隔 Δt 内，由位置 Ⅰ 运动到位置 Ⅱ，下面分析这一运动过程。

（1）如果选取点 O 为基点，这一运动可以看做随基点 O 平动到 O_1，再以 O_1 为中心逆时针转动角度 θ 到位置 Ⅱ，其平动位移为 OO_1，角位移为 θ。

（2）如果选取 A 点为基点，这一运动可以看做随基点 A 平动到 A_1，再以点 A_1 为中心，逆时针转动到位置 Ⅱ，其平动平移为 AA_1，因为 $A_2O_1 /\!/ A_1O_2$，故角位移仍为 θ。

由此可见，选取不同的基点，平动（牵连运动）规律显然互不相同，而转动（相对运动）规律却相同，即转动角度和转向都相同，所以说，平面运动的平动部分的运动规律与基点的选择有关，而其转动部分的运动规律与基点选择无关。

因为在同一瞬时图形绕任一基点转过的角速度和角加速度都相同，所以称它们为图形的角速度和角加速度。

虽然基点可以任意选取，但为了解决问题方便，在解决实际问题时，往往选取运动规律已知的点为基点。现在讨论怎样用基点法求平面图形上各点的速度。

设平面图形 S 上任一点 O 的速度 $\boldsymbol{v}_0$ 和转动的角速度 $\boldsymbol{\omega}$，求图形任一点 M 的速度，如图 14-25 所示。

由于已知 O 点的速度，故取 O 为基点，并将动系固接于 O 点上，M 点的牵连速度 $\boldsymbol{v}_e$ 即为基点的速度 $\boldsymbol{v}_0$；M 点的相对速度是 $\boldsymbol{v}_r$，就是 M 点绕基点 O 转动的线速度 $\boldsymbol{v}_{MO} = \boldsymbol{\omega} \cdot \boldsymbol{OM}$，根据

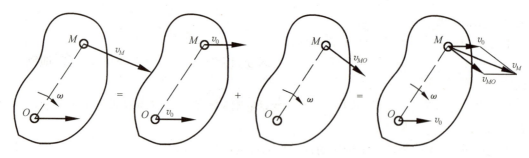

图 14-25

速度合成定理可得点 M 绝对速度为

$$v_M = v_O + v_{MO} \tag{14-32}$$

式(14-32)表明,平面运动的刚体上任一点的速度,等于基点速度与该点绕基点转动的线速度的矢量和。因此,称这种求平面图形上各点的速度的方法为基点法或速度合成法。

14.4.3 求平面图形上各点运动速度的投影法

由于平面图形上任意两点 A,B 的速度之间存在着确定的关系,即

$$v_B = v_A + v_{BA}$$

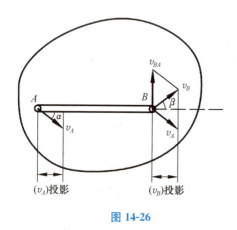

图 14-26

根据矢量投影定理把 AB 连线作为 x 轴,把上式向轴上投影,如图 14-26 所示。

因为 $(v_{BA})_x = 0$

所以

$$v_B \cos \beta = v_A \cos \alpha \tag{14-33}$$

式(14-33)表明,平面图形上任意两点的速度在两点连线上投影相等,称为速度投影定理。

速度投影定理在本质上是刚体任意两点距离不变这一性质的一种反映,因为两点的速度在两点连线方向的分量必须相等,否则会产生变形;另外速度投影定理在原理上是基点法的一个投影式。

14.4.4 求平面图形上各点运动速度的瞬心法

由前所述,平面运动分解时,其平动部分与基点的选择有关。同一瞬时,如选取不同的基点,牵连速度将会不同。假如在平面图形上(或平面图形的延伸部分)能找到某瞬时速度为零的一个点 C,并取它为基点,则刚体上任一点 M 的速度就等于该点绕基点相对转动的速度,即

$$v_M = v_{MC} = MC \cdot \omega$$

这样就可避免矢量合成的麻烦。我们把刚体上在某瞬时速度为零的点称为平面图形在该瞬时的瞬时速度中心,简称速度瞬心。

由此可见,以速度瞬心为基点,平面运动的问题就可以看成平面的图形绕速度瞬心的转动问题。平面图形内各点速度大小与该点到瞬心的距离成正比,方向与该点同速度瞬心的连线垂直。也可以说平面运动是由不断变换转动中心的瞬时定轴转动组成的。

综上所述，只要知道图形上任意两点的速度方向，就可以通过这两点作与其速度垂直的两条直线，则这两条直线的交点就是速度瞬心。

应该指出：速度瞬心确实存在，而且是唯一的。它可以在平面图形内部，也可以在平面图形外部，不同瞬时，速度瞬心不同，也就是说速度瞬心的位置随时间而发生变化。值得注意的是瞬心的速度等于零，但其加速度不一定等于零。

若已知图形的角速度和瞬心位置，利用公式 $v_M = MC \cdot \omega$，求出图形上任一点的运动速度的方法称为瞬心法。

下面介绍如何确定平面运动刚体瞬心的位置：

(1) 已知在某瞬时平面图形上任意两点的速度方向，且这两点的速度方向不平行。如图 14-27 所示，过 A，B 两点分别作 v_A，v_B 的垂线，则两垂线的交点 C 就是图形的瞬心，图形的角速度为

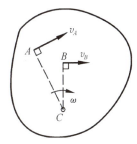

图 14-27

$$\omega = \frac{v_A}{AC} = \frac{v_B}{BC} \tag{14-34}$$

ω 的转向与速度方向一致。

(2) 已知某瞬时平面图形上 A，B 两点速度 v_A，v_B 的大小，且这两点的速度方向同时垂直于 AB 连线，如图 14-28 所示，瞬心 C 在 AB 的连线与速度矢量 v_A，v_B 端点连线的交点上。该瞬时的速度为

$$\omega = \frac{v_A}{AC} = \frac{v_B}{BC} = \frac{v_A - v_B}{AB} \tag{14-35}$$

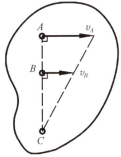 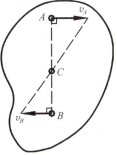

图 14-28

(3) A，B 两点速度方向相同、大小相等。如图 14-29 所示，则瞬心在无穷远处，此时 AC，BC 为无穷大，角速度 $\omega = 0$，此瞬时图形上各点的速度都相同，图形做瞬时平动。

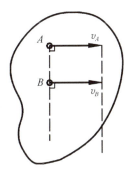 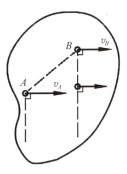

图 14-29

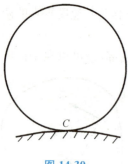

图 14-30

（4）已知图形沿某固定平面做无滑动滚动，如车轮在地面上做纯滚动时，图形与固定面的接触点 C 就是速度的瞬心。如图 14-30 所示。

例 14-9 如图 14-31(a) 所示的曲柄连杆机构，$OA=AB=L$，曲柄 OA 以均角速度 ω 匀速转动，求：当 $\varphi=45°$ 时，滑块的速度及 AB 杆的角速度。

解：在此机构中，OA 做定轴转动，AB 做平面运动，滑块 B 做平动，A，B 两点的速度方向如图 14-31(b) 所示，且 $v_A=\omega L$。因为 A 点速度方向已知，所以以 A 点为基点则有

$$\boldsymbol{v}_B = \boldsymbol{v}_A + \boldsymbol{v}_{BA}$$

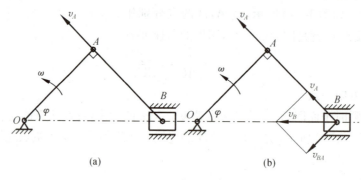

图 14-31

因为 $\boldsymbol{v}_A \perp \boldsymbol{v}_{BA}$

由 $\boldsymbol{v}_A$，$\boldsymbol{v}_B$，$\boldsymbol{v}_{BA}$ 三者几何关系可得

$$v_A = v_B \sin \varphi$$

则有

$$v_B = \frac{v_A}{\sin \varphi} = \frac{\omega L}{\sin 45°} = \sqrt{2}\omega L$$

又

$$v_{BA} = v_B \cos \varphi$$

所以

$$v_{BA} = \sqrt{2}\omega L \cos 45° = \omega L$$

$$\omega_{AB} = \frac{v_{BA}}{AB} = \frac{\omega L}{L} = \omega（顺时针转向）$$

例 14-10 用速度投影定理求解例 14-9 中滑块 B 的速度。

解：A，B 两点的速度分析如图 14-32(a) 所示，根据速度投影定理，$\boldsymbol{v}_B$ 在 AB 连线上投影等于 $\boldsymbol{v}_A$ 在 AB 连线上的投影。即

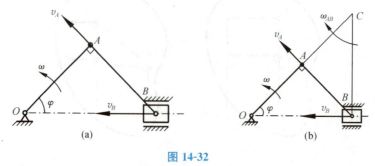

图 14-32

$$v_A = v_B \sin \varphi$$
$$v_B = v_A / \sin \varphi = \omega L / \sin 45° = \sqrt{2} \omega L$$

由上述例题可知,用速度投影定理求解点的速度极其简单,但是,仅用速度投影定理是不能求出 AB 杆的转动角速度的。

例 14-11 用速度瞬心法求解例 14-9。

解：A、B 两点的速度分析如图 14-32(b)所示，v_A，v_B 的方向已知,因此可确定出 AB 杆的瞬心为 C，所以

$$\omega_{AB} = \frac{v_A}{AC} = \frac{v_B}{BC}$$

得

$$\omega_{AB} = \frac{v_A}{AC} = \omega$$
$$v_B = \omega \cdot BC = \sqrt{2} \cdot \omega L$$

由此可见,速度瞬心法是比较简单的方法。

例 14-12 火车以 20 m/s 的速度沿直线轨道行驶,设车轮沿地面纯滚动而无滑动,其半径为 R，如图 14-33 所示,试用瞬心法求 A，B 两点的速度。

解：由于车轮做纯滚动,故轮缘与地面的接触点 D 即为瞬心 C。因此有

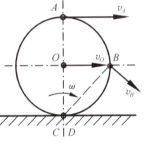

图 14-33

$$\omega = \frac{v_A}{AD} = \frac{v_B}{BD} = \frac{v_O}{OD} = \frac{20}{R}$$
$$v_A = \omega \cdot AD = 2R\omega = 2 \times 20 = 40 (\text{m/s})$$

方向水平向右。

$$v_B = \omega \cdot DB = \frac{R}{\sin 45°} \cdot \omega = 28.3 \text{ m/s}$$

方向与水平线成 45°。

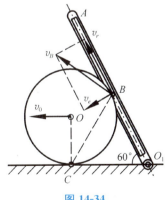

图 14-34

例 14-13 如图 14-34 所示,一滚轮摇杆机构其轮 O 在水平面上做纯滚动,轮缘上固连销钉 B，此销钉在摇杆 O_1A 的滑槽内滑动,并带动摇杆绕 O_1 轴转动。轮的半径 $R=0.5$ m;在图示位置时,O_1A 是轮的切线;轮心速度 $v_0=20$ m/s;摇杆与水平面间的交角为 60°。求摇杆在该瞬时的角速度。

解：这是平面运动与点的合成运动相结合的综合问题。

销钉 B 既在做纯滚动的轮 O 上,又在做定轴转动的摇杆槽内滑动,只有分解销钉的绝对速度v_B，才能解决问题。

(1) 求销钉 B 的速度v_B。

轮 O 做纯滚动,瞬心在 C 点,作v_B 垂直于 BC，由公式

$$\omega = \frac{v_O}{OC} = \frac{v_B}{BC}$$

得

$$v_B = \frac{v_O}{OC} \cdot BC = \frac{20 \times \sqrt{3}R}{R} = 20\sqrt{3} \text{ m/s}$$

(2) 求摇杆的角速度。

选销钉为动点,动系固连在摇杆上,静系固连在地面上。分解速度v_B,应有

$$v_B = v_a = v_e + v_r$$

$$v_e = v_B \cos 60° = 10\sqrt{3} \text{ m/s}$$

摇杆 OA 的角速度为

$$\omega_{O_1} = \frac{v_e}{BO_1} = \frac{10\sqrt{3}}{2R\cos 30°} = \frac{10 \times 2}{2R} = 20 \text{ rad/s}$$

*14.5 科里奥利加速度简介

14.5.1 动点的绝对加速度、相对加速度和牵连加速度

前面已经学习了动点的绝对速度、相对速度和牵连速度的概念,现在进一步研究动点的三种加速度。

动点相对于静系的加速度称为动点的绝对加速度,以符号 $\boldsymbol{a}_a$ 表示;动点相对于动系的加速度称为动点的相对加速度,以符号 $\boldsymbol{a}_r$ 表示;牵连点相对于静系的加速度称为动点的牵连加速度,以符号 $\boldsymbol{a}_e$ 表示。

14.5.2 牵连运动为平动的加速度合成定理

当牵连运动为平动时,动点三种加速度之间的关系和其三种速度之间的关系相同,满足下式:

$$\boldsymbol{a}_a = \boldsymbol{a}_r + \boldsymbol{a}_e \tag{14-36}$$

式(14-36)表明:动点的绝对加速度等于它的相对加速度和牵连加速度的矢量和。这就是牵连运动为平动时的加速度合成定理。(证明略)

14.5.3 牵连运动为转动的加速度合成定理

当牵连运动为转动时的,动点的绝对加速度由三部分组成,即

$$\boldsymbol{a}_a = \boldsymbol{a}_r + \boldsymbol{a}_e + \boldsymbol{a}_k \tag{14-37}$$

其中 $\boldsymbol{a}_k$ 称为科里奥利加速度,简称为科氏加速度。公式(14-37)就是牵连运动为转动时加速度合成定理,它表示:当牵动运动为转动时,动点在每一瞬时的绝对加速度等于相对加速度、牵连加速度与科氏加速度三者的矢量和(证明略)。该公式适用于牵连运动为任何形式的转动(匀角速度、匀变速及变角速)的情况。其中科氏加速度

$$\boldsymbol{a}_k = 2\boldsymbol{\omega} \boldsymbol{v}_r \tag{14-38}$$

式中,$\boldsymbol{\omega}$ 为角速度矢量,角速度的矢量是滑移矢量,按右手定则来确定方向:四指向 $\boldsymbol{\omega}$ 的方向弯曲,拇指指向为 $\boldsymbol{\omega}$ 的矢量方向。

现在讨论科氏加速度的大小和方向。设 $\boldsymbol{\omega}$ 与 v_r 间的夹角为 θ,则科氏加速度的大小为

$$a_k = 2\omega v_r \sin \theta$$

方向垂直于 $\boldsymbol{\omega}$ 与 $\boldsymbol{v}_r$ 所决定的平面,如图 14-35 所示,也可以将 $\boldsymbol{v}_r$ 投影到与 $\boldsymbol{\omega}$ 垂直的平面上,则其投影的大小为

$$v'_r = v_r \sin\theta$$

故科氏加速度的大小可写成

$$a_k = 2\omega v'_r$$

将矢量 $\boldsymbol{v}'_r$ 顺着 $\boldsymbol{\omega}$ 的转向转过 $90°$,即得 $\boldsymbol{a}_k$ 的指向,如图 14-35 所示。

下面讨论 $\boldsymbol{v}_r$ 与 $\boldsymbol{\omega}$ 平行或垂直时 a_k 的取值:

(1) 若 $\boldsymbol{v}_r /\!/ \boldsymbol{\omega}$,则 $\theta = 0°$ 或 $\theta = 180°$,$\sin\theta = 0$,所以 $a_k = 0$。

(2) 若 $\boldsymbol{v}_r \perp \boldsymbol{\omega}$,则 $\theta = 90°$,$\sin\theta = 1$,所以 $a_k = 2\omega v_r$。

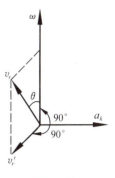

图 14-35

例 14-14 凸轮机构由偏心轮和导杆 BA 组成,如图 14-36 所示,偏心距 $OC = e$,轮半径 $r = \sqrt{3}e$,偏心轮以等角速度 ω_0 转动。在某瞬时 OC 垂直 AC,求此时 AB 杆的速度和加速度。

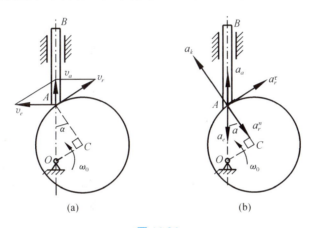

图 14-36

解:取 AB 杆上的 A 点为动点,凸轮为动系。A 点牵连速度方向垂直 OA,大小为

$$v_e = OA \cdot \omega_0 = \sqrt{e^2 + r^2} \cdot \omega_0 = 2e\omega_0$$

相对速度方向沿凸轮轮廓切线,大小未知,绝对速度沿 AB 杆方向,大小未知,现已知四个要素,可由速度合成定理得

$$\boldsymbol{v}_a = \boldsymbol{v}_e + \boldsymbol{v}_r$$

作平行四边形,如图 14-36(a)所示,由几何关系可得

$$v_a = v_e \tan\alpha = 2e\omega_0 \frac{e}{r} = \frac{2}{\sqrt{3}} e\omega_0$$

$$v_r = \sqrt{v_a^2 + v_e^2} = \frac{4}{\sqrt{3}} e\omega_0$$

A 点的牵连加速方向指向 O 点,大小为

$$a_e = OA\omega_0^2 = 2e\omega_0^2$$

A 点的相对加速度分为切向加速度和法向加速度,法向加速度指向 C 点,大小为

$$a_r^n = \frac{v_r^2}{r} = \frac{16}{3\sqrt{3}} e\omega_0^2$$

切向加速度 a_r^τ 沿凸轮切线,大小未知。

因为 v_r 与 ω 垂直,所以科氏加速度大小为

$$a_k = 2v_r\omega_o = \frac{8}{\sqrt{3}} e\omega_0^2$$

其方向为将 v_r 沿 ω 方向转 $90°$,如图 14-36(b)所示,绝对加速度沿 AB 杆,大小未知。

这样,得矢量等式

$$\boldsymbol{a}_a = \boldsymbol{a}_e + \boldsymbol{a}_r^n + \boldsymbol{a}_r^\tau + \boldsymbol{a}_k$$

上式中只有两个要素未知,所以可求解,将矢量等式向方向 CA 投影,得

$$a_a\cos\alpha = -a_e\cos\alpha - a_r^n + a_k$$

由此可得

$$a_a = -a_e - \frac{a_r^n}{\cos\alpha} + \frac{a_k}{\cos\alpha} = \frac{2}{9} e\omega_0^2$$

小　　结

1. 研究点的运动,就是要确定点的运动规律、运动方程、运动轨迹、速度、加速度。研究点的运动方法通常采用自然法和直角坐标法,当已知动点的运动轨迹时,常采用自然法;而当运动轨迹未知时,常采用直角坐标法。

点的运动规律计算公式归纳见表 14-1。

表 14-1　点的运动规律计算公式

研究方法＼运动参数	运动方程	速　度	加速度
自然法	$s=f(t)$	$\boldsymbol{v}=\dfrac{\mathrm{d}s}{\mathrm{d}t}$,沿运动方向,指向由 $\dfrac{\mathrm{d}s}{\mathrm{d}t}$ 正负而定	$\boldsymbol{a}=\boldsymbol{a}_\tau+\boldsymbol{a}_n$ $\boldsymbol{a}_\tau=\dfrac{\mathrm{d}\boldsymbol{v}}{\mathrm{d}t}=\dfrac{\mathrm{d}^2 s}{\mathrm{d}t^2}$,其方向沿切向,指向由 $\dfrac{\mathrm{d}\boldsymbol{v}}{\mathrm{d}t}$ 正负而定 $a_n=\dfrac{v^2}{\rho}$,其方向沿法向,指向曲率中心 $a=\sqrt{a_\tau^2+a_n^2}$ $\tan\theta=\dfrac{|a_\tau|}{a_n}$
直角坐标法	$x=f_1(t)$ $y=f_2(t)$ 消去上式中 t,即得轨迹方程 $y=f(x)$	$v_x=\dfrac{\mathrm{d}x}{\mathrm{d}t}$ $v_y=\dfrac{\mathrm{d}y}{\mathrm{d}t}$ $v=\sqrt{v_x^2+v_y^2}$ $\tan\alpha=\|v_y/v_x\|$	$a_x=\dfrac{\mathrm{d}v_x}{\mathrm{d}t}=\dfrac{\mathrm{d}^2 x}{\mathrm{d}t^2}$ $a_y=\dfrac{\mathrm{d}v_y}{\mathrm{d}t}=\dfrac{\mathrm{d}^2 y}{\mathrm{d}t^2}$ $a=\sqrt{a_x^2+a_y^2}$ $\tan\beta=\|a_y/a_x\|$

2. 刚体运动的最简单形式是平行移动和定轴转动,刚体平动时刚体上任一点的轨迹、速度、加速度都相同,可归结为点的运动问题来解决;刚体绕定轴转动,用转角 φ、角速度 ω、角加速度 ε 来描述,转动方程 $\varphi=f(t)$ 表示刚体在任一瞬时的位置,角速度 $\omega=\dfrac{\mathrm{d}\varphi}{\mathrm{d}t}$,当 ω,ε 同号时,刚体做加速运动,异号时,刚体做减速运动。

刚体作定轴转动的角量与刚体上任一点的线量关系为

$$s=r\varphi,\quad a_\tau=r\varepsilon,\quad v=r\omega,\quad a_n=r\omega^2$$

3. 利用动点相对不同参照系运动之间的关系,可以将一个较复杂的点的运动与两个较简单的运动联系起来,从而较容易地解决复杂的点的运动问题。

点的绝对运动是点的牵连运动和相对运动的矢量和:

绝对运动——动点相对静参照系的运动

相对运动——动点相对动参照系的运动

牵连运动——动参照系相对静参照系的运动

点的速度合成定理为

$$\boldsymbol{v}_a = \boldsymbol{v}_e + \boldsymbol{v}_r$$

这一定理适用于牵连运动做任何形式的运动。

4. 平面运动是较复杂的运动,可分解为平动和定轴转动。用基点法求平面运动刚体上任一点的速度,这种方法的矢量方程为

$$\boldsymbol{v}_B = \boldsymbol{v}_A + \boldsymbol{v}_{BA}$$

平动速度与基点的选择有关,而转动角速度与基点的选择无关。将速度矢量方程投影在 AB 的连线上,即得速度投影定理:刚体上任意两点 A, B 的速度在这两点连线上的投影相等,即

$$(\boldsymbol{v}_B)_{AB} = (\boldsymbol{v}_A)_{AB}$$

用速度瞬心法求平面运动刚体上任一点的速度,选取平面上速度为零的点称为瞬时速度中心,简称瞬心。平面图形上任一点的速度就等于绕瞬心转动的线速度,瞬心只是某一瞬时的速度为零,加速度不为零。平面运动可以看成是绕许多无限靠近的瞬心作无限小转角的连续转动过程。

思考题与习题

思 考 题

14-1 点作曲线运动时,点的位移、路程和弧坐标三者有何不同?

14-2 动点在某瞬时的速度为零,该瞬时的加速度是否必为零?

14-3 试判断下列情况时,点做何种运动

(1) $a_\tau = 0$ $a_n = 0$

(2) $a_\tau = 0$ $a_n \neq 0$

(3) $a_\tau \neq 0$ $a_n = 0$

(4) $a_\tau \neq 0$ $a_n \neq 0$

14-4 点做曲线运动,如图 14-37 所示,试就下列三种情况,画出加速度的大致方向。

(1) 点在 M_1 处做匀速运动;

(2) 点在 M_2 处做加速度运动(M_2 是两段圆弧的相切点);

(3) 点在 M_3 处做减速运动。

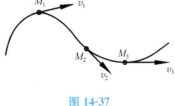

图 14-37

14-5 刚体绕定轴转动时,角速度为负,是否一定是减速运动?

14-6 试说明下列说法是否正确。

(1) 牵连速度是动系相对静系的速度。

(2) 牵连速度是动系上任一点相对于静系的速度。

14-7 为什么坐在汽车上看见超车的汽车行驶得慢,错车的汽车行驶得快?

14-8 速度瞬心的速度为零,其加速度是否为零?圆轮沿地面纯滚动时,其速度瞬心的加速度是否为零?瞬心是否一定在运动的平面图形内?

习 题

14-1 点做直线运动,其运动方程为 $S = 40 + 2t + 0.5t^2$(S 以 m 计,t 以 s 计)试求经过 10 s 后的速度、加

速度及所经过的路程。

14-2　点的运动方程为 $x=10t^2, y=7.5t^2$ (x,y 以 cm 计,t 以 s 计)。试求 $t=4$ s 时点的速度及加速度的大小和方向。

14-3　如图 14-38 所示,在半径为 10 m 的铁圈上套一小环 M,杆 OA 穿过小环绕点 O 做匀速转动,其角度 φ 在 5 s 内转一直角。试用自然法求小环的速度和加速度。

14-4　试用直角坐标法求解题 14-3。

14-5　如图 14-39 所示曲柄连杆机构的 $OA=AB=60$ cm,AB 杆上 M 点位于 $MB=20$ cm 处,$\varphi=4\pi t$ (t 以 s 计)。试求:(1) AB 杆上 M 点的轨迹;(2) 当 $\varphi=0$ 时,M 点的速度和加速度。

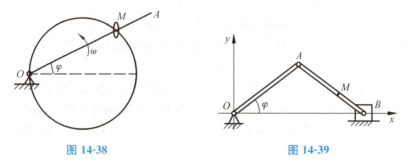

图 14-38　　　　　　　图 14-39

14-6　刚体做定轴转动,其转动方程为 $\varphi=t^3$ (φ 的单位为 rad,t 的单位为 s)。试求 $t=2$ s 时,刚体转过的圈数、角速度和角加速度。

14-7　如图 14-40 所示平行连杆机构的曲柄长为 $O_1A=O_2B=150$ mm,连杆长 $AB=O_1O_2$,曲柄 O_1A 以匀速 $n=320$ r/min 转动。试求连杆 AB 的中点 M 的速度和加速度。

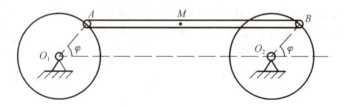

图 14-40

14-8　半径 $R=0.5$ m 的飞轮,由静止开始做匀加速转动,经 10 s 后,在轮缘上的点有速度 $v=10$ m/s。求 $t=15$ s 时,轮缘上一点的切向、法向加速度。

14-9　如图 14-41 所示,汽车沿水平直线行驶,已知雨点垂直下落的速度为 20 m/s,雨点滴在汽车侧面车身上的痕迹为与铅垂线成 45°的直线。试求汽车行驶速度。

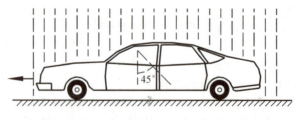

图 14-41

14-10　曲柄滑块机构如图 14-42 所示,滑竿上有半径 $R=10$ cm 的圆弧形滑道;曲柄 $OA=r=10$ cm,以角速度 $\omega=4t$ rad/s 绕 O 轴转动,通过滑块 A 带动滑竿 BC 水平移动。当 $t=1$ s 时,$\varphi=30°$,试求此时滑竿 BC 的速度。

14-11 裁纸机构如图 14-43 所示,纸由传送带以速度 $v_1=0.05$ m/s 输送,裁纸刀 K 沿固定导杆 AB 以速度 $v_2=0.13$ m/s 移动。欲使裁出的纸为矩形,试求导杆 AB 的安装角 θ 应为多少?

14-12 凸轮机构如图 14-44 所示,导杆 AB 利用弹簧使其端点 A 与凸轮保持接触,凸轮转动时,导杆做上下运动。凸轮角速度为 ω_1,在图示位置,A 点的法线与 OA 成 α 角,且 $OA=e$。试求导杆 AB 在此瞬时的速度。

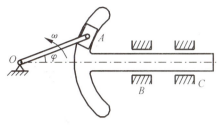

图 14-42

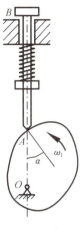

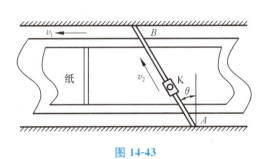

图 14-43

图 14-44

14-13 两种曲柄摆杆机构如图 14-45 所示。已知 $O_1O_2=250$ mm,$\omega_1=0.3$ rad/s。试求在图示位置时,杆 O_2A 的角速度 ω_2。

14-14 杆 AB 放置如图 14-46 所示,已知 B 点沿地面有水平向右速度 $v_B=5$ m/s,试求在此瞬时,杆 AB 与台阶棱角相接触的 C 点的速度 v_C 值。

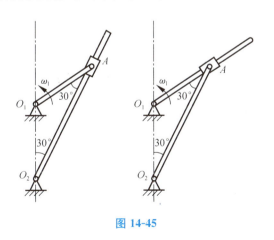

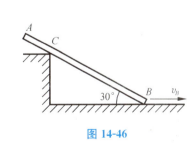

图 14-45

图 14-46

14-15 四连杆机构如图 14-47 所示,柄 O_1A 的角速度 $\omega_{O_1A}=2$ rad/s,长 $O_1A=10$ cm,$O_1O_2=5$ cm,$AD=5$ cm。当 O_1A 为铅垂位置时,AD 与 O_1A 共线,并且 $AB//O_1O_2$,$\varphi=30°$。求此时三角板 ABD 的角速度和 D 点的速度。

14-16 直径为 $6\sqrt{3}$ cm 的滚轮在水平面上做纯滚动,并通过连杆 BC 带动滑块 C,如图 14-48 所示。已知滚轮的角速度 $\omega=12$ rad/s,$\alpha=30°$,$\beta=60°$,$BC=27$ cm。求 BC 杆与地面平行时的角速度及 C 点的速度。

285

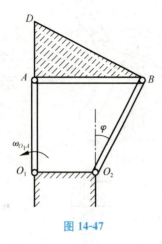

图 14-47

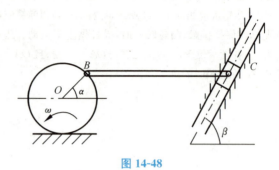

图 14-48

第15章 动力学基础

动力学研究物体的机械运动与作用力之间的关系。动力学对物体的机械运动进行全面的分析,研究作用于物体的力与物体运动之间的关系,建立物体机械运动的普遍规律。

在工程实际中,许多机械和零部件都需要进行动力学的分析和计算,以解决冲击、振动、动载荷、动平衡和机床刚度等复杂的课题,而机械原理、机械设计等后续课程也需要动力学的知识,因而学习动力学的基本理论,对于解决工程实际问题,有着十分重要的意义。

以牛顿定律为基础的动力学称为古典力学。科学的进步发展表明,古典力学的规律不适用于物体运动接近光速的情形,也不适用于基本粒子的运动,但在工程实际问题中,我们所遇到的机械运动一般都是宏观物体的运动,而且物体运动速度远小于光速。因此,应用古典力学的规律去解决工程问题是足够精确的,其计算也比较简单。所以,在近代工程技术中,古典力学仍然占据着十分重要的地位。

动力学中物体的抽象模型有质点和质点系。质点是具有一定质量而几何形状和尺寸大小可以忽略不计的物体。如果刚体做平动,因刚体内各点的运动情况完全相同,也可以不考虑这个刚体的形状和大小,而将它抽象为一个质点来研究。如果物体的形状和大小在所研究的问题中不可忽略,则物体应抽象为质点系。

动力学可分为质点动力学和质点系动力学两部分。

动力学所研究的问题基本上可归纳为两类:

(1) 已知某物体的运动,求作用于此物体上的力;

(2) 已知作用于物体上的力,求此物体的运动。

应用质点运动微分方程,求解质点动力学两类基本问题,是解决动力学问题的基本方法,但是在许多实际工作中,由微分方程求积分,有时是很困难的,特别是对于质点系动力学问题,如果采用这一方法,则需写出系统中每个质点的运动微分方程,再去积分,其困难就更大,而且在有些问题中,往往不需要研究质点系中每一个质点的运动。因而在一定条件下,应用动力学普遍定理来解决实际问题,不仅计算简便,而且物理概念明确,便于深入了解机械运动的性质。

动力学普遍定理包括动量定理、动量矩定理和动能定理,这些定理都是从动力学基本方程推导得来的。

15.1 质点动力学基本方程

15.1.1 动力学基本定律

动力学的全部内容是以动力学基本定律为基础的。动力学基本方程是牛顿运动定律的数学形式。质点动力学有三个基本定律,通常称为牛顿运动三定律。这些定律是人们在长期的生产实践和科学实验中对有关力学知识的科学总结。

1. 第一定律(惯性定律)

任何质点如不受力的作用,则将保持其原来的静止或匀速直线运动的状态。

物体保持其运动状态不变的特性称为惯性,所以第一定律又称为惯性定律,而质点的匀速直线运动(包括静止)称为惯性运动。

在生活和生产实践中,我们经常遇到物体惯性的表现。例如,汽车刚开动时,车上的乘客会往后仰,而急刹车时乘客又会朝前扑。

这一定律还说明质点的运动状态如果发生变化,则质点必然受到力的作用,因此力是质点运动状态改变的原因。

2. 第二定律(力与加速度之间的关系的定律)

质点的质量与加速度的乘积,等于作用于质点的力的大小。 加速度的方向与力的方向相同,即

$$F = ma \tag{15-1}$$

式(15-1)是牛顿第二定律的数学表达式,它是质点动力学的基本方程,建立了质点的加速度、质量与作用力之间的定量关系。当质点上受到多个力作用时,则式中的力应是此汇交力系的合力。

式(15-1)也表明,如果用大小相等的力作用于质量不同的质点上,则质量大的质点加速度小,质量小的质点加速度大,这说明质点的质量越大,其运动状态越不容易改变,也就是质点的惯性越大,因此,质量是质点惯性的度量。

设真空中质量为 m 的质点。受重力 G 作用而自由下落,其加速度为重力加速度 g,由牛顿第二定律可得

$$G = mg \tag{15-2}$$

式(15-2)给出了重力与质量的关系。由于物体的重力易于直接测定,故常用式(15-2)根据重力求出质量。需要说明的是重力与质量是两个完全不同的概念。重力是由于地球的吸引而使物体受到的力。它随着物体距地面的距离的改变而改变,而质量是物体的固有属性,是一个不变量。

由式(15-1)可知,力的单位是导出单位,是质量为 1 kg 的质点,获得 1 m/s² 的加速度时,作用于该物体上的力为 1 N(牛顿),即

$$1 \text{ N} = 1 \text{ kg} \times 1 \text{ m/s}^2$$

3. 第三定律(作用与反作用定律)

两个质点互相作用的力总是等值、反向、共线,且分别作用在两个质点上。

这个定律在静力学部分已讲过,这里不再赘述。

应当指出的是:这个定律不仅在物体平衡时成立,而且在物体运动时也同样成立。第三定律给出了质点系中各质点间相互作用的关系,由此,使我们能将质点动力学的原理推广应用到研究质点系动力学问题中去。

15.1.2 质点运动微分方程

将动力学基本方程投影于不同坐标系,可建立不同形式的质点运动微分方程。

1. 直角坐标形式的质点运动微分方程

设质量为 m 的质点 $M(x,y,z)$ 在诸力 $F_1, F_2, \cdots, F_n$ 的作用下沿曲线运动,如图 15-1 所示,动力学基本方程为

$$F = ma$$

将上式投影到直角坐标系上,则得

$$ma_x = \sum F_x \quad 即 \quad m\frac{d^2 x}{dt^2} = \sum F_x$$

$$ma_y = \sum F_y \quad 即 \quad m\frac{d^2 y}{dt^2} = \sum F_y$$

$$ma_z = \sum F_z \quad 即 \quad m\frac{d^2 z}{dt^2} = \sum F_z \qquad (15\text{-}3)$$

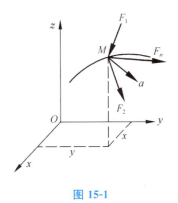

图 15-1

此式即直角坐标形式的质点运动微分方程。若质点做平面曲线运动,则式(15-3)仅剩两式。

2. 自然坐标形式的质点运动微分方程

在实际应用中,如果质点运动轨迹已知,采用自然坐标系有时更为方便。为此将动力学基本方程投影在自然轴的切线、法线及副法线上,如图 15-2 所示,则得

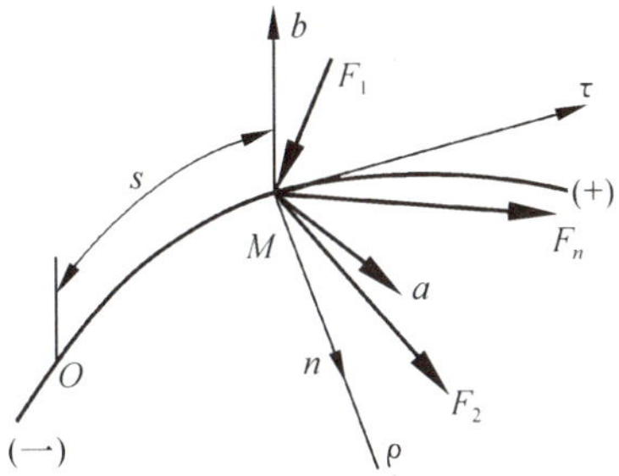

$$ma_\tau = \sum F_\tau \quad 即 \quad m\frac{d^2 s}{dt^2} = \sum F_\tau$$

$$ma_n = \sum F_n \quad 即 \quad m\frac{v^2}{\rho} = \sum F_n \qquad (15\text{-}4)$$

$$ma_b = \sum F_b \quad 即 \quad 0 = \sum F_b$$

图 15-2

此式即为自然坐标形式的质点运动微分方程。

15.1.3 质点动力学第一类基本问题

质点动力学第一类问题是:已知质点的运动,求作用于质点上的力,在这类问题中,质点的运动方程或速度函数是已知的,只需将其代入质点运动微分方程,便可求出未知的作用力。

求解这类动力学问题的步骤,可大致归纳如下:

(1) 选取研究对象,画受力图。

(2) 分析运动。根据给定的条件,分析某瞬时的运动情况。

(3) 根据研究对象的运动情况,确定采用何种形式的运动微分方程(自然坐标形式或直角坐标形式)。

(4) 列运动微分方程,求解未知量。

例 15-1 小球质量为 m,悬挂于长为 l 的细绳上,绳重不计。小球在铅垂面内摆动时,在最低处的速度为 v;摆到最高处时,绳与铅垂线夹角为 φ,如图 15-3 所示,此时小球速度为零。试分别计算小球在最低与最高位置时绳的拉力。

解:小球做圆周运动,受到重力 $G = mg$ 和绳拉力 F_1 作用。在最低处有法向加速度 $a_n = v^2/l$,由质点运动微分方程沿法向的投影式,有

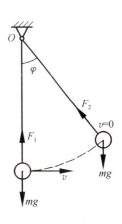

图 15-3

$$F_1 - mg = ma_n = m\frac{v^2}{l}$$

则绳拉力为

$$F_1 = mg + m\frac{v^2}{l} = m\left(g + \frac{v^2}{l}\right)$$

小球在最高处时,速度为零,故法向加速度为零,则其运动微分方程沿法向投影式为

$$F_2 - mg\cos\varphi = ma_n = 0$$

则绳拉力

$$F_2 = mg\cos\varphi$$

由小球在最低处的拉力公式可知,拉力由两部分组成,一部分等于物体重力,称为静拉力;另一部分由加速度引起,称为附加动拉力。全部拉力称为动拉力。另外由拉力表达式也可以看出,减小绳子拉力的途径是减小速度或增加绳长。

15.1.4 质点动力学第二类基本问题

质点动力学第二类问题是:已知作用在质点上的力,求质点的运动。这类问题比较复杂,因为作用于质点上的力可以是常力,也可以是与许多物理因素(如时间、位置或速度等)相关的变量。

求解这类动力学问题的步骤,可大致归纳如下:

(1) 先选取研究对象,画受力图。
(2) 分析运动,确定质点运动的初始条件。
(3) 列运动微分方程(一般情况下选择直角坐标形式),求解未知量。

例 15-2 设质点 M 以初速度 v_0 从 O 点与 x 轴成 α 角射出,不计空气阻力,求此质点 M 的运动规律。

解:由题中条件可知,这是动力学第二类问题,力是常力。

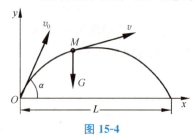

图 15-4

(1) 取质点 M 为研究对象,它在被射出后的全部运动过程中,仅受重力 G 的作用,如图 15-4 所示。

(2) 由于质点的受力方向与速度方向成一角度,故质点 M 做平面曲线运动,需求出其运动规律。

(3) 建立坐标系,列运动微分方程,并求解运动规律。选取直坐标轴 Oxy,图 15-4 所示,由式(15-3)得

$$\begin{cases} \dfrac{dv_x}{dt} = 0 \\ \dfrac{dv_y}{dt} = -g \end{cases} \quad (1)$$

将式(1)积分一次得

$$v_x = C_1$$
$$v_y = -gt + C_2 \quad (2)$$

或写成

$$\frac{dx}{dt} = C_1$$

$$\frac{dy}{dt} = -gt + C_2 \tag{3}$$

将式(3)积分得

$$x = C_1 t + C_3$$
$$y = -\frac{1}{2}gt^2 + C_2 t + C_4 \tag{4}$$

式中,C_1,C_2,C_3,C_4 为积分常数,可由运动的初始条件确定,即当 $t=0$ 时,$x=0$,$y=0$,$v_x=v_0\cos\alpha$,$v_y=v_0\sin\alpha$,将这些条件代入式(2)、式(4)中可得

$$C_1 = v_0\cos\alpha, \quad C_2 = v_0\sin\alpha, \quad C_3 = 0, \quad C_4 = 0$$

于是可得质点 M 的运动方程为

$$\begin{cases} x = v_0 t\cos\alpha \\ y = v_0 t\sin\alpha - \frac{1}{2}gt^2 \end{cases} \tag{5}$$

从式(5)中消去参数 t,得质点的轨迹方程

$$y = x\tan\alpha - \frac{gx^2}{2v_0^2\cos^2\alpha}$$

上式表明,质点的轨迹为一抛物线。

(4) 分析讨论。当抛射体到达射程 L 时,$y=0$,代入轨迹方程,得

$$L = \frac{v_0^2}{g}\sin 2\alpha$$

从上式可以看出,对于同样大小的初速度 v_0,当 $\alpha=45°$ 时射程最大。

15.2 刚体绕定轴转动动力学基本方程

前面我们研究过刚体(质点系)的简单运动——平动和定轴转动,因为刚体平动时,刚体内各点的运动状态完全相同,可以简化成质点的运动,习惯上用刚体质心的运动来代表刚体的平动,我们可以用质点运动微分方程求解刚体平动时的动力学问题。

本节主要讨论刚体绕定轴转动时作用在刚体上的力与其运动之间的关系。

15.2.1 刚体绕定轴转动的动力学微分方程

设有一个刚体,在外力系 $F_1, F_2, \cdots, F_n$ 作用下绕定轴 z 转动,如图 15-5 所示,某瞬时体转动的角速度为 ω,角加速度为 ε。在刚体上任取一质点 M_i,其质量为 m_i,转动半径为 r_i,则有

$$a_{i\tau} = r_i \varepsilon$$
$$a_{in} = r_i \omega^2$$

故有

$$F_{i\tau} = m_i a_{i\tau}$$
$$F_{in} = m_i a_{in}$$

因为所有法向力都通过 z 轴,它们对 z 轴的力矩的代数和必等于零,若以 $\sum m_z(F)$ 表示所有外力对 z 轴的力矩的代数和,则

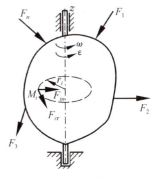

图 15-5

有
$$\sum M_z(\boldsymbol{F}) = \sum M_z(\boldsymbol{F}_{i\tau})$$

故
$$M_z(\boldsymbol{F}_{i\tau}) = (m_i r_i \varepsilon) r_i = m_i r_i^2 \varepsilon$$

若令
$$J_z = \sum m_i r_i^2$$

则有
$$\sum m_z(\boldsymbol{F}) = J_z \varepsilon \tag{15-5}$$

式中，$J_z = \sum m_i r_i^2$ 称为刚体对 z 轴的转动惯量，它是刚体各质点的质量与其对应的转动半径平方的乘积的总和。

式(15-5)称为刚体绕定轴转动的动力学基本方程，角加速度的转向与转动力矩的方向相同。

因为 $\varepsilon = \dfrac{d\omega}{dt} = \dfrac{d^2\varphi}{dt^2}$，所以式(15-5)可以写成如下形式：

$$\sum M_z(\boldsymbol{F}) = J_z \frac{d\omega}{dt} = J_z \frac{d^2\varphi}{dt^2} \tag{15-6}$$

式(15-6)称为刚体绕定轴转动的微分方程。

15.2.2 转动惯量

1. 转动惯量的概念

刚体对转动轴 z 的转动惯量为

$$J_z = \sum m_i r_i^2$$

刚体的转动惯量具有明确的物理意义，由式(15-5)可以看出，不同的刚体受到相等的力矩作用时，转动惯量大的刚体角加速度小，转动惯量小的刚体角加速度大，即转动惯量大的刚体不易改变其运动状态。所以转动惯量是转动刚体惯性的度量。

由式 $J_z = \sum m_i r_i^2$ 可知，转动惯量的大小不仅取决于刚体质量的大小，而且与质量的分布情况有关，即与质量距固定轴的远近有关。它是由刚体的质量、质量分布及转轴的位置三个因素决定的。如机械上的飞轮，边缘较厚而中间却挖空，目的在于将大部分材料分布在远离转轴的地方，以增大其转动惯量，使机器运转平衡；但是也因此在启动时增大了启动力矩，所以对于转动惯量大的设备应尽量减少启动次数。反之，在一些仪表中，为使指针反应灵敏，就应当减小它的转动惯量，所以制造时要选择比重小的材料，并力求尺寸做得小些。

在国际单位制中，转动惯量的单位是千克·米^2（kg·m^2）。

2. 简单形体转动惯量的计算

（1）均质等截面细直杆。

设有一长为 l 的均质杆，质量为 m，如图 15-6 所示，求此杆对通过杆的一端且与杆垂直的 z 轴的转动惯量。

将杆分割成许多微小段 dr，其质量为 dm，设其中任一微小段到 z 轴的距离为 r。此微小段的质量为

$$dm = \frac{m}{l}dr$$

此微小段对 z 轴的转动惯量为

$$r^2 dm = \frac{m}{l}r^2 \cdot dr$$

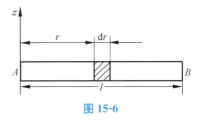

图 15-6

于是

$$J_z = \int_0^l \frac{m}{l}r^2 \cdot dr = \frac{ml^2}{3}$$

(2) 均质细圆环。

设圆环的半径为 R,质量为 m,如图 15-7 所示,用积分法即可求得它对于通过中心且与圆盘面相垂直的 z 轴的转动惯量为

$$J_z = mR^2$$

其他常见形状的均质物体的转动惯量,可从附表 1 或在工程手册中查得。

3. 平面薄板形物体的转动惯量

当刚体为一平面薄板时,厚度很小,可忽略不计,取薄板平面为 Oxy 平面,坐标轴 z 轴垂直于薄板平面,如图 15-8 所示。

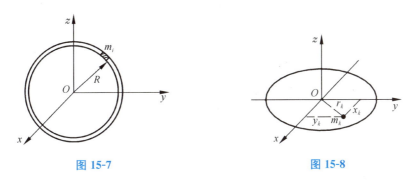

图 15-7　　　　　图 15-8

设刚体对 x,y,z 轴的转动惯量分别为 J_x,J_y,J_z,则有

$$J_z = J_x + J_y \tag{15-7}$$

上式表明:平面薄板形刚体对于 z 轴的转动惯量,等于对刚体平面内任意一对与 z 轴垂直的正交轴的转动惯量之和。

4. 平行移轴定理

设有一如图 15-9 所示平面薄板形刚体,其质量为 m,x 轴通过质心 C,x' 轴平行于 x 轴,两轴相距为 d,则有

$$J_{x'} = J_x + md^2 \tag{15-8}$$

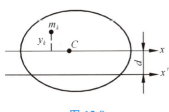

图 15-9

式(15-8)表明:刚体对任何轴的转动惯量,等于刚体对通过刚体质心并与该轴平行的轴的转动惯量加上刚体质量与两轴距离平方的乘积,这一关系称为转动惯量的平行移轴定理(证明略)。由此定理可知,通过质心 C 的轴的转动惯量是所有相互平行轴的转动惯量中最小的。

5. 回转半径(惯性半径)

通常将刚体对 z 轴的转动惯量表示为整个刚体的质量 m 与某一长度 ρ 的平方乘积,即

$$J_z = m\rho^2 \tag{15-9}$$

式中，ρ 称为刚体对 z 轴的回转半径，亦称为惯性半径。在机械工程手册中，列出了简单几何形状或几何形状已标准化的零件的惯性半径，以供工程技术人员查阅。

15.2.3 刚体绕定轴转动动力学基本方程的应用

刚体绕定轴转动的动力学基本方程，可以解决刚体转动时动力学两类问题。

(1) 已知刚体的转动规律，求作用于刚体上的外力矩或外力。

(2) 已知作用于刚体上的外力矩或外力，求其转动规律。

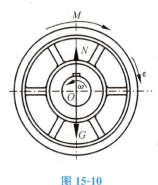

图 15-10

例 15-3 已知飞轮以 $n = 600$ r/min 的转速转动，转动惯量 $J_0 = 2.5$ kg·m²，制动时要使它在 1 s 内停止转动，设制动力矩 M 为常数，求此力矩 M 的大小。

解：(1) 取飞轮为研究对象，其受力图如图 15-10 所示，飞轮受制动力矩 M，轴承反力 N 及飞轮自重 G 的作用。

(2) M 是常量，故飞轮做匀减速转动，因为 $\omega = \omega_0 - \varepsilon t$

式中
$$\omega_0 = \frac{\pi n}{30} = \frac{600\pi}{30} = 20\pi \text{ rad/s}$$

因为 $\omega = 0, t = 1$ s

所以代入数值得
$$\varepsilon = 20\pi \text{ rad/s}^2$$

(3) 以 ω 方向为正向，并由式(15-5)可得
$$-J_0\varepsilon = -M$$

代入数值得
$$M = J_0\varepsilon = 2.5 \times 20\pi \approx 157 \text{ N·m}$$

例 15-4 如图 15-11(a)在提升设备中，一根绳子跨过滑轮吊起一质量为 m 的物体。滑轮的质量为 M，并假定质量均匀分布在圆周上（将滑轮看成圆环）。滑轮的半径为 r，由电动机传来的转动力矩大小为 M_0，绳的质量不计。求挂在绳上的重物的加速度 a。

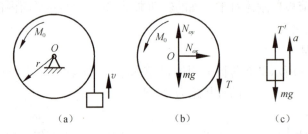

图 15-11

解：(1) 以滑轮为研究对象并画出受力图，如图 15-11(b)所示，由式(15-5)可得
$$J_0\varepsilon = M_0 - Tr$$

即
$$Mr^2\varepsilon = M_0 - Tr \tag{1}$$

(2) 以重物为研究对象并画受力图，如图 15-11(c)所示，列质点运动微分方程
$$ma = T' - mg \tag{2}$$

(3) 求解加速度 a。

因为 $T=T'$, $r\varepsilon=a$, 解方程(1),(2)即可求得

$$a = \frac{M_0 - mgr}{(m+M)r}$$

15.3 动量定理

动力学基本方程是解决动力学问题的基本方法,但是在工程中,有时用动力学普遍定理(动量定理、动量矩定理、动能定理)解题可能更方便,此外,这些定理中提出的动量、动量矩、动能等概念,也都具有明确的物理意义,这些概念也有利于更深入地理解物体机械运动的一些特性。

15.3.1 质点的动量定理

1. 质点的动量

高中物理中已阐明,动量是表征质点机械运动强度的一个物理量,设质点的质量为 m,其速度为 v,则质点的动量可由质点的质量与其速度的乘积来表示,即在该瞬时质点的动量为 mv。动量是矢量,它与质点的速度方向相同,动量的单位是 kg·m/s。

2. 冲量

工程中将力在一段时间间隔内作用的累积效应称为冲量。当作用力 F 为常力,作用时间为 t 时,F 在时间间隔 t 内的冲量 I 为

$$\boldsymbol{I} = \boldsymbol{F}t$$

冲量是矢量,它的方向与力的方向相同,冲量的单位是 N·s。

当作用力 F 为变力时,它在无穷小的时间内隔 dt 内可视为常量,故可得 dt 时间内力的元冲量为

$$d\boldsymbol{I} = \boldsymbol{F}dt$$

于是可得在时间间隔 t 内力的冲量为

$$\boldsymbol{I} = \int_0^t \boldsymbol{F} dt$$

3. 质点的动量定理

设质量为 m 的质点 M 在合力 F 的作用下运动,其速度为 v,根据动力学基本方程有

$$m\frac{d\boldsymbol{v}}{dt} = \boldsymbol{F}$$

由于质点的质量为常量,上式亦可写成

$$\frac{d}{dt}(m\boldsymbol{v}) = \boldsymbol{F} \qquad (15\text{-}10)$$

可以看出,式中 mv 为质点的动量。因此式(15-10)表明:质点动量对时间的变化率等于该质点所受的合力。这就是微分形式的质点的动量定理。

将式(15-10)分离变量后,两边积分得

$$m\boldsymbol{v}_2 - m\boldsymbol{v}_1 = \int_{t_1}^{t_2} \boldsymbol{F} dt = \boldsymbol{I} \qquad (15\text{-}11)$$

式(15-11)表明:质点动量在任一时间间隔内的改变,等于在同一时间间隔内作用在该质

点上的合力的冲量。这就是积分形式的质点的动量定理，又称为冲量定理。

式(15-11)在直角坐标系中的投影式为

$$mv_{2x} - mv_{1x} = \int_{t_1}^{t_2} F_x \mathrm{d}t = I_x$$

$$mv_{2y} - mv_{1y} = \int_{t_1}^{t_2} F_y \mathrm{d}t = I_y$$

$$mv_{2z} - mv_{1z} = \int_{t_1}^{t_2} F_z \mathrm{d}t = I_z \tag{15-12}$$

15.3.2 质点系的动量定理

设质点系由 n 个质点组成。其中某质点的质量为 m_i，速度为 v_i，作用于该质点上的力有外力 $F_i^{(e)}$ 和质点系内各质点之间相互作用的力，即内力 $F_i^{(i)}$。由质点动量定理有

$$\frac{\mathrm{d}}{\mathrm{d}t}(m_i \boldsymbol{v}_i) = \boldsymbol{F}_i^{(e)} + \boldsymbol{F}_i^{(i)}$$

对于质点系内各质点，都可以写出如上形式的方程，将这 n 个方程相加，得

$$\sum \frac{\mathrm{d}}{\mathrm{d}t}(m_i \boldsymbol{v}_i) = \sum \boldsymbol{F}_i^{(e)} + \sum \boldsymbol{F}_i^{(i)}$$

又可写为

$$\frac{\mathrm{d}}{\mathrm{d}t}\left(\sum m_i \boldsymbol{v}_i\right) = \sum \boldsymbol{F}_i^{(e)} + \sum \boldsymbol{F}_i^{(i)}$$

式中，$\sum m_i \boldsymbol{v}_i$ 为质点系内各质点动量的矢量和，称为质点系的动量，并以 P 表示，$P = \sum m_i \boldsymbol{v}_i$。又因为作用于质点系上的所有内力总是成对出现，且它们的大小相等，方向相反，所以内力的矢量和恒等于零，即

$$\sum \boldsymbol{F}_i^{(i)} = \boldsymbol{0}$$

于是上式可简化为

$$\frac{\mathrm{d}\boldsymbol{P}}{\mathrm{d}t} = \sum \boldsymbol{F}_i^{(e)} \tag{15-13}$$

即质点系的动量对时间的变化率等于质点系所受外力的矢量和，这就是微分形式的质点系的动量定理。

将式(15-13)两边乘以 $\mathrm{d}t$，并在时间间隔 ($t_1 \to t_2$) 内进行积分，得

$$\boldsymbol{P}_2 - \boldsymbol{P}_1 = \int_{t_1}^{t_2} \boldsymbol{F}_i^{(e)} \mathrm{d}t = \sum \boldsymbol{I}^{(e)} \tag{15-14}$$

式中，P_1 和 P_2 分别表示质点系在 t_1 和 t_2 时的动量。

式(15-14)表明：质点系的动量在任一时时间间隔内的改变，等于在同一时间间隔内作用在该质点系上所有外力的冲量的矢量和。这就是积分形式的质点系的动量定理。

式(15-14)在直角坐标系上的投影式为

$$P_{2x} - P_{1x} = \sum I_x^{(e)}$$

$$P_{2x} - P_{1y} = \sum I_y^{(e)} \tag{15-15}$$

$$P_{2z} - P_{1z} = \sum I_z^{(e)}$$

式(15-15)表明:在某一时间间隔内,质点系的动量在坐标轴上投影的改变,等于作用在该质点系上的所有外力在同一时间间隔内的冲量在同一轴上的投影的代数和。

当质点系不受外力作用或作用在质点系上外力的矢量和为零时,即 $\sum F_i^{(e)} = 0$ 时,由式(15-13)及式(15-15)有

$$P = \sum m_i v_i = m v_c = 常矢量 \qquad (15\text{-}16)$$

式(15-16)表明:当作用于质点系上外力的矢量和恒等于零时,此质点系的动量将保持不变,这就是质点系的动量守恒定理。

如果外力在某一轴上投影的代数和恒等于零,设 $\sum F_x^{(e)} = 0$,则有 $\sum I_x^{(e)} = 0$,由式(15-15)得

$$P_{2x} = P_{1x} = m v_{cx} = 常量$$

即作用于质点系上的所有外力,在某坐标轴上投影的代数和为零时,该质点系的动量在同一轴上的投影保持不变。

例 15-5 设作用在活塞上的合力 F 随时间的变化规律 $F = 0.4mg(1-kt)$,其中 m 为活塞的质量,$k = 1.6 \text{ s}^{-1}$。已知 $t_1 = 0$,活塞的速度 $v_1 = 0.2 \text{ m/s}$,方向沿水平向右。试求 $t_2 = 0.5 \text{ s}$ 时活塞的速度。

解:以活塞为研究对象,取坐标轴 Ox(水平方向)且向右为正向,由式(15-12)有

$$m v_{2x} - m v_{1x} = I_x$$

因为

$$I_x = \int_{t_1}^{t_2} F_x \mathrm{d}t = 0.4mg \int_{t_1}^{t_2}(1-kt)\mathrm{d}t = 0.4 m g t_2 \left(1 - \frac{k}{2} t_2\right)$$

把 $v_{1x} = v_1, v_{2x} = v_2, k$ 及 t_2 值代入得

$$m(v_2 - v_1) = 0.4 m g t_2 \left(1 - \frac{k}{2} t_2\right)$$

$$v_2 = v_1 + 0.4 g t_2 \left(1 - \frac{k}{2} t_2\right)$$

$$= 0.2 + 0.4 \times 9.8 \times 0.5 \times \left(1 - \frac{1.6}{2} \times 0.5\right)$$

$$= 1.38 (\text{m/s})$$

15.4 动量矩定理

15.4.1 动量矩

工程中,把物体绕某点(轴)转动运动量的大小称为动量矩。

1. 质点对轴的动量矩

设有质点 M,其质量为 m,它在与 z 轴垂直的平面 N 内的速度为 v,动量为 mv,如图 15-12 所示,我们把质点的动量 mv 与质点的速度 v 至 z 轴距离 r 的乘积为质点对固定轴 z 的动量矩,以 $M_z(mv)$ 表示,即

$$M_z(mv) = \pm m v r$$

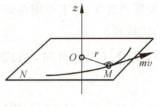

图 15-12

由上式可以看出,动量矩是代数量,通常规定:从轴的正向看去,使质点绕轴做逆时针转动的动量矩为正,反之为负。动量矩的单位为 $kg \cdot m^2/s$。

2. 质点系对轴的动量矩

设质点系由 n 个质点组成,则所有质点对于固定轴 z 的动量矩的代数和为质点系的动量矩,记为 L_z,即

$$L_z = \sum M_z(m\boldsymbol{v}) = \sum m_i v_i r_i = \sum m_i r_i^2 \omega$$

定轴转动的刚体对固定轴 z 的动量矩为

$$L_z = J_z \omega$$

式中,J_z 为刚体对 z 轴的转动惯量;ω 为刚体的角速度。

15.4.2 动量矩定理

1. 质点动量矩定理

设在平面 xy 内有一质点 M,此质点绕与平面 xy 垂直的 z 轴做圆周运动。如图 15-13 所示,已知质点的质量为 m,某瞬时的速度为 $\boldsymbol{v}$,加速度为 $\boldsymbol{a}$,其动量为 $m\boldsymbol{v}$,根据动力学基本方程 $\boldsymbol{F}=m\boldsymbol{a}$,将此式向 M 点处的圆周的切线方向投影,得

$$\boldsymbol{F}_\tau = m\boldsymbol{a}_\tau$$

再将投影式两边乘以圆的半径 R,得

$$F_\tau R = ma_\tau R = m\frac{d\boldsymbol{v}}{dt}R = \frac{d}{dt}(m v R)$$

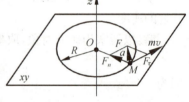

图 15-13

式中,$F_\tau R$ 即为作用于质点上的力 F 对转轴 z 的矩,mvR 表示质点的动量与它到 z 轴垂直距离的乘积,即质点对 z 轴的动量矩,它表征质点绕 z 轴转动的强度,故上式可写成

$$\frac{d}{dt}M_z(m\boldsymbol{v}) = M_z(\boldsymbol{F}) \tag{15-17}$$

这一结论虽然是从一特例中推导出来的,但是它具有普遍意义。它表明,质点对于某一固定轴的动量矩对于时间的导数等于质点对于同一轴的矩。这就是质点的动量矩定理。

2. 质点系动量矩定理

设质点系由 N 个质点组成,取其中任一质点 M_i,此质点的动量为 $m_i \boldsymbol{v}_i$,作用在该质点上内力的合力为 $\boldsymbol{F}_i^{(i)}$,外力的合力 $\boldsymbol{F}_i^{(e)}$。由前述质点动量矩定理有

$$\frac{d}{dt}M_z(m\boldsymbol{v}) = M_z(\boldsymbol{F}_i^{(i)}) + M_z(\boldsymbol{F}_i^{(e)})$$

或

$$\frac{d}{dt}\sum M_z(m\boldsymbol{v}) = \sum M_z(\boldsymbol{F}_i^{(i)}) + \sum M_z(\boldsymbol{F}_i^{(e)})$$

式中,$M_z(m\boldsymbol{v})$ 为质点系对固定轴 z 的动量矩,记为 L_z,在质点系中由于内力成对出现,它们对 z 轴力矩的代数和恒等于零,即 $\sum M_z(\boldsymbol{F}_i^{(i)}) = 0$,故上式可写为

$$\frac{d}{dt}\sum M_z(m\boldsymbol{v}) = \sum M_z(\boldsymbol{F}^{(e)})$$

或

$$\frac{dL_z}{dt} = M_z^e \tag{15-18}$$

式(15-18)表明:质点系对于某一固定轴的动量矩对于时间的导数,等于质点系上所有外力对于同一轴的矩的代数和,这就是质点系的动量矩定理。

由式(15-18)可以看出,当作用于质点系上的外力对某一固定轴的矩的代数和等于零时,即 $\sum M_z(\boldsymbol{F}_i^{(e)}) = 0$ 时,有

$$\frac{d}{dt}\sum M_z(m\boldsymbol{v}) = 0$$

即

$$L_z = \sum M_z(m\boldsymbol{v}) = 常量 \tag{15-19}$$

式(15-19)表明,如果作用于质点系的外力对于某固定轴的矩的代数和等于零,则质点系对于该轴的动量矩保持不变。这就是质点系的动量矩守恒定律。

例 15-6 提升装置如图 15-14 所示。已知滚筒质量 M,直径为 d,它对转轴的转动惯量为 J,作用于滚筒上的主动转矩为 T,被提升重物的质量为 m,求重物上升的加速度。

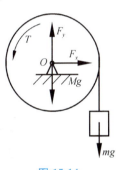

图 15-14

解:取滚筒与重物组成的质点系为研究对象。作用于质点系上的外力及力矩有:重物的重力 mg,滚筒重力 Mg,轴承 O 处的约束反力 F_x,F_y。设某瞬时滚筒转动的角速度为 ω,则重物上升的速度

$$v = \frac{d}{2}\omega$$

整个系统对转轴 O 的动量矩为

$$L = J\omega + mv\frac{d}{2} = J\omega + m\omega\frac{d^2}{4}$$

由质点系动量矩定理

$$\frac{d}{dt}\left(J\omega + m\omega\frac{d^2}{4}\right) = T - mg\frac{d}{2}$$

即

$$\frac{d\omega}{dt}\left(J + m\frac{d^2}{4}\right) = T - mg\frac{d}{2}$$

滚筒角加速度为

$$\varepsilon = \frac{4T - 2mgd}{4J + md^2}$$

重物上升的加速度

$$a = \frac{d}{2}\varepsilon = \frac{2Td - mgd^2}{4J + md^2}$$

15.5 动能定理

15.5.1 力的功

在力学中,作用在物体上的力所做的功,表征了力在其作用点的运动过程中对物体作用的累积效果,其结果是引起物体能量的改变和转化。

1. 常力在直线运动中的功

设质点 M 在常力 F 作用下,物体从位置 M_1 移动到 M_2,位移为 s,如图 15-15 所示,则力所做的功为

$$W = Fs\cos\alpha$$

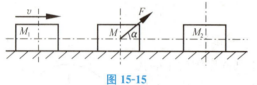

图 15-15

式中,α 为力 F 与力作用点的位移 s 之间的夹角。功是代数量。

$$\begin{cases} \alpha < 90°, & W > 0, \quad \text{力做正功} \\ \alpha > 90°, & W < 0, \quad \text{力做负功} \\ \alpha = 90°, & W = 0, \quad \text{力不做功} \end{cases}$$

功的单位是 J(焦耳),$1\,\text{J} = 1\,\text{N}\cdot\text{m}$。

2. 变力在曲线运动中的功

设质点 M 在变力作用下沿曲线由 M_1 移到 M_2,如图 15-16 所示,则变力 F 在路程 M_1M_2 中所做的功为

$$W = \int_{M_1}^{M_2}(F_x\,\mathrm{d}x + F_y\,\mathrm{d}y + F_z\,\mathrm{d}z)$$

或

$$W = \int_{M_1}^{M_2} F\cos\alpha\,\mathrm{d}s = \int_{M_1}^{M_2} F_\tau\,\mathrm{d}s$$

图 15-16

3. 合力的功

在任一路程中,作用于质点上合力所做的功等于各分力在同一路程中所做功的代数和。

4. 几种常见力的功

(1) 重力的功。

$$W = \pm Gh$$

式中,h 表示质点在始点位置与终点位置的高度差。若质点下降,重力的功为正;若质点上升,重力功为负。

(2) 弹性力的功。

$$W = \frac{1}{2}k(\delta_1^2 - \delta_2^2)$$

上式表明,弹性力的功等于弹簧的刚度系数 k 与其始末位置变形的平方之差的乘积的一半。当初变形 δ_1 大于末变形 δ_2 时,弹性力的功为正,反之为负。

(3) 作用于定轴转动刚体上力矩的功。

设定轴转动刚体上作用一常力矩 M_z,则刚体转过 φ 角时力矩功为

$$W = M_z\varphi$$

当力矩与转角转向一致时,功为正值,反之为负。

值得注意的是,由于质点系的内力总是成对出现,且大小相等、方向相反,所以对于刚体而言,刚体内力的功之和等于零。另外,在许多理想情况下,约束反力的功(或功之和)等于零,包括不可伸长的柔绳、光滑面约束、光滑铰链支座、中间铰链以及在固定面上做纯滚动的刚体等。

15.5.2 动能

一切运动的物体都具有一定的能量,我们把物体由于机械运动所具有的能量称为动能。

1. 质点的动能

设质量为 m 的质点,某瞬时的速度为 v,则质点在该瞬时的动能

$$T = \frac{1}{2}mv^2$$

动能是一个永为正值的标量。

2. 质点系的动能

质点系内各质点动能的总和称为质点系的动能。刚体是不变质点系,由于刚体运动形式不同,其动能的计算公式也不同。

(1) 刚体做平动时的动能。

刚体平动时,其内各质点的瞬时速度都相同,设刚体质量为 m,质心速度为 v_C,则平动刚体的动能

$$T = \frac{1}{2}mv_C^2$$

(2) 刚体绕定轴转动时的动能。

设刚体绕固定轴 z 转动,某瞬时的角速度为 ω,转动惯量 J_z,则刚体的动能

$$T = \frac{1}{2}J_z\omega^2$$

上式表明:刚体绕定轴转动时的动能,等于刚体对定轴的转动惯量与角速度平方乘积的一半。

(3) 刚体做平面运动时的动能。

设做平面运动的刚体的质量为 m,质心为 C,角速度为 ω,则刚体的动能为

$$T = \frac{1}{2}mv_C^2 + \frac{1}{2}J_C\omega^2$$

式中,v_C 为质心的速度;J_C 为刚体对质心轴的转动惯量。上式表明:刚体做平面运动时的动能,等于随质心平动的动能与相对质心转动的动能之和。

15.5.3 动能定理

1. 质点的动能定理

设质量为 m 的质点 M 在力 F 作用下做曲线运动,由 M_1 运动到 M_2,速度由 v_1 变为 v_2,如图 15-17 所示,则质点动能定理的微分形式为

$$d\left(\frac{1}{2}mv^2\right) = dW \tag{15-20}$$

式(15-20)表明,质点动能的微分等于作用于质点上力的元功。将式(15-20)沿曲线 M_1M_2 积

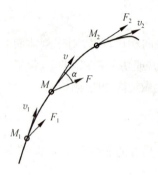

图 15-17

分,得

$$\int_{v_1}^{v_2} d\left(\frac{1}{2}mv^2\right) = \int_{M_1}^{M_2} dW$$

即

$$\frac{1}{2}mV_2^2 - \frac{1}{2}mV_1^2 = W \qquad (15-21)$$

式(15-21)表明:在任一路程中质点动能的变化,等于作用在质点上的力在同一路程中所做的功,这就是动能定理的积分形式。

由于动能定理包含质点的速度、运动的路程和力,故可用来求解与质点速度、路程有关的问题,也可以用来求解与加速度有关的问题。此外,它是标量方程,用它求解动力学问题可回避矢量运算,比较方便。

2. 质点系的动能定理

质点动能定理可以推广到质点系,设质点系由 n 个质点组成,质点系内任一质点质量为 m_i,某瞬时速度为 v_i,所受外力的合力为 $F_i^{(e)}$,内力的合力为 $F_i^{(i)}$,当质点有微小位移 dr 时,由质点的动能定理的微分形式得

$$d\left(\frac{1}{2}M_i v_i^2\right) = dW_i^{(e)} + dW_i^{(i)}$$

式中,$dW_i^{(e)}$ 和 $dW_i^{(i)}$ 表示作用于该质点上的外力和内力的元功。质点系中各个质点皆可写出如上形式的方程,将等式相加得

$$\sum d\left(\frac{1}{2}m_i v_i^2\right) = \sum dW_i^{(e)} + \sum dW_i^{(i)}$$

即

$$dT = \sum dW_i^{(e)} + \sum dW_i^{(i)} \qquad (15-22)$$

式(15-22)表明:质点系动能的微分等于作用于质点系上的所有外力和内力元功的代数和,这就是质点系动能定理的微分形式。

将式(15-22)积分得

$$T_2 - T_1 = \sum W^{(e)} + \sum W^{(i)}$$

由于质点系内功的总和在一般情况下不等于零,因此将作用于质点系上的力分为主动力和约束反力,则质点系动能定理可写成

$$T_2 - T_1 = \sum W_F + \sum W_N$$

式中,$\sum W_F$ 和 $\sum W_N$ 分别表示作用于质点系所有主动力和约束反力在路程中做功的代数和。对于理想约束,其 $\sum W_N = 0$。故动能定理的积分形式可写成

$$T_2 - T_1 = \sum W_F \qquad (15-23)$$

式(15-23)表明,在理想约束情况下,质点系的动能在任一路程中的增量,等于作用在质点系上的所有主动力在同一路程中所做功的代数和。

例 15-7 如图 15-18 所示,导轮的质量 $m=40$ kg,半径 $r=0.4$ m,绕铰

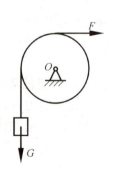

图 15-18

支点 O 的转动惯量 $J=3.2\,\text{kg}\cdot\text{m}^2$，绕绳的一端悬重物 $G=2\,\text{kN}$，另一端有水平力 $F=3\,\text{kN}$ 作用，从静止开始，求重物升至 10 m 后的速度。

解：(1) 取导轮及悬挂的重物为质点系，求外力功。

重力 G 做功：$W_G=-Gs=-2\,000\times 10=-2\times 10^4 (\text{N}\cdot\text{m})$

力 F 做功：$W_F=Fs=3\,000\times 10=3\times 10^4 (\text{N}\cdot\text{m})$

(2) 求质点系动能。

初始时，质点系动能 $T_1=0$。

终了时，质点动能 T_2 等于重物的动能与导轮的动能之和。

重物的动能：$\dfrac{1}{2}\dfrac{G}{g}v^2=\dfrac{1}{2}\times\dfrac{2\,000}{9.8}v^2$

导轮的动能：$\dfrac{1}{2}J\omega^2=\dfrac{1}{2}J\left(\dfrac{v}{r}\right)^2=\dfrac{1}{2}\times 3.2\times\left(\dfrac{v}{0.4}\right)^2$

(3) 由动能定理
$$T_2-T_1=W_G+W_F$$

代入数据
$$\dfrac{1}{2}\times\dfrac{2\,000}{9.8}v^2+\dfrac{1}{2}\times 3.2\times\left(\dfrac{v}{0.4}\right)^2=3\times 10^4-2\times 10^4$$

解得
$$v=9.45\,\text{m/s}$$

例 15-8 卷扬机如图 15-19 所示，鼓轮在常力偶 M 的作用下，将圆柱沿斜坡上拉，已知鼓轮的半径为 R_1，质量为 m_1，质量分布在轮缘上，圆柱的半径为 R_2，质量为 m_2，质量均匀分布。设斜坡的倾角为 θ，圆柱只滚不滑，系统从静止开始运动，求圆柱中心经过路程 s 时的速度。

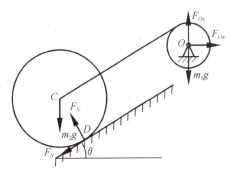

图 15-19

解：(1) 取圆柱和鼓轮一起组成质点系，因为此系统的约束均为理想约束，故只需要计算主动力的功。

力矩的功为
$$W_M=M\varphi$$

重力的功为
$$W_{G2}=-m_2 g s\sin\theta$$

(2) 求质点系动能。

初始时，质点系动能 $T_1=0$；

终了时，质点系动能 T_2 等于鼓轮动能与圆柱动能之和。

鼓轮动能：$\dfrac{1}{2}J_1\omega_1^2$

圆柱动能：$\dfrac{1}{2}m_2 v_C^2+\dfrac{1}{2}J_C\omega_2^2$

查附录 C 可知转动惯量为 $\quad J_1=m_1 R_1^2,\ J_C=\dfrac{1}{2}m_2 R_2^2$

把 $\omega_1 = \dfrac{v_c}{R_1}, \omega_2 = \dfrac{v_c}{R_2}$ 代入

得
$$T_2 = \dfrac{v_c^2}{4}(2m_1 + 3m_2)$$

(3) 由动能定理
$$T_2 - T_1 = W$$

即
$$\dfrac{v_c^2}{4}(2m_1 + 3m_2) = M\varphi - m_2 g s \sin\theta$$

把 $\varphi = \dfrac{s}{R_1}$ 代入解得

$$v_C = 2\sqrt{\dfrac{(M - m_2 g R_1 \sin\theta)s}{R_1(2m_1 + 3m_2)}}$$

15.5.4 功率

在工程中，不仅要计算功而且要知道做功的快慢，力在单位时间内所做的功称为功率，常用符号 P 表示，作用于质点上力的功率等于力在速度方向上的投影与速度的乘积，即

$$P = F_\tau v$$

功率的单位是瓦特，常用符号 W 表示。

$$1\text{W} = 1\dfrac{\text{J}}{\text{s}}$$

一般情况下力矩的功率为

$$P = T\omega$$

工程上常给出转动物体的转速、转矩及功率的关系式，见第 7 章。

工程上当机器正常稳定运转时，机器的有用功率与输入功率之比称为机械效率。

设 P_0 为输入功率，P_1 为有用功率，P_2 为无用功率，η 为机械效率，则

$$P_0 = P_1 + P_2$$
$$\eta = \dfrac{P_1}{P_0}$$

*15.6 达朗贝尔原理

本节介绍研究动力学问题的一种方法。这种方法是根据达朗贝尔原理，将动力学问题从形式上转化为静力学平衡问题来研究，因此又称为动静法。

15.6.1 惯性力的概念

我们用两个例子来说明质点的惯性力的概念。在光滑的水平直线轨道上用手推动质量为 m 的小车，使它获得加速度 a，如图 15-20 所示。人对车的作用力 $\boldsymbol{F} = m\boldsymbol{a}$。由于小车具有惯性，力图保持其原来的运动状态不变，所以小车必然同时给人以反作用力 $\boldsymbol{F}_I$，此力与力 $\boldsymbol{F}$ 的大小相等，方向相反，即 $\boldsymbol{F}_I = -\boldsymbol{F} = -m\boldsymbol{a}$，作用在人手上。这个力 $\boldsymbol{F}_I$ 称为小车的惯性力。

另一个例子是用绳子系住一个小球，使它在水平面内做匀速圆周运动，如图 15-21 所示。

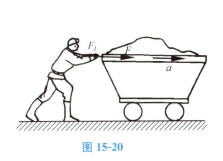

图 15-20

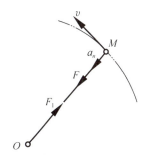

图 15-21

小球受到绳子拉力 F 的作用,产生法向加速度 a_n。设小球的质量为 m,则 $F=ma_n$。同样地,由于小球具有惯性,力图保持其原来的运动状态不变,因而对绳子必有一反作用力 F_I,$F_I=-F=-ma_n$。F_I 称为小球的惯性力。这种惯性力与法向加速度的方向相反,恒背离圆心 O,又称为离心惯性力,简称离心力。

由上面的两个例子可知:当质点受到力的作用而改变其原来的运动状态时,由于质点的惯性而产生的对施力物体的反作用力,称为质点的惯性力。惯性力的大小等于质点的质量与加速度的乘积,方向与加速度的方向相反;惯性力作用在使该质点产生加速度的施力物体上。设质点的质量为 m,加速度 a,用 F_I 表示质点的惯性力,则

$$F_I = -ma \tag{15-24}$$

设质点在力的作用下做平面曲线运动,惯性力 F_I 在运动轨迹的切向与法向的分力为(图 15-22)

$$\left. \begin{array}{l} F_{I\tau} = -ma_\tau \\ F_{In} = -ma_n \end{array} \right\} \tag{15-25}$$

式中,$F_{I\tau}$ 称为切向惯性力;F_{In} 称为法向惯性力(即离心力)。若将惯性力沿直角坐标轴分解(图 15-23),则有

$$\left. \begin{array}{l} F_{Ix} = -ma_x \\ F_{Iy} = -ma_y \end{array} \right\} \tag{15-26}$$

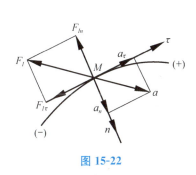

图 15-22

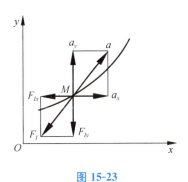

图 15-23

15.6.2 达朗贝尔原理

1. 质点的达朗贝尔原理

一质量为 m 的质点 M,在主动力 F 和约束力 F_N 的作用下沿曲线运动(图 15-24)。设 F

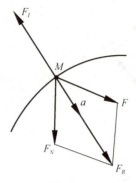

图 15-24

与 F_N 的合力为 F_R,质点的加速度为 a,则

$$F_R = ma$$

或

$$F + F_N = ma$$

假如在质点 M 上加上惯性力 $F_I = -ma$,则由于 F_I 与 F_R 的大小相等,方向相反,故有

$$F_R + F_I = 0$$

即

$$F + F_N + F_I = 0 \tag{15-27}$$

式(15-27)表明:如果在运动的质点上加惯性力,则作用于质点上的主动力、约束力与质点的惯性力组成一平衡力系。这就是质点的达朗贝尔原理。

应该指出:由于惯性力实际上不是作用于运动的质点上,质点实际上是并不平衡,所以达朗贝尔原理中的"平衡"并无实际的物理意义。不过,根据达朗贝尔原理就可将动力学问题从形式上转化为静力学平衡问题,使我们能够用静力学的方法来研究动力学问题。因此,这种方法称为动静法,此法在航空、航天飞行器结构设计等工程领域广泛使用。

例 15-9 图 15-25 所示压气机的叶片,每片叶片的质量为 $m = 0.534 \text{ kg}$,叶片重心 C 至叶轮轴 O 的距离 $R = 52.14 \text{ cm}$,压气机的转速为 $n = 3682 \text{ r/min}$,求叶片根部所受的拉力。

解:取一个叶片为研究对象。将叶片看做是质量集中在质心(重心)C 的质点,它绕叶轮轴 O 做匀速圆周运动,其法向加速度为 $a_n = R\omega^2$,故惯性力的大小为

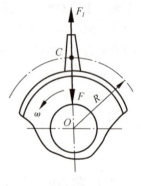

图 15-25

$$F_I = mR\omega^2 = mR\left(\frac{\pi n}{30}\right)^2 = 0.534 \times 0.5214 \times \left(\frac{\pi \times 3682}{30}\right)^2$$

$$= 41\,393 (\text{N}) = 41.4 \text{ kN}$$

惯性力的方向与法向加速度的方向相反。

将惯性力 F_I 加在叶片上,根据达朗贝尔原理,它与叶片所受的拉力 F 组成一平衡力系(叶片的重力远小于其惯性力,可略去不计),故有

$$F - F_I = 0$$

因此

$$F = F_I = 41.4 \text{ kN}$$

对于高速旋转的机械,惯性力与角速度平方成正比,其数值是相当大的,故设计时应给予充分重视。

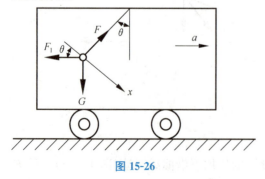

图 15-26

例 15-10 为了测定做水平直线运动的车辆的加速度,采用摆式加速计装置。这种装置是在车厢顶上悬挂一单摆,如图 15-26 所示。当车辆做匀加速运动时,摆将偏向一方,且与铅直线成不变的角 θ。试求车辆的加速度 a。

解:取摆锤为研究对象。它受到重力 G 和绳子的拉力 F 的作用力。设摆锤的质量为 m,则摆锤的惯性力的大小为 $F_I = ma$,方向与 a 相

反。假想在摆锤上施加惯性力 F_I，那么 G, F, F_I 组成一平衡力系。取垂直于绳子的 x 轴为投影轴，列出平衡方程：

$$\sum F_x = 0, \quad G\sin\theta - F_I\cos\theta = 0$$

解得

$$\tan\theta = \frac{F_I}{G} = \frac{ma}{mg} = \frac{a}{g}$$

即

$$a = g\tan\theta$$

只要测出偏角 θ，就可算出车辆的加速度 a。

2. 质点系的达朗贝尔原理

将质点的达朗贝尔原理应用于质点系，即在质点系的每一个质点上都加上相应的惯性力，则作用于质点系的所有主动力、约束力与所有质点的惯性力组成一平衡力系。这就是质点系的达朗贝尔原理。

与质点的情况不同，作用于质点系的主动力、约束力与虚加的惯性力一起组成一个平面一般力系或空间一般力系，应分清力系的类型，列出相应的平衡方程求解。

由于质点系的内力总是成对出现的，所以在作用于质点系的主动力和约束力中可以不考虑内力。

15.6.3 刚体惯性力系的简化

对于质点系，利用达朗贝尔原理求解动力学问题，需要在每一个质点上加上相应的惯性力。对于刚体，我们也可以利用力系简化的理论，对虚加在刚体上的惯性力系进行简化。下面介绍刚体做平动、定轴转动以及平面运动等情况下惯性力的简化结果。

1. 平动刚体惯性力系的简化

设刚体做平动，某瞬时的加速度为 a。根据刚体平动的性质，刚体内各质点的加速度均等于 a。因此，刚体内各质点的惯性力 F_{Ii} 组成一个空间平行力系。这种力系与刚体的重力分布规律相似，它可以简化为一个通过刚体质心（重心）的合力 F_I（图 15-27）：

$$F_I = \sum F_{Ii} = \sum -(m_i a) = -\left(\sum m_i\right)a$$

或

$$F_I = -ma \tag{15-28}$$

式中，m 为刚体的质量。

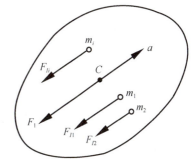

图 15-27

因此，对于平动刚体，其惯性力系可以简化为一个通过质心的合力，此力的大小等于刚体的质量与加速度的乘积，方向与加速度方向相反。

2. 定轴转动刚体惯性力系的简化

这里仅讨论刚体具有质量对称面，且转轴垂直于此平面的情况。这种情况是常见的，如机械传动中的齿轮、飞轮等。

由于刚体具有垂直于转轴的质量对称面，在垂直于对称面的任一条直线 AB 上的各质点，加速度相同，所以它们的惯性力可以合成为对称面内的一个力 $F_{Ii} = -m_i a_i$，且通过该直线交于对称面的交点 M_i（图 15-28(a)）。这里的 m_i 为直线 AB 上各质点的质量之和，a_i 为各质点的加速度。这样,我们将原来由刚体内各质点的惯性力组成的空间力系,简化成位于质量对称面内的平面力系。若将该平面力系向转轴与对称面的交点 O 简化,则可得到一个力 F_I 与一个矩为 M_I 的力偶(图 15-28(b))。

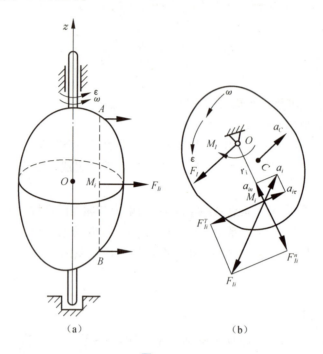

图 15-28

设刚体转动得角速度为 ω,角加速度为 ε,刚体的质量为 m,由力系简化的理论,可得

$$\left.\begin{aligned} \boldsymbol{F}_I &= \sum \boldsymbol{F}_{Ii} = -\sum m_i \boldsymbol{a}_i = -\sum m_i \frac{\mathrm{d}^2 \boldsymbol{r}_i}{\mathrm{d}t^2} = -\frac{\mathrm{d}^2}{\mathrm{d}t^2}\left(\sum m_i \boldsymbol{r}_i\right) \\ M_I &= \sum M_o(\boldsymbol{F}_{Ii}) = \sum M_o(\boldsymbol{F}_{Ii\tau}) = -\sum (m_i r_i \varepsilon) r_i = -\left(\sum m_i r_i^2\right)\varepsilon \end{aligned}\right\}$$

显然,上式变为

$$\left.\begin{aligned} \boldsymbol{F}_I &= -m\boldsymbol{a}_C \\ M_I &= -J_z \varepsilon \end{aligned}\right\} \tag{15-29}$$

式中,a_C 为质心加速度;J_z 为刚体对转轴的转动惯量。因此,对于具有垂直于转轴的质量对称面的转动刚体,其惯性力可简化为作用在对称面内的一个惯性力和一个惯性力偶。惯性力通过转轴与对称面的交点,大小等于刚体的质量与质心加速度的乘积,方向与质心加速度相反;惯性力偶矩的大小等于刚体对转轴的转动惯量与角加速度的乘积,转向与角加速度相反。

下面讨论几种特殊情况:

(1) 若转轴通过质心 C 且 $\varepsilon \neq 0$ (图 15-29(a)),则 $\boldsymbol{F}_I = -m\boldsymbol{a}_C = \boldsymbol{0}$,此时只需加惯性力偶 $M_I = -J_z \varepsilon$。

(2) 若转轴不通过质心 C,且刚体做匀速转动(图 15-29(b)),则 $M_I = -J_z \varepsilon$,此时只需加惯性力 F_I,其大小为 $F_I = me\omega^2$,方向由 O 指向 C。

(3) 若转轴通过质心,且刚体做匀速运动(图 15-29(c)),则 $\boldsymbol{F}_I = -m\boldsymbol{a}_C = \boldsymbol{0}$,$M_I = -J_z \varepsilon = 0$,此时无需加惯性力和惯性力偶。

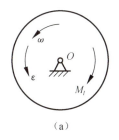
（a）

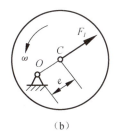
（b）

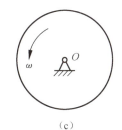
（c）

图 15-29

3. 平面运动刚体惯性力系的简化

这里仅讨论刚体具有质量对称面，且对称面在质心运动平面内的情况。与定轴转动刚体的情况相似，可先将刚体的惯性力系简化成位于质量对称面内的平面力系，然后再将该平面力系向质心 C 简化，得到一个力 F_I 与一个力偶 M_I （图 15-30）。

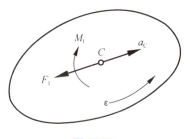

图 15-30

将刚体的平面运动分解为随同质心的平动和绕质心的转动，设刚体的质量为 m，质心 C 的加速度为 a_C，刚体转动的角加速度为 ε，刚体对通过质心 C 且垂直于对称面的轴的转动惯量为 J_C，则有

$$\left. \begin{array}{l} F_I = -ma_C \\ M_I = -J_C\varepsilon \end{array} \right\} \quad (15\text{-}30)$$

因此，对于具有质量对称面，且对称面位于运动平面内的平面运动刚体，其惯性力系可简化为作用在对称面内的一个惯性力和一个惯性力偶。惯性力通过质心，大小等于刚体的质量与质心加速度的乘积，方向与质心加速度相反；惯性力偶矩的大小等于刚体对通过质心且垂直于对称面的轴的转动惯量与角加速度的乘积，转向与角加速度相反。

由上面的讨论可知，刚体的运动形式不同，其惯性力系简化的结果也不相同。在利用质点系的达朗贝尔原理求解刚体的动力学问题时，必须首先根据刚体运动的形式，正确地虚加上惯性力系的简化结果，然后再列出相应的平衡方程式求解。

例 15-11 鼓轮由半径为 R_1 和 R_2 的两个圆盘固连组成，重为 G，对水平轴 O 的转动惯量为 J_O。用细绳悬挂的重物 A，B 分别重 G_1 和 G_2，如图 15-31 所示。若不计绳重及轴承摩擦，试求鼓轮的角加速度及轴承 O 处的反力。

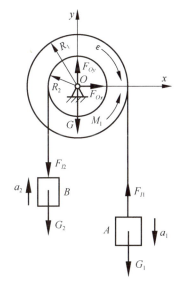

图 15-31

解：取鼓轮和重物 A，B 组成的系统为研究对象。作用在系统上的主动力和约束力有：重力 G，G_1 和 G_2，约束反力 F_{Ox}，F_{Oy}。

设鼓轮的角加速度为 ε，则重物 A，B 的加速度分别为 $a_1 = R_1\varepsilon$，$a_2 = R_2\varepsilon$。重物 A，B 做平动，虚加的惯性力大小为

$$F_{I1} = \frac{G_1}{g}a_1 = \frac{G_1}{g}R_1\varepsilon, \quad F_{I2} = \frac{G_2}{g}a_2 = \frac{G_2}{g}R_2\varepsilon \quad (1)$$

方向与 a_1，a_2 的方向相反。鼓轮做定轴转动，且转轴通过质心，

— 309 —

只需在鼓轮上虚加惯性力偶,其矩的大小为

$$M_I = J_{Oz}\varepsilon \tag{2}$$

转向与 ε 相反。

利用达朗贝尔原理,重心 G, G_1, G_2,约束反力 F_{Ox}, F_{Oy} 以及惯性力 F_{I1}, F_{I2} 和惯性力偶 M_I 组成一平衡力系。列出平衡方程

$$\left.\begin{array}{l} \sum F_x = 0, \quad F_{Ox} = 0 \\ \sum F_y = 0, \quad F_{Oy} - G - G_1 - G_2 + F_{I1} - F_{I2} = 0 \\ \sum M_O = 0, \quad (G_1 - F_{I1})R_1 - (G_2 + F_{I2})R_2 - M_I = 0 \end{array}\right\}$$

将式(1)与式(2)代入,解得

$$\varepsilon = \frac{G_1 R_1 - G_2 R_2}{J_{Og} + G_1 R_1^2 + G_2 R_2^3} g$$

$$F_{Ox} = 0$$

以及

$$F_{Oy} = G + G_1 + G_2 - \frac{(G_1 R_1 - G_2 R_2)^2}{J_{Og} + G_1 R_1^2 + G_2 R_2^2}$$

例 15-12 图 15-32 所示涡轮机的转轮具有质量对称面。已知轮重 $G=2\text{ kN}$,轮的转速 $n=6\,000\text{ r/min}$,转动轴垂直于对称面,并有偏心距 $e=0.5\text{ mm}$。设 $AB=h=1\text{ m}$,$BO=h/2=0.5\text{ m}$。试求轴承 A,B 处的反力。

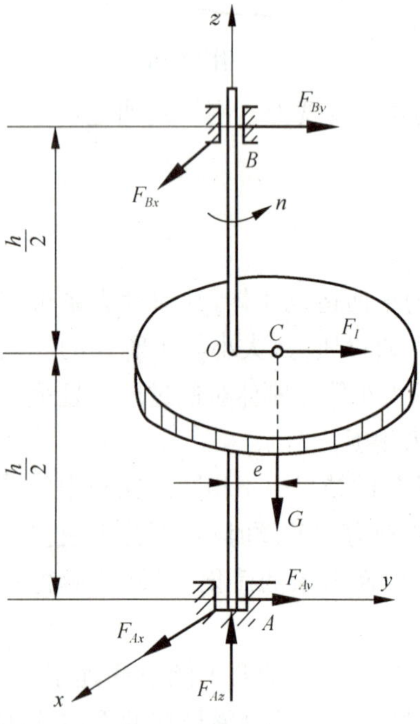

解:为简化计算,我们就转轮的质心 C 位于 yz 平面内这一特定位置进行讨论。取转轮和轴为研究对象,其上作用有重力 G 和轴承处的约束反力 $F_{Ax}, F_{Ay}, F_{Az}, F_{Bx}, F_{By}$。

由于轮作匀速转动,且转轴不通过质心 C,故在轮上虚加惯性力,其大小为

$$F_I = \frac{G}{g} e \omega^2 = \frac{G}{g} e \left(\frac{\pi n}{30}\right)^2$$

方向如图 15-32 所示。于是,重力 G、轴承处的约束反力以及惯性力 F_I 组成一平衡力系。列出平衡方程

$$\left.\begin{array}{l} \sum F_x = 0, \quad F_{Ax} + F_{Bx} = 0 \\ \sum F_y = 0, \quad F_{Ay} + F_{By} + F_I = 0 \\ \sum F_z = 0, \quad F_{Az} - G = 0 \\ \sum M_x = 0, \quad -hF_{By} - eG - \frac{h}{2}F_I = 0 \\ \sum M_y = 0, \quad hF_{Bx} = 0 \end{array}\right\}$$

解得

$$F_{Ax} = F_{Bx} = 0$$
$$F_{Az} = G$$

图 15-32

$$F_{By} = -Ge\left(\frac{1}{h} + \frac{\omega^2}{2g}\right)$$

$$F_{Ay} = Ge\left(\frac{1}{h} - \frac{\omega^2}{2g}\right)$$

将 $\omega = \frac{\pi n}{30} = 200\pi$ rad/s 及题设其他数据代入,得

$$F_{Az} = 2 \text{ kN}, \quad F_{Ay} = -20 \text{ kN}, \quad F_{By} = -20 \text{ kN}$$

从上面的结果可以看出,在 F_{Ay} 和 F_{By} 的表达式中,$\frac{Ge}{2g}\omega^2$ 一项是由于转动而引起的,称为附加动反力;$\frac{Ge}{h}$ 一项称为静反力。由于 $\frac{1}{h}$ 远小于 $\frac{\omega^2}{2g}$,故附加动反力远大于静反力。在本例中,反力 F_{Ay},F_{By} 均达到轮重的 10 倍。因此,对于高速、精密的旋转机械,消除轴承处的附加动反力是一个十分重要的问题。为此,必须使偏心距 $e=0$。常用的方法是在质心的对面加上适当的质量,或在质心所在的面挖去适当的质量,从而使轮的质心移到转轴上。

例 15-13 一均质圆柱重为 G,半径为 R,沿倾角为 θ 的斜面无滑动地滚下,如图 15-33 所示。若不计滚动摩擦,求圆柱质心 C 的加速度、圆柱的角加速度、斜面的法向反力和摩擦力。又若圆柱与斜面间的静滑动摩擦系数为 f_s,再求圆柱做纯滚动的条件。

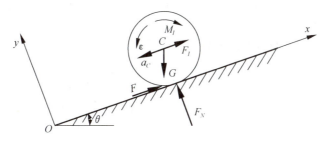

图 15-33

解:取圆柱为研究对象。其上作用有重力 G,斜面的法向反力 F_N 和摩擦力 F。圆柱做平面运动,设其质心的加速度为 a_C,角加速度为 ε,由于圆柱沿斜面纯滚动,由运动学知识,有

$$a_C = R\varepsilon \tag{1}$$

在圆柱上虚加惯性力和惯性力偶,它们的大小分别为

$$F_I = \frac{G}{g}a_C = \frac{G}{g}R\varepsilon \tag{2}$$

与

$$M_I = J_C\varepsilon = \left(\frac{1}{2}\frac{G}{g}R^2\right)\varepsilon \tag{3}$$

方向如图 15-33 所示。

作用在圆柱上的主动力、约束力和虚加惯性力、惯性力偶组成一平衡力系。列出平衡方程

$$\left.\begin{array}{l} \sum F_x = 0, \quad F - G\sin\theta + F_I = 0 \\ \sum F_y = 0, \quad F_N - G\cos\theta = 0 \\ \sum M_C = 0, \quad FR - M_I = 0 \end{array}\right\}$$

利用式(1)、式(2)、式(3),解得

$$F_N = G\cos\theta$$

$$\alpha = \frac{2g}{3R}\sin\theta$$

$$a_C = \frac{2}{3}g\sin\theta$$

$$F = \frac{1}{3}G\sin\theta$$

当摩擦力 F 小于最大静滑动摩擦力 $F_m = f_s F_N$ 时，即满足条件

$$F \leqslant f_s F_N \tag{4}$$

时，圆柱沿斜面无滑动。将上面求得的 F, F_N 代入式(4)，得圆柱做纯滚动的条件为

$$\tan\theta \leqslant 3f_s$$

小 结

1. 质点动力学基本方程定量地反映了作用在质点上的力与质点运动间的关系。动力学基本方程 $F = ma$ 应用时，其中 a 必须以质点运动的绝对加速度代入。在远小于光速的宏观力学问题中，可以得到足够精确的结果。

质点动力学问题一般分为两类：一是根据质点已知的运动，求作用在质点上的力；二是根据作用在质点上的力，求质点的运动。

2. 刚体绕定轴转动的动力学基本方程为

$$M = J\varepsilon \text{ 或 } M = J\frac{\mathrm{d}\omega}{\mathrm{d}t} \text{ 或 } M = J\frac{\mathrm{d}^2\varphi}{\mathrm{d}t^2}$$

刚体的转动惯量是刚体转动惯性的度量，它的值取决于刚体质量的大小、质量的分布情况和转轴的位置。

3. 动量定理微分形式为

$$\frac{\mathrm{d}}{\mathrm{d}t}(m\boldsymbol{v}) = \boldsymbol{F}$$

动量定理积分形式为

$$m\boldsymbol{v}_2 - m\boldsymbol{v}_1 = \int_{t_1}^{t_2} \boldsymbol{F}\mathrm{d}t = \boldsymbol{I}$$

质点系动量定理的微分形式是

$$\frac{\mathrm{d}\boldsymbol{P}}{\mathrm{d}t} = \sum \boldsymbol{F}_i^{(e)}$$

质点系动量定理的积分形式是

$$\boldsymbol{P}_2 - \boldsymbol{P}_1 = \sum \int_{t_1}^{t_2} \boldsymbol{F}_i^{(e)}\mathrm{d}t = \sum \boldsymbol{I}^{(e)}$$

质点动量矩定理：

$$\frac{\mathrm{d}}{\mathrm{d}t}M_z(m\boldsymbol{v}) = M_z(\boldsymbol{F})$$

质点系动量矩定理：

$$\frac{\mathrm{d}L_z}{\mathrm{d}t} = M_z^e$$

4. 动能定理

动能定理建立了质点和质点系的动能与力的功之间的关系，提供了求解与力、速度、路程直接有关的动力学问题的一种简便方法。

质点动能定理的微分形式为

$$d\left(\frac{1}{2}Mv^2\right) = dW$$

质点系动能定理的积分形式为

$$\frac{1}{2}Mv_2^2 - \frac{1}{2}Mv_1^2 = W$$

5. 达朗贝尔原理

达朗贝尔原理将动力学问题在形式上化为静力学问题，这对于求解动反力和动应力十分方便。主要内容如下。

(1) 质点惯性力。

质点的惯性力大小等于质点的质量 m 和加速度 a 的乘积，方向与加速度方向相反，即 $F_I = -ma$。

(2) 质点的动静法。

质点上的主动力、约束反力和惯性力在形式上组成平衡力系。即

$$\boldsymbol{F} + \boldsymbol{F}_R + \boldsymbol{F}_I = 0$$

(3) 质点系的动静法。

作用在质点系上的所有外力与虚加的惯性力在形式上构成一个平衡力系，这是质点系的达朗贝尔原理。即

$$\begin{cases} \sum \boldsymbol{F}_i^{(e)} + \sum \boldsymbol{F}_{Ii} = 0 \\ \sum M_o(\boldsymbol{F}_i^{(e)}) + \sum M_o(\boldsymbol{F}_{Ii}) = 0 \end{cases}$$

(4) 刚体的惯性力系简化。

① 刚体平动。惯性力系简化为一个通过质心的合力 $\boldsymbol{F}_{IR}$。

$$\boldsymbol{F}_{IR} = -m\boldsymbol{a}_C$$

② 刚体绕定轴转动。刚体有对称平面，且该平面与转轴垂直时，惯性力系向对称平面与转轴的交点 O 简化，得到作用在该平面的一个力和一个力偶。

$$\boldsymbol{F}_{IR} = -m\boldsymbol{a}_C, \quad M_{IO} = J_O\varepsilon$$

③ 刚体作平面运动。若刚体有质量对称平面，则惯性力系向质心简化一个力和一个力偶。

$$\boldsymbol{F}_{IR} = -m\boldsymbol{a}_C, \quad M_{IC} = J_C\varepsilon$$

思考题与习题

思 考 题

15-1 何谓质量？质量与重量有什么区别？

15-2 质点所受力的方向是否就是质点的运动方向，质点的加速度方向是否就是质点的速度方向？

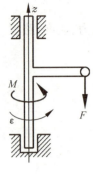

图 15-34

15-3 汽车在圆弧形桥面上匀速行驶度，驶过半径为 ρ 的圆弧桥顶时，其向心加速度值 $a_n = \dfrac{v^2}{\rho}$ 大于重力加速度 g 是否可能？汽车在水平地面上做较大车速的急拐弯时，其向心力是由什么物体提供的？

15-4 一圆环与一实心圆盘材料相同，质量相同，绕质心做定轴转动，某一瞬时有相同的角加速度，作用在圆环和圆盘上的外力矩是否相同？

15-5 刚体做定轴转动，当角速度很大时，外力矩是否一定很大？当角速度为零时，外力矩是否等于零？外力矩的转向是否一定和角速度的转向一致？

15-6 如图 15-34 所示，在外力偶作用下，小球绕轴转动，角加速度为 ε，现在小球上作用一个与轴平行的力 F，则旋转的角加速度是否增大？

15-7 质点做匀速直线运动和匀角速圆周运动时，其动量有无变化？为什么？

15-8 一质点在空中做无空气阻力的抛物体运动，取运动轨迹上两个等高度的点 A,B，质点先后经过点 A,B 时，速度 v_A, v_B 是否相等？为什么？

15-9 设质点仅受重力作用而运动，试确定下列三种情况下质点惯性力的大小和方向。

(1) 铅垂下落； (2) 铅垂上升； (3) 沿抛物线运动

15-10 如图 15-35 所示，长为 l 的无重细杆，重力忽略不计，其一端连一质量为 m 的小球 A，杆在光滑的水平面内以角速度 ω 绕 O 轴匀速转动，试求小球惯性力大小和方向。若加大角速度 ω，当 ω 达到某一数值时，杆被拉断，为什么？

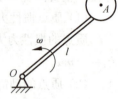

图 15-35

习 题

15-1 如图 15-36 所示，已知物块 A 重 2 kN，物块 B 重 3 kN，作用力 $F=3$ kN，试分别求出图中物块 A 的加速度。绳索及导轮的质量不计，摩擦不计。

15-2 重力为 mg 的零件放在以匀速 v_0 运行的传送带上向高处输送，已知传送带的倾角 α，导轮半径为 R，如图 15-37 所示，为保证正常运输，求零件与传送带之间的最小摩擦因数 f。

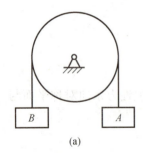

图 15-36

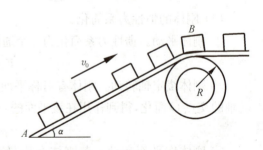

图 15-37

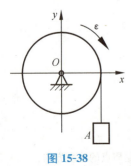

图 15-38

15-3 一个重 $G_0 = 1\,000$ N，半径为 $r=0.4$ m 的匀质圆轮绕质心 O 点铰支座做定轴转动，其转动惯量 $J=8$ kg·m^2，轮上绕有绳索，下端挂有 $G=10^3$ N 的物块 A，如图 15-38 所示，试求圆轮的角加速度 ε。

15-4 如图 15-39 所示，椭圆盘的质量为 m，质心为 C 点，已知 $2AC=CB=2a$，已知圆盘对过 A 点与圆盘垂直的轴的转动惯量为 $J_A=2ma^2$。求圆盘对过 B 点与圆盘垂直的轴的转动惯量 J_B。

15-5 在一个重为 G，半径为 r 的圆轮上，绕有不计质量的绳索，绳索两端挂有重力为 $G_A=4G, G_B=2G$ 的物块 A,B，如图 15-40 所示，试求圆轮转动的角加速度 ε。

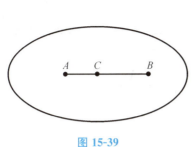
图 15-39

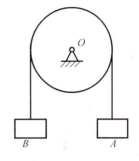
图 15-40

15-6 如图 15-41 所示,设鼓轮重 19.6 N,半径 $R=0.5$ m,下端挂重物 G_1,当重物自然落下时,鼓轮的角加速度 $\varepsilon=3$ rad/s²,试求:

(1) 鼓轮的转动惯量;

(2) 鼓轮上所受的转矩;

(3) 鼓轮下面所挂重物的重力 G_1。

15-7 由质量为 m,半径为 r 的均质圆盘与质量为 m_2,长度为 l 的均质杆组成的复摆如图 15-42 所示,求整个摆绕转轴 O 的转动惯量。

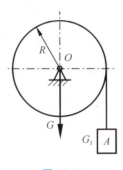

图 15-41

图 15-42

15-8 缆车质量为 700 kg,沿斜面以初速度 $v=1.6$ m/s 下降,如图 15-43 所示,已知轨道斜面坡度角 $\alpha=15°$,摩擦因数 $f=0.015$,欲使缆车静止,设制动时间为 $t=4$ s,在制动时缆车做匀减速运动,求此时缆车的拉力。

15-9 均质滑轮如图 15-44 所示,滑轮重为 G,半径为 r,绕 O 轴做无摩擦转动,其上面吊着的两个重物 $G_A>G_B$,试求滑轮的角加速度 ε。(用动量矩定理求解)

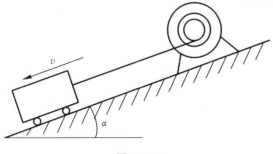

图 15-43

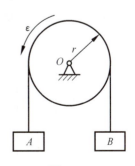

图 15-44

15-10 如图 15-45 所示,圆轮重 0.4 kN,半径为 $r=0.3$ m,绕转轴的转动惯量 $J=1.84$ kg·m²,绳索的一端挂重 $G=2$ kN,从静止开始,欲使挂重上升 20 m 后,具有向上速度 $v=4$ m/s,求作用在圆轮上的驱动力矩 M。

15-11 如图 15-46 所示制动轮重 $G=588$ N,直径 $d=0.5$ m,惯性半径 $\rho=0.2$ m,转速 $n=1000$ r/min,若

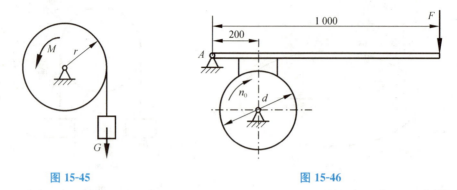

图 15-45　　　　　　　　　图 15-46

制动闸瓦与制动轮间的摩擦因数 $f=0.4$，人对手柄加力 $F=98\text{ N}$，试求制动后制动轮转过多少圈才停止？

15-12　如图 15-47 所示系统中，均质圆盘 A，B 重均为 G，半径均为 R，两盘中心在同一水平线上，盘 A 上作用一常力偶 M，物块 D 重为 G，问物块 D 下落 h 时的速度是多少？

15-13　电动绞车装在梁的中点，梁的两端放置在支座上，如图 15-48 所示。该车提起质量为 2 000 kg 的重物 B，以 1 m/s^2 的匀加速度上升。已知绞车和梁的质量共为 800 kg，其他尺寸如图所示。试求支座 C，D 处的反力。

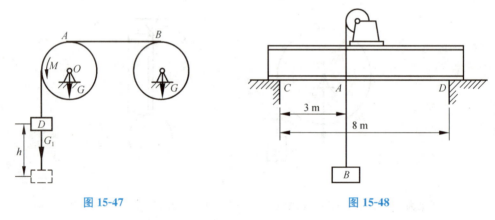

图 15-47　　　　　　　　　图 15-48

15-14　运送货物的平板车载着重为 G 的货箱，货箱的尺寸如图 15-49 所示。若货物与平板车之间的摩擦因数 $f_s=0.35$，试求安全运行时（货物不滑动也不翻倒）平板车所容许的最大加速度。

15-15　如图 15-50 所示，均质细长杆长 l，重 G，从水平静止位置 OA 开始绕通过 O 端的水平轴转动。试求杆转过 θ 角到达 OB 位置时的角速度、角加速度以及 O 处的反力。

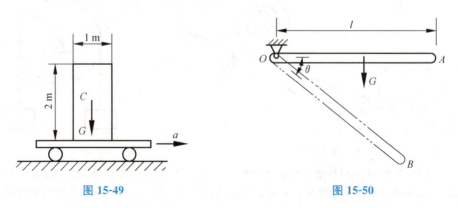

图 15-49　　　　　　　　　图 15-50

15-16　有一刚架 ABC，B 端用铰链连接一个重为 W 的均质圆盘，半径为 R，圆盘上用绳缠挂一个重为

$G=4$ kN 的重物。如图 15-51 所示。若 $W=2G$, $l=3R$, $AC=2R$, 求当重物向下加速运动时，A, C 处的支座反力。

15-17　如图 15-52 所示均质圆柱重 G、半径为 R, 在力 **F** 作用下沿水平直线轨道做纯滚动，求轮心 O 的加速度及地面的约束反力。

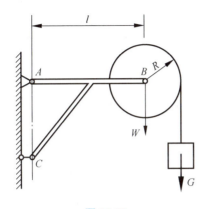

图 15-51

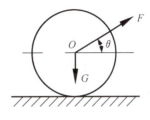

图 15-52

第16章 构件的动强度简介

16.1 概述

在前面,我们已经研究了在静载荷作用下构件的强度、刚度和稳定性的计算问题。所谓静载荷,是指不随时间变化或者变化极其平稳、缓慢的载荷。在静载荷作用下,构件各部分加速度为零或者非常小,可忽略不计。如果作用在构件上的载荷随时间变化较快,或者结构件运动状态改变使其内质点产生较大的加速度时,则此构件就承受着不同于静载荷的动载荷。例如,加速提升重物的吊索、旋转的飞轮、做各种机动飞行的军用飞机、汽锤锻造以及重锤打桩等都承受着或产生着不同形式的动载荷,在动载荷的作用下,构件内产生的应力称为动应力。动应力与静载荷作用下的应力计算不同之处在于动应力计算必须考虑加速度的影响。

但由于动载荷的多样性,有一类问题构件中的加速度比较容易确定,可以较方便地采用虚加惯性力的达朗贝尔方法(动静法)进行计算,如吊车加速起吊重物问题及军用飞机机动飞行就属于这一类问题;另一类问题如重锤击桩、火药爆炸等冲击载荷问题,构件中加速度难以确定,因而也就难以用虚加惯性力的动静法求解,而需采用能量法等近似求解方法。

本章选用最简单、最常见的两个例子对上述两类构件的动强度问题的解法作一简介,这两个例子是:

(1) 构件做匀加速直线运动问题。
(2) 重物下落对构件的冲击问题。

16.2 虚加惯性力时的构件动应力计算

计算构件受动载荷作用时的应力,首先需要确定构件内各质点的加速度,由动静法将相应的惯性力作为外力虚加于各质点上,这样就可按构件受静载荷作用的方法进行计算。

下面以起重机匀加速起吊重物为例,说明构件做匀加速直线运动时动应力的计算方法。

设有重力为 G 的重物,被起重机上的吊索以加速度 a 提升(图 16-1(a))。若吊索的截面积为 A,重度为 γ,求吊索在距下端为 x 的截面上的应力。

首先计算吊索在距下端为 x 的截面上的轴力。为此,取如图 16-1(b)所示的分离体。由图可见,作用在分离体上的力有向上的轴力 N_d,向下的重力 G,吊索的自重 $\gamma A x$ 及虚加上的惯性力 $\dfrac{G+\gamma A x}{g} a$(式中的 $g=9.8 \text{ m/s}^2$ 为重力加速度)。列出平衡方程

$$\sum F_x = 0, \quad N_d - G - \gamma A x - \frac{G+\gamma A x}{g} a = 0$$

第 16 章 构件的动强度简介

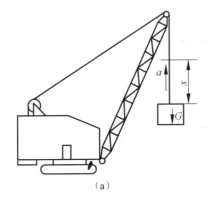
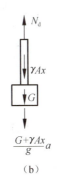

图 16-1

解得
$$N_d = (G + \gamma Ax)\left(1 + \frac{a}{g}\right)$$

式中，$(G+\gamma Ax)$ 为静载荷在吊索 x 截面上引起的内力，如用 N_{st} 来表示，则上式可改写为

$$N_d = N_{st}\left(1 + \frac{a}{g}\right) \tag{16-1a}$$

即动载荷作用下的内力 N_d 等于静载荷作用下的内力 N_{st} 乘以系数。我们把这个系数称为动荷系数或过载系数，并用 K_d 表示，于是有

$$N_d = K_d N_{st} \tag{16-1b}$$

而
$$K_d = 1 + \frac{a}{g} \tag{16-1}$$

式(16-1b)说明，动载荷内力的计算可通过将静载荷内力乘以动荷系数来求得。

吊索横截面上的动应力为

$$\sigma_d = \frac{N_d}{A} = K_d \frac{N_{st}}{A}$$

式中，$\frac{N_{st}}{A}$ 为静载荷在吊索上引起的应力，如以 σ_{st} 表示，则上式成为

$$\sigma_d = K_d \sigma_{st} \tag{16-2}$$

式(16-2)表明，横截面上的动应力也可由静应力乘以动荷系数来求得。

在动载荷作用下，构件的强度条件可写为

$$\sigma_{d\max} = K_d \sigma_{st\max} \leqslant [\sigma] \tag{16-3}$$

或
$$\sigma_{st\max} \leqslant \frac{[\sigma]}{K_d} \tag{16-4}$$

式(16-4)表明，在动载荷问题中，只要将构件许用应力除以相应的动荷系数 K_d，则在动荷作用下的强度问题就可以按静载荷作用下的强度问题来计算。

动荷系数的概念在对构件进行动力计算中是很有用的。利用它可将动力计算问题转化为静力计算问题，即只要把静力计算结果乘以动荷系数就可得到所求动力计算结果。但须注意，不同类型的动力问题，动荷系数 K_d 是不相同的。

例 16-1 长为 $l=10$ m 的 63a 工字钢，用横截面面积为 $A=1.50$ cm^2 的钢索起吊，并以匀加速度 $a=9.8$ m/s^2 上升，吊索本身的质量可忽略不计，如图 16-2(a)所示。吊索及工字钢的许用应力为 100 MPa，试求吊索的动应力及工字钢在危险点处的动应力，并校核它们的强度。

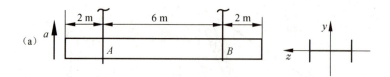

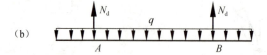

图 16-2

解：由型钢表查得 63a 工字钢每单位长度重力 $q_{st}=121.6\times9.8=1\,191.68(\text{N/m})$。由动静法，将集度为 $q_d=\dfrac{q_{st}}{g}a$ 的惯性力和工字钢本身的重力 q_{st} 加在工字钢上，使工字钢上的吊索起吊力与惯性力构成平衡力系。由式(16-1)得动荷系数为

$$K_d=1+\frac{a}{g}=1+\frac{9.8}{9.8}=2$$

工字钢所受到的总的均布力集度为

$$q=q_{st}+q_d=K_d q_{st}=2\times1191.68=2\,383.36(\text{N/m})$$

由对称关系可知两吊索中的拉力 N_d 相等(图 16-2(b))。列出平衡方程

$$\sum F_y=0,\quad 2N_d-ql=0$$

解得

$$N_d=\frac{ql}{2}=\frac{2\,383.36\times10}{2}=11\,916.8(\text{N})$$

因此，吊索中的动应力为

$$\sigma_d=\frac{N_d}{A}=\frac{11\,916.8}{1.50\times10^2}=79.45(\text{MPa})$$

为了计算工字钢危险点处的动应力，需要确定最大弯矩 $M_{d\max}$。为此，绘出工字钢的弯矩图(图 16-2(c))。由图可见，最大弯矩 $M_{d\max}$ 发生在工字钢中点横截面上，其值为

$$M_{d\max}=N_d\times3-q\times5\times2.5=11\,916.8\times3-2\,383.36\times5\times2.5=5\,958.5(\text{N}\cdot\text{m})$$

截面上、下边缘各点为梁的危险点。由型钢表查得 63a 工字钢的 $W_z=193.24\text{ cm}^3$，因此危险点处的动应力为

$$\sigma_{d\max}=\frac{M_{d\max}}{W_z}=\frac{5\,958.4\times10^3}{193.24\times10^3}=30.83(\text{MPa})$$

吊索及工字钢危险点处的动应力均小于其许用应力 100 MPa，因而吊索及工字钢都是安全的。

16.3 构件受冲击时的动应力计算

工程中构件受到冲击的例子是很多的,如汽锤锻造加工、打桩机打桩等,这类问题的特点是载荷作用时间极短、构件速度变化极大、惯性力变化急剧,通常会在构件中引起很大的动应力,我们把具有这种特点的机械运动称为冲击运动,而习惯上将高速运动的物体称为冲击物,原来静止的物体称为被冲击物。由于这种冲击过程总是在很短的时间内完成的,故冲击物的加速度很难计算,因此也就无法像 16.2 节那样用虚加惯性力来计算动应力。同时,在工程中碰到的冲击问题,往往只需要计算冲击应力和变形的最大值,而对冲击过程中应力和变形按什么规律变化并不感兴趣,因而一般采用近似的能量法来求受冲击构件的最大应力和最大变形。

对于冲击问题的实用计算来说,通常采用如下五条假设:

(1) 冲击物为刚体。
(2) 冲击过程中全部机械能都转化为受冲击构件的变形能。
(3) 受冲击构件的质量及其惯性力的影响忽略不计。
(4) 受冲击构件的变形在弹性范围内。
(5) 冲击物与受冲击构件接触后就附着在一起运动。

图 16-3(a)表示了这种冲击的力学模型,其中弹簧代表受冲击构件。在实际问题中,受冲击的简支梁(图 16-3(b))、竖杆(图 16-3(c)),或其他受冲击的弹性构件,都可以抽象地看成一个弹簧,只是各种情况中弹簧的刚度系数不同而已。设重力为 G 的冲击物从距弹簧顶端为 h 处自由落下,冲击在弹簧(受冲击构件)上,使其产生的最大弹性变形为 δ_d。在动载荷作用时,如略去其他能量(如热能等)的损失,冲击物在冲击过程中所减少的动能 T 和势能 V 应全部转变为构件在冲击过程中所积蓄的变形能 U_d,即

$$T + V = U_d \tag{1}$$

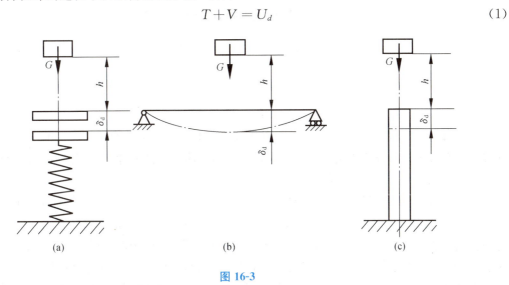

图 16-3

在图 16-3 所示情况下,冲击物所减少的势能为

$$V = G(h + \delta_d) \tag{2}$$

由于冲击物的初速度和下落终止时的末速度都为零,故动能无变化,即

$$T = 0 \tag{3}$$

构件的变形能 U_d 应等于冲击载荷 F_d 在冲击过程中所做的功。在材料服从虎克定律的条件下，冲击载荷 F_d 及构件动变形 δ_d 都是由零线性变化至最大值的，故 F_d 做的功为

$$U_d = \frac{1}{2}F_d\delta_d = \frac{1}{2}k\delta_d^2 \tag{4}$$

式中，$F_d = k\delta_d$；k 为弹簧的刚度系数。

将式(2)、式(3)、式(4)代入式(1)得

$$G(h+\delta_d) = \frac{1}{2}k\delta_d^2$$

即

$$\frac{2G}{k}(h+\delta_d) = \delta_d^2 \tag{5}$$

考虑到 $\frac{G}{k} = \delta_{st}$，$\delta_{st}$ 为重物以静载方式作用于构件上时构件的静变形。于是式(5)可写为

$$2\delta_{st}(h+\delta_d) = \delta_d^2$$

由此解得

$$\delta_d = \delta_{st} \pm \sqrt{\delta_{st}^2 + 2h\delta_{st}} = \left[1 \pm \sqrt{1+\frac{2h}{\delta_{st}}}\right]\delta_{st}$$

为了求得 δ_d 的最大值，上式根号前的符号应取正号，故有

$$\delta_d = \left[1 + \sqrt{1+\frac{2h}{\delta_{st}}}\right]\delta_{st} = K_d\delta_{st} \tag{16-5}$$

式中，K_d 为冲击时的动荷系数，即

$$K_d = \frac{\delta_d}{\delta_{st}} = 1 + \sqrt{1+\frac{2h}{\delta_{st}}} \tag{16-6}$$

因为受冲击构件的变形是在弹性范围内，材料服从虎克定律，故有

$$\frac{F_d}{\delta_d} = \frac{G}{\delta_{st}}$$

或

$$F_d = \frac{\delta_d}{\delta_{st}}G$$

因而

$$F_d = K_d G \tag{16-7}$$

在式(16-6)中，若 $h=0$，则 $K_d = 2$。由此看到当重物 G 被直接突然加在受冲击构件上时，其应力与变形皆为静载荷作用下的两倍。重物自由下落对构件的冲击，只是冲击的一种形式，对于其他形式的冲击问题，同样也可用能量法来解决。

应该指出，上面介绍的计算方法是在假定全部动能和势能都转变为变形能的基础上得到的。实际上，在冲击过程中，能量不可能没有损失。例如，一小部分能量将转化为热能，支承体系的基础可能产生非弹性变形能，并且在高速冲击载荷作用下，构件变形将来不及扩展到全部体积上，因此，在冲击部位会产生相当大应力，造成材料局部破坏。例如打桩时采用轻锤高落方式很易使桩顶"开花"。所以，按上述方法算出的受冲击构件的变形数值偏高，但算出的受冲击构件应力值可能偏低。

对受冲击载荷作用的构件进行强度计算时，虽然由试验结果知道，材料在冲击载荷作用下的强度比在静载荷作用下的略高，但通常仍按材料在静载荷作用下的许用应力来建立强度条

件。因此,对承受冲击载荷作用的构件,强度条件为
$$\sigma_{d\max} \leqslant [\sigma] \tag{16-8}$$

例 16-2 在矩形截面简支梁的跨中,有一重 $G=1$ kN 的物体自 $h=50$ cm 处自由落下冲击该梁(图 16-4),已知梁的跨度 $l=4$ m,梁截面宽为 $b_0=10$ cm,高为 $h_0=20$ cm。梁采用两种不同的材料,一种为 Q235 钢,弹性模量为 $E_1=2.1\times 10^5$ MPa;另一种为铝合金,弹性模量为 $E_2=7.2\times 10^4$ MPa。两种材料的设计许用应力均取 $[\sigma]=120$ MPa,试求梁中点 C 处的动挠度 δ_d 及梁内最大动应力,并进行强度校核。

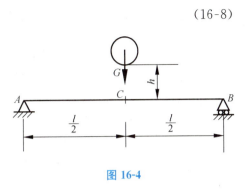

图 16-4

解:由于梁是矩形截面,由其宽和高可算得
$$I_z = \frac{b_0 \times h_0^3}{12} = \frac{100 \times 200^3}{12} = 6.667 \times 10^7 (\text{mm}^4)$$
$$W_z = \frac{b_0 \times h_0^2}{6} = \frac{100 \times 200^2}{6} = 6.667 \times 10^5 (\text{mm}^3)$$

跨中 C 截面静载下的弯矩为
$$M_{st} = \frac{Gl}{4} = \frac{1 \times 10^3 \times 4\,000}{4} = 10^6 (\text{N} \cdot \text{mm})$$

钢梁和铝梁的跨中 C 截面静载下的最大正应力皆为
$$\sigma_{st} = \frac{M_{st}}{W_z} = \frac{10^6}{6.667 \times 10^5} = 1.5(\text{MPa})$$

对于钢梁来说,在静载荷作用下,简支梁中点 C 处的挠度为
$$\delta_{st} = \frac{Gl^3}{48 E_1 I_z} = \frac{1 \times 10^3 \times 4\,000^3}{48 \times 2.1 \times 10^5 \times 6.667 \times 10^7} = 0.095\,2(\text{mm})$$

由式(16-6),动荷系数为
$$K_d = 1 + \sqrt{1 + \frac{2h}{\delta_{st}}} = 1 + \sqrt{1 + \frac{2 \times 500}{0.095\,2}} = 103.47$$

故
$$\delta_d = K_d \delta_{st} = 103.47 \times 0.095\,2 = 9.85(\text{mm})$$
$$\sigma_d = K_d \sigma_{st} = 103.47 \times 1.5 = 155(\text{MPa}) > [\sigma] = 120\,\text{MPa}$$

因此钢梁的冲击动强度不足。

对于铝梁来说,在静载荷作用下,简支梁中点 C 处的挠度为
$$\delta_{st} = \frac{Gl^3}{48 E_2 I_z} = \frac{1 \times 10^3 \times 4\,000^3}{48 \times 7.2 \times 10^4 \times 6.667 \times 10^7} = 0.277(\text{mm})$$

由式(16-6)得动荷系数为
$$K_d = 1 + \sqrt{1 + \frac{2h}{\delta_{st}}} = 1 + \sqrt{1 + \frac{2 \times 500}{0.277}} = 61.0$$

故
$$\delta_d = K_d \delta_{st} = 61 \times 0.277 = 16.95(\text{mm})$$
$$\sigma_d = K_d \sigma_{st} = 61 \times 1.5 = 91.5(\text{MPa}) < [\sigma] = 120\,\text{MPa}$$

因此铝梁的冲击动强度满足要求。

16.4 提高构件抗冲击能力的措施

从前面的分析可知,构件受冲击载荷作用时,将产生相当大的冲击应力,所以应采取有效的措施来降低冲击应力,提高构件承受冲击载荷的能力。

冲击对构件应力和变形的影响集中反映在动荷系数上。从前述关于动荷系数的计算公式中可以看到,如能增大静变形 δ_{st},就可使用动荷系数 K_d 降低,从而也就降低了冲击引起的动变形及冲击应力。但是,在增加静变形 δ_{st} 的同时,应尽可能避免增加静应力 σ_{st},否则,虽然降低了动荷系数 K_d,但如果同时增加了静应力 σ_{st},则动应力 $\sigma_d = K_d \sigma_{st}$ 未必降低,达不到降低动应力的目的。

在例 16-2 中,将梁的材料由钢换成铝就能在保持静应力 σ_{st}($\sigma_{st}=1.5$ MPa)不变的前提下,增加静变形 δ_{st}($\delta_{st钢}=0.095\,2$ mm, $\delta_{st铝}=0.277$ mm),于是,动荷系数就从 $K_{d钢}=103.47$ 降到 $K_{d铝}=61.0$,最终达到降低动应力的目的;又如,为了提高柴油机的汽缸盖螺栓(图 16-5(a))承受燃气冲击载荷的能力,可将图 16-5(b)所示的螺栓,改为图 16-5(c)所示中段直径与螺纹牙根部分最小直径相等的形式,从而能够在不改变最大静应力的情况下增加 δ_{st},降低动荷系数。

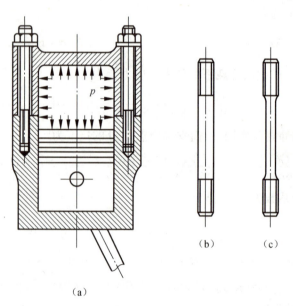

图 16-5

另外,还可以通过安装缓冲装置,主要是采用各种弹簧来增大静变形,降低动荷系数。如在汽车大梁和轮轴之间安装叠板弹簧,起重吊索与重物之间用一缓冲弹簧相连接等,这样就可以显著地降低由冲击所产生的动应力。

小 结

构件动强度的问题可分为下述两类。

1. 惯性力问题

构件受动载荷作用时,首先确定构件各质点的加速度,再应用动静法,在构件各质点上虚加惯性力,将动载荷问题转化为静载荷问题来处理。动应力和动变形的计算方法与静载荷完全相同。

构件做匀加速直线运动时有

$$\begin{cases} \sigma_d = K_d \sigma_{st} \\ \Delta_d = K_d \Delta_{st} \end{cases}$$

式中,$K_d = 1 + \dfrac{a}{g}$ 为动荷系数。

2. 冲击问题

由于冲击作用持续时间短,加速度难以确定,故求受冲击时构件的应力、变形,常采用近似的能量法。根据构件到达最大变形位置时冲击物能量的减少等于构件所获得的变形能,建立冲击问题基本方程 $T + V = U$。

由此方程可求得

$$\begin{cases} \sigma_d = K_d \sigma_{st} \\ \Delta_d = K_d \Delta_{st} \end{cases}$$

式中,$K_d = 1 + \sqrt{1 + \dfrac{2h}{\Delta_{st}}}$ 为自由落体冲击时的动荷系数。

思考题与习题

思 考 题

16-1 什么是静载荷?什么是动载荷?二者有什么不同?试举例说明。

16-2 冲击实用计算中,作了五个假定使计算简化,试分析这些假定对计算结果安全性的影响。

16-3 悬臂梁上方有重物落下,试问,落于悬臂梁中点的动荷系数与落于悬臂梁自由端的动荷系数何者为大?落于中点的危险,还是落于自由端的危险?为什么?

16-4 图 16-6 所示重物自高度 h 处自由落在梁的 D 点,试问,求梁上 C 点的动应力时,能否应用动载荷系数公式 $K_d = 1 + \sqrt{1 + \dfrac{2h}{\Delta_{st}}}$ 计算?这时 Δ_{st} 应取哪一点的静位移?

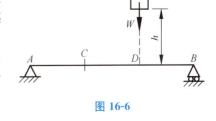

图 16-6

16-5 图 16-7 所示的两悬臂梁材料相同,其固定端的静应力 σ_{st} 和动应力 σ_d 是否相同?为什么?

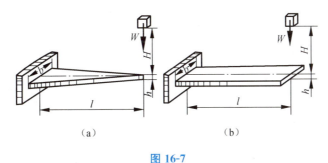

(a)   (b)

图 16-7

16-6 图 16-8 所示三根杆件材料相同,承受自同样高度落下相同重物的冲击,试问哪一根杆件的动载荷系数最大?哪一根杆件的动应力最小?

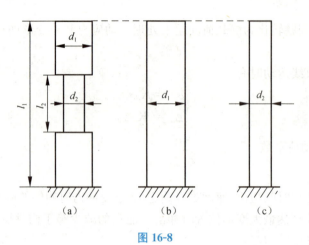

图 16-8

习　题

16-1　如图 16-9 所示,滑轮以匀加速度 $a=5\text{ m/s}^2$ 起吊重物,重物的重力为 20 kN,吊索的许用拉应力 $[\sigma_t]=80$ MPa,不计滑轮和吊索重力,试确定吊索横截面面积 A 为多少?

16-2　以匀速度 $v=1$ m/s 水平运动的重物,在吊索上某一点处受阻碍,使重物像单摆一样运动(如图 16-10)。已知吊索截面积 $A=500\text{ mm}^2$,重物重力 $G=50$ kN,不计吊索重力,求此瞬间吊索内最大动应力。

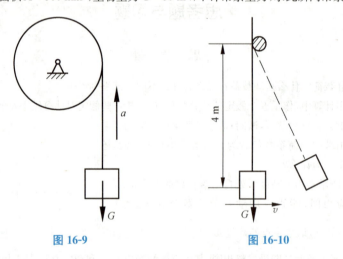

图 16-9　　　　　　　　　　图 16-10

16-3　用两根吊索将一根长度 $l=12$ m 的 14 号工字钢吊起(图 16-11),以等加速度 a 上升。已知吊索的横截面积 $A=72\text{ mm}^2$,加速度 $a=10\ \dfrac{m}{s^2}$。若吊索自重不计,试求工字钢内的最大动应力和吊索内的动应力。

16-4　如图 16-12 所示,起重机构 A 重力为 20 kN,装在两根 32a 工字钢组成的梁上,当以匀加速度 $a=$

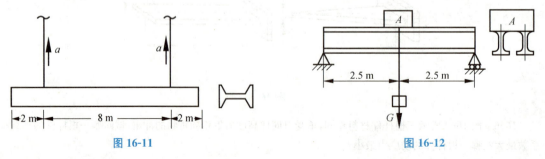

图 16-11　　　　　　　　　　图 16-12

5 m/s^2 起吊重为 $G=60$ kN 重物时,求绳内所受拉力及梁内最大正应力(不考虑梁自重)。

16-5 一重力 $G=1$ kN 的重物突然作用于长为 $l=2$ m 的悬臂木梁的自由端上(如图 16-13 所示)。梁的横截面为矩形,其尺寸为 $b=10$ cm, $h=20$ cm。材料的弹性模量 $E=11$ GPa。试求梁的最大挠度及最大正应力。(不考虑梁的自重)

16-6 如图 16-14 所示,重力为 W 的重物自高度 H 处自由落下冲击于梁上的 C 点。设梁的 E,I 及抗弯截面系数 W_z 均为已知量,试求梁内最大正应力及梁跨度中点的挠度。

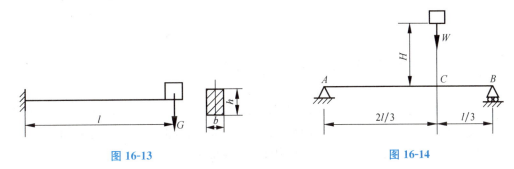

图 16-13　　　　　　　　图 16-14

第17章 疲劳强度简介

17.1 交变应力与疲劳断裂的概念

在工程实际中,有许多构件在工作时受到随时间而交替变化的应力,这种应力称为交变应力。产生交变应力的原因有两种:一种是由于载荷的大小、方向或位置等随时间作交替的变化;另一种是虽然载荷不随时间而变化,但构件本身在旋转。

金属在交变应力作用下发生的断裂称为疲劳断裂。金属的疲劳断裂和静力破坏有本质的不同。

1. 疲劳断裂的主要特点

① 长期在交变应力下工作的构件,虽然其最大工作应力远小于其静载荷下的强度极限应力,也会出现突然的断裂事故。

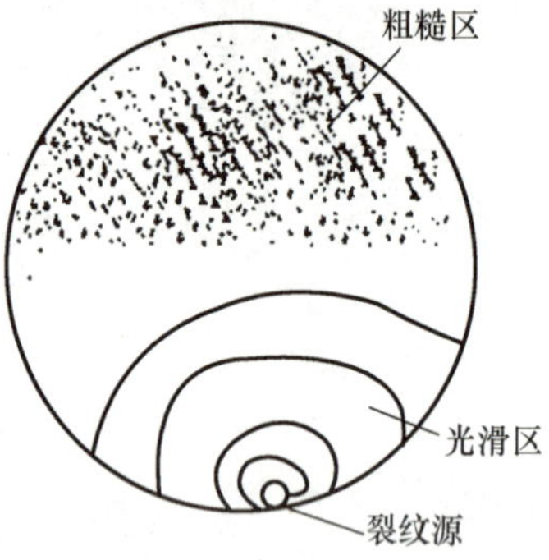

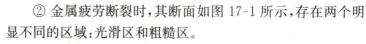

② 金属疲劳断裂时,其断面如图 17-1 所示,存在两个明显不同的区域:光滑区和粗糙区。

③ 即使是塑性很好的材料,也常常在没有明显的塑性变形情况下发生脆性断裂。

2. 疲劳断裂的过程

疲劳断裂的过程可以分为以下三个阶段。

① 由于金属内部存在着缺陷,当交变应力的大小超过了一定的限度,疲劳裂纹首先产生在高应力区域的缺陷处(通常称为裂纹源)。

图 17-1

② 随着交变应力的继续作用,裂纹从疲劳源向纵深扩展。在扩展过程中,随着应力的交替变化,裂纹两边的材料时分时合,互相研磨,因而形成断面的光滑区域。

③ 随着裂纹的扩展,截面被削弱增多。直到截面的残存部分的抗力不足时,就会突然断裂。突然断裂处呈现粗糙颗粒状。这种突然断裂属于脆性断裂。

由于疲劳断裂是在构件运转过程中,并且是在没有显著的塑性变形情况下突然发生的,故往往造成严重的后果,历史上曾发生多次重大事故。高速运转动力机械的疲劳断裂在各种灾难性事故中占着很大的比例。这一现象的出现促使人们高度重视疲劳断裂机理的研究。

17.2 交变应力的变化规律和种类

讨论一般情况下的交变应力,如图 17-2 所示,这时最大应力 σ_{max} 与最小应力 σ_{min} 数值不相

等,我们把 $\sigma_{\min}$ 与 $\sigma_{\max}$ 的比值称为循环特征或应力比 r,即

$$r = \frac{\sigma_{\min}}{\sigma_{\max}} \tag{17-1}$$

最大应力 $\sigma_{\max}$ 与最小应力 $\sigma_{\min}$ 的代数平均值称为平均应力 σ_m;最大应力 $\sigma_{\max}$ 与最小应力 $\sigma_{\min}$ 的代数差的一半称为应力幅度 σ_a,即

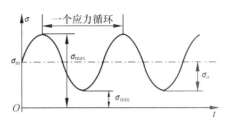

图 17-2

$$\sigma_m = \frac{\sigma_{\max} + \sigma_{\min}}{2} = \frac{\sigma_{\max}}{2}(1+r) \tag{17-2}$$

$$\sigma_a = \frac{\sigma_{\max} - \sigma_{\min}}{2} = \frac{\sigma_{\max}}{2}(1-r) \tag{17-3}$$

在工程实际中,可以将交变应力归纳成如下三种类型。

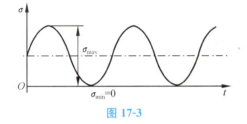

图 17-3

(1) 对称循环应力,如图 17-3 所示,脉动循环应力中 $\sigma_{\max} = -\sigma_{\min}$,故 $r = \frac{\sigma_{\min}}{\sigma_{\max}} = -1$。

(2) 脉动循环应力,如图 17-4 所示,脉动循环应力中 $\sigma_{\min} = 0$,故 $r = \frac{\sigma_{\min}}{\sigma_{\max}} = 0$。

(3) 不变应力,如图 17-5 所示,这种应力也就是静载荷下的应力,这时 $\sigma_{\max} = \sigma_{\min}$,故 $r = \frac{\sigma_{\min}}{\sigma_{\max}} = 1$。

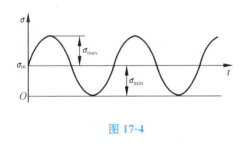

图 17-4

图 17-5

17.3 材料的疲劳极限

试验证明,在交变载荷作用下,构件内应力的最大值(绝对值)不超过某一极限,则此构件可以经历无数次循环而不断裂,我们把这个应力值称为疲劳极限,用 σ_r 表示,r 为交变应力的循环特征。构件的疲劳极限与循环特征有关,构件在不同循环特征的交变应力作用下有着不同的疲劳极限,以对称循环下的疲劳极限 σ_{-1} 为最低。因此,通常都将 σ_{-1} 作为材料在交变应力下的主要强度指标。材料的疲劳极限可以通过疲劳试验测定。下面以常用的对称循环下的弯曲疲劳试验为例,说明疲劳极限的测定过程。

试验时,准备 6~10 根直径 $d = 7 \sim 10$ mm 的光滑小试件,调整载荷,一般将第一根试件的载荷调整至使试件最大弯曲应力为 $(0.5 \sim 0.6)\sigma_b$,开动疲劳试验机后,试件每旋转一周,其横截面上各点就经受一次对称的应力循环,经过 N 次循环后,试件断裂;然后依次逐根降低试件

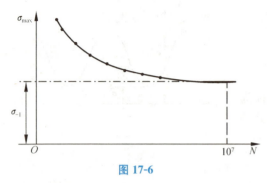

图 17-6

的最大应力,记录下每根试件断裂时的最大应力和循环次数。若以最大应力为纵坐标,以断裂时的循环次数 N 为横坐标,绘成一条 $\sigma_{max}-N$ 曲线,这条曲线就称为疲劳曲线,简称为 $\sigma-N$ 曲线,如图 17-6 所示。

从疲劳曲线可以看出,试件断裂前所经受的循环次数,随构件内最大应力的减小而增加,当最大应力降低到某一数值后,疲劳曲线趋于水平,即疲劳曲线有一条水平渐近线。只要应力不超过这条水平渐近线对应的应力值,试件就可以经历无限次循环而不发生疲劳断裂,这一应力值称为材料的疲劳极限 σ_{-1}。通常认为,钢制的光滑小试件经过 10^7 次应力循环仍未疲劳断裂,则继续试验也不断裂。因此 $N=10^7$ 次应力循环对应的最大应力值,即为材料的疲劳极限 σ_{-1}。

各种材料的疲劳极限可以从有关手册中查得。

试验表明,材料的疲劳极限与其静载下的强度极限之间存在以下近似关系:

$$\sigma_{-1拉} \approx 0.28\sigma_b$$
$$\sigma_{-1弯} \approx 0.4\sigma_b$$
$$\sigma_{-1扭} \approx 0.22\sigma_b$$

17.4 构件的疲劳极限

通过一系列试验,发现材料的疲劳极限与试件的形状、尺寸、表面加工质量及工作环境等许多因素有关。因此实际工作中构件疲劳极限与上述标准试件的疲劳极限并不完全相同,影响构件疲劳极限的主要因素可归结为以下三个方面。

1. 应力集中的影响

由于工艺和使用要求,构件常需钻孔、开槽或设台阶等,这样,在截面尺寸突变处就会产生应力集中现象。由于构件在应力集中处容易出现微观裂纹,从而引起疲劳断裂,因此构件的疲劳极限要比标准试件的低。通常,用光滑小试件与其他情况相同而有应力集中的试件的疲劳极限之比来表示应力集中对疲劳极限的影响,这个比值称为有效应力集中系数,用 K_σ 表示。在对称循环下

$$k_\sigma = \frac{\sigma_{-1}}{\sigma_{-1}^k}$$

式中,σ_{-1} 和 σ_{-1}^k 分别是在对称循环下无应力集中与有应力集中试件的疲劳极限。

K_σ 是一个大于1的系数,可以通过试验确定。一些常见情况的有效应力集中系数已制成图表,可以在有关的设计手册中查到。

应该说明的是,应力集中对高强度材料的疲劳极限的影响更大。此外,对轴类零件,截面尺寸突变处要采用圆角过渡,圆角半径越大,其有效应力集中系数则越小。若结构需要直角过渡,则需在直径大的轴段上设卸荷槽或退刀槽,以降低应力集中的影响,如图 17-7 所示。

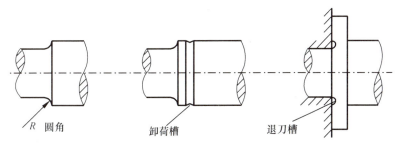

图 17-7

2. 构件尺寸的影响

试验表明,相同材料、形状的构件,若尺寸大小不同,其疲劳极限也不相同。构件尺寸越大,其内部所含的杂质和缺陷越多,产生疲劳裂纹的可能性就越大,构件的疲劳极限会相应降低。构件尺寸对疲劳极限的影响可用尺寸系数 ε_σ 表示。在对称循环下

$$\varepsilon_\sigma = \frac{\sigma_{-1}^d}{\sigma_{-1}}$$

式中,σ_{-1}^d 为对称循环下大尺寸光滑试件的疲劳极限。

ε_σ 是一个小于 1 的系数,常用材料的尺寸系数可从有关设计手册中查到。

3. 表面加工质量的影响

通常,构件的最大应力发生在表层,疲劳裂纹也会在此形成。测试材料疲劳极限的标准试件,其表面是经过磨削加工的,而实际构件的表面加工质量若低于标准试件的,就会因表面存在刀痕或擦伤引起应力集中,疲劳裂纹将会由此在表面上产生并扩展,构件的疲劳极限就随之降低。表面加工质量对疲劳极限的影响,用表面质量系数 β 表示,在对称循环下

$$\beta = \frac{\sigma_{-1}^\beta}{\sigma_{-1}}$$

式中,σ_{-1}^β 表示表面加工质量与标准试件质量不同的试件的疲劳极限。

表面质量系数可以从有关的设计手册中查到。随着表面加工质量的降低,高强度钢的 σ_{-1}^β 值下降得尤为明显。因此,优质钢材必须进行高质量的表面加工才能提高疲劳强度。此外,强化构件表面,如对表面进行渗氮、渗碳、滚压、喷丸处理或进行表面淬火等措施,也可提高构件的疲劳极限。

综合以上三种主要因素,对称循环下构件的疲劳极限为

$$\sigma_{-1}^K = \frac{\varepsilon_\sigma \beta}{k_\sigma} \sigma_{-1} \tag{17-4}$$

当构件受对称循环扭转交变应力作用时,则有

$$\tau_{-1}^K = \frac{\varepsilon_\tau \beta}{k_\tau} \tau_{-1} \tag{17-5}$$

除以上三种主要因素外,还存在很多影响构件疲劳极限的因素,如介质的腐蚀、温度的变化等,这些影响可以用修正系数来表示。

17.5 构件疲劳强度计算方法简介

考虑一定的安全系数,构件在对称循环下的作用应力可表示为

$$[\sigma_{-1}^K] = \frac{\sigma_{-1}^k}{n} = \frac{\varepsilon_\sigma \beta}{n k_\sigma} \sigma_{-1}$$

式中，n 为规定的安全系数。

构件的疲劳强度条件为

$$\sigma_{\max} \leqslant [\sigma_{-1}^K] = \frac{\varepsilon_\sigma \beta}{n k_\sigma} \sigma_{-1}$$

式中，$\sigma_{\max}$ 是构件危险点的最大工作应力。在机械设计中，一般将疲劳强度条件写成由安全系数表达的形式，若令 n_σ 为工作安全系数，则有

$$n_\sigma = \frac{\sigma_{-1}^k}{\sigma_{\max}} = \frac{\varepsilon_\sigma \beta \sigma_{-1}}{k_\sigma \sigma_{\max}} \geqslant n \tag{17-6}$$

同样，在对称循环扭转交变应力作用下的构件的疲劳强度条件为

$$n_\tau = \frac{\tau_{-1}^k}{\tau_{\max}} = \frac{\varepsilon_\tau \beta \tau_{-1}}{k_\tau \tau_{\max}} \geqslant n \tag{17-7}$$

式中，$\tau_{\max}$ 为构件的最大工作应力。

在对称循环下，构件疲劳强度计算的基本步骤为：

(1) 根据已知数据，查表确定构件的有效应力集中系数 $K_\sigma(K_\tau)$、尺寸系数 $\varepsilon_\sigma(\varepsilon_\tau)$ 和表面质量系数 β。

(2) 计算构件的最大工作应力 $\sigma_{\max}(\tau_{\max})$。

(3) 计算构件的工作安全系数 $n_\sigma(n_\tau)$，然后用构件的疲劳强度条件进行强度计算。

对于非对称循环，可看做在其平均应力 σ_m 上叠加一个幅度为 σ_a 的对称循环，因此，只要在对称循环的公式中增加一个修正项，即可得到非对称循环下构件的疲劳强度条件为

$$n_\sigma = \frac{\sigma_{-1}}{\dfrac{k_\sigma}{\varepsilon_\sigma \beta}\sigma_a + \psi_\sigma \sigma_m} \geqslant n \tag{17-8}$$

$$n_\tau = \frac{\tau_{-1}}{\dfrac{k_\tau}{\varepsilon_\tau \beta}\tau_a + \psi_\tau \tau_m} \geqslant n \tag{17-9}$$

式中，ψ_σ，ψ_τ 是与材料有关的常数，可从有关设计手册中查到。

17.6 提高构件疲劳强度的措施

为了提高构件的疲劳强度，应从提高构件疲劳极限入手。构件的疲劳断裂是由裂纹扩展引起的，而形成裂纹的部位通常位于构件应力集中处及构件表面，所以，应设法减缓应力集中及提高构件表面质量。

(1) 合理设计构件形状，降低构件的应力集中。

为了尽可能消除或减缓应力集中，设计构件时，应避免出现带尖角的孔和槽。在截面尺寸有突变的地方，应采用半径比较大的过渡圆角(图 17-8)。如阶梯轴由于结构上的需要，不能采用较大圆弧的过渡圆角时，可采用图 17-9 所示的环形减荷槽来降低应力集中。

(2) 降低构件表面粗糙度。

采用精加工方法降低构件表面粗糙度以减小切削刀具的划痕所引起的应力集中。这对高强度钢材尤为重要，只有这样才有利于发挥材料的高强度性能。另外，还应避免在加工及运输

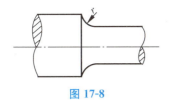
图 17-8

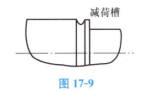
图 17-9

过程中在构件表面上造成硬伤。

(3) 增加构件表面的强度。

为了增加构件表面层强度,可采用如高频淬火、渗碳、氮化等热处理方法,也可采用喷丸、滚压等冷加工强化工艺。这些方法可以提高构件的疲劳极限。

小　　结

1. 随时间做周期性变化的应力称为交变应力,交变应力的变化规律为

循环特征 r $\qquad r = \dfrac{\sigma_{\min}}{\sigma_{\max}}$

平均应力 σ_m $\qquad \sigma_m = \dfrac{\sigma_{\max} + \sigma_{\min}}{2} = \dfrac{\sigma_{\max}}{2}(1+r)$

应力幅度 σ_a $\qquad \sigma_a = \dfrac{\sigma_{\max} - \sigma_{\min}}{2} = \dfrac{\sigma_{\max}}{2}(1-r)$

2. 构件在交变应力作用下,构件的工作应力在远低于其极限应力时就会突然发生断裂,其断口有明显的粗糙区和光滑区,这种断裂称为疲劳断裂。材料经过无限次应力循环而不发生疲劳断裂的最大应力值,就是材料的疲劳极限。

3. 构件的疲劳强度计算,必须考虑应力集中、构件尺寸和表面加工质量等因素的影响,对称循环下构件疲劳强度条件为

$$n_\sigma = \dfrac{\sigma_{-1}^k}{\sigma_{\max}} = \dfrac{\varepsilon_\sigma \beta \sigma_{-1}}{k_\sigma \sigma_{\max}} \geqslant n$$

$$n_\tau = \dfrac{\tau_{-1}^k}{\tau_{\max}} = \dfrac{\varepsilon_\tau \beta \tau_{-1}}{k_\tau \tau_{\max}} \geqslant n$$

4. 构件的疲劳极限是决定交变应力作用下构件强度的直接依据。因而,提高构件的疲劳极限,是提高构件抵抗疲劳断裂能力的关键。疲劳断裂是由裂纹扩展引起的,而裂纹的形成主要在应力集中的部位和构件表面。所以提高疲劳强度因从减缓应力集中、提高表面质量等方面入手。

思考题与习题

思　考　题

17-1　试举工程实例说明何谓交变应力。

17-2　何谓疲劳断裂?疲劳断裂的特点是什么?

17-3　怎样的应力称为脉动循环应力?怎样的应力称为对称循环应力?试举出工程实例。

17-4　影响疲劳极限的主要因素是什么?试简述提高疲劳强度的措施。

17-5　一种材料只有一个疲劳极限值吗?交变应力中的最大应力与材料的疲劳极限相同吗?

17-6 材料的疲劳极限与构件的疲劳极限有何区别？

习 题

17-1 圆形截面杆承受交变的轴向载荷 F 的作用。设 F 在 5～10 kN 变化，杆的直径 $d=10$ mm。试求杆的平均应力 σ_m、应力幅度 σ_a 及循环特征 r。

17-2 火车轮轴受外力情况如图 17-10 所示，$a=500$ mm，$l=1\,435$ mm，轮轴中段直径 $d=150$ mm。若 $F=50$ kN，试求轮轴中段截面边缘上任一点的最大应力 σ_{max}、最小应力 σ_{min}、循环特征 r。

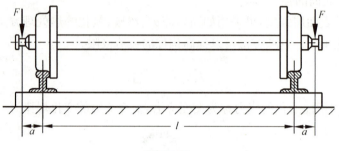

图 17-10

17-3 计算如图 17-11 所示的交变应力的循环特征 r、平均应力 σ_m 和应力幅度 σ_a。

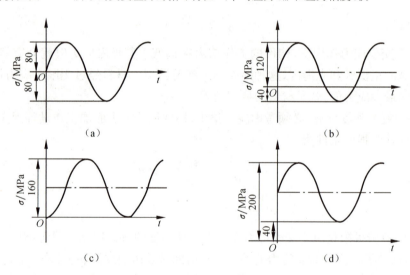

图 17-11

第18章 材料成型与模具技术中的力学问题

18.1 冲压加工中金属塑性变形的基本规律

18.1.1 真实应力——应变曲线

1. 弹塑性变形共存规律

在塑性变形过程中不可避免地会有弹性变形存在。我们可以用最简单的拉伸试验来说明这种弹塑性变形的共存现象。

低碳钢试样在单向拉伸时,可由记录器直接记录外力 F 和试样的绝对伸长 Δl,从而得到如图 18-1 所示的拉伸试验曲线图。

由拉伸图可知,在弹性变形阶段 OA,外力与变形成正比关系,如果在这一阶段卸载,则外力和变形按原路退回原点,不产生任何永久变形。

在 A 点以后继续拉伸,材料进入均匀塑性变形阶段,如果在这一阶段 B 点卸载,那么外力与变形并不按原 OAB 退回到原点,而是沿与 OA 平行的直线退回到 C 点,这时试样的绝对伸长量由加载到 B 点时的 Δl_B 减小到卸载结束时的 Δl_C,Δl_B 和 Δl_C 之差即为弹性变形量,而 Δl_C 为加载到 B

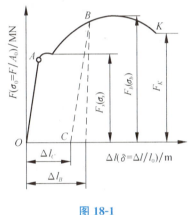

图 18-1

点时的塑性变形量。这就是说,在材料进入塑性变形阶段时,同时存在着弹性变形和塑性变形,这就是弹塑性变形共存规律。很显然,在外力去除后,弹性变形得以恢复,塑性变形得以保留。

冲压时,由于弹性变形的存在,使得分离或成形后的冲压件的形状和尺寸与模具的形状和尺寸不尽相同,这是影响冲压件精度的重要原因之一。

2. 真实应力、真实应变概念

(1) 真实应力。材料开始塑性变形时的应力在材料力学中称为屈服应力。一般金属材料在塑性变形过程中产生硬化,屈服应力不断变化,这种变化着的实际屈服应力就是真实应力(亦称变形抗力)。

在室温下,低速拉伸金属试样,使之均匀变形时,真实应力就是作用于试样瞬时断面积上的应力,表示为

$$\sigma = \frac{F}{A} \tag{18-1}$$

式中,F 为载荷;A 为试样瞬时断面积。

真实应力也可在其他变形条件下测定,视实际需要而定。

(2) 真实应变。在拉伸试验时,应变常以试样的相对伸长 δ 表示

$$\delta = \frac{\Delta l}{l_0} = \frac{l_1 - l_0}{l_0} \tag{18-2}$$

式中,l_0 为试样原始标距长度;l_1 为拉伸后标距的长度。

δ 只表达了试样拉伸前后尺寸的相对变化量,没有考虑材料的变形是逐渐积累的过程。微积分能帮助我们更深入地了解变形的真实情况。

在拉伸过程中,某瞬时的真实应变为

$$d\varepsilon = \frac{dl}{l} \tag{18-3}$$

式中,l 为试样的瞬时长度;dl 为瞬时的长度改变量。

当试样从 l_0 拉伸至 l_1 时,总的真实应变为

$$\varepsilon = \int_{l_0}^{l_1} \frac{dl}{l} = \ln \frac{l_1}{l_0} \tag{18-4}$$

真实应变在正确反映瞬态变形的基础上,真实地反映了塑性变形的积累过程,因而得到广泛的应用。由于它具有对数形式,因此也称为对称应变。在均匀拉伸阶段。真实应变和相对伸长存在以下关系

$$\varepsilon = \ln \frac{l_1}{l_0} = \ln \left(\frac{l_0 + \Delta l}{l_0} \right) = \ln(1 + \delta) \tag{18-5}$$

将式(18-5)按泰勒级数展开,得

$$\varepsilon = \delta - \frac{\delta^2}{2} + \frac{\delta^3}{2} - \cdots$$

由上式可知,在变形较小时,$\varepsilon \approx \delta$,如 $\delta = 0.1$,则 ε 仅比 δ 小 0.5%。

2. 真实应力-应变曲线(硬化曲线)及其表达式

图 18-1 所示为材料力学所讨论的低碳钢拉伸图,表达了拉伸时应力与应变的关系。图中应力都按变形前试样的原始截面积 A_0 计算的条件应力 σ_0($\sigma_0 = F/A$),而没有考虑变形过程中试样截面积的减小,图中的应变用的是相对伸长 δ(亦称条件应变)。由于材料力学研究的弹性变形属小变形,应力应变采用上述的表达方式并不会引起多大的误差,但对塑性变形的大变形阶段来说就不够准确。在金属塑性成形理论中,普遍采用真实应力和对数应变表示的真实应力-应变曲线。由于真实应力和对数应变更真实地反映了变形的实际情况,真实应力-应变曲线也就更真实地反映了金属材料塑性变形的硬化现象及其规律。了解和掌握这一规律对指导冲压实践有重要意义。

图 18-2 是几种金属的真实应力-应变曲线(亦称硬化曲线),从中可以了解这些金属的硬化趋势。

这些硬化曲线可在拉伸、压缩等试验中获得,而且基本上是一致的。一般说来,这些

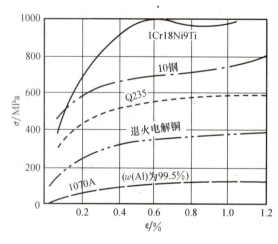

图 18-2

硬化曲线所表达的应力-应变关系不是简单的线性函数关系。

为了使用的方便,可以把硬化曲线以函数形式表达出来。

试验研究表明,很多金属的硬化曲线近似于抛物线形状,对于立方晶格的退火金属(如 Fe、Cu、Al 等),其硬化曲线可相当精确地用幂函数曲线来表示,其数学表达式为

$$\sigma = A\varepsilon^n \tag{18-6}$$

式中,A 为与材料有关的系数(MPa);n 为硬化指数。

A,n 的值与材料的种类和性能有关,都可通过拉伸试验求得,其值列于表 18-1 中。

表 18-1 几中金属材料 20 ℃时的 A,n 值

材料	A/MPa	n	材料	A/MPa	n
软铜	710～750	0.19～0.22	银	470	0.31
黄铜(w(Zn)=40%)	990	0.46	铜	420～460	0.27～0.34
黄铜(w(Zn)=35%)	760～820	0.39～0.44	硬铝	320～380	0.12～0.13
磷青铜	1 100	0.22	铝	160～210	0.25～0.27
磷青铜(低温退火)	890	0.52			

注:表中数据是指退火材料在室温和低速变形下求得的。

硬化指数 n 是表明材料冷变形硬化的重要参数,对板料的冲压性能以及冲压件的质量都有较大的影响。图 18-3 所示是不同 n 值材料的硬化曲线,硬化指数 n 大时,表示变形时硬化显著,对后续变形工序不利,有时还不得不增加中间退火工序以消除硬化,使后续变形工序得以进行。但是 n 值大时也有有利的一面,对于以伸长变形为特点的成形工艺(如胀形、翻边等),由硬化引起的变形抗力的显著增加,可以抵消材料变形处局部变薄而引起的承载能力的减弱。因而,可以制止变薄处变形的进一步发展,使之转移到别的尚未变形的部位。这就提高了变形的均匀性,使变形后的零件壁厚均匀、刚性好、精度也易保证。

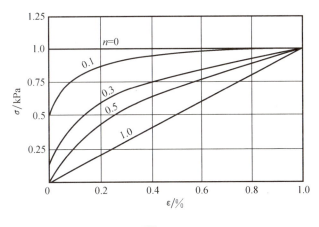

图 18-3

在冲压工艺中,有时也用到硬化直线。硬化直线是硬化曲线的简化形式,一般说来,和实际的硬化曲线相比存在较大的差别,尤其在变形程度很小或很大时,差别更加显著,这使硬化直线的应用受到一定的限制。

18.1.2 屈服条件

从材料力学的研究范围来看,总的来说是弹性变形的范畴,不希望材料出现塑性变形,因

为材料的塑性变形意味着破坏的开始。材料力学中的第三、第四强度理论阐述的就是引起塑性材料流动破坏的力学条件。然而从冲压工艺来看,恰恰是金属材料在模具作用下产生塑性变形的特点才使冲压成形工艺成为可能。金属塑性变形是各种压力加工方法得以实现的基础。因此,金属塑性成形理论所研究的对象已超出弹性变形而进入塑性变形的范畴,屈服条件正是研究材料进入塑性状态的力学条件,因而从形式上来讲和材料力学中的第三、第四强度理论是一致的。

当物体中某点处于单向应力状态时,只要该向应力达到材料的屈服点,该点就开始屈服,由弹性状态进入塑性状态。可是对于复杂应力状态,就不能仅仅根据一个应力分量来判断一点是否已经屈服,而要同时考虑其他应力分量的作用。只有当各个应力分量之间符合一定的关系时,该点才开始屈服。这种关系就称为屈服准则,或叫屈服条件、塑性条件。

法国工程师屈雷斯加(H. Tresca)通过对金属挤压的研究,于1864年提出:当材料(质点)中的最大切应力达到某一定值时,材料就开始屈服,通过单向拉压等简单试验可以确定该值就是材料屈服点值的一半,即 $\sigma_s/2$。设 $\sigma_1 \geqslant \sigma_2 \geqslant \sigma_3$,则按上述规定可得屈雷斯加屈服准则的数学表达式为

$$\tau_{\max} = \frac{\sigma_1 - \sigma_3}{2} = \frac{\sigma_s}{2}$$

或

$$\sigma_1 - \sigma_3 = \sigma_s \tag{18-7}$$

屈雷斯加准则形式简单,概念明确,较为满意地指出了塑性材料进入塑性状态的力学条件。在事先知道主应力次序的情况下,使用该准则是十分方便的。然而该准则显然忽略中间主应力 σ_2 的影响,实际上在一般的三向应力状态下,中间主应力 σ_2 对于材料的屈服也是有影响的。

德国力学家密席斯(Von Mises)于1913年提出另一屈服准则,该准则也可以表述为当材料(质点)中的等效应力达到某一定值时,材料就开始屈服。同样,通过单向拉压等简单试验可以确定该值其实就是材料的屈服点 σ_s。于是按此观点可写出密席斯屈服准则的数学表达式如下

$$\sigma_i = \sqrt{\frac{1}{2}[(\sigma_1 - \sigma_2)^2 + (\sigma_2 - \sigma_3)^2 + (\sigma_3 - \sigma_1)^2]} = \sigma_s \tag{18-8}$$

或

$$[(\sigma_1 - \sigma_2)^2 + (\sigma_2 - \sigma_3)^2 + (\sigma_3 - \sigma_1)^2] = 2\sigma_s^2 \tag{18-9}$$

实践表明,对于绝大多数金属材料,应用密席斯准则更符合实际情况。这两个屈服准则实际上相当接近,在有两个主应力相等的应力状态下两者还是一致的。为了使用上的方便,密席斯准则可以改写成接近于屈雷斯加准则的形式

$$\sigma_1 - \sigma_3 = \beta \sigma_s \tag{18-10}$$

式中的 β 值的变化范围为 $1 \sim 1.155$,体现了中间主应力的影响(见表18-2)。

表18-2 β 值

中间主应力	β	应力状态	应用举例
$\sigma_2 = \sigma_1$ 或 $\sigma_2 = \sigma_3$	1.0	单向应力叠加三向等应力	软凸模胀形(中心点),翻边(边缘)
$\sigma_2 = (\sigma_1 + \sigma_2)/2$	1.155	平面应变状态	宽板弯曲
σ_2 不属上面两种情况	≈ 1.1	其他应力状态(如平面应力状态等)	缩口,拉深

屈雷斯加准则相当于式(18-10)中 $\beta=1$ 的情况。由表 18-2 可知,当点的应力状态为单向应力叠加三向等应力时,两个准则是一致的;在平面应变状态,两个准则相差最大,为 15.5%。

由以上分析可知,只要采用不同的 β 值,式(18-10)也可成为两个准则的统一表达式。冲压生产中使用的一般都是硬化材料。在冲压成形过程中,随着变形程度的增加,材料的屈服点不断上升,目前在工程上往往借助密席斯准则的简化形式来表达硬化材料的屈服条件,即

$$\sigma_1 - \sigma_3 = \beta\sigma \tag{18-11}$$

式中,σ 为真实应力($\sigma = A\varepsilon^n$),即由实际变形程度所决定的产生加工硬化的材料的变形抗力;σ_1,σ_3 为主应力。

18.1.3 塑性变形时的应力、应变关系

1. 塑性变形时的体积不变规律

金属材料在塑性变形时,体积变化很小,可以忽略不计。因此,一般认为塑性变形时体积不变。设长方体试样的原始长、宽、厚分别为 l_0, b_0, δ_0,在均匀塑性变形后成为 l, b, δ,根据体积不变条件,则

$$\frac{l_0 b_0 \delta_0}{lb\delta} = 1$$

等式两边取对数可得

$$\ln\frac{l}{l_0} + \ln\frac{b}{b_0} + \ln\frac{\delta}{\delta_0} = 0$$

以真实应变的形式表示,即为

$$\varepsilon_1 + \varepsilon_2 + \varepsilon_3 = 0 \tag{18-12}$$

式(18-12)就是塑性变形时的体积不变规律。即在塑性变形时,三个主应变之和等于零。

根据体积不变规律可知:塑性变形时,三个主应变分量不可能全部是同号的,而且只可能有三向和平面应变状态,不可能有单向应变状态。如用主应变图表示应变状态,那么主应变图只有三种,如图 18-4 所示。

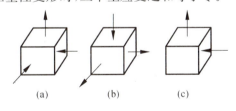

图 18-4

在平面应变状态下(见图 18-4(c)),根据体积不变规律,可以断定不为零的两个主应变绝对值相等,符号则相反。

2. 塑性变形的全量理论及其应用

在拉伸试验时的弹性变形阶段,无论是加载,还是卸载,应力都与应变成正比。显然,弹性变形时,应力应变关系与加载情况无关。

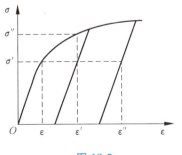

图 18-5

进入塑性变形阶段,情况就不同了,在拉伸试验中,可以看到材料屈服以后,变形过程就不可逆了。加载、卸载应力与应变的关系沿着不同的路线变化。如图 18-5 所示,在同一个应力 σ' 作用下,因为加载情况不同,与之相对应的应变可能为 $\varepsilon, \varepsilon', \varepsilon''$;反之,对应于同一个应变 ε',应力可能是 σ', σ''。这就难以在应力和应变之间找到一种确定的关系。

为了揭示塑性变形时的应力、应变关系,必须规定简单加

载的条件。所谓简单加载,即指在加载过程中,只能加载,不能卸载,各应力分量按同一比例增加。

很显然,前面讨论的真实应力-应变曲线或幂函数的表达式,是在简单加载条件下获得的,表达的是单向应力和应变的关系,然而在绝大多数冲压成形过程中,材料的变形区都不是处于单向应力状态,而是受到两向甚至三向的应力作用,这时,变形区内的应力、应变关系相当复杂。经研究,当采取简单加载时,塑性变形的每一瞬间,主应力与主应变之间存在下列关系:

$$\frac{\sigma_1-\sigma_2}{\varepsilon_1-\varepsilon_2}=\frac{\sigma_2-\sigma_3}{\varepsilon_2-\varepsilon_3}=\frac{\sigma_3-\sigma_1}{\varepsilon_3-\varepsilon_1}=C \tag{18-13}$$

式中,C 为比例常数,为一非负数,与材料及变形程度有关,而与变形物体所处的应力状态无关;$\sigma_1,\sigma_2,\sigma_3$ 为主应力;$\varepsilon_1,\varepsilon_2,\varepsilon_3$ 为主应变。

从式(18-13)可知,主应力差与主应变差成比例,反映了简单加载时塑性变形的应力、应变关系。

式(18-13)也可表示为

$$\frac{\sigma_1-\sigma_m}{\varepsilon_1}=\frac{\sigma_2-\sigma_m}{\varepsilon_2}=\frac{\sigma_3-\sigma_m}{\varepsilon_3}=C \tag{18-14}$$

上述物理方程即为塑性变形时的全量理论,它是在简化变形条件的情况下获得的,通常用于研究小变形问题。但对于冲压成形中非简单加载的大变形问题,只要变形过程中是加载,主轴方向变化不太大,主轴次序基本不变,实践表明,应用全量理论也不会引起太大的误差。这就为分析研究冲压成形的工艺问题提供了方便。

全量理论的应力、应变关系式(18-13)、式(18-14)是冲压成形中各种工艺参数计算的基础,除此之外,还可利用它们对有些变形过程中坯料的变形和应力的性质作出定性的分析和判断,例如:

(1) 在三向等应力状态时,有 $\sigma_1=\sigma_2=\sigma_3=\sigma_m$,由式(18-14)变换可得 $\varepsilon_1=\varepsilon_2=\varepsilon_3=0$,这说明在三向等应力状态下,坯料不产生塑性变形,只有很微小的弹性变形。

(2) 由式(18-14)可知,判断某个方向的主应变是伸长或缩短,并不是依据该方向受拉应力还是压应力。受拉不一定伸长,受压也不定缩短,而是依据该方向应力值与平均应力 σ_m 的差值。差值是正值,则为拉应变;差值为负值,则为压应变。

(3) 三个主应力分量和三个主应变分量代数值的大小、次序互相对应。若主应力 $\sigma_1 \geqslant \sigma_2 \geqslant \sigma_3$,由式(18-13)可知,$\varepsilon_1 \geqslant \varepsilon_2 \geqslant \varepsilon_3$。

(4) 当坯料单向受拉时,即 $\sigma_1>0$ 和 $\sigma_2=\sigma_3=0$ 时,因为 $\sigma_1-\sigma_m=\sigma_1-\sigma_1/3>0$,由式(18-14)可知,$\varepsilon_1>0,\varepsilon_2=\varepsilon_3=-\varepsilon_1/2$。这说明在单向受拉时,拉应力作用方向为伸长变形,另外两个方向则为等量的压缩变形,且伸长变形为每一个压缩变形的两倍。如内孔翻边时,坯料孔边缘的变形就属于这种情况;当坯料单向受压时,即 $\sigma_3<0$ 和 $\sigma_1=\sigma_2=0$ 时,因为 $\sigma_3-\sigma_m=\sigma_3-\sigma_1/3<0$,由式(18-14)可知,$\varepsilon_3<0,\varepsilon_1=\varepsilon_2=-\varepsilon_3/2$。这说明在单向受压时,压应力作用方向上为压缩变形,其值为另两个方向上伸长变形的两倍。如缩口、拉深时,坯料边缘的变形即为此种情况。

(5) 平板坯料胀形时,在发生胀形的中心部位,其应力状态是两向等拉,厚度方向应力很小,可视为零,即有 $\sigma_1=\sigma_2>0,\sigma_3=0$,属平面应力状态。利用式(18-14)可以判断变形区的变形情况,这时,$\varepsilon_1=\varepsilon_2=-\varepsilon_3/2$,在拉应力作用方向为伸长变形,而在厚度方向为压缩变形,其值为每个伸长变形的两倍。由此可见，胀形区变薄是比较显著的。

（6）由式(18-14)变换可知，当 $\sigma_2-\sigma_m=0$ 时，必然有 $\varepsilon_2=0$，利用体积不变条件，则有 $\varepsilon_1=-\varepsilon_3$。这说明在主应力等于平均应力的方向上不产生塑性变形，而另外两个方向上的塑性变形在数量上相等，在方向上相反。这种变形称为平面变形，而且平面变形时必定有 $\sigma_2=\sigma_m=(\sigma_1+\sigma_2+\sigma_3)/3=(\sigma_1+\sigma_3)/2$。宽板弯曲时，宽板方向的变形为零，而该方向的主应力为其余两个方向主应力之和的一半。

（7）当坯料三向受拉，且 $\sigma_1>\sigma_2>\sigma_3>0$ 时，在最大拉应力 σ_1 方向上的变形一定是伸长变形，在最小拉应力方向上的变形一定是压缩变形。

当坯料三向受压，且 $0>\sigma_1>\sigma_2>\sigma_3$ 时，在最小压应力 σ_3（绝对值最大）方向上的变形一定是压缩变形，而在最大压应力（绝对值最小）方向上的变形一定是伸长变形。

当作用于坯料变形区内的拉应力的绝对值最大时，在这个方向上的变形一定是伸长变形，这种冲压变形可称为伸长类变形，一般以变形区坯料变薄为特征。如冲压工艺中的胀形、圆孔翻边、扩口、拉深等属于伸长类变形；当作用于坯料变形区内的压应力的绝对值最大时，在这个方向上的变形一定是压缩变形，这种冲压变形称为压缩类变形，一般以变形区板厚增加为特征，如筒形件拉深和缩口等属于压缩类变形。

由于伸长类变形和压缩类变形在变形特点上有本质差别，因此在冲压过程中出现的问题也完全不同，如伸长类变形容易使变形区在拉应力作用下过度变薄而破坏，而压缩类变形易使变形区受压失稳而起皱，这就需要采取不同的方法来解决。

18.2 金属板料的冲裁变形

冲裁变形分析的目的是通过分析板料在冲裁时的受力状况，掌握冲裁变形机理和变形特点，用于指导编制冲裁工艺和设计模具，控制冲裁件质量。

18.2.1 冲裁变形时板料变形区受力情况分析

图 18-6 所示是无压边装置的模具对板料进行冲裁时的情形。凸模 1 与凹模 2 都是具有与冲件轮廓一样形状的锋利刃口，凸、凹模之间存在一定间隙。当凸模下降至与板料接触时，板料就受到凸、凹模的作用力，其中：F_1、F_2 为凸、凹模对板料的垂直作用力；F_3、F_4 为凸、凹模对板料的侧压力；μF_1、μF_2 为凸、凹模端面与板料间的摩擦力，其方向与间隙大小有关，一般从模具刃口指向外；μF_3、μF_4 为凸、凹模侧面与板料间的摩擦力。

从图 18-6 中可看出，由于凸、凹模之间存在间隙，F_1、F_2 不在同一垂直线上，故板料受到弯矩 $M\approx F_1Z/2$ 作用，由于 M 使板料弯曲并从模具表面上翘起，使模具表面和板料的接触面仅限在刃口附近的狭小区域，其接触面宽度为板厚的 $0.2\sim0.4$ 倍。接触面间相互作用的垂直压力并不均匀，随着向模具刃口的逼近而急

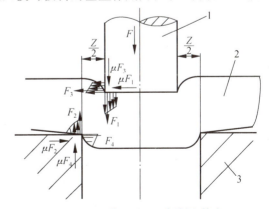

图 18-6 冲裁时作用于板料上的力
1—凸模；2—板料；3—凹模

剧变大。在冲裁过程中,板料的变形在以凸模与凹模刃口连线为中心而形成的纺锤形区域内最大,如图18-7(a)所示,即从模具刃口向板料中心,变形区逐步扩大。凸模挤入材料一定深度后,变形区也同样可以按纺锤区域来考虑,但变形区被在此以前已经变形并加工硬化了的区域所包围(见图18-7(b))。由于冲裁时板材弯曲的影响,其变形区的应力状态是复杂的,且与变形过程有关。图18-8所示为无卸料板压紧材料的冲裁过程中塑性变形阶段变形区的应力状态,其中:

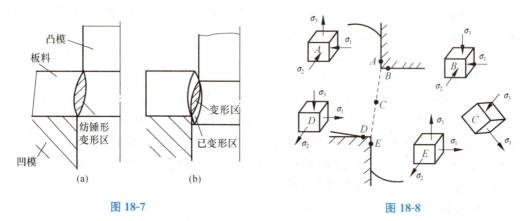

图18-7 图18-8

A点(凸模侧面):σ_1为板料弯曲与凸模侧压力引起的径向压应力,切向应力σ_2为板料弯曲引起的压应力与侧压力引起的拉应力的合成应力,σ_3为凸模下压引起的轴向拉应力。

B点(凸模端面):凸模下压及板料弯曲引起的三向压缩应力。

C点(切割区中部):σ_1为板料受拉伸而产生的拉应力(沿板料纤维方向),σ_3为板料受挤压而产生的压应力(垂直于纤维方向)。

D点(凹模端面):σ_1,σ_2分别为板材弯曲引起的径向拉应力和切向拉应力,σ_3为凹模挤压板料产生的轴向压应力。

E点(凹模侧面):σ_1,σ_2为由板料弯曲引起的拉应力与凹模侧压力引起的压应力合成产生的应力,该合成应力究竟是拉应力还是压应力,与间隙大小有关,σ_3为凸模下压引起的轴向拉应力。

从以上各点的应力状态图可以表明:凸模与凹模端面(B,D点处)的静水压应力比侧面(A,E处)的高,且凸模附近的静水压应力又比凹模刃口附近的高,这就是裂纹首先从凹模刃口侧面(E处)产生的原因。

18.2.2 冲裁时板料的变形过程

板料的分离过程是在瞬间完成的。整个冲裁变形分离过程大致可分为三个阶段。

1. 弹性变形阶段

如图18-9(a)所示,在凸、凹模压力的作用下,使板料产生弹性压缩、拉伸和弯曲等变形。凸模下部略微挤入板料,凹模口部的材料略微挤入凹模口内。凹模上的板料上翘,凸模下的材料拱弯。材料越硬,间隙越大,上翘和拱弯越严重。该阶段的变形,材料内部的应力没有超过屈服点,所以压力去掉之后,材料立即恢复原状。

2. 塑性变形阶段

当凸模继续下压时,材料内的应力达到屈服点,板料进入塑性变形阶段,如图18-9(b)所

第 18 章 材料成型与模具技术中的力学问题

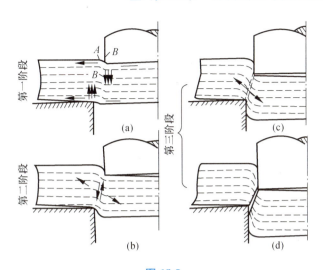

图 18-9

(a) 弹性变形阶段;(b) 塑性变形阶段;(c),(d) 断裂分离阶段

示。材料产生塑性变形的同时,因间隙存在,还伴有弯曲拉伸和侧向挤压变形。随着凸模的压入,材料的变形程度不断增加,变形区的材料加工硬化逐渐加剧,变形抗力不断上升,冲裁力也相应增大,直到应力集中的刃口附近出现剪裂纹。此时塑性变形基本结束。

3. 断裂分离阶段

如图 18-9(c)、图 18-9(d)所示,当凸模继续压入时,金属板料内的应力达到抗剪强度,剪裂纹不断地向板料内部扩展,当上、下裂纹相遇时,则板料被拉断分离,冲裁变形过程便告结束。

冲裁变形分离过程的三个阶段,还可以从图 18-10 所示冲裁力的变化曲线图中得到验证。

图 18-10 为冲制料厚为 3 mm,材料为 Q235 时的冲裁力与凸模行程关系曲线图。从图中可以看出,在整个冲裁过程中,冲裁力的大小是不断变化的。图中 OA 段是冲裁时的弹性变形阶段;AB 段是材料的塑性变形阶段,图中的 B 点表明冲裁力达到最大值,材料的内应力超过材料抗剪强度开始产生微裂纹;BC 段为微裂纹扩展直至材料分离的断裂阶段;CD 段主要是用于克服冲件断面与凹模壁产生的摩擦力和拉长毛刺将冲件推出凹模孔口时所需的力。

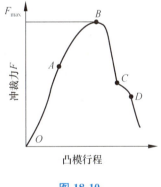

图 18-10

18.2.3 冲裁件质量及其影响因素

冲裁件质量是指断面状况、尺寸精度和形状误差。断面状况尽可能垂直、光滑、毛刺小;尺寸精度应该保证在图样规定的公差范围之内;零件外形应该满足图样要求;表面尽可能平直、即拱弯小。

影响零件质量的因素:材料性能、间隙大小及均匀性、刃口锋利程度、模具结构及排样设计(如搭边值大小及采用压料装置的情况等)、模具精度等。

冲裁件断面质量及其影响因素:由于冲裁变形的特点,冲裁件的断面明显地分成四个特征区,即塌角带、光亮带、断裂带与毛刺区,如图 18-11 所示,光亮带越宽,说明断面质量越好。

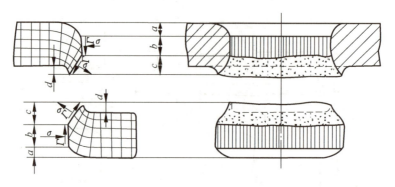

图 18-11

(1) 塌角带 a。该区域的形成是当凸模刃口压入材料时,刃口附近的材料产生弯曲和伸长变形,材料被拉入间隙的结果。

(2) 光亮带 b。该区域发生在塑性变形阶段,当刃口切入材料后,材料与凸、凹模刃口的侧表面挤压而形成的光亮垂直的断面。通常占全断面的 $1/2 \sim 1/3$。

(3) 断裂带 c。该区域是在断裂阶段形成,是由刃口附近的微裂纹在拉应力作用下不断扩展而形成的撕裂面,其断面粗糙,具有金属本色,且带有斜度。

(4) 毛刺区 d。毛刺的形成是由于在塑性变形阶段后期,凸模和凹模的刃口切入被加工板料一定深度时,刃口正面材料被压缩,刃尖部分是压应力状态,使裂纹的起点不会在刃尖处发生,而是在模具侧面距刃尖不远的地方发生,在拉应力的作用下,裂纹加长,材料断裂而产生毛刺(见图 18-9(c))。裂纹的产生点和刃尖的距离成为毛刺的高度,在普通冲裁中毛刺是不可避免的。

冲裁件的四个特征区域的大小和在断面上所占的比例大小并非一成不变,而是随着材料的力学性能、模具间隙、刃口状态等条件的不同而变化。

1. 材料力学性能的影响

材料塑性好,冲裁时裂纹出现得较迟,材料被剪切的深度大,所得断面光亮带所占的比例就大,圆角也大;而塑性差的材料,容易拉断,材料被剪切不久就出现裂纹,使断面光亮带所占的比例小、圆角小,大部分是粗糙的断裂面。

2. 模具间隙的影响

冲裁时,断裂面上、下裂纹是否重合,与凸、凹模间隙值的大小有关。当凸、凹间隙合适时,凸、凹模刃口附近沿最大切应力方向产生的裂纹在冲裁过程中能会合成一条线,此时尽管断面与材料表面不垂直,但还是比较平直、光滑,且毛刺较小,冲件的断面质量较好,如图 18-12(b)所示。

当间隙增大时,材料内的拉应力增大,使得拉伸断裂发生早,于是断裂带变宽,光亮带变窄,弯曲变形增大,因而塌角和拱弯也增大。

当间隙减小时,变形区内弯矩小、压应力成分大。由凹模刃口附近产生的裂纹进入凸模下面的压应力区而停止发展;由凸模刃口附近产生的裂纹进入凹模上表面的压应力区也停止发展;上、下裂纹不重合,在两条裂纹之间发生第二次剪切。当上裂纹压入凹模时,受到凹模壁的挤压,产生第二光亮带,同时部分材料被挤出,在表面形成薄而高的毛刺。

当间隙过小时,虽然塌角小、拱弯小,但断面质量是不理想的。在断面中部出现夹层,两头呈光亮带,在端面有挤长的毛刺。如果没有形成第二光亮带,会形成断续的小光亮块。如图 18-12 所示。

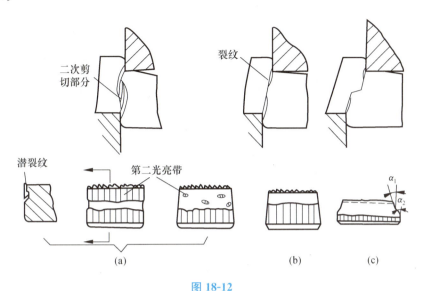

图 18-12
(a) 间隙过小;(b) 间隙合理;(c) 间隙过大

当间隙过大时,因为弯矩大,拉应力成分大,材料在凸、凹模刃口附近产生的裂纹也不重合。第二次拉裂产生的断裂层的斜度增大,冲件的断面出现二个斜角 α_1 和 α_2,断面质量也不理想。而且,由于塌角大、拱角大、光亮带小、毛刺又高又厚,冲裁件质量下降。如图 18-12(c) 所示。

因此,模具间隙应保持在一个合理的范围之内。另外,当模具装配间隙调整得不均匀时,模具会出现部分间隙过大和过小的现象。因此,模具设计、制造与安装时必须保证间隙均匀。

3. 模具刃口状态对质量的影响

模具刃口状态对冲裁过程中的应力状态及冲件的断面质量有较大影响。当刃口磨损成圆角时,挤压作用增大,所以冲件塌角带和光亮带增大。同时,材料中减少了应力集中现象而增大了变形区域,产生的裂纹偏离刃口,凸、凹模间金属在剪裂前有很大的拉伸,这就使冲裁断面上产生明显的毛刺。当凸、凹刃口磨钝后,即使间隙合理也会使冲件产生毛刺,如图 18-13 所示。当凸模刃口磨钝时,则会在落料件上端产生毛刺(见图 18-13(b));当凹模刃口磨钝时,则冲裁件(落料件、冲孔件)上、下端都会产生毛刺(见图 18-13(c))。

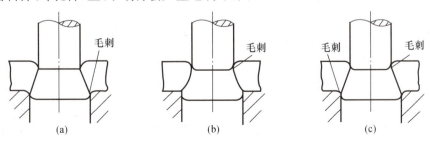

图 18-13
(a) 凹模磨钝;(b) 凸模磨钝;(c) 凸凹模均磨钝

18.3 坯料的弯曲变形

18.3.1 弯曲变形过程

V形件的弯曲,是坯料弯曲中最基本的一种,其弯曲过程如图 18-14 所示。在开始弯曲时,坯料的弯曲内侧半径大于凸模的圆角半径。随着凸模的下压,坯料的直边和凹模 V 形表面逐渐靠紧,弯曲内侧半径逐渐减小,即

$$r_0 > r_1 > r_2 > r$$

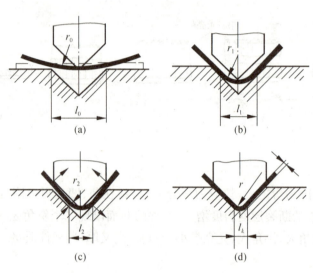

图 18-14

同时弯曲力臂也逐渐减小,即

$$l_0 > l_1 > l_2 > l_k$$

当凸模、坯料与凹模三者完全压合,坯料的内侧弯曲半径及弯曲力臂达到最小时,弯曲过程结束。

由于坯料在弯曲变形过程中弯曲内侧半径逐渐减小,因此弯曲变形部分的变形程度逐渐增加。又由于弯曲力臂逐渐减小,弯曲变形过程中坯料与凹模之间有相对滑移现象。

凸模、坯料与凹模三者完全压合后,如果再增加一定的压力,对弯曲件施压,则称为校正弯曲。没有这一过程的弯曲,称为自由弯曲。

18.3.2 弯曲变形的现象与特点

研究材料的冲压变形,常采用网格法,如图 18-15 所示。在弯曲前的坯料侧面用机械刻线或照相腐蚀的方法画出网格,观察弯曲变形后位于工件侧壁的坐标网格的变化情况,就可以分析变形时坯料的受力情况,从坯料弯曲变形后的情况可能发现:

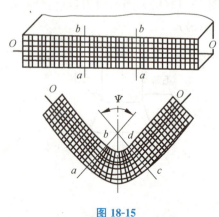

图 18-15

(1) 弯曲变形主要发生在弯曲带中心角 φ 范围内,中心角以外基本上不变形。若弯曲后工件如图 18-16 所示,则反映弯曲变形区的弯曲带中心角为 φ,而弯曲后工件的角度为 α,两者的关系为

$$\varphi = 180° - \alpha$$

(2) 变形区内网格的变形情况说明,坯料在长、宽、厚三个方向都产生了变形。

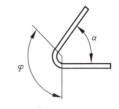

图 18-16

① 长度方向。网格内正方形变成了扇形,靠近凹模的外侧长度伸长,靠近凸模的内侧长度缩短,即 $\widehat{bb} > \overline{bb}$,$\widehat{aa} > \overline{aa}$。由内外表面到坯料中心,其缩短和伸长的程度逐渐减弱。在缩短和伸长的两个变形区之间,必然有一层金属,它的长度在变形前后没有变化,这层金属称为中性层。

② 厚度方向。由于内层长度方向缩短,因此厚度应增加,但由于凸模紧压坯料,厚度方向增加不易。外侧长度伸长,厚度要变薄。因为增厚量小于变薄量,因此材料厚度在弯曲变形区内有变薄现象,使在弹性变形时位于坯料厚度中间的中性层发生内移。弯曲变形程度越大,弯曲区变薄越严重,中性层的内移量越大。值得注意的是,弯曲时的厚度变薄不仅会影响零件的质量,而且大多数情况下会导致弯曲区长度的增加。

③ 宽度方向。内层材料受压缩,宽度应增加外层材料受拉伸,宽度要减小。这种情况根据坯料的宽度不同分为两种情况:在宽板(坯料宽度与厚度之比 $b/\delta > 3$)弯曲时,材料在宽度方向的变形会受到相邻金属的限制,横断面几乎不变,基本保持为矩形;而在窄板($b/\delta \leqslant 3$)弯曲时,宽度方向变形几乎不受约束,断面变成了内宽外窄的扇形。图 18-17 所示为两种情况下的断面变化情况。由于窄板弯曲时变形区断面发生畸变,因此当弯曲件的侧面尺寸有一定要求或要和其他零件配合时,需要增加后续辅助工序。对于一般的坯料弯曲来说,大部分属宽板弯曲。

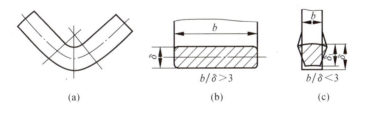

图 18-17

(a) 弯曲变形;(b) 宽板变形;(c) 窄板变形

18.3.3 弯曲变形时的应力应变状态

由于坯料的相对宽度 b/δ 直接影响坯料弯曲时沿宽度方向的应变,同时影响应力,因而,随着 b/δ 的不同,变形区具有不同的应力、应变状态。

1. 应变状态

(1) 长度方向。外侧拉伸应变,内侧压缩应变,其应变 ε_1 为绝对值最大的主应变。

(2) 厚度方向。根据塑性变形体积不变条件可知,沿着坯料的宽度和厚度方向,必然产生与 ε_1 符号相反的应变。在坯料的外侧,长度方向主应变 ε_1 为拉应变,所以厚度方向的 ε_2 为压应变;在坯料的内侧,长度方向主应变 ε_1 为压应变,所以厚度方向的应变 ε_2 为拉应变。

(3) 宽度方向。分两种情况。弯曲窄板($b/\delta \leqslant 3$)时,材料在宽度方向可以自由变形,故外

侧应为和长度方向主应变 ε_1 符号相反的压应变，内侧为拉应变；弯曲宽板（$b/\delta>3$）时，沿宽度方向，材料之间的变形相互制约，材料的流动受阻，故外侧和内侧沿宽度方向的应变 ε_3 近似为零。

2. 应力状态

（1）长度方向。外侧受拉应力、内侧受压应力，其应力 σ_1 为绝对值最大的主应力。

（2）厚度方向。弯曲过程中，在凸模作用下，变形区内外层材料在厚度方向相互挤压，产生压应力 σ_2。

（3）宽度方向。分两种情况：弯曲窄板时，由于材料在宽向的变形不受限制，因此，其内侧和外侧的应力均为零；弯曲宽板时，外侧材料在宽向的收缩受阻，产生拉应力 σ_3，内侧宽向伸长受阻产生压应力。

材料在弯曲过程中的应力应变状态见表 18-4。从表中可以看出，就应力而言，宽板弯曲属于三向应力状态，窄板弯曲则是二向的平面应力状态；对应变而言，窄板弯曲是三向应变状态，宽板弯曲则是二向的平面应变状态。

表 18-4 材料弯曲过程中的应力应变状态

名称	窄板弯曲（$b<3\delta$）	宽板弯曲（$b>3\delta$）
图形	（图）	（图）
内侧应力应变状态	（图）	（图）
外侧应力应变状态	（图）	（图）

18.3.4 弯曲时的回弹

在材料弯曲变形结束，零件不受外力作用时，由于弹性恢复，使弯曲件的角度、弯曲半径与模具的尺寸形状不一致，这种现象称为回弹，如图 18-18 所示。

1. 回弹和表现形式

一般情况下，弯曲回弹的表现形式有以下两个方面（见图 18-18）。

（1）弯曲半径增大。卸载前坯料的内半径 r（与凸模的半径吻合），在卸载后增加至 r_0。半径的增量 Δr 为

$$\Delta r = r_0 - r$$

（2）弯曲件角度增大。卸载前坯料的弯曲角度为 α（与凸模顶角吻合），卸载后增大到 α_0。角度的增量 $\Delta \alpha$ 为

$$\Delta \alpha = \alpha_0 - \alpha$$

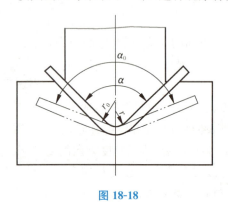

图 18-18

2. 影响回弹的因素

（1）材料的力学性能。材料的屈服点 σ_s 越大，弹性模量 E 越小，弯曲回弹越大。即 σ_s/E 的比值越大，材料的回弹值也就越大。图 18-19 为退火状态的软钢拉伸时的应力-应变曲线，当拉伸到 P 点后去除载荷，产生 $\Delta\varepsilon_1$ 的回弹，其值 $\Delta\varepsilon_1=\sigma_p/\tan\alpha$，$\tan\alpha$ 即为材料的弹性模量 E。从式中可以看出，材料的弹性模量 E 越大，回弹值越小。图中的虚线为同一材料经冷作硬化后的拉伸曲线，屈服点变大了，当应变均为 ε_p 时，材料的回弹 $\Delta\varepsilon_2$ 比退火状态的材料回弹 $\Delta\varepsilon_1$ 大。

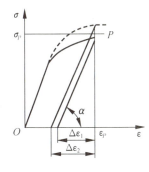

图 18-19

（2）相对弯曲半径。相对弯曲半径越小，回弹值越小。相对弯曲半径 r/δ 减小时，弯曲坯料外侧表面在长度方向上的总变形程度增大，其中塑性变形和弹性变形成分也同时增大。但在总变形中，弹性变形所占的比例则相应地变小。由图 18-20 可知，当总的变形为 ε_p 时，弹性变形所占的比例为 $\Delta\varepsilon_1/\varepsilon_P$；当总的变形程度由 ε_P 增大到 ε_Q 时，弹性变形所占的比例为 $\Delta\varepsilon_2/\varepsilon_Q$。显然，$\Delta\varepsilon_1/\varepsilon_P>\Delta\varepsilon_2/\varepsilon_Q$，即随着总的变形程度的增加，弹性变形在总的变形中所占的比例相反地减小了。所以，相对弯曲半径越小，回弹值越小；相反，若相对弯曲半径过大，由于变形程度太小，使坯料大部分处于弹性变形状态，产生很大的回弹，以至于用普通弯曲方法根本无法使坯料成形。

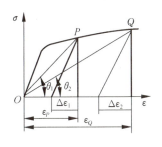

图 18-20

（3）弯曲件角度 α。弯曲件角度越小，表示弯曲变形区域越大，回弹的积累越大，回弹角度也越大。

（4）弯曲方式。自由弯曲与校正弯曲比较，由于校正弯曲可增加圆角处的塑性变形程度，因而有较小的回弹。

（5）模具间隙。压制 U 形件时，模具间隙对回弹值有直接影响。间隙大，材料处于松动状态，回弹就大；间隙小材料被挤紧，回弹就小。

（6）零件形状。零件形状复杂，一次弯曲成形角的数量越多，各部分的回弹相互牵制作用越大，弯曲中拉伸变形的成分越大，回弹就越小。如 ⊓ 形件的回弹较 U 形件小，U 形件的回弹比 V 形件小。

（7）非变形区的影响。如图 18-21 所示，对 V 形件的小半径（$r/\delta<0.2\sim0.3$）进行校正弯曲时，由于非变形区的直边部分有校直作用，所以弯曲后的回弹是直边区回弹与圆角区回弹的复合。由图可见，直边区回弹的方向（图中 N 方向）与圆角区回弹的方向（图中 M 方向）相反。当 r/δ 很小时，直边的回弹大于圆角的回弹，此时就会出现负回弹，即弯曲件的角度反而小于弯曲凸模的角度。

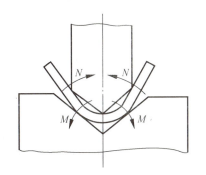

图 18-21

3. 回弹值的大小

由于影响弯曲回弹的因素很多，而且各因素又相互影响，因此，计算回弹角比较复杂，且也不准确。一般生产中是按经验数表或按力学公式计算出回弹值作为参考，再在试模时修正。

(1) 大变形程度($r/\delta < 5$)自由弯曲时的回弹。当 $r/\delta < 5$ 时,弯曲半径的回弹值不大,因此,只考虑角度的回弹,其值可查有关手册表格提供的经验数值回弹角。

(2) 小变形程度($r/\delta \geqslant 10$)自由弯曲时的回弹。当 $r/\delta \geqslant 10$ 时,因相对弯曲半径变大,零件不仅角度有回弹,弯曲半径也有较大的变化。这时,回弹值可按公式进行计算,然后在生产中加以修正(公式可查阅有关冲压手册)。

18.4　圆筒形工件拉深变形

18.4.1　拉深的变形过程

圆形的平板坯料究竟是怎样变成圆筒形工件的？如果将平板坯料如图 18-22 所示的三角形阴影部分 $b_1, b_2, b_3, \cdots, b_n$ 切去,留下 $a_1, a_2, a_3, \cdots, a_n$ 这样的一些狭条,然后将这些狭条沿直径为 d 的圆筒弯折过来,再把它们加以焊接,就可以成为一个圆筒形零件了。这个圆筒零件的直径 d 可按需要裁取,而其高度为

$$h = \frac{1}{2}(D-d)$$

但是,在实际拉深过程中,并没有将阴影部分的三角形材料切掉,这部分材料是在拉深过程中由于产生塑性流动而转移了。这部分被转移的三角形材料,通常被称为"多余三角形"。这部分"多余三角形"材料的转移,一方面要增加零件的高度 Δh,使得

$$h > \frac{1}{2}(D-d)$$

另一方面要增加零件的壁部厚度 $\Delta \delta$,如图 18-23 所示。

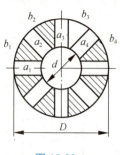

图 18-22

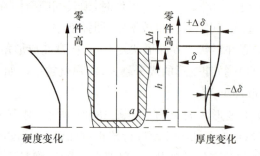

图 18-23

为了分析拉深的变形情况,在圆形坯料上画许多间距都等于 a 的同心圆和分度相等的辐射线,如图 18-24 所示,由这些同心圆和辐射线组成网格。拉深后,在圆筒形件底部的网格基本保持原来的形状,而在圆筒形件的筒壁部分的网格则发生了很大的变化:原来的同心圆变为筒壁上的水平圆周线,而且其间距 a 也增大了,越靠筒的上部增大越多,即

$$a_1 > a_2 > a_3 > \cdots > a$$

另外,原来分度相等的辐射线变成了筒壁上的垂直平行线,其间距则完全相等,即

$$b_1 = b_2 = b_3 = \cdots = b$$

网格变化说明,拉深时坯料的外部环形部分是主要变形区,而与凸模底部接触的部分是不变形区。

第 18 章 材料成型与模具技术中的力学问题

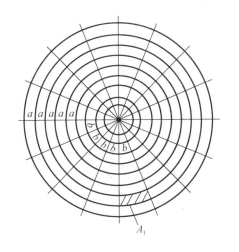
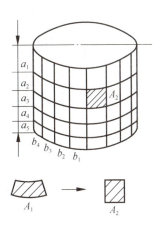

图 18-24

如果拿网格中的一个小单元来看,在拉深前是扇形 A_1,而在拉深后则变成矩形 A_2 了。由于在拉深后,材料厚度变化很小,故可认为拉深前后小单元体的面积不变,即

$$A_1 = A_2$$

为什么原来是扇形的小单元体,在拉深后却变成矩形了呢? 在变形过程中,可以先把坯料上的扇形小单元体看做是被拉着通过一个假想的楔形槽(见图 18-25)而变成矩形的。结果在切线方向被压缩了,而在直径方向则被拉长了。可见,小单元体在切向受到压应力 σ_τ 的作用,而在半径方向受到拉应力 σ_r 的作用。

在实际的拉深过程中,当然并没有楔形槽,小单元也不是单独存在的,而是处在相互联系,紧密结合在一起的坯料整体内。那么,σ_r 和 σ_τ 是怎样产生的呢? 在拉深力的作用下,σ_r 是由于各个小单元体材料在半径方向的相互作用(拉伸)产生的,σ_τ 是由于切线方向的相互作用(挤压)产生的。

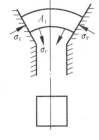

图 18-25

因此,拉深变形过程可以归结如下:在拉深过程中,因为坯料金属内部的相互作用,使各个金属小单元体之间产生了内应力:在径向产生拉应力 σ_r;在切向产生压应力 σ_τ。在应力 σ_r、σ_τ 的共同作用下,凸缘区的材料屈服,产生塑性变形并不断地被拉入凹模内,成为圆筒形件。

18.4.2 拉深过程中材料地的应力与应变

在实际生产中可发现拉深件各部分的厚度是不一致的(见图 18-23)。一般是:底部略微变薄,但基本上等于原坯料的厚度;壁部上段增厚,越到上缘增厚越大;壁部下段变薄,越靠下部变薄越多;在壁部向底部转角稍上处(图 18-23 的 a 处),则出现严重变薄,甚至断裂。另外,沿高度方向,拉深件各部分的硬度也不一样,越到上缘硬度越高。这说明在拉深过程中,不同时刻,坯料内各部分由于所处的位置不同,它们的应力、应变状态是不一样的。为了更加深刻地认识拉深过程,了解拉深过程中所发生的各种现象,有必要探讨拉深过程中材料各部分的应力应变状态。

设在拉深过程中的某一时刻坯料已处于如图 18-26 所示的状态。

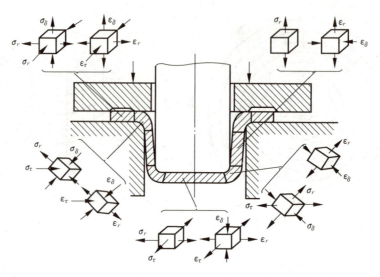

图 18-26

$\sigma_r、\varepsilon_r$—材料径向(坯料直径方向)的应力与应变;$\sigma_\delta、\varepsilon_\delta$—材料厚度方向的应力与应变;$\sigma_\tau、\varepsilon_\tau$—材料切向的应力与应变

根据应力应变状态的不同,可将拉深坯料划分为以下五个区域。

1. 凹模口的凸缘部分

这是小单元体由扇形变为矩形的区域,即拉深变形的主要区域。拉深过程主要在这区域内完成。如前所述,这部分材料在径向拉应力 σ_r 和切向压应力 σ_τ 的作用下,发生塑性变形而逐渐进入凹模。在厚度方向,由于压边圈的作用,产生压应力 σ_δ。在一般情况下,由于 σ_r 和 σ_τ 的绝对值比 σ_δ 大得多,使"多余三角形"材料的转移主要是向径向伸展,同时也向坯料厚度方向流动而加厚。这时厚度方向的应变值 ε_δ 是正值。由于越到外缘需要转移的材料越多,因此,越到外缘材料变得越厚,硬化也越严重。

假设拉深变形的某一阶段坯料边缘半径变为 R'(见图 18-27),沿着径向在凸缘变形区切取夹角为 φ 的一个半扇形区域,再在小扇形区域 R 处切取宽为 dR 的扇形微分体,则微分体四周的应力如图 18-27 所示。由平衡微分方程及塑性条件可推得径向拉应力 σ_r 和切向压应力 σ_τ 的公式

$$\sigma_r = 1.1\sigma_{sm} \ln \frac{R'}{R} \tag{18-15}$$

$$\sigma_\tau = 1.1\sigma_{sm}\left(1 - \ln \frac{R'}{R}\right) \tag{18-16}$$

式中,σ_{sm} 为金属变形抗力的平均值,近似为常量。

由式(18-15)和式(18-16)可以得出圆筒形件拉深时变形区内径向拉应力 σ_r 和切向压应力 σ_τ,其应力分布曲线如图 18-27 所示。由图可见,在变形区内几乎在全部宽度上切向压应力的绝对值大于径向拉应力,所以圆筒形件的拉深是压缩类成形。在变形区外缘上切向压应力最大,而在变形区内边缘上径向拉应力最大。

假若不用压边圈,则 $\sigma_\delta = 0$。这时的 ε_δ 要比压边圈时大,但当"多余三角形"较大,板料又较薄时,则在坯料的凸缘部分,特别是最外缘部分,在切向压应力 σ_τ 的作用下会失去稳定而拱起,即形成所谓"起皱现象",图 18-28 所示为起皱破坏。

2. 凹模圆角部分

这是一个过渡区,材料的变形比较复杂,除有与 1 区相同的特点(即在径向受拉应力 σ_r 和

切向压应力 σ_τ 的作用)外,还由于承受凹模圆角的压力和弯曲作用而产生的压应力 σ_δ。

3. 筒壁部分

这部分材料已经形成筒形,材料不再发生大的变形。但是,在继续拉深时,凸模的拉深力要经由筒壁传递到凸缘部分。因此,它承受单向拉应力 σ_r 的作用,发生少量的纵向伸长和变薄。

4. 凸模圆角部分

这也是过渡区域,它承受径向和切向拉应力 σ_r、σ_τ 的作用,同时,在厚度方向由于凸模的压力和弯曲作用而受压应力 σ_δ 的作用。

在这区域中筒壁与底部转角稍上的地方,由于传递拉深力的截面积较小,因此产生的拉应力 σ_r 较大。同时,因为在该处所需要转移的材料较少,故该处材料的变形程度很小,冷作硬化较低,材料的屈服强度也就较低。而与凸模圆角部分相比,该处又不像凸模圆角处那样,存在较大的摩擦阻力。因此在拉深过程中,在筒壁与底部转角处稍上的地方变薄便最为严重,成为整个拉深件强度最薄弱的地方,通常称此断面为"危险断面"。倘若此处的应力 σ_r 超过材料的抗拉强度,则拉深件将在此处拉裂(图 18-29),或者即使未拉裂,但由于应力过大,材料在该处变薄过于严重,以致超差而使冲件报废。

5. 筒底部分

此处材料拉深前后都是平的,不产生大的变形,但由于凸模拉深力的作用(主要作用在凸模圆角部分),材料承受两向拉应力,厚度略有变薄。

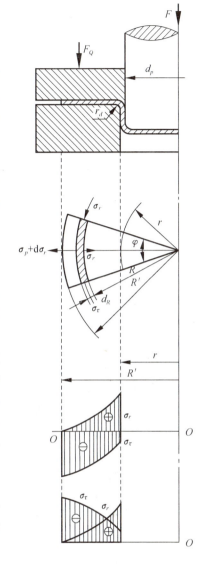

图 18-27

综上所述,在拉深中经常遇到的主要问题是拉裂和起皱。一般情况下,起皱不是主要的,因为只要采用压边圈,即增加 σ_δ 的作用即可解决。主要的破坏形式是拉裂,但在一定条件下,主次也是会相互转化的。

图 18-28

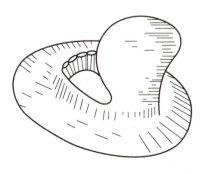

图 18-29

18.5 塑胶注射模具的强度、刚度

18.5.1 注射压力

注射机的注射压力是指柱塞或螺杆头部对塑料熔体所施加的压力。在注射机上常用表压指示注射压力的大小，一般在 40~130 MPa。其作用是克服塑料熔体从料筒流向型腔的流动阻力，给予熔体一定的充型速率以及对熔体进行压实等。

注射压力的大小取决于注射机的类型、塑料的品种、模具及浇注系统的结构、尺寸与表面粗糙度、模具温度、塑料的壁厚及流程的大小等，关系十分复杂，目前难以作出具有定量关系的结论。在其他条件相同的情况下，柱塞式注射机作用的注射压力应比螺杆式的大，其原因在于塑料在柱塞式注射机料筒内的压力损耗比螺杆式的大，塑料流动阻力的另一决定因素是塑料与模具浇注系统及型腔之间的摩擦系数和熔融黏度，两者越大时，注射压力应越高，同一种塑料的摩擦系数和熔融黏度是随所用料筒温度和模具温度而变化的。此外，还与是否加有润滑剂有关。

为了保证塑件的质量，对注射速度(熔融塑料在喷嘴处的喷出速度)常有一定的要求，而对注射速度较为直接的影响因素是注射压力。就塑件的机械强度和收缩率来说，每一种塑件都有各自的最佳注射速度，而且经常是一个范围的数值。这一数值与很多因素有关，其中最主要的影响因素是塑件的壁厚。厚壁的塑件用低的注射速度，反之则相反。

型腔充满后，注射压力的作用全在于对模内熔料的压实。在生产中，压实时的压力等于或小于注射时所用的注射压力。如果注射和压实时的压力相等，则往往可以使塑件的收缩率减小，并且它们的尺寸稳定性较好。缺点是会造成脱模时的残余应力过大和成型周期过长。但对结晶性塑料来说，成型周期不一定增长，因为压实压力大时可以提高塑料的熔点(例如聚甲醛，如果压力加大到 50 MPa，则其熔点可以提高 90 ℃)脱模可以提前。

18.5.2 注射模具的强度、刚度

注射模具的工作状态是长时间地承受交变负荷，同时也伴有冷热温度的交替变化。现代注射模具使用寿命至少几十万次，多至几百万次，因此，模具必须具有足够的强度和刚度。模具在工作状态下所发生的弹性变形，对塑胶件的质量有很大的影响，尤其是对尺寸精度高的塑胶件，要求模具必须具有良好的刚度。

模具型腔设计必须保证其强度条件，其计算应力小于许用应力，还得满足其刚度条件要求。

18.5.3 模具型腔设计计算

塑料模具型腔在成型过程中受到熔体的高压作用，应具有足够的强度和刚度，如果型腔侧壁和底板厚度过小，可能因强度不够而产生塑性变形甚至破坏；也可能因刚度不足而产生挠曲变形，导致溢料和出现飞边，降低塑件尺寸精度并影响顺利脱模。因此，应通过强度和刚度计算来确定型腔壁厚，尤其对于重要的精度要求高的或大型模具的型腔，更不能单纯凭经验来确定型腔侧壁和底板厚度。

模具型腔壁厚的计算，应以最大压力为准。而最大压力是在注射时熔体充满型腔的瞬间

产生的,随着塑料的冷却和浇口的冻结,型腔内的压力逐渐降低,在开模时接近常压。理论分析和生产实践表明,大尺寸的模具型腔,刚度不足是主要矛盾,型腔壁厚应以满足刚度条件为准;而对于小尺寸的模具型腔,在发生大的弹性变形前,其内应力往往超过了模具材料的许用应力,因此,强度不够是主要矛盾,设计型腔壁厚应以强度条件为准。

型腔壁厚的强度计算条件是型腔在各种受力形式下的应力值不得超过模具材料的许用应力;而刚度计算条件由于模具的特殊性,应从以下三个方面来考虑。

1. 模具成型过程不发生溢料

当高压熔体注入型腔时,模具型腔的某些配合面产生间隙,间隙过大则出现溢料,如图18-30所示。这时应根据塑料的粘度特性,在不产生溢料的前提下,将允许的最大间隙值[δ]作为型腔的刚度条件。各种塑料的最大不溢料间隙值见表18-5。

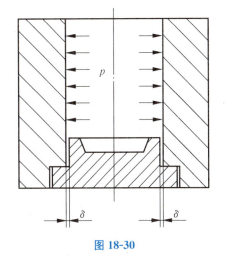

图 18-30

表 18-5 不发生溢料的间隙值[δ]   mm

黏度特性	塑料品种举例	允许变量值[δ]
低黏度塑料	尼龙(PA)、聚乙烯(PE)、聚丙烯(PP)、聚甲醛(POM)	≤0.025～0.04
中黏度塑料	聚苯乙烯(PS)、ABS、聚甲基丙烯酸甲酯(PMMA)	≤0.05
高黏度塑料	聚碳酸酯(PC)、聚砜(PSF)、聚苯醚(PPO)	≤0.06～0.08

2. 保证塑件尺寸精度

某些塑料制件或塑件的某些部位尺寸常要求较高的精度要求,这就要求模具型腔具有良好的刚性,以保证塑料熔体注入型腔时不产生过大的弹性变形。此时,型腔的允许变形量[δ]由塑件尺寸和公差值来确定。由塑件尺寸精度确定的刚度条件可以用表18-6所列的经验公式计算出来。

表 18-6 保证塑件尺寸精度的[δ]值   mm

塑件尺寸	经验公式[δ]
<10	$\Delta_i/3$
>10～50	$\Delta_i/[3(1+\Delta_i)]$
>50～200	$\Delta_i/[5(1+\Delta_i)]$
>200～500	$\Delta_i/[10(1+\Delta_i)]$
>500～1 000	$\Delta_i/[15(1+\Delta_i)]$
>1 000～2 000	$\Delta_i/[20(1+\Delta_i)]$

注: i 为塑件精度等级,由表 SJ 1372—1978 标准选定;
　　Δ 为塑件尺寸公差值,由表 SJ 1372—1978 选定。

例如,塑件尺寸在200～500 mm,其三级和五级精度的公差分别为0.50～1.10 mm和1.00～2.20 mm,则其刚度条件分别为[δ]=0.033～0.052 mm和[δ]=0.050～0.069 mm。

3. 保证塑件顺利脱模

如果型腔刚度不足,在熔体高压作用下会产生过大的弹性变形,当变形量超过塑件收缩值

时,塑件周边将被型腔紧紧包住而难以脱模,强制顶出易使塑件划伤或破裂,因此型腔的允许弹性变形量应小于塑件壁厚的收缩值,即

$$[\delta] < \delta S \qquad (18\text{-}17)$$

式中,$[\delta]$ 为保证塑件顺利脱模的型腔允许弹性变形量(mm);δ 为塑件壁厚(mm);S 为塑料的收缩率。

在一般情况下,因塑料的收缩率较大,型腔的弹性变形量不会超过塑料冷却时的收缩值。因此型腔的刚度要求主要由不溢料和塑件精度来决定。当塑件某一尺寸同时有几项要求时,应以其中最苛刻的条件作为刚度设计的依据。

型腔尺寸以强度和刚度计算的分界值取决于型腔的形状、结构、模具材料的许用应力、型腔允许的弹性变形量以及型腔内熔体的最大压力。在以上诸因素一定的条件下,以强度计算所需要的壁厚和以刚度计算所需要的壁厚相等时的型腔内尺寸即为强度计算和刚度计算的分界值。在分界值不知道的情况下,应分别按强度条件和刚度条件计算出壁厚,取其中较大值作为模具型腔的壁厚。

由于型腔的形状、结构形式是多种多样的,同时在成型过程中模具受力状态也很复杂,一些参数难以确定,因此对型腔壁厚作精确的力学计算几乎是不可能的。只能从实用观点出发,对具体情况作具体分析,建立接近的力学模型,确定较为接近的计算参数,采用工程上常用的近似计算方法,以满足设计上的需要。

下面介绍几种常见的规则型腔的壁厚和底板厚度计算方法。对于不规则的型腔,可简化为下面的规则型腔进行近似计算。

1. 矩形型腔结构尺寸计算

矩形型腔是指横截面呈矩形结构的成型型腔。按型腔结构可分为组合式和整体式两类。此处只讨论组合式。

(1) 组合式矩形型腔。组合式矩形型腔结构有很多种,典型结构如图 18-31 所示。

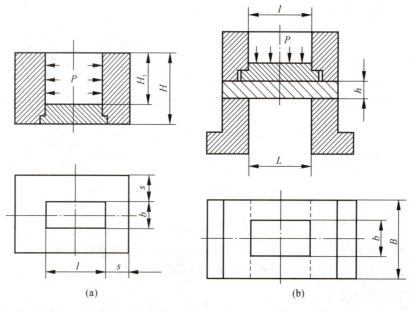

图 18-31

① 型腔侧壁厚度计算。图 18-31(a)表示组合式矩形型腔工作时变形情况,在熔体压力作用下,侧壁向外膨胀产生弯曲变形,使侧壁与底板间出现间隙,间隙过大将发生溢料或影响塑件尺寸精度。将侧壁每一边看成是受均匀载荷的端部固定梁,设允许最大变形量为$[\delta]$,其壁厚按刚度条件计算式为

$$s = \sqrt[3]{\frac{pH_1 l^4}{32EH[\delta]}} \tag{18-18}$$

式中,s 为矩形型腔侧壁厚度(mm);p 为型腔内熔体的压力(MPa);H_1 为承受熔体压力的侧壁高度(mm);l 为型腔侧壁长边长(mm);E 为钢的弹性模量,取 2.06×10^5 MPa;H 为型腔侧壁总高度(mm);$[\delta]$ 为允许变形量(mm)。

如果先进行强度计算,求出型腔的侧壁厚度,再校验弹性变形量是否在允许的范围内,则式(18-18)可变换为

$$\delta = \frac{pH_1 l^4}{32EH_s^3} \leqslant [\delta] \tag{18-19}$$

按强度条件来计算,矩形型腔侧壁每边都受到拉应力和弯曲应力的联合作用。按端部固定梁计算,弯曲应力的最大值在梁的两端:

$$\sigma_\omega = \frac{pH_1 l^2}{2H_s^2}$$

由相邻侧壁受载荷所引起的拉应力为

$$\sigma_b = \frac{pH_1 b}{2H_s}$$

式中,b 为型腔侧壁的短边长(mm)。

总应力应小于模具材料的许用应力$[\sigma]$,即

$$\sigma_\omega + \sigma_b = \frac{pH_1 l^2}{2H_s^2} + \frac{pH_1 b}{2H_s} \leqslant [\sigma] \tag{18-20}$$

为计算方便,略去较小的 σ_b,按强度条件型腔侧壁的计算式为

$$s = \sqrt[3]{\frac{pH_1 l^2}{2H[\sigma]}} \tag{18-21}$$

当 $p=50$ MPa,$H_1/H=4/5$,$[\delta]=0.05$ mm,$[\sigma]=160$ MPa 时,侧壁长边 l 刚度计算与强度计算的分界尺寸为 $l=370$ mm,即当 $l>370$ mm 时按刚度条件计算侧壁厚度,反之按强度条件计算侧壁厚度。

把式(18-19)的数值整理成设计图(列线图),如图 18-32 所示。

② 底板厚度的计算。组合式型腔底板实际上是支承板的厚度。底板厚度的计算因其支撑形式不同有很大的差异,对于最常见的动模边为双支脚的底边(如图 18-31(b)所示),为简化其计算,假定型腔边长 l 和支脚间距 L 相等,底板可作为受均匀载荷的间支梁,其最大变形出现在板的中间,按刚度条件计算底板的厚度为

$$h = \sqrt[3]{\frac{5pbl^4}{32EB[\delta]}} \tag{18-22}$$

式中,h 为矩形底板(支承极)的厚度(mm);B 为底板总宽度(mm)。

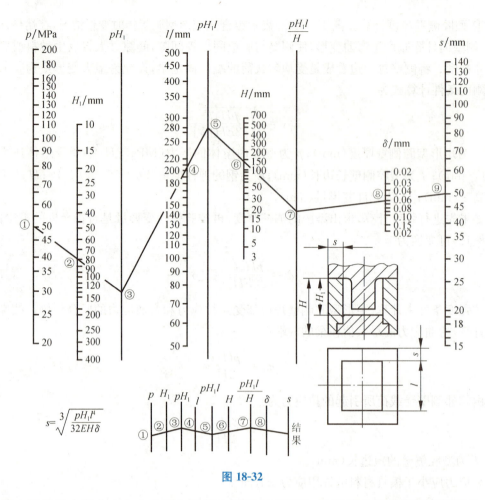

图 18-32

简支梁的最大弯曲应力也出现在板的中间最大变形处，按强度条件计算底板厚度为

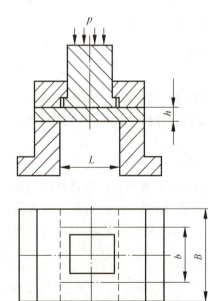

$$h = \sqrt{\frac{3pbL^3}{4B[\sigma]}} \quad (18\text{-}23)$$

式中，L 为双支脚间距（mm）。

当 $p=50$ MPa，$b/B=1/2$，$[\delta]=0.05$ mm，$[\sigma]=160$ MPa 时，强度与刚度计算的分界尺寸为 $L=108$ mm，即 $L>108$ mm 时按刚度条件计算底板厚度，反之按强度条件计算底板厚度。

2. 矩形型腔动模支承板厚度

动模支承板又称为型芯支承板，一般都是两端被模脚或垫块支撑着，如图 18-33 所示。动模支承板在成型压力作用下发生变形时，导致塑件高度方向尺寸超差，或在分型面发生溢料现象。对于动模板是穿通组合式的情况，组合式矩形型腔底板厚度就是指动模支承板的厚度。

当已选定的动模支承板厚度通过校验不够时，或者设计时为了有意识地减少动模支承板厚度以节约材料，

图 18-33

第 18 章　材料成型与模具技术中的力学问题

可在支承板和动模底板之间设置支柱或支块,如图 18-34 所示。

在两模脚(垫块)之间设置一根支柱时,(图 18-34(a)),动模垫板厚度可按下式计算:

$$h = \sqrt[3]{\frac{5pb(L/2)^4}{32EB[\delta]}} \qquad (18\text{-}24)$$

在两模脚之间设置两根支柱式(图 18-34(b)),垫板厚度可用下式计算:

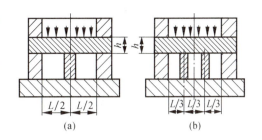

图 18-34

$$h = \sqrt[3]{\frac{5pb(L/3)^4}{32EB[\delta]}} \qquad (18\text{-}25)$$

表 18-7 所列为动模垫板厚度的经验数据,供设计时参考。

表 18-7　动模垫板厚度　　　　　　　　　　　　　　mm

塑件在分型面上的投影面积/cm²	垫板厚度
~5	15
>5~10	15~20
>10~50	20~25
>50~100	25~30
>100~200	30~40
>200	>40

3. 圆形型腔结构尺寸计算

圆形型腔是指模具型腔横截面呈圆形的结构。按结构可分为组合式和整体式两类。

(1) 组合式圆形型腔。组合式圆形型腔结构及受力状况如图 18-35 所示。

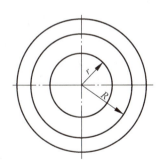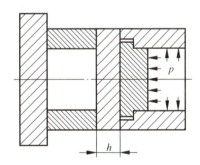

图 18-35

① 型腔侧壁厚度的计算。组合式圆形型腔侧壁可作为两端开口,仅受均匀内压的厚壁圆筒,当型腔受到熔体的高压作用时,其内半径增大,在侧壁与底板之间产生纵向间隙,间隙过大便会导致溢料。

按刚度条件,型腔侧壁厚度计算式为

$$s = R - r = r\left(\sqrt{\frac{1-\mu+\dfrac{E[\delta]}{rp}}{\dfrac{E[\delta]}{rp}-\mu-1}} - 1\right) \qquad (18\text{-}26)$$

式中，s 为型腔侧壁厚度(mm)；R 为型腔外半径(mm)；r 为型腔内半径(mm)；μ 为泊松比，碳钢取 0.25；E 为钢的弹性模量，取 2.06×10^5 MPa；p 为型腔内塑料熔体压力(MPa)；$[\delta]$ 为型腔允许变形量(mm)。

按强度条件，型腔侧壁厚度计算式为

$$s = R - r = r\left(\sqrt{\frac{[\sigma]}{[\sigma]-2p}} - 1\right) \tag{18-27}$$

当 $p=50$ MPa，$[\delta]=0.05$ mm，$[\sigma]=160$ MPa 时，刚度条件和强度条件的分界尺寸式 $r=86$ mm，内半径 $r>86$ mm 按刚度条件计算型腔腔壁厚；反之，按强度条件计算腔壁厚。

② 底板厚度的计算。组合式圆形腔底板固定在圆环型的模脚上，并假定模脚的内半径等于型腔内半径。这样底板可作为周边简支的圆板，最大变形发生在板的中心。

按刚度条件，型腔底板厚度为

$$h = \sqrt[3]{0.74\frac{pr^4}{E[\delta]}} \tag{18-28}$$

按强度条件，最大应力也发生在板中心，底板厚度为

$$h = r\sqrt{\frac{1.22p}{[\sigma]}} \tag{18-29}$$

(2) 整体式圆形型腔。整体式圆形型腔结构及受力状况、变形情况如图 18-36 所示。

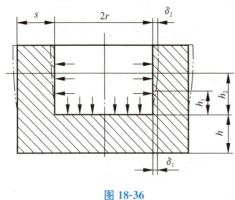

图 18-36

① 型腔侧壁厚度的计算。整体式圆形型腔的侧壁可以看做是封闭的厚壁圆筒，侧壁在塑料熔体压力作用下变形，由于侧壁变形受到底板的约束，在一定高度 h_2 范围内，其内半径增大量较小，越靠近底板约束越大，侧壁增大量越小，可以近似地认为底板处侧壁内半径增大量为零。当侧壁高到一定界线(h_2)以上时，侧壁就不再受底板约束的影响，其内半径增大量与组合式型腔相同，故高于 h_2 的整体式圆形型腔按组合式圆形型腔作刚度和强度计算。

整体式圆形型腔内半径增大受底板约束的高度为

$$h_2 = \sqrt[4]{2r(R-r)^3} \tag{18-30}$$

在约束部分，内半径的增大量为

$$\delta_1 = \delta_2 \frac{h_1^4}{h_2^4} \tag{18-31}$$

式中，δ_1 为侧壁上任一高度 h_1 处的内半径增大量(mm)；δ_2 为自由膨胀时的内半径增大量(mm)，可按下式计算：

$$\delta_2 = \frac{rp}{E}\left(\frac{R^2+r^2}{R^2-r^2} + \mu\right) \tag{18-32}$$

当型腔高度低于 h_2 时，按式(18-30)与式(18-31)作刚度校核，用试差法确定外半径 R，侧壁厚 $s=R-r$，然后用下式进行强度校核：

$$\sigma = \frac{3ph_2^2}{s^2}\left(\frac{R^2+r^2}{R^2-r^2} + \mu\right) \leqslant [\sigma] \tag{18-33}$$

整体式圆形型腔的壁厚尺寸也可按组合式圆形型腔的壁厚计算公式进行计算,这样计算的结果更加安全。

② 底板厚度的计算。整体式圆形型腔的底板支撑在模脚上,并假设模脚内半径等于型腔内半径,则底板可以作为周边固定的、受均匀载荷的圆板,其最大变形发生在圆板中心,按刚度条件,底板厚度为

$$h = \sqrt[3]{\frac{0.175pr^4}{E[\delta]}} \tag{18-34}$$

最大应力发生在底的周边,因此按强度条件,底板厚度为

$$h = r\sqrt{\frac{0.75p}{[\sigma]}} \tag{18-35}$$

当 $p=50$ MPa,$\delta=0.05$ mm,$[\sigma]=160$ MPa 时,底板刚度与强度计算的分界尺寸是 $r=136$ mm。

表 18-8 列举了圆形型腔壁厚的经验数据,供设计式参考。

表 18-8　圆形型腔壁厚　　　　　　　　　　　　mm

圆形型腔内壁直径 $2r$	整体式型腔壁厚 $s=R-r$	组合式型腔	
		型腔壁厚 $s_1=R-r$	模套壁厚 s_2
~40	20	8	18
>40~50	25	9	22
>50~60	30	10	25
>60~70	35	11	28
>70~80	40	12	32
>80~90	45	13	35
>90~100	50	14	40
>100~120	55	15	45
>120~140	60	16	48
>140~160	65	17	52
>160~180	70	19	55
>180~200	75	21	58

注:以上型腔壁厚系淬硬钢数据,如用未淬硬钢,应乘以系数 1.2~1.5。

附 录

附录 A 材料力学课程实验

实验一 材料试验机

试验机是给试件(或模型)加载的设备。目前使用较广泛的是液压式试验机,它能兼做拉伸、压缩和弯曲等多种试验。

一、实验原理

液压式材料试验机的结构原理如附图 A-1 所示,它主要由加载和测力两部分所组成。

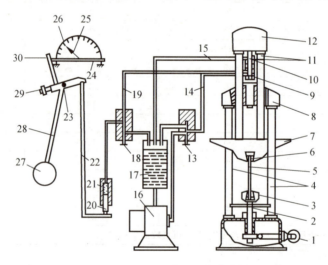

附图 A-1 WB 型液压万能试验机

1—升降电动机;2—螺杆;3—下夹头;4—固定立柱;5—试件;6—上夹头;7—工作台;8—固定横头;9—工作液压缸;10—工作活塞;11—活动立柱;12—上横头;13—送油阀;14—送油管;15—溢油管;16—液压泵;17—油箱;18—回油阀;19—回油管;20—测力活塞;21—测力液压缸;22—拉杆;23—支点;24—齿杆;25—指针;26—测力度盘;27—摆锤;28—摆杆;29—平衡砣;30—推杆

1. 加载部分

在机器底座上装有两根固定立柱 4,它支承着固定横头 8 和工作液压缸 9。工作时开动液压泵 16,打开送油阀 13,油液经送油管 14 进入工作液压缸,推动工作活塞 10,使上横头 12 和工作台 7 上升,安装在上夹头 6、下夹头 3 中的试件就受到拉伸。若把试件放在工作台 7 上,则当它随工作台上升到与固定上垫板接触时就受到压缩。

工作液压缸活塞上升的速度反映了试件变形速度,可通过调节送油阀,改变进油量的大小

— 362 —

来控制,所以在施加静载荷时,送油阀应缓慢地打开。试件卸载,只要打开回油阀 18,则油液就从工作液压缸经回油管 19 流回油箱 17,工作台在自重作用下降回原位。为了便于试件装夹,下夹头的高低位置可通过开动升降电动机 1,驱动螺杆 2 来调节。但要注意的是:当试件已经夹紧或受力时,不能再开动升降电动机,否则就要造成用下夹头对试件加载,以致损坏电动机。

2. 测力部分

材料试验机的测力部分包括测力液压缸、杠杆摆锤机构、测力度盘、指针和自动绘图器等。其中测力液压缸 21 与工作液压缸相通,当试件受载时,工作液压缸的压力传到测力液压缸,使测力活塞 20 下降,带动摆锤 27 绕支点 23 转动,同时,摆上的推杆 30 推动齿杆 24,使齿轮和指针 25 旋转。显然,指针的旋转角度与油压成正比,即与试件上所加的载荷成正比,因此在测力度盘 26 上,便可读出试件受力的大小。

根据杠杆平衡原理可知,摆锤质量不同时,摆杆偏转相同的角度,测力液压缸的压力是不同的,因此测力度盘上的载荷示值与摆锤的质量有关。实验时,要根据预先估算的载荷大小来选定合适的测力度盘。

加载前,应调整测力指针对准度盘上的零点。方法是开动液压泵电动机送油,将工作台 7 升起 1 cm 左右,然后移动摆杆上平衡砣 29,使摆杆达到铅垂位置。再旋转测力度盘(或转动齿杆)使指针对准零点。

二、实验步骤及注意事项

(1) 选择测力度盘。实验前,首先估计试件所需的最大载荷,选择试验机的测量范围,挂上相应的摆锤。如直径为 10 mm 的低碳钢拉伸试件,估计最大承载力在 40 kN 左右,就选取用 0~50 kN 的刻度盘。

(2) 开机并将测力指针调零。拨回随动指针,使其与测力指针重合。

(3) 安装并调整自动绘图器上的纸和笔,使之在加载后能自动绘出试件所受力与变形的曲线图。

(4) 安装试件。压缩试件必须放置在垫板上。拉伸试件则须调整下夹头位置,使上、下夹头之间的距离与试件长度相适应,然后再将试件夹紧。试件夹紧后,就不能再调整下夹头了。

(5) 加载与卸载。开启送油阀,缓慢送油并加载。注意:不可将送油阀开得过快、过大,以防止试件迅速破坏(屈服、断裂)或损坏测力机构。

(6) 实验完毕,关闭送油阀,并立即停机,然后取下试件。缓慢打开回油阀,将油液泄回油箱,使活动台回到原始位置,并使一切机构复原。

实验二 材料的拉伸、压缩实验

材料的拉伸实验是测定材料在静载荷作用下力学性能的一个最基本的实验。工程设计中所选取用的材料力学性能指标,大部分以拉伸试验为主要依据。本次实验主要选用低碳钢和铸铁作为塑性材料和脆性材料的代表,分别做拉伸实验。

有些工程材料在拉伸和压缩时所表现的力学性质并不相同,因此还必须做压缩实验。

Ⅰ 拉 伸 实 验

一、实验目的

(1) 测定低碳钢材料的屈服点 σ_s、强度极限 σ_b、伸长率 δ 和截面收缩率 Ψ。

(2) 测定铸铁材料的拉伸强度极限 σ_b。
(3) 观察拉伸过程中的各种现象（包括屈服、强化、颈缩和破坏形式等），绘制 $\sigma\text{-}\varepsilon$ 曲线图。
(4) 比较低碳钢和铸铁材料的力学性质特点。

二、实验原理

拉伸试件大多采用圆形试件，如附图 A-2 所示。试件中段用于测量拉伸变形，其长度为 l_0，称为标距。两端较粗的部分是头部，用于装入试验机夹头以传递拉力。试件两头部之间的均匀段长度 l 应大于标距 l_0。

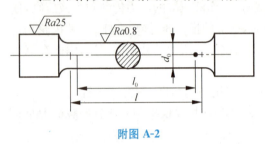

附图 A-2

国家对试件的尺寸、形状和加工都有统一的规定（GB 6379—1986《金属拉力试验法》）。对于圆形试件，直径 $d_0 = 10$ mm，则 $l_0 = 10d_0$ 时称为长试件，$l_0 = 5d_0$ 时称为短试件。

三、实验步骤

1. 低碳钢拉伸实验步骤

首先测量试件两端标距线及中间三个横截面处的直径，算出这三处横截面面积的平均值作为试件的横截面面积 A_0（数值取三位有效数字），测量标距长度 l_0。

按实验一有关试验机操作步骤调整好材料试验机，并装上试件。

请实验指导老师检查以上步骤的完成情况，然后开动试验机，预加少量载荷，并卸载让指针回到零点，借以检查试验机工作是否正常。

开动材料试验机，使之缓慢加载。注意观察测力指针的转动、自动绘图器的工作情况。开始拉伸时，由于试件头部在夹头内的滑动，故拉伸曲线的初始部分是曲线形状。当测力指针不动或倒退时，说明材料开始屈服，这时拉伸曲线呈锯齿状，如附图 A-3 所示。此时曲线的最高点 B 称为上屈服点，最低点 B' 称为下屈服点。由于上屈服点受变形速度、试件形式等因素的影响较大，故工程上均以 B' 点对应的载荷作为材料的屈服载荷 F_s。

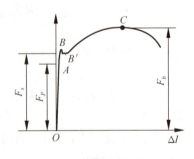

附图 A-3

确定屈服载荷 F_s 时，必须注意观察读数表盘上测力指针的转动情况，当它倒退后所指示的最小载荷即为屈服载荷。

低碳钢由屈服进入强化阶段后，拉伸曲线继续上升，测力指针又向前转动。但随着载荷的增加，指针的转动由快变慢，而后出现停顿和倒退。此时可发现试件某处出现颈缩，并且该处的截面迅速减小，继续拉伸，所需载荷也随之变小，直至试件拉断。从随动测力指针所停留的刻度，可读出试件拉伸时的最大载荷 F_b。

取下拉断试件，将两段对齐并尽量压紧，用游标卡尺测量断裂后工作段的长度 l_1。测量两段断口处的直径 d_1 时，应该分别在断口处沿两个互相垂直的方向各测 d_1 一次，计算两段的平均值，取其中最小者计算断口处的横截面面积 A_1。

2. 铸铁拉伸实验步骤

与低碳钢试件尺寸测定相似(但不需测量标距 l_0),调整好材料试验机并装好试件,开动试验机,使自动绘图器工作,直至试件断裂为止。停车,记录最大载荷。

铸铁拉伸图如附图 A-4 所示。记录的参考表格形式见附表 A-1、附表 A-2。

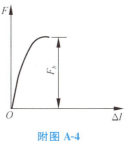

附图 A-4

附表 A-1　试件原始尺寸

材料	标距 l_0/mm	直径 d_0/mm									最小横截面面积 A_0/mm²
		横截面Ⅰ			横截面Ⅱ			横截面Ⅲ			
		(1)	(2)	平均	(1)	(2)	平均	(1)	(2)	平均	
低碳钢											
铸铁											

附表 A-2　试件断后尺寸

断后标距长度 l_1/mm	断口(颈缩)处直径 d_1/mm						断口处最小横截面面积 A_1/mm²
	左段			右段			
	(1)	(2)	平均	(1)	(2)	平均	

3. 试验结果的处理

根据所测数据,分别算出低碳钢、铸铁的下述指标。

低碳钢

$$\sigma_s = \frac{F_s}{A_0}, \quad \delta = \frac{l_1 - l_0}{l_0} \times 100\%$$

$$\sigma_b = \frac{F_b}{A_0}, \quad \psi = \frac{A_0 - A_1}{A_0} \times 100\%$$

铸铁

$$\sigma_b = F_b / A_0$$

四、思考题

(1) 加载、卸载时应注意什么?

(2) 怎样选定测力度盘和摆锤?

(3) 从不同的断口特征说明两种金属的破坏形式。

Ⅱ　压缩实验

一、实验目的

(1) 测定压缩时低碳钢的屈服点 σ_s 和铸铁强度极限 σ_b。

(2) 观察并比较低碳钢和铸铁压缩时的变形和破坏现象。

二、实验原理

金属材料压缩破坏实验采用短圆柱形试件(见附图 A-5),h_0 和 d_0 之间一般规定为 $1 \leqslant \dfrac{h_0}{d_0} \leqslant 3$。为了尽量使试件承受轴向压力,试件两端面应力求

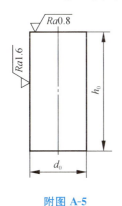

附图 A-5

完全平行,且与其轴线垂直。同时,两个端面还应力求光洁,以减少摩擦对试验结果的影响。

三、实验步骤

1. 低碳钢压缩实验步骤

用游标卡尺测量试件两端及中部处三个截面的尺寸,取最小一处的直径来计算横截面面积。

附图 A-6

试验机附有球座压力板,如附图 A-6 所示,当试件两端面稍有不平行时,可以起调节作用,使压力通过试件轴线。

调整好材料试验机并且开动机器,试件随之上升。当上支承垫接近试件时,减慢下支座上升的速度,以避免急剧加载。同时使自动绘图器工作,在试件与上支承垫接触受力后,用慢速预加少量载荷,然后卸载接近零点,以检查试验机工作是否正常。

然后缓慢而均匀地加载,注意观察测力指针的转动情况和绘图纸上的压缩图。一旦测力指针稍有停顿或速度减慢时,所指示的即为屈服载荷 F_b。

超过屈服阶段后,继续加载,则曲线继续上升(见附图 A-7)。这时塑性变形迅速增长,试件横截面面积也随之增大,承受的载荷也更大,最后将试件压成鼓形即可停止。试件并不破坏,所以无法测出最大载荷以及强度极限。

2. 铸铁压缩实验步骤

与低碳钢压缩实验步骤相同。但必须注意,实验时在试件周围要加防护罩,以免在碎裂时碎片飞出伤人。

缓慢均匀加载到试件压坏为止,记录最大载荷 F_b。铸铁的压缩曲线如附图 A-8 所示。

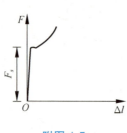

附图 A-7

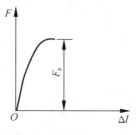

附图 A-8

3. 实验结果的处理

根据所测数据,分别算出低碳钢、铸铁的下述指标。

低碳钢的屈服点 $\qquad \sigma_s = \dfrac{F_s}{A_0}$

铸铁的压缩强度极限 $\qquad \sigma_b = \dfrac{F_b}{A_0}$

四、思考题

(1) 比较低碳钢和铸铁在轴向拉伸和压缩下的力学性质。
(2) 画出低碳钢与铸铁在拉伸和压缩时的断口形式并简单分析其破坏原因。

附录 B 型钢表（附表 B-1～附表 B-4）

附表 B-1 热轧等边角钢（GB/9787—1988）

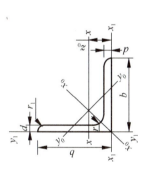

符号意义：b —— 边宽度；
d —— 边厚度；
r —— 内圆弧半径；
r_1 —— 边端内圆弧半径；
I —— 惯性矩；
i —— 惯性半径；
W —— 截面系数；
z_0 —— 重心距离。

角钢号数	尺寸/mm			截面面积/cm²	理论重量/(kg·m⁻¹)	外表面积/(m²·m⁻¹)	参考数值									
							$x-x$			x_0-x_0			y_0-y_0			x_1-x_1	z_0/cm
	b	d	r				I_x/cm⁴	i_x/cm	W_x/cm³	I_{x0}/cm⁴	i_{x0}/cm	W_{x0}/cm³	I_{y0}/cm⁴	i_{y0}/cm	W_{y0}/cm³	I_{x1}/cm⁴	
2	20	3	3.5	1.132	0.889	0.078	0.40	0.59	0.29	0.63	0.75	0.45	0.17	0.39	0.20	0.81	0.60
	20	4		1.459	1.145	0.077	0.50	0.58	0.36	0.78	0.73	0.55	0.22	0.38	0.24	1.09	0.64
2.5	25	3		1.432	1.124	0.098	0.82	0.76	0.46	1.29	0.95	0.73	0.34	0.49	0.33	1.57	0.73
	25	4		1.859	1.459	0.097	1.03	0.74	0.59	1.62	0.93	0.92	0.43	0.48	0.40	2.11	0.76
3.0	30	3		1.749	1.373	0.117	1.46	0.91	0.68	2.31	1.15	1.09	0.61	0.59	0.51	2.71	0.85
	30	4		2.276	1.786	0.117	1.84	0.90	0.87	2.92	1.13	1.37	0.77	0.58	0.62	3.63	0.89
3.6	36	3	4.5	2.109	1.656	0.141	2.58	1.11	0.99	4.09	1.39	1.61	1.07	0.71	0.76	4.68	1.00
	36	4		2.756	2.163	0.141	3.29	1.09	1.28	5.22	1.38	2.05	1.37	0.70	0.93	6.25	1.04
	36	5		3.382	2.654	0.141	3.95	1.08	1.56	6.24	1.36	2.45	1.65	0.70	1.09	7.84	1.07
4.0	40	3	5	2.359	1.852	0.157	3.59	1.23	1.23	5.69	1.55	2.01	1.49	0.79	0.96	6.41	1.09
	40	4		3.086	2.422	0.157	4.60	1.22	1.60	7.29	1.54	2.58	1.91	0.79	1.19	8.53	1.13
	40	5		3.791	2.976	0.156	5.53	1.21	1.96	8.76	1.52	3.10	2.30	0.78	1.39	10.74	1.17

续表

角钢号数	尺寸/mm			截面面积/cm²	理论重量/(kg·m⁻¹)	外表面积/(m²·m⁻¹)	参考数值										
	b	d	r				$x-x$			x_0-x_0			y_0-y_0			x_1-x_1	z_0/cm
							I_x/cm⁴	i_x/cm	W_x/cm³	I_{x0}/cm⁴	i_{x0}/cm	W_{x0}/cm³	I_{y0}/cm⁴	i_{y0}/cm	W_{y0}/cm³	I_{x1}/cm⁴	
4.5	45	3	5	2.659	2.088	0.177	5.17	1.40	1.58	8.20	1.76	2.58	2.14	0.89	1.24	9.12	1.22
		4		3.486	2.736	0.177	6.65	1.38	2.05	10.56	1.74	3.32	2.75	0.89	1.54	12.18	1.26
		5		4.292	3.369	0.176	8.04	1.37	2.51	12.74	1.72	4.00	3.33	0.88	1.81	15.25	1.30
		6		5.076	3.985	0.176	9.33	1.36	2.95	14.76	1.70	4.64	3.89	0.88	2.06	18.36	1.33
5	50	3	5.5	2.971	2.332	0.197	7.18	1.55	1.96	11.37	1.96	3.22	2.98	1.00	1.57	12.50	1.34
		4		3.897	3.059	0.197	9.26	1.54	2.56	14.70	1.94	4.16	3.82	0.99	1.96	16.69	1.38
		5		4.803	3.770	0.196	11.21	1.53	3.13	17.79	1.92	5.03	4.64	0.98	2.31	20.90	1.42
		6		5.688	4.465	0.196	13.05	1.52	3.68	20.68	1.91	5.85	5.42	0.98	2.63	25.14	1.46
5.6	56	3	6	3.343	2.624	0.221	10.19	1.75	2.48	16.14	2.20	4.08	4.24	1.13	2.02	17.56	1.48
		4		4.390	3.446	0.220	13.18	1.73	3.24	20.92	2.18	5.28	5.46	1.11	2.52	23.43	1.53
		5		5.415	4.251	0.220	16.02	1.72	3.97	25.42	2.17	6.42	6.61	1.10	2.98	29.33	1.57
		8		8.367	6.568	0.219	23.63	1.68	6.03	37.37	2.11	9.44	9.89	1.09	4.16	47.24	1.68
6.3	63	4	7	4.978	3.907	0.248	19.03	1.96	4.13	30.17	2.46	6.78	7.89	1.26	3.29	33.35	1.70
		5		6.143	4.822	0.248	23.17	1.94	5.08	36.77	2.45	8.25	9.57	1.25	3.90	41.73	1.74
		6		7.288	5.721	0.247	27.12	1.93	6.00	43.03	2.43	9.66	11.20	1.24	4.46	50.14	1.78
		8		9.515	7.469	0.247	34.46	1.90	7.75	54.56	2.40	12.25	14.33	1.23	5.47	67.11	1.85
		10		11.657	9.151	0.246	41.09	1.88	9.39	64.85	2.36	14.56	17.33	1.22	6.36	84.31	1.93
7	70	4	8	5.570	4.372	0.275	26.39	2.18	5.14	41.80	2.74	8.44	10.99	1.40	4.17	45.74	1.86
		5		6.875	5.397	0.275	32.21	2.16	6.32	51.08	2.73	10.32	13.34	1.39	4.95	57.21	1.91
		6		8.160	6.406	0.275	37.77	2.15	7.48	59.93	2.71	12.11	15.61	1.38	5.67	68.73	1.95
		7		9.424	7.398	0.275	43.09	2.14	8.59	68.35	2.69	13.81	17.82	1.38	6.34	80.29	1.99
		8		10.667	8.373	0.274	48.17	2.12	9.68	76.37	2.68	15.43	19.98	1.37	6.98	91.92	2.03
7.5	75	5	9	7.412	5.818	0.295	39.97	2.33	7.32	63.30	2.92	11.94	16.63	1.50	5.77	70.56	2.04
		6		8.797	6.905	0.294	46.95	2.31	8.64	74.38	2.90	14.02	19.51	1.49	6.67	84.55	2.07
		7		10.160	7.976	0.294	53.57	2.30	9.93	84.96	2.89	16.02	22.18	1.48	7.44	98.71	2.11
		8		11.503	9.030	0.294	59.96	2.28	11.20	95.07	2.88	17.93	24.86	1.47	8.19	112.97	2.15
		10		14.126	11.089	0.293	71.98	2.26	13.64	113.92	2.84	21.48	30.05	1.46	9.56	141.71	2.22

续表

角钢号数	尺寸/mm b	d	r	截面面积/cm²	理论重量/(kg·m⁻¹)	外表面积/(m²·m⁻¹)	参考数值 $x-x$ I_x/cm⁴	i_x/cm	W_x/cm³	x_0-x_0 I_{x0}/cm⁴	i_{x0}/cm	W_{x0}/cm³	y_0-y_0 I_{y0}/cm⁴	i_{y0}/cm	W_{y0}/cm³	x_1-x_1 I_{x1}/cm⁴	z_0/cm
8	89	5	9	7.912	6.211	0.315	48.79	2.48	8.34	77.33	3.13	13.67	20.25	1.60	6.66	85.36	2.15
		6		9.397	7.376	0.314	57.35	2.47	9.87	90.98	3.11	16.08	28.72	1.59	7.65	102.50	2.19
		7		10.860	8.525	0.314	65.58	2.46	11.37	104.07	3.10	18.40	27.09	1.58	8.58	119.70	2.23
		8		12.303	9.658	0.314	73.49	2.44	12.83	116.60	3.08	20.61	30.39	1.57	9.46	136.97	2.27
		10		15.126	11.874	0.313	88.43	2.42	15.64	140.09	3.04	24.76	36.77	1.56	11.08	171.74	2.35
9	90	6	10	10.637	8.350	0.354	82.77	2.79	12.61	131.26	3.51	20.63	34.28	1.80	9.95	145.87	2.44
		7		12.301	9.656	0.354	94.83	2.78	14.54	150.47	3.50	23.64	39.18	1.78	11.19	170.30	2.48
		8		13.944	10.946	0.353	106.47	2.76	16.42	168.97	3.48	26.55	43.97	1.78	12.35	194.80	2.52
		10		17.167	13.476	0.353	128.58	2.47	20.07	203.90	3.45	32.04	53.26	1.76	14.52	244.07	2.59
		12		20.306	15.940	0.352	149.22	2.71	23.57	236.21	3.41	37.12	62.22	1.75	16.40	293.76	2.67
10	100	6	12	11.932	9.366	0.393	114.95	3.10	15.68	181.98	3.90	25.74	47.92	2.00	12.69	200.07	2.67
		7		13.796	10.830	0.393	131.86	3.09	18.10	208.97	3.89	29.55	54.74	1.99	14.26	233.54	2.71
		8		15.638	12.276	0.393	148.24	3.08	20.47	235.07	3.88	33.24	61.41	1.98	15.75	267.09	2.76
		10		19.261	15.120	0.392	179.51	3.05	25.06	284.68	3.84	40.26	74.35	1.96	18.54	334.48	2.84
		12		22.800	17.898	0.391	208.90	3.03	29.48	330.95	3.81	46.80	86.84	1.95	21.08	402.34	2.91
		14		26.256	20.611	0.391	236.53	3.00	33.73	374.06	3.77	52.90	99.00	1.94	23.44	470.75	2.99
		16		29.627	23.257	0.390	262.53	2.98	37.82	414.16	3.74	58.57	110.89	1.94	25.63	539.80	3.06
11	110	7	12	15.196	11.928	0.433	177.16	3.41	22.05	280.94	4.30	36.12	73.38	2.20	17.51	310.64	2.96
		8		17.238	13.532	0.433	199.46	3.40	24.95	316.49	4.28	40.69	82.42	2.19	19.39	355.20	3.01
		10		21.261	16.690	0.432	242.19	3.38	30.60	384.39	4.25	49.42	99.98	2.17	22.91	444.65	3.09
		12		25.200	19.782	0.431	282.55	3.35	36.05	448.17	4.22	57.62	116.93	2.15	26.15	534.60	3.16
		14		29.056	22.809	0.431	320.71	3.32	41.31	508.01	4.18	65.31	133.40	2.14	29.14	625.16	3.24
12.5	125	8	14	19.750	15.504	0.492	297.03	3.88	32.52	470.89	4.88	53.28	123.16	2.50	25.86	21.01	3.37
		10		24.373	19.133	0.491	361.67	3.85	39.97	573.89	4.85	64.93	149.46	2.48	30.62	651.93	3.45

续表

角钢号数	尺寸/mm				截面面积/cm²	理论重量/(kg·m⁻¹)	外表面积/(m²·m⁻¹)	参考数值											
								$x-x$				x_0-x_0			y_0-y_0			x_1-x_1	z_0/cm
	b	d		r				I_x/cm⁴	i_x/cm	W_x/cm³		I_{x0}/cm⁴	i_{x0}/cm	W_{x0}/cm³	I_{y0}/cm⁴	i_{y0}/cm	W_{y0}/cm³	I_{x1}/cm⁴	
12.5	125	12		14	28.912	22.696	0.491	423.16	3.83	41.17		671.44	4.82	75.96	174.88	2.46	35.03	783.42	3.53
		14			33.367	26.193	0.490	481.65	3.80	54.16		763.73	4.78	86.41	199.57	2.45	39.13	915.61	3.61
14	140	10		14	27.373	21.488	0.551	514.65	4.34	50.58		817.27	5.46	82.56	212.04	2.78	39.20	915.11	3.82
		12			32.512	25.522	0.551	603.68	4.31	59.80		958.79	5.43	96.85	248.57	2.76	45.02	1 099.28	3.90
		14			37.567	29.490	0.550	688.81	4.28	68.75		1 093.56	5.40	110.47	284.06	2.75	50.45	1 284.22	3.98
		16			42.539	33.393	0.549	770.24	4.26	77.46		1 221.81	5.36	123.42	318.67	2.74	55.55	1 470.07	4.06
16	160	10		16	31.502	24.729	0.630	779.53	4.98	66.70		1 237.30	6.27	109.36	321.76	3.20	52.76	1 365.33	4.31
		12			37.441	29.391	0.630	916.58	4.95	78.98		1 455.68	6.24	128.67	377.49	3.18	60.74	1 639.57	4.39
		14			43.296	33.987	0.629	1 048.36	4.92	90.95		1 665.02	6.20	147.17	431.70	3.16	68.24	1 914.68	4.47
		16			49.067	38.518	0.629	1 175.08	4.89	102.63		1 865.57	6.17	164.89	484.59	3.14	75.31	2 190.82	4.55
18	180	12		16	42.241	33.159	0.710	1 321.35	5.59	100.82		2 100.10	7.05	165.00	542.61	3.58	78.41	2 332.80	4.89
		14			48.896	38.383	0.709	1 514.48	5.56	116.25		2 407.42	7.02	189.14	621.53	3.56	88.38	2 723.48	4.97
		16			55.467	43.542	0.709	1 700.99	5.54	131.13		2 703.37	6.98	212.40	698.60	3.55	97.83	3 115.29	5.05
		18			61.955	48.634	0.708	1 875.12	5.50	145.64		2 988.24	6.94	234.78	762.01	3.51	105.14	3 502.43	5.13
20	200	14		18	54.642	42.894	0.788	2 103.55	6.20	144.70		3 343.26	7.82	236.40	863.83	3.98	111.82	3 734.10	5.46
		16			62.013	48.680	0.788	2 366.15	6.18	163.65		3 760.89	7.79	265.93	971.41	3.96	123.96	4 270.39	5.54
		18			69.301	54.401	0.787	2 620.64	6.15	182.22		4 164.54	7.75	294.48	1 076.74	3.94	135.52	4 808.13	5.62
		20			76.505	60.056	0.787	2 867.30	6.12	200.42		4 554.55	7.72	322.06	1 180.04	3.93	146.55	5 347.51	5.69
		24			90.661	71.168	0.785	3 338.25	6.07	236.17		5 294.97	7.64	374.41	1 381.53	3.90	166.65	6 457.16	5.87

注：截面图中的 $r_1=1/3d$ 及表中 r 值的数据用于孔型设计，不做交货条件。

附表 B-2 热轧不等边角钢(GB/T 9788—1988)

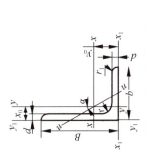

符号意义：B——长边宽度； b——短边宽度；
d——边厚度； r——内圆弧半径；
r_1——边端内圆弧半径； I——惯性矩；
i——惯性半径； W——截面系数；
x_0——重心距离； y_0——重心距离。

角钢号数	尺寸/mm				截面面积/cm²	理论重量/(kg·m⁻¹)	外表面积/(m²·m⁻¹)	参考数值													
								$x-x$			$y-y$			x_1-x_1		y_1-y_1		$u-u$			
	B	b	d	r				I_x/cm⁴	i_x/cm	W_x/cm³	I_y/cm⁴	i_y/cm	W_y/cm³	I_{x1}/cm⁴	y_0/cm	I_{y1}/cm⁴	x_0/cm	I_u/cm⁴	i_u/cm	W_u/cm³	$\tan\alpha$
2.5/1.6	25	16	3	3.5	1.162	0.912	0.080	0.70	0.78	0.43	0.22	0.44	0.19	1.56	0.86	0.43	0.42	0.14	0.34	0.16	0.392
			4		1.499	1.176	0.079	0.88	0.77	0.55	0.27	0.43	0.24	2.09	0.90	0.59	0.46	0.17	0.34	0.20	0.381
3.2/2	32	20	3		1.492	1.171	0.102	1.53	1.01	0.72	0.46	0.55	0.30	3.27	1.08	0.82	0.49	0.28	0.43	0.25	0.382
			4		1.939	1.522	0.101	1.93	1.00	0.93	0.57	0.54	0.39	4.37	1.12	1.12	0.53	0.35	0.42	0.32	0.374
4/2.5	40	25	3	4	1.890	1.484	0.127	3.08	1.28	1.15	0.93	0.70	0.49	5.39	1.32	1.59	0.59	0.56	0.54	0.40	0.385
			4		2.467	1.936	0.127	3.93	1.26	1.49	1.18	0.69	0.63	8.53	1.37	2.14	0.63	0.71	0.54	0.52	0.381
4.5/2.8	45	28	3	5	2.149	1.687	0.143	4.45	1.44	1.47	1.34	0.79	0.62	9.10	1.47	2.23	0.64	0.80	0.61	0.51	0.383
			4		2.806	2.203	0.143	5.69	1.42	1.91	1.70	0.78	0.80	12.13	1.51	3.00	0.68	1.02	0.60	0.66	0.380
5/3.2	50	32	3	5.5	2.431	1.908	0.161	6.24	1.60	1.84	2.02	0.91	0.82	12.49	1.60	3.31	0.73	1.20	0.70	0.68	0.404
			4		3.177	2.494	0.160	8.02	1.59	2.39	2.58	0.90	1.06	16.65	1.65	4.45	0.77	1.53	0.69	0.87	0.402
5.6/3.6	56	36	3	6	2.743	2.153	0.181	8.88	1.80	2.32	2.92	1.03	1.05	17.54	1.78	4.70	0.80	1.73	0.79	0.87	0.408
			4		3.590	2.818	0.180	11.45	1.79	3.03	3.76	1.02	1.37	23.39	1.82	6.33	0.85	2.23	0.79	1.13	0.408
			5		4.415	3.466	0.180	13.86	1.77	3.71	4.49	1.01	1.65	29.25	1.87	7.94	0.88	2.67	0.78	1.36	0.404
6.3/4	63	40	4	7	4.058	3.185	0.202	16.49	2.02	4.74	5.23	1.14	1.70	33.30	2.04	8.63	0.92	3.12	0.88	1.40	0.398
			5		4.993	3.920	0.202	20.02	2.00	5.59	6.31	1.12	2.71	41.63	2.08	10.86	0.95	3.76	0.87	1.71	0.396
			6		5.908	4.638	0.201	23.36	1.96	6.40	7.29	1.11	2.43	49.98	2.12	13.12	0.99	4.34	0.86	1.99	0.393
			7		6.802	5.339	0.201	26.53	1.98	6.40	8.24	1.10	2.78	58.07	2.15	15.47	1.03	4.97	0.86	2.29	0.389

续表

角钢号数	尺寸/mm				截面面积/cm²	理论重量/(kg·m⁻¹)	外表面积/(m²·m⁻¹)	参考数值														$\tan\alpha$
								$x-x$			$y-y$			x_1-x_1		y_1-y_1		$u-u$				
	B	b	d	r				I_x/cm⁴	i_x/cm	W_x/cm³	I_y/cm⁴	i_y/cm	W_y/cm³	I_{x1}/cm⁴	y_0/cm	I_{y1}/cm⁴	x_0/cm	I_u/cm⁴	i_u/cm	W_u/cm³	
7/4.5	70	45	4	7.5	4.547	3.570	0.226	23.17	2.26	4.86	7.55	1.29	2.17	45.92	2.24	12.26	1.02	4.40	0.98	1.77	0.410
			5		5.609	4.403	0.225	27.95	2.23	5.92	9.13	1.28	2.65	57.10	2.28	15.39	1.06	5.40	0.98	2.19	0.407
			6		6.647	5.218	0.225	32.54	2.21	6.95	10.62	1.26	3.12	68.35	2.32	18.58	1.09	6.35	0.98	2.59	0.404
			7		7.657	6.011	0.225	37.22	2.20	8.03	12.01	1.25	3.57	79.99	2.36	21.84	1.13	7.16	0.97	2.94	0.402
(7.5/5)	75	50	5	8	6.125	4.808	0.245	34.86	2.39	6.83	12.61	1.44	3.30	70.00	2.40	21.04	1.17	7.41	1.10	2.74	0.435
			6		7.260	5.699	0.245	41.12	2.38	8.12	14.70	1.42	3.88	84.30	2.44	25.37	1.21	8.54	1.08	3.19	0.435
			8		9.467	7.431	0.244	52.39	2.35	10.52	18.53	1.40	4.99	112.50	2.52	34.23	1.29	10.87	1.07	4.10	0.429
			10		11.590	9.098	0.244	62.71	2.33	12.79	21.96	1.38	6.04	140.80	2.60	43.43	1.36	13.10	1.06	4.99	0.423
8/5	80	50	5	8	6.375	5.005	0.255	41.96	2.56	7.78	12.82	1.42	3.32	85.21	2.60	21.06	1.14	7.66	1.10	2.74	0.383
			6		7.560	5.935	0.255	49.49	2.56	9.25	14.95	1.41	3.91	102.53	2.65	25.41	1.18	8.85	1.08	3.20	0.387
			7		8.724	6.848	0.255	56.16	2.54	10.58	16.96	1.39	4.48	119.33	2.69	29.82	1.21	10.18	1.08	3.70	0.384
			8		9.867	7.745	0.254	62.83	2.52	11.92	18.85	1.38	5.03	136.41	2.73	34.32	1.25	11.38	1.07	4.16	0.381
9/5.6	90	56	5	9	7.212	5.661	0.287	60.45	2.90	9.92	18.32	1.59	4.21	121.32	2.91	29.53	1.25	10.98	1.23	3.49	0.385
			6		8.557	6.717	0.286	71.03	2.88	11.74	21.42	1.58	4.96	145.59	2.95	35.58	1.29	12.90	1.23	4.13	0.384
			7		9.880	7.756	0.286	81.01	2.86	13.49	24.36	1.57	5.70	169.60	3.00	41.71	1.33	14.67	1.22	4.72	0.382
			8		11.183	8.779	0.286	91.03	2.85	15.27	27.15	1.56	6.41	194.17	3.04	47.93	1.36	16.34	1.21	5.29	0.380
10/6.3	100	63	6	10	9.617	7.550	0.320	99.06	3.21	14.64	30.94	1.79	6.35	199.71	3.24	50.50	1.43	18.42	1.38	5.25	0.394
			7		11.111	8.722	0.320	113.45	3.20	16.88	35.26	1.78	7.29	233.00	3.28	59.14	1.47	21.00	1.38	6.02	0.394
			8		12.584	9.878	0.319	127.37	3.18	19.08	30.39	1.77	8.21	266.32	3.32	67.88	1.50	23.50	1.37	6.78	0.391
			10		15.467	12.142	0.319	153.81	3.15	28.32	47.12	1.74	9.98	333.06	3.04	85.73	1.58	28.33	1.35	8.24	0.387
10/8	100	80	6	10	10.637	8.350	0.354	107.04	3.17	15.19	61.24	2.40	10.16	199.83	2.95	102.68	1.97	31.65	1.72	8.37	0.627
			7		12.301	9.656	0.354	122.73	3.16	17.52	70.08	2.39	11.71	233.20	3.00	119.98	2.01	36.17	1.72	9.60	0.626
			8		13.944	10.946	0.353	137.92	3.14	19.81	78.58	2.37	13.21	266.61	3.04	137.37	2.05	40.58	1.71	10.80	0.625
			10		17.167	13.476	0.353	166.87	3.12	24.24	94.65	2.35	16.12	333.63	3.12	172.48	2.13	49.10	1.69	13.12	0.622
11/7	110	70	6	10	10.637	8.350	0.354	133.37	3.54	17.85	42.92	2.01	7.90	265.78	3.53	69.08	1.57	25.36	1.54	6.53	0.403
			7		12.301	9.656	0.354	153.00	3.53	20.60	49.01	2.00	9.09	310.07	3.57	80.82	1.61	28.95	1.53	7.50	0.402
			8		13.944	10.946	0.353	172.04	3.51	23.30	54.87	1.98	10.25	354.39	3.62	92.70	1.65	32.45	1.53	8.45	0.401
			10		17.167	13.476	0.353	208.39	3.48	28.54	65.88	1.96	12.48	443.13	3.70	116.83	1.72	39.20	1.51	10.29	0.397

续表

角钢号数	尺寸/mm				截面面积/cm²	理论重量/(kg·m⁻¹)	外表面积/(m²·m⁻¹)	参考数值											
								$x-x$				$y-y$			x_1-x_1		y_1-y_1		$u-u$			
	B	b	d	r				I_x/cm⁴	i_x/cm	W_x/cm³	I_y/cm⁴	i_y/cm	W_y/cm³	I_{x1}/cm⁴	y_0/cm	I_{y1}/cm⁴	x_0/cm	I_u/cm⁴	i_u/cm	W_u/cm³	$\tan\alpha$
12.5/8	125	80	7	11	14.096	11.066	0.403	227.98	4.02	26.86	74.42	2.30	12.01	454.99	4.01	120.32	1.80	43.81	1.76	9.92	0.408
			8		15.989	12.551	0.403	256.77	4.01	30.41	83.49	2.28	13.56	519.99	4.06	137.85	1.84	49.15	1.75	11.18	0.407
			10		19.712	15.474	0.402	312.04	3.98	37.33	100.67	2.26	16.56	650.09	4.14	173.40	1.92	59.45	1.74	13.64	0.404
			12		23.351	18.330	0.402	364.41	3.95	44.01	116.67	2.24	19.43	780.39	4.22	209.67	2.00	69.35	1.72	16.01	0.400
14/9	140	90	8	12	18.038	14.160	0.453	365.64	4.50	38.48	120.69	2.59	17.34	730.53	4.50	195.79	2.04	70.83	1.98	14.31	0.411
			10		22.261	17.475	0.452	445.50	4.47	47.31	140.03	2.56	21.22	913.20	4.58	245.92	2.12	85.82	1.96	17.48	0.409
			12		26.400	20.724	0.451	521.59	4.44	55.87	169.79	2.54	24.95	1096.09	4.66	296.89	2.19	100.21	1.95	20.54	0.406
			14		30.456	3.908	0.451	594.10	4.42	64.18	192.10	2.51	28.54	1279.26	4.74	348.82	2.27	114.13	1.94	23.52	0.403
16/10	160	100	10	13	25.315	19.827	0.512	668.69	5.14	62.13	205.03	2.85	26.56	1362.89	5.24	336.59	2.28	121.74	2.19	21.92	0.390
			12		30.054	23.592	0.511	784.91	5.11	73.49	239.06	2.82	31.28	1635.56	5.32	405.94	2.36	142.33	2.17	25.79	0.388
			14		34.709	27.247	0.510	896.30	5.08	84.56	271.20	2.80	35.83	1908.50	5.40	476.42	2.43	162.23	2.16	29.56	0.385
			16		39.281	30.835	0.510	1003.04	5.05	95.33	301.60	2.77	40.24	2181.79	5.48	548.2	2.51	182.57	2.16	33.44	0.382
18/11	180	110	10	14	28.373	22.273	0.571	956.25	5.80	78.96	278.11	3.31	32.49	1940.40	5.89	447.22	2.44	166.50	2.42	26.88	0.376
			12		33.712	26.464	0.571	1124.72	5.78	93.53	325.03	3.10	38.32	2328.38	5.98	538.94	2.52	194.87	2.40	31.66	0.374
			14		38.967	30.589	0.570	1286.91	5.75	107.76	369.55	3.08	43.97	2716.60	6.06	631.95	2.59	222.30	2.39	36.32	0.372
			16		44.139	34.649	0.569	1443.06	5.72	121.64	411.85	3.06	49.44	3105.15	6.14	726.46	2.67	248.94	2.38	40.87	0.369
20/12.5	200	125	12	14	37.912	29.761	0.641	1570.90	6.44	116.73	483.16	3.57	49.99	3193.85	6.54	787.74	2.83	285.79	2.74	41.23	0.392
			14		43.867	34.436	0.640	1800.97	6.41	134.65	550.83	3.54	57.44	3726.17	6.62	922.47	2.91	326.58	2.73	47.34	0.390
			16		49.739	39.045	0.639	2023.35	6.38	152.18	615.44	3.52	64.69	4258.86	6.70	1058.86	2.99	366.21	2.71	53.32	0.388
			18		55.526	43.588	0.639	2238.30	6.35	169.33	677.19	3.49	71.74	4792.00	6.78	1197.13	3.06	404.83	2.70	59.18	0.385

注：1. 括号内型号不推荐使用。
2. 截面图中的 $r_1=1/3d$ 及表中 r 的数据用于孔型设计，不做交货条件。

附表 B-3 热轧槽钢（GB/T 707—1988）

符号意义：
- h ——高度；
- b ——腿宽度；
- d ——腰厚度；
- t ——平均腿厚度；
- r ——内圆弧半径；
- r_1 ——腿端圆弧半径；
- I ——惯性矩；
- W ——截面系数；
- i ——惯性半径；
- z_0 —— $y-y$ 轴与 y_1-y_1 轴间距。

型号	尺寸/mm						截面面积/cm^2	理论重量/(kg·m^{-1})	参考数值								
									$x-x$			$y-y$			y_1-y_1		
	h	b	d	t	r	r_1			W_x/cm^3	I_x/cm^4	i_x/cm	W_y/cm^3	I_y/cm^4	i_y/cm	I_{y1}/cm^4	z_0/cm
5	50	37	4.5	7	7.0	3.5	6.928	5.438	10.4	26.0	1.94	3.55	8.30	1.10	20.9	1.35
6.3	63	40	4.8	7.5	7.5	3.8	8.451	6.634	16.1	50.8	2.45	4.50	11.9	1.19	28.4	1.36
8	80	43	5.0	8	8.0	4.0	10.248	8.045	25.3	101	3.15	5.79	16.6	1.27	37.4	1.43
10	100	48	5.3	8.5	8.5	4.2	12.748	10.007	39.7	198	3.95	7.8	25.6	1.41	54.9	1.52
12.6	126	53	5.5	9	9.0	4.5	15.692	12.318	62.1	391	4.95	10.2	38.0	1.57	77.1	1.59
14a	140	58	6.0	9.5	9.5	4.8	18.516	14.535	80.5	564	5.52	13.0	53.2	1.70	107	1.71
14b	140	60	8.0	9.5	9.5	4.8	21.316	16.733	87.1	609	5.35	14.1	61.1	1.60	121	1.67
16a	160	63	6.5	10	10.0	5.0	21.962	17.240	108	866	6.28	16.3	73.3	1.83	144	1.80
16	160	65	8.5	10	10.0	5.0	25.162	19.752	117	935	6.10	17.6	83.4	1.82	161	1.75
18a	180	68	7.0	10.5	10.5	5.2	25.699	20.174	141	1270	7.04	20.0	98.6	1.96	190	1.88
18	180	70	9.0	10.5	10.5	5.2	29.299	23.000	152	1370	6.84	21.5	111	1.95	210	1.84
20a	200	73	7.0	11	11.0	5.5	28.837	22.637	178	1780	7.86	24.2	128	2.11	244	2.01
20	200	75	9.0	11	11.0	5.5	32.837	25.777	191	1910	7.64	25.9	14.4	2.09	268	1.95

续表

型号	尺寸/mm						截面面积/cm²	理论重量/(kg·m⁻¹)	参考数值							
	h	b	d	t	r	r_1			$x-x$			$y-y$			y_1-y_1	z_0/cm
									W_x/cm³	I_x/cm⁴	i_x/cm	W_y/cm³	I_y/cm⁴	i_y/cm	I_{y1}/cm⁴	
22a	220	77	7.0	11.5	11.5	5.8	31.846	24.999	218	2 390	8.67	28.2	158	2.23	298	2.10
22	220	79	9.0	11.5	11.5	5.8	36.246	28.453	234	2 570	8.42	30.1	176	2.21	326	2.03
25 a	250	78	7.0	12	12.0	6.0	34.917	27.410	270	3 370	9.82	30.6	176	2.24	322	2.07
25 b	250	80	9.0	12	12.0	6.0	39.917	31.335	282	3 530	9.41	32.7	196	2.22	353	1.98
25 c	250	82	11.0	12	12.0	6.0	44.917	35.260	295	3 690	9.07	35.9	218	2.21	384	1.92
28 a	280	82	7.5	12.5	12.5	6.2	40.034	31.427	340	4 760	10.9	35.7	218	2.33	388	2.10
28 b	280	84	9.5	12.5	12.5	6.2	45.634	35.823	366	5 130	10.6	37.9	242	2.30	423	2.02
28 c	280	86	11.5	12.5	12.5	6.2	51.234	40.219	393	5 500	10.4	40.3	268	2.29	463	1.95
32 a	320	88	8.0	14	14.0	7.0	48.513	38.083	475	7 600	12.5	46.5	305	2.50	552	2.24
32 b	320	90	10.0	14	14.0	7.0	54.913	43.107	509	8 140	12.2	49.2	336	2.47	593	2.16
32 c	320	92	12.0	14	14.0	7.0	61.313	48.131	543	8 690	11.9	52.6	374	2.47	643	2.09
36 a	360	96	9.0	16	16.0	8.0	60.910	47.814	660	11 900	14.0	63.5	455	2.73	818	2.44
36 b	360	98	11.0	16	16.0	8.0	68.110	53.466	703	12 700	13.6	66.9	497	2.70	880	2.37
36 c	360	100	13.0	16	16.0	8.0	75.310	59.118	746	13 400	13.4	70.0	536	2.67	948	3.34
40 a	400	100	10.5	18	18.0	9.0	75.068	58.928	879	17 600	15.3	78.8	592	2.81	1 070	2.49
40 b	400	102	12.5	18	18.0	9.0	83.068	65.208	932	18 600	15.0	82.5	640	2.78	1 140	2.44
40 c	400	104	14.5	18	18.0	9.0	91.068	71.488	986	19 700	14.7	86.2	688	2.75	1 220	2.42

注：截面图和表中标注的圆弧半径 r、r_1 的数据用于孔型设计，不做交货条件。

附表 B-4 热轧工字钢（GB706—1988）

符号意义：
- h ——高度；
- b ——腿宽度；
- d ——腰厚度；
- t ——平均腿厚度；
- r ——内圆弧半径；
- r_1 ——腿端圆弧半径；
- I ——惯性矩；
- W ——截面系数；
- i ——惯性半径；
- S ——半截面的静力矩。

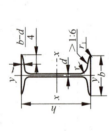

型号	尺寸/mm						截面面积/cm²	理论重量/(kg·m⁻¹)	参考数值						
									$x-x$				$y-y$		
	h	b	d	t	r	r_1			I_x/cm^4	W_x/cm^3	i_x/cm	$I_x:S_x$	I_y/cm^4	W_y/cm^3	i_y/cm
10	100	68	4.5	7.6	6.5	3.3	14.345	11.261	245	49.0	4.14	8.59	33.0	9.72	1.52
12.6	126	74	5.0	8.4	7.0	3.5	18.118	14.223	488	77.5	5.20	10.8	46.9	12.7	1.61
14	140	80	5.5	9.1	7.5	3.8	21.516	16.890	712	102	5.76	12.0	64.4	16.1	1.73
16	160	88	6.0	9.9	8.0	4.0	26.131	20.513	1 130	141	6.58	13.8	93.1	21.2	1.89
18	180	94	6.5	10.7	8.5	4.3	30.756	24.143	1 660	185	7.36	15.4	122	26.0	2.00
20a	200	100	7.0	11.4	9.0	4.5	35.578	27.929	2 370	237	8.15	17.2	158	31.5	2.12
20b	200	102	9.0	11.4	9.0	4.5	39.578	31.069	2 500	250	7.96	16.9	169	33.1	2.06
22a	220	110	7.5	12.3	9.5	4.8	42.128	33.070	3 400	309	8.99	18.9	225	40.9	2.31
22b	220	112	9.5	12.3	9.5	4.8	46.528	36.524	3 570	325	8.78	18.7	239	42.7	2.27
25a	250	116	8.0	13.0	10.0	5.0	48.541	38.105	5 020	402	10.2	21.6	280	48.3	2.40
25b	250	118	10.0	13.0	10.0	5.0	53.541	42.030	5 280	423	9.94	21.3	300	52.4	2.40
28a	280	122	8.5	13.7	10.5	5.3	55.404	43.402	7 110	508	11.3	24.6	345	56.6	2.50
28b	280	124	10.5	13.7	10.5	5.3	61.004	47.888	7 480	534	11.1	24.2	379	61.2	2.49

续表

型号	尺寸/mm							截面面积/cm²	理论重量/(kg·m⁻¹)	参考数值							
	h	b	d	t	r	r₁				$x-x$					$y-y$		
										I_x/cm⁴	W_x/cm³	i_x/cm	$I_x:S_x$	I_y/cm⁴	W_y/cm³	i_y/cm	
32a	320	130	9.5	15.0	11.5	5.8	67.156	52.717	11 100	692	12.8	27.5	460	70.8	2.62	
32b	320	132	11.5	15.0	11.5	5.8	73.556	57.741	11 600	726	12.6	27.1	502	76.0	2.61	
32c	320	134	13.5	15.0	11.5	5.8	79.956	62.765	12 200	760	12.3	26.8	544	81.2	2.61	
36a	360	136	10.0	15.8	12.0	6.0	76.480	60.037	15 800	875	14.4	30.7	552	81.2	2.69	
36b	360	138	12.0	15.8	12.0	6.0	83.680	65.689	16 500	919	14.1	30.3	582	84.3	2.64	
36c	360	140	14.0	15.8	12.0	6.0	90.880	71.341	17 300	962	13.8	29.9	612	87.4	2.60	
40a	400	142	10.5	16.5	12.5	6.3	86.112	67.598	21 700	1 090	15.9	34.1	660	93.2	2.77	
40b	400	144	12.5	16.5	12.5	6.3	94.112	73.878	22 800	1 140	15.6	33.6	692	96.2	2.71	
40c	400	146	14.5	16.5	12.5	6.3	102.112	80.158	23 900	1 190	15.2	33.2	727	99.6	2.65	
45a	450	150	11.5	18.0	13.5	6.8	102.446	80.420	32 200	1 430	17.7	38.6	855	114	2.89	
45b	450	152	13.5	18.0	13.5	6.8	111.446	87.485	33 800	1 500	17.4	38.0	894	118	2.84	
45c	450	154	15.5	18.0	13.5	6.8	120.446	94.550	35 300	1 570	17.1	37.6	938	122	2.79	
50a	500	158	12.0	20.0	14.0	7.0	119.304	93.654	46 500	1 860	19.7	42.8	1 120	142	3.07	
50b	500	160	14.0	20.0	14.0	7.0	129.304	101.504	48 600	1 940	19.4	42.4	1 170	146	3.01	
50c	500	162	16.0	20.0	14.0	7.0	139.304	109.354	50 600	2 080	19.0	41.8	1 220	151	2.96	
56a	560	166	12.5	21.0	14.5	7.3	135.435	106.316	65 600	2 340	22.0	47.7	1 370	165	3.18	
56b	560	168	14.5	21.0	14.5	7.3	146.635	115.108	68 500	2 450	21.6	47.2	1 490	174	3.16	
56c	560	170	16.5	21.0	14.5	7.3	157.835	123.900	71 400	2 550	21.3	46.7	1 560	183	3.16	
63a	630	176	13.0	22.0	15.0	7.5	154.658	121.407	93 900	2 980	24.5	54.2	1 700	193	3.31	
63b	630	178	15.0	22.0	15.0	7.5	167.258	131.298	98 100	3 160	24.2	53.5	1 810	204	3.29	
63c	630	180	17.0	22.0	15.0	7.5	179.858	141.189	102 000	3 300	23.8	52.9	1 920	214	3.27	

注：截面图和表中标注的圆弧半径 r、r_1 的数据用于孔型设计，不做交货条件。

附录 C 几种常见简单形状均质物体的转动惯量（附表 C-1）

附表 C-1 几种常见简单形状均质物体的转动惯量

物体的形状	简 图	转动惯量	惯性半径	体 积
实心球		$J_z = \dfrac{2}{5}mR^2$	$\rho_z = \sqrt{\dfrac{2}{5}}R = 0.632R$	$\dfrac{4}{3}\pi R^3$
圆锥体		$J_z = \dfrac{3}{10}mr^2$ $J_x = J_y = \dfrac{3}{80}m(4r^2 + l^2)$	$\rho_z = \sqrt{\dfrac{3}{10}}r = 0.548r$ $\rho_x = \rho_y = \sqrt{\dfrac{3}{80}(4r^2 + l^2)}$	$\dfrac{\pi}{3}r^2 l$
圆环		$J_z = m\left(R^2 + \dfrac{3}{4}r^2\right)$	$\rho_z = \sqrt{R^2 + \dfrac{3}{4}r^2}$	$2\pi^2 r^2 R$
椭圆形薄板		$J_z = \dfrac{m}{4}(a^2 + b^2)$ $J_y = \dfrac{m}{4}a^2$ $J_x = \dfrac{m}{4}b^2$	$\rho_z = \dfrac{1}{2}\sqrt{a^2 + b^2}$ $\rho_y = \dfrac{a}{2}$ $\rho_x = \dfrac{b}{2}$	πabh
立方体		$J_z = \dfrac{m}{12}(a^2 + b^2)$ $J_y = \dfrac{m}{12}(a^2 + c^2)$ $J_x = \dfrac{m}{12}(b^2 + c^2)$	$\rho_z = \sqrt{\dfrac{1}{12}(a^2 + b^2)}$ $\rho_y = \sqrt{\dfrac{1}{12}(a^2 + c^2)}$ $\rho_x = \sqrt{\dfrac{1}{12}(b^2 + c^2)}$	abc
矩形薄板		$J_z = \dfrac{m}{12}(a^2 + b^2)$ $J_y = \dfrac{m}{12}a^2$ $J_x = \dfrac{m}{12}b^2$	$\rho_z = \sqrt{\dfrac{1}{12}(a^2 + b^2)}$ $\rho_y = 0.289a$ $\rho_x = 0.289b$	abh
细直杆		$J_{z_C} = \dfrac{m}{12}l^2$ $J_z = \dfrac{m}{3}l^2$	$\rho_{z_C} = \dfrac{l}{2\sqrt{3}} = 0.289l$ $\rho_z = \dfrac{l}{\sqrt{3}} = 0.578l$	
薄壁圆筒		$J_z = mR^2$	$\rho_z = R$	$2\pi RLh$

续表

物体的形状	简 图	转动惯量	惯性半径	体 积
圆柱		$J_z = \frac{1}{2}mR^2$ $J_x = J_y = \frac{m}{12}(3R^2+l^2)$	$\rho_z = \frac{R}{\sqrt{2}} = 0.707R$ $\rho_x = \rho_y = \sqrt{\frac{1}{12}(3R^2+l^2)}$	$\pi R^2 l$
空心圆柱		$J_z = \frac{m}{2}(R^2+r^2)$	$\rho_z = \sqrt{\frac{1}{2}(R^2+r^2)}$	$\pi l(R^2-r^2)$
薄壁 (空心球)		$J_z = \frac{2}{3}mR^2$	$\rho_z = \sqrt{\frac{2}{3}}R = 0.816R$	$\frac{3}{2}\pi Rh$

习题参考答案

第1章

(略)

第2章

2-1 $R=161.2$ N； $\angle(R,P_1)=29°44'$； $\angle(R,P_2)=60°16'$。

2-2 $R=80$ N,沿 P_5 方向。

2-3 (a) $F_{AC}=\frac{2\sqrt{3}}{3}W$(压)， $F_{AB}=\frac{\sqrt{3}}{3}W$(拉)， (b) $F_{AC}=\frac{\sqrt{3}}{3}W$(压)， $F_{AB}=\frac{2\sqrt{3}}{3}W$(拉)，

(c) $F_{AC}=\frac{\sqrt{3}}{2}W$(压)， $F_{AB}=\frac{1}{2}W$(拉)， (d) $F_{AC}=F_{AB}=\frac{1}{\sqrt{3}}W$(拉)。

2-4 $F_{BC}=5$ kN。

2-5 $m_A(P)=5.98$ N·m。当 $\varphi=36°54'$时, $M_A=0$。

2-6 (1) 45.55 N·m； (2) $\alpha=86.89°$； (3) $\alpha=-3.11°$。

2-7 $M_A=-667$ kN·m。

2-8 $F=22.36$ kN, $F_{\min}=14.9$ kN；力 $F\perp OB$,与水平线夹角 $\alpha=48.2°$。

2-9 $F_{AC}=2.73$ kN, $F_{AB}=0.732$ kN(压)。

2-10 (a) $F_A=15.8$ kN, $F_B=7.1$ kN (b) $F_A=22.4$ kN, $F_B=10$ kN。

2-11 (a) $F_A=0.707F$, $F_B=0.707F$ (b) $F_A=0.79F$, $F_B=0.35F$。

2-12 (a) $M_O(F)=0$； (b) $M_O(F)=Fl$； (c) $M_O(F)=Fl\sin\alpha$； (d) $M_O(F)=-Fb$；

(e) $M_O(F)=-F\sin\beta\sqrt{l^2+b^2}$； (f) $M_O(F)=F(l+r)$。

2-13 (1) $R=0, M=3Pl$； (2) $R=0, M=3Pl$。

2-14 (a) $R=0, M=\frac{\sqrt{3}}{2}Pa$； (b) $R=2P, M_A=\frac{\sqrt{3}}{2}Pa$。

2-15 $F_A=F_B=0.75$ kN。

2-16 (a) $F_A=-F_B=-\frac{M}{l}$； (b) $F_A=-F_B=-\frac{M}{l}$； (c) $F_A=-F_B=-\frac{M}{l\cos\alpha}$。

2-17 $F_A=-F_B=300$ N。

2-18 $F_A=F_C=\frac{2\sqrt{3}}{3a}M$。

2-19 $M=60$ N·m。

2-20 $M_2=3$ N·m, $F_{AB}=5$ N(拉)。

第3章

3-1 (a) 15.8 kN, 7.1 kN；(b) 22.4 kN, 10 kN。

3-2 5 kN。

3-3 (1) 15 kN； (2) $36°52', 12$ kN。

3-4 $S_{AC}=-27.3$ kN; $S_{AC}=-7.32$ kN。

3-5 (1) $0.707P, 0.707P$; (2) $0.79P, 0.35P$。

3-6 $R_A=R_C=0.471$ kN。

3-7 $T=P=8$ kN; $N_A=N_D=3.2$ kN。

3-8 $X_A=0, Y_A=R_B=2.31$ kN; $X_A=0, Y_A=-0.1716$ kN; $R_B=10.82$ kN。

3-9 $X_A=-1.22$ kN, $Y_A=8.58$ kN, $m=5.04$ kN·m。

3-10 $R_A=-2$ kN, $R_B=1$ kN, $R_C=-1$ kN。

3-11 $M=6\ 000$ N·cm。

3-12 $s=P\dfrac{\cos\alpha}{\sin\alpha\sin 2\alpha}$。

3-13 $X_A=2.4$ kN, $Y_A=1.2$ kN, $S=0.848$ kN。

3-14 $X_A=-6.7$ kN, $X_B=6.7$ kN, $Y_B=13.5$ kN。

3-15 $x=39$ cm。

3-16 (1) 0.90 m, (2) 1.32 m。

3-17 $P=\dfrac{3Q\sin\alpha}{7\cos(\beta-\alpha)}$。

3-18 $R_A=-48.4$ kN, $R_B=100$ kN, $R_D=8.33$ kN。

3-19 $R_A=6.9$ kN, $R_B=28.1$ kN, $R_D=10$ kN。

3-20 $S=\dfrac{a\cos\alpha}{2h}P$。

3-21 $X_A=Y_A=0, X_B=-50$ kN, $Y_B=100$ kN, $X_C=-50$ kN, $Y_C=100$ kN;
$X_A=20$ kN, $Y_A=70$ kN, $X_B=-20$ kN, $Y_B=50$ kN, $X_C=20$ kN, $Y_C=10$ kN。

3-22 (a) $X_A=-11.27$ kN, $Y_A=10.4$ kN, $X_D=11.27$ kN, $Y_D=0$,
$S_1=-S_2=-11.27$ kN, $S_3=-15.94$ kN;
(b) $X_A=0, Y_A=90$ kN, $N_B=80$ kN, $S_1=S_5=-145.8$ kN, $S_2=S_4=-87.5$ kN; $S_3=116.7$ kN。

3-23 $F_{DE}=2$ kN(压), $F_{CE}=2$ kN(拉), $F_{BE}=2.83$ kN(压)

3-24 $F_{Ax}=12$ kN, $F_{Ay}=1.5$ kN, $F_B=10.5$ kN, $F_{BE}=15$ kN(压)。

3-25 (a) $M_A=2qa^2, F_A=2qa, F_B=F_C=0$; (b) $M_A=2qa^2, F_A=F_B=F_C=qa$;
(c) $M_A=3qa^2, F_A=\dfrac{7}{4}qa, F_B=\dfrac{3}{4}qa, F_C=\dfrac{1}{4}qa$。

3-26 $F_1=107$ kN(压), $F_2=24$ kN(压), $F_3=120$ kN(拉)。

3-27 $F_1=\dfrac{2Ph}{a}, F_2=\dfrac{P\sqrt{a^2+h^2}}{a}, F_3=\dfrac{3Ph}{a}$(压)。

3-28 $F_N=2.7W, f_{s\min}=0.185$。

3-29 $F_{\min}=100$ N

第 4 章

4-1 合力 $R=200$ N,方向沿 z 轴正向,作用线的位置为 $x_C=6$ cm, $y_C=4$ cm。

4-2 $x_C=\dfrac{3}{10}a$; $y_C=\dfrac{3}{4}b$。

4-3 $x_C=0, y_C=15.12$ cm; $x_C=10.12$ cm, $y_C=5.12$ cm。

4-4 $X_C=\dfrac{-r^2R}{2(R^2-r^2)}, Y_C=0$。

4-5 $X_C=\dfrac{a}{2}, Y_C=0.634a$。

4-6 $X_C=20.3$ cm。

4-7 $S_C=200$ N,$R_{Ax}=50\sqrt{3}$ N,$R_{Ay}=150$ N,$R_{Az}=100$ N,$R_{Bx}=0$,$R_{Bz}=0$。

4-8 $S_1=S_2=S_3=\dfrac{2m}{3a}$(拉),$S_4=S_5=S_6=\dfrac{4m}{3a}$(压)。

4-9 $F_{AO}=1$ kN(压),$F_{BO}=F_{CO}=0.817$ kN(拉)。

4-10 $F_{AB}=17.3$ kN(拉),$F_{AC}=10$ kN(拉),$F_{AO}=23.6$ kN(压)。

4-11 $F_{DE}=667$ N,$F_{Kx}=667$ N,$F_{Hx}=133$ N,$F_{Kz}=100$ N,$F_{Hz}=500$ N。

4-12 $X_C=1.68$ m(距 B),$Y_C=0.659$ m(距底边)。

第 5 章

5-1 略

5-2 $\sigma_1=15.9$ MPa,$\sigma_2=42.5$ MPa,$\sigma_3=95.5$ MPa。

5-3 (1) $N_1=15$ kN,$N_2=-20$ N,(2) $\Delta l=0.2083$ mm。

5-4 (1) $x=0.49l$,(2) $\sigma_1=31.2$ MPa,$\sigma_2=46.8$ MPa。

5-5 2 倍。

5-6 $\sigma_{CB}=127$ MPa,$\sigma_{AC}=31.8$ MPa,$\varepsilon_{AC}=1.59\times10^{-4}$,$\varepsilon_{CB}=6.36\times10^{-4}$。

5-7 $d\geqslant 2.66$ cm。

5-8 $\sigma_{max}=44.6$ MPa,在 1—1 截面处。

5-9 $\sigma_{max}=333$ MPa。

5-10 $d=23.72$ mm,$a=84.09$ mm。

5-11 (1) $\sigma_{max}=68.8$ MPa$>[\sigma]$,强度不足 (2) $F\leqslant 30.5$ kN。

5-12 $b=37$ mm,$h=111$ mm。

5-13 $F\leqslant 10$ kN。

5-14 $R_A=33.3$ kN,$R_B=66.7$ kN,$\sigma_1=16.65$ MPa,$\sigma_2=-33.3$ MPa。

5-15 $\sigma_{AD}=66.7$ MPa,$\sigma_{BC}=133$ MPa。

5-16 $A\geqslant 2$ cm^2,选 3 号等边角钢。

5-17 $N_1=\dfrac{1}{2}W$,$N_2=W$,$N_3=\dfrac{3}{2}W$。

5-18 $N_1=\dfrac{A_1E_1}{A_1E_1+A_2E_2}F$,$N_2=\dfrac{A_2E_2}{A_1E_1+A_2E_2}F$。

5-19 $R_A=\dfrac{4}{3}F(\rightarrow)$,$R_B=\dfrac{5}{3}F$。

5-20 (a) $\sigma_{max}=133.3$ MPa,(b) $\sigma_{max}=100$ MPa。

5-21 $N_{AB}=N_{AD}=0.326\dfrac{EA\delta}{l}$,$N_{AC}=0.565\dfrac{EA\delta}{l}$。

第 6 章

6-1 (a) $A_j=\pi db$,$A_{jy}=\dfrac{\pi}{4}(D^2-d^2)$,$A=\pi Dt$ (b) $A_j=ab$,$A_{jy}=bt$。

6-2 拉杆:$A_j=2\times40\times60=4800$(mm^2);$A_{jy}=25\times60=1500$(mm^2); $A=(60-25)\times60=2100$(mm^2);楔子:$A_j=2\times25\times50=2500$(mm^2);$A_{jy}=1500$ mm^2。

6-3 $d=36$ mm。

6-4 $l=112$ mm,$t=14$ mm。

6-5 $l\geqslant 111$ mm。

6-6 $\tau_{max}=55.3$ MPa$<[\tau]$,强度足够。

6-7 $\sigma=127.4$ MPa>100 MPa,强度足够。

6-8 $\tau=99.5$ MPa,$\sigma_{jy}=125$ MPa,$\sigma=125$ MPa,强度足够。

6-9 $t=20$ mm, $a=200$ mm。

6-10 $d=6$ mm。

第 7 章

7-1 略

7-2 2、3 轮互换更为合理。

7-3 $AC: \tau_{max}=37.6$ MPa, $\tau_{min}=0$
$CB: \tau_{max}=47$ MPa, $\tau_{min}=15.65$ MPa。

7-4 $\tau_A=20$ MPa, $\tau_{max}=40$ MPa。

7-5 d 取 50。

7-6 $\tau_{DC}=239$ MPa$>[\tau]$,强度不足。

7-7 $d_1=46$ mm, $D=56$ mm, $d=28$ mm。

7-8 $\varphi_{AC}=-0.1°$。

7-9 $\tau_{max}=12$ MPa, $\varphi_{CA}=0.01$ rad

7-10 $d_{AB}=92$ mm, $d_{BC}=80$ mm。

7-11 轴 $\tau_{max}=47.2$ MPa, 套筒 $\tau_{max}=33.7$ MPa, 强度足够。

7-12 $\tau_{max1}=16.2$ MPa$<[\tau]$, $\tau_{max2}=15.8$ MPa$<[\tau]$, $\tau_{max3}=15.1$ MPa$<[\tau]$。

7-13 (1) $T=9.75$ N·m/m (2) $\tau_{max}=17.7$ MPa$<[\tau]$

第 8 章

8-1 (a) $Q_1=100$ N, $M_1=-20$ N·m, $Q_2=100$ N, $M_2=-40$ N·m, $Q_3=-200$ N, $M_3=-40$ N·m;

(b) $Q_1=-1.33$ kN, $M_1=-267$ N·m, $Q_2=0.667$ kN, $M_2=333$ N·m;

(c) $Q_1=-qa$, $M_1=-\frac{1}{2}qa^2$, $Q_2=-\frac{2}{3}qa$, $M_2=-2qa^2$。

(d) $Q_1=-1\,333$ kN, $M_1=2.66\times10^5$ kN·m, $Q_2=667$ kN, $M_2=3.33\times10^5$ kN·m

(e) $Q_1=-qa$, $M_1=-\frac{1}{2}qa^2$, $Q_2=-\frac{3}{2}qa$, $M_2=-2qa^2$。

8-2～8-4 略

8-5 距梁端$(2l-d)/4$处, $M_{max}=P\left(l-\frac{d}{2}\right)^2/2l$。

8-6 $a=0.207l$。

第 9 章

9-1 竖放 $\sigma'=2.93$ MPa, 横放 $\sigma''=8.79$ MPa, $\sigma''/\sigma'=3$。

9-2 $\sigma_A=-6.03$ MPa, $\tau_A=0.379$ MPa, $\sigma_B=9.93$ MPa, $\tau_B=0$。

9-3 $\sigma_{max}=121.2$ MPa。

9-4 $b=510$ mm。

9-5 (1) $b\times h=160$ mm$\times 240$ mm; (2) 选 45c 工字钢, $W=1\,570$ cm^3; (3) 3.2∶1。

9-6 $d=14.5$ cm。

9-7 28a 工字钢。

9-8 最大允许轧制力为 910 kN。

9-9 $[P]=56.8$ kN。

9-10 $a=b=2$ m, $P\leqslant 14.8$ kN。

9-11 $b=\frac{\sqrt{3}}{3}d$, $h=\frac{\sqrt{6}}{3}d$。

第 10 章

10-1 (a) $y_{max}=y_B=-\dfrac{ql^4}{8EI}, \theta_{max}=\theta_B=-\dfrac{ql^3}{6EI}$ (b) $y_{max}=y_B=\dfrac{Ml^2}{2EI}, \theta_{max}=\theta_B=\dfrac{Ml}{EI}$

(c) $y_{max}=y_B=-\dfrac{Fa^2}{6EI}(3l-a), \theta_{max}=\theta_B=-\dfrac{Fa^2}{2EI}$

10-2 (a) $y_A=-\dfrac{7Fl^3}{6EI}$,(b) $y_A=-\dfrac{Fa^2(l+a)}{2EI}$

10-3 略

10-4 (a) $\theta_B=-\dfrac{5Fl^2}{2EI}, y_B=-\dfrac{7Fl^3}{3EI}$ (b) $\theta_B=\dfrac{5ql^3}{6EI}, y_B=\dfrac{2ql^4}{3EI}$

(c) $\theta_B=\dfrac{17Fl^2}{12EI}, y_B=-\dfrac{11Fl^3}{12EI}$

10-5 $\Delta l=2.29$ mm,$\Delta C=7.39$ mm。

10-6 $E=208$ GPa。

10-7 选用 No.14 工字钢。

10-8 (a) $R_A=\dfrac{13F}{32}(\uparrow), R_B=\dfrac{11F}{16}(\uparrow), R_C=\dfrac{3F}{32}(\downarrow)$ (b) $R_A=\dfrac{13F}{27}(\uparrow), R_B=\dfrac{14F}{27}(\uparrow), M_A=\dfrac{4}{9}Fl(\circlearrowleft)$

10-9 略

10-10 $\sigma_{max}=76.4$ MPa。

10-11 $\theta_A=-\theta_B=\dfrac{qL^3}{60EI}, y_C=\dfrac{13qL+4}{1920EI}$。

10-12 $f=12.1$ mm$<[f]$,安全。

第 11 章

11-1 (a) $\sigma_a=35$ MPa,$\tau_a=60.6$ MPa

(b) $\sigma_a=70$ MPa,$\tau_a=0$

(c) $\sigma_a=62.5$ MPa,$\tau_a=21.6$ MPa

(d) $\sigma_a=-12.5$ MPa,$\tau_a=65$ MPa

11-2 (a) $\sigma_a=-27.3$ MPa,$\tau_a=-27.3$ MPa

(b) $\sigma_a=52.3$ MPa,$\tau_a=-18.7$ MPa

(c) $\sigma_a=-10$ MPa,$\tau_a=-30$ MPa

11-3 (a) $\sigma'=11.2$ MPa,$\sigma''=-71.2$ MPa,$\alpha_0'=52°1'$

(b) $\sigma'=4.7$ MPa,$\sigma''=-27$ MPa,$\alpha_0'=-70°40'$

(c) $\sigma'=37$ MPa,$\sigma''=-27$ MPa,$\alpha_0'=-70°$

11-4 (a) $\sigma_1=20$ MPa,$\sigma_2=\sigma_3=0$

(b) $\sigma_1=\sigma_2=0,\sigma_3=-30$ MPa

(c) $\sigma_1=15$ MPa,$\sigma_2=0,\sigma_3=-40$ MPa

(d) $\sigma_1=20$ MPa,$\sigma_2=15$ MPa,$\sigma_3=0$

(e) $\sigma_1=0,\sigma_2=10$ MPa,$\sigma_3=-15$ MPa

(f) $\sigma_1=30$ MPa,$\sigma_2=10$ MPa,$\sigma_3=-50$ MPa

11-5 1 点:$\sigma_1=0,\sigma_2=0,\sigma_3=-120$ MPa

2 点:$\sigma_1=36$ MPa,$\sigma_2=0,\sigma_3=-36$ MPa

3 点:$\sigma_1=70.3$ MPa,$\sigma_2=0,\sigma_3=-10.3$ MPa

4 点:$\sigma_1=120$ MPa,$\sigma_2=0,\sigma_3=0$

11-6 (a) $\sigma_a=-48.12$ MPa,$\tau_a=10.10$ MPa

(b) $\sigma_1=110$ MPa, $\sigma_2=0$, $\sigma_3=-48.77$ MPa, $\alpha'_0=33°40'$

11-7 $\sigma_1=0$, $\sigma_2=-19.8$ MPa, $\sigma_3=-60$ MPa, $\Delta l_1=3.76\times10^{-3}$ mm, $\Delta l_2=0$, $\Delta l_3=-7.64\times10^{-3}$ mm

11-8 $\sigma_{xd3}=127$ MPa, $\sigma_{xd4}=112.68$ MPa

第 12 章

12-1 8 倍。

12-2 $\sigma_{tmax}=25.2$ MPa$<[\sigma]$, $\sigma_{cmax}=38$ MPa$<[\sigma]$

12-3 $\sigma_{r4}=100$ MPa$<[\sigma]$

12-4 $d\geqslant 47.5$ mm

12-5 $\sigma_{r3}=53.50$ MPa

12-6 $d\geqslant 51.57$ mm

12-7 $d\geqslant 21.78$ mm

12-8 $d\geqslant 65.09$ mm

12-9 $\delta=2.6$ mm

第 13 章

13-1 $F_{cr1}=2\,540$ kN; $F_{cr2}=4\,705$ kN; $F_{cr3}=4\,725$ kN。

13-2 $\sigma_{cr}=55.4$ MPa; $F_{cr}=197$ kN。

13-3 $\sigma_{cr}=7.4$ MPa。

13-4 $n_\omega=4.1$

13-5 $n=6.30>[n_\omega]$

13-6 $\sigma_{max}=122.5$ MPa$<[\sigma]$, $n=1.7<[n_\omega]$

13-7 $[F]=1\,955$ kN

13-8 No. 28a

13-9 $n_\omega=1.86$

第 14 章

14-1 $v=12$ m/s, $a=1$ m/s^2, $s=110$ m

14-2 $v=100$ m/s, $\alpha=53°$(与 x 轴夹角), $a=25$ m/s^2, $\beta=53°$(与 x 轴夹角)

14-3 $v=6.28$ cm/s, $a=3.95$ cm/s^2

14-4 $v=6.28$ cm/s, $a=3.95$ cm/s^2

14-5 $\dfrac{x^2}{100^2}+\dfrac{y^2}{20^2}=1$, $v_0=251.2$ cm/s, $a_0=157.75$ m/s^2

14-6 $\omega=12$ rad/s, $\varepsilon=12$ rad/s^2, $N=1.27$

14-7 $v=5.02$ m/s, $a=168.2$ m/s^2

14-8 $a_\tau=0.5$ m/s^2, $a_n=500$ m/s^2

14-9 $v=20$ m/s

14-10 $v=40$ m/s

14-11 $\theta=22°37'12''$

14-12 $v_{AB}=e\omega\tan\alpha$

14-13 (a) $\omega_1=0.15$ rad/s (b) $\omega_2=0.2$ rad/s

14-14 $v_c=4.33$ m/s

14-15 $\omega_{ABD}=1.07$ rad/s $v_D=25.36$ m/s

14-16 $\omega_{BC}=8$ rad/s $v_C=186.8c$ m/s

第 15 章

15-1 (a) $a_A = 1.96 \text{ m/s}^2$, (b) $a_A = 4.9 \text{ m/s}^2$

15-2 $f = g\sin\alpha/(g\cos\alpha - \dfrac{v_0^2}{R})$

15-3 $\varepsilon = 16.45 \text{ rad/s}^2$

15-4 $J_B = 5Ma^2$

15-5 $\varepsilon = 0.307 \text{ g/r}, J = 0.25 \text{ kg}\cdot\text{m}^2$

15-6 $M = 0.75 \text{ N}\cdot\text{m}$ $G_1 = 1.77 \text{ N}$

15-7 $\dfrac{l^2}{3}(3m_1 + m_2) + \dfrac{m_1 r}{2}(3r + 4l)$

15-8 $F = 1.96 \text{ kN}$

15-9 $\varepsilon = \dfrac{g}{r}\left[\dfrac{G_A - G_B}{G_A + G_B + \dfrac{1}{2}G}\right]$

15-10 $M = 627 \text{ N}\cdot\text{m}$

15-11 $N = 43 \text{ 圈}$

15-12 $V = \sqrt{\dfrac{2hg\left(\dfrac{M}{R} + G_1\right)}{G_1 + G}}$

15-13 $F_C = 17.36 \text{ kN}, F_D = 12.1 \text{ kN}$

15-14 $a_{\max} = 3.43 \text{ m/s}^2$

15-15 $\omega = \sqrt{(3g\sin\theta)/l}, \varepsilon = (3g\cos\theta)/2l, F_{ax} = \dfrac{G}{4}\cos\theta, F_{ay} = \dfrac{5G}{2}\sin\theta$

15-16 $F_{Ax} = -15 \text{ kN}, F_{Ay} = 10 \text{ kN}, F_C = 15 \text{ kN}$

15-17 $a_0 = \dfrac{2F\cos\theta}{3G}g, F_f = \dfrac{F}{3}\cos\theta, F_N = G - F\sin\theta$

第 16 章

16-1 $A \geqslant 375 \text{ mm}^2$

16-2 $\sigma_{d\max} = 102.55 \text{ MPa}$

16-3 吊索应力 $\sigma_d > 27.9 \text{ MPa}$,工字钢 $\sigma_{d\max} = 125 \text{ MPa}$

16-4 $N_d = 90.6 \text{ kN}, \sigma_{\max} = 99.9 \text{ MPa}$

16-5 $\delta_d = 7.27 \text{ mm}, \sigma_{d\max} = 6 \text{ MPa}$

16-6 $\delta_{d\max} = \dfrac{2Wl}{9W_Z}\left[1 + \sqrt{1 + \dfrac{243EIH}{2Wl^3}}\right], y_{x=\frac{l}{2}} = \dfrac{23Wl^3}{1296EI}\left[1 + \sqrt{1 + \dfrac{243EIH}{2Wl^3}}\right]$

第 17 章

17-1 $r = 0.5$; $\sigma_m = 95.5 \text{ MPa}$; $\sigma_a = 31.8 \text{ MPa}$

17-2 $\sigma_{\max} = -\sigma_{\min} = 75.5 \text{ MPa}$; $r = -1$

17-3 ① $\sigma_a = 80 \text{ MPa}, \sigma_m = 0, r = -1$ ② $\sigma_a = 80 \text{ MPa}, \sigma_m = 40 \text{ MPa}, r = -\dfrac{1}{3}$;

③ $\sigma_a = \sigma_m = 80 \text{ MPa}, r = 0$ ④ $\sigma_a = 80 \text{ MPa}, \sigma_m = 120 \text{ MPa}, r = 0.2$

参考文献

[1] 铁摩辛柯,盖尔. 材料力学[M]. 胡人礼,译. 北京:科学出版社,1978.
[2] 铁摩辛柯. 材料力学(高等理论问题)[M]. 汪一麟,译. 北京:科学出版社,1965.
[3] 李宗瑢,张大伦. 材料力学[M]. 上海:同济大学出版社,1989.
[4] 范钦珊. 理论力学[M]. 北京:清华大学出版社,2004.
[5] 蒋沧如. 理论力学[M]. 武汉:武汉理工大学出版社,2004.
[6] 袁海庆. 材料力学[M]. 武汉:武汉理工大学出版社,2004.
[7] 李春凤,潘庆丰. 工程力学[M]. 大连:大连理工出版社,2004.
[8] 蔡广新,沈养中. 工程力学[M]. 北京:机械工业出版社,2003.
[9] 杨玉贵,夏虹. 工程力学[M]. 北京:机械工业出版社,2001.
[10] 杜建根. 工程力学[M]. 北京:高等教育出版社,2003.
[11] 毛友新. 机械设计基础[M]. 武汉:华中科技大学出版社,2004.
[12] 龚良贵. 工程力学[M]. 北京:清华大学出版社,2005.
[13] 周水铭. 工程力学辅导教程[M]. 北京:清华大学出版社,2005.
[14] 宋小壮. 工程力学自学与解题指南[M]. 北京:机械工业出版社,2003.
[15] 吴文龙,郭应征. 理论力学材料力学考研与竞赛试题精解[M]. 涂州:中国矿业大学出版社,2001.
[16] 皮萨连科. 材料力学手册[M]. 范钦珊,朱祖成,译. 北京:中国建筑工业出版社,1981.
[17] 王孝培. 冲压手册[M]. 北京:机械工业出版社,1999.
[18] 屈华昌. 塑料成型工艺与模具设计[M]. 北京:机械工业出版社,2004.
[19] 姜奎华. 冲压工艺与模具设计[M]. 北京:机械工业出版社,2008.